住房和城乡建设部"十四五"规划教材

高等学校土木工程专业应用型人才培养系列教材

BIM 技术及工程应用

（第二版）

冯小平　主　编

成　虎　付　李　副主编

中国建筑工业出版社

图书在版编目（CIP）数据

BIM 技术及工程应用 / 冯小平主编；成虎，付李副主编. — 2 版. — 北京：中国建筑工业出版社，2023.2

住房和城乡建设部"十四五"规划教材　高等学校土木工程专业应用型人才培养系列教材

ISBN 978-7-112-28370-5

Ⅰ.①B… Ⅱ.①冯… ②成… ③付… Ⅲ.①建筑设计-计算机辅助设计-应用软件-高等学校-教材 Ⅳ.①TU201.4

中国国家版本馆 CIP 数据核字（2023）第 031590 号

本书系统介绍了 BIM 技术发展及在工程建设领域的应用现状，以 Revit 软件为基础，系统地介绍了 BIM 技术在建筑设计、结构设计、暖通空调设计、节能设计中的应用以及在工程项目管理中的应用。全书内容翔实，结构合理，条理清晰，通俗易懂，实用性强，很适合初学者阅读使用。

本书可以作为高等院校土建类专业的教材，建筑设计师、建筑工程管理及相关专业人士的自学用书，也可作为社会培训机构培训用书。

为了更好地支持教学，我社向采用本书作为教材的教师提供课件，有需要者可与出版社联系，索取方式如下：建工书院 https://edu.cabplink.com，邮箱 jckj@cabp.com.cn，电话（010）58337285。

* * *

责任编辑：仕　帅　吉万旺　王　跃
责任校对：孙　莹

住房和城乡建设部"十四五"规划教材
高等学校土木工程专业应用型人才培养系列教材
BIM 技术及工程应用（第二版）
冯小平　主　编
成　虎　付　李　副主编

*

中国建筑工业出版社出版、发行（北京海淀三里河路 9 号）
各地新华书店、建筑书店经销
北京鸿文瀚海文化传媒有限公司制版
北京同文印刷有限责任公司印刷

*

开本：787 毫米×1092 毫米　1/16　印张：31　字数：774 千字
2023 年 5 月第二版　　2023 年 5 月第一次印刷
定价：78.00 元（赠教师课件）
ISBN 978-7-112-28370-5
（40685）

出 版 说 明

党和国家高度重视教材建设。2016 年，中办国办印发了《关于加强和改进新形势下大中小学教材建设的意见》，提出要健全国家教材制度。2019 年 12 月，教育部牵头制定了《普通高等学校教材管理办法》和《职业院校教材管理办法》，旨在全面加强党的领导，切实提高教材建设的科学化水平，打造精品教材。住房和城乡建设部历来重视土建类学科专业教材建设，从"九五"开始组织部级规划教材立项工作，经过近 30 年的不断建设，规划教材提升了住房和城乡建设行业教材质量和认可度，出版了一系列精品教材，有效促进了行业部门引导专业教育，推动了行业高质量发展。

为进一步加强高等教育、职业教育住房和城乡建设领域学科专业教材建设工作，提高住房和城乡建设行业人才培养质量，2020 年 12 月，住房和城乡建设部办公厅印发《关于申报高等教育职业教育住房和城乡建设领域学科专业"十四五"规划教材的通知》（建办人函〔2020〕656 号），开展了住房和城乡建设部"十四五"规划教材选题的申报工作。经过专家评审和部人事司审核，512 项选题列入住房和城乡建设领域学科专业"十四五"规划教材（简称规划教材）。2021 年 9 月，住房和城乡建设部印发了《高等教育职业教育住房和城乡建设领域学科专业"十四五"规划教材选题的通知》（建人函〔2021〕36 号）。为做好"十四五"规划教材的编写、审核、出版等工作，《通知》要求：（1）规划教材的编著者应依据《住房和城乡建设领域学科专业"十四五"规划教材申请书》（简称《申请书》）中的立项目标、申报依据、工作安排及进度，按时编写出高质量的教材；（2）规划教材编著者所在单位应履行《申请书》中的学校保证计划实施的主要条件，支持编著者按计划完成书稿编写工作；（3）高等学校土建类专业课程教材与教学资源专家委员会、全国住房和城乡建设职业教育教学指导委员会、住房和城乡建设部中等职业教育专业指导委员会应做好规划教材的指导、协调和审稿等工作，保证编写质量；（4）规划教材出版单位应积极配合，做好编辑、出版、发行等工作；（5）规划教材封面和书脊应标注"住房和城乡建设部'十四五'规划教材"字样和统一标识；（6）规划教材应在"十四五"期间完成出版，逾期不能完成的，不再作为《住房和城乡建设领域学科专业"十四五"规划教材》。

住房和城乡建设领域学科专业"十四五"规划教材的特点：一是重点以修订教育部、住房和城乡建设部"十二五""十三五"规划教材为主；二是严格按照专业标准规范要求编写，体现新发展理念；三是系列教材具有明显特点，满足不同层次和类型的学校专业教学要求；四是配备了数字资源，适应现代化教学的要求。规划教材的出版凝聚了作者、主审及编辑的心血，得到了有关院校、出版单位的大力支持，教材建设管理过程有严格保障。希望广大院校及各专业师生在选用、使用过程中，对规划教材的编写、出版质量进行反馈，以促进规划教材建设质量不断提高。

住房和城乡建设部"十四五"规划教材办公室

2021 年 11 月

第二版前言

随着建筑业发展的日益加快，工程项目建设正朝着大型化、复杂化、多样化的方向发展。长期困扰建筑业的设计变更多、生产效率低下、项目整体偏离价值低等问题制约了整个行业的进一步发展。建筑信息模型（BIM）的出现为建筑业注入了新鲜血液，给予了建筑业新的发展前景。采用 BIM 技术对项目进行设计、建造和运营管理，将各种建筑信息组织成一个整体，贯穿于建筑全生命周期，利用计算机技术建立 BIM 建筑信息模型，对建筑空间几何信息、建筑空间功能信息、建筑施工管理信息以及设备等各专业相关数据信息进行数据集成与一体化管理。BIM 技术的应用，将为建筑业的发展带来巨大的效益，使得规划设计、工程施工、运营管理乃至整个工程的质量和管理效率得到显著提高。BIM 技术的应用，能改变传统的建筑管理理念，能引领建筑信息技术走向更高层次，它的全面应用，将大大提高建筑管理的集成化程度。

全书共 6 章，内容包括：BIM 概述；建筑设计中的 BIM 技术应用；装配式建筑结构 BIM 技术应用；暖通空调设计 BIM 技术应用；建筑节能设计 BIM 技术应用；工程项目管理 BIM 技术应用。

本书以 Revit 软件为基础，结合实例系统地介绍了 BIM 技术在建筑设计、结构设计、暖通空调设计、节能设计以及工程项目管理领域中的应用，并突出 Revit 在建筑设计中的应用方法和技巧。本书由易到难，循序渐进，思路清晰，重点突出，力争突出专业性、实用性和可操作性，适合于初、中级读者阅读。

本书由江南大学组织编写，参加编写工作的人员有：冯小平、杨梦蝶（第 1、2 章）；成虎、付李（第 3 章）；冯小平、陈花鹏（第 4 章）；冯小平、李承静（第 5 章）；冯小平（第 6 章）。此外，张鑫和王姝涵参与了本书修订工作。本书在编写过程中参考了部分教材、专著以及专业文献，在此表示诚挚的感谢。

由于作者水平有限，且编写时间仓促，书中难免有疏漏和错误，恳请广大读者提出宝贵意见。

2022 年 9 月

第一版前言

随着建筑业发展的日益加快，工程项目建设正朝着大型化、复杂化、多样化的方向发展。长期困扰建筑业的设计变更多、生产效率低下、项目整体偏离价值低等问题制约了整个行业的进一步发展。建筑信息模型（BIM）的出现为建筑业注入了新鲜血液，给予了建筑业新的发展前景。采用 BIM 技术对项目进行设计、建造和运营管理，将各种建筑信息组织成一个整体，贯穿于建筑全生命周期过程，利用计算机技术建立 BIM 建筑信息模型，对建筑空间几何信息、建筑空间功能信息、建筑施工管理信息以及设备等各专业相关数据信息进行数据集成与一体化管理。BIM 技术的应用，将为建筑业的发展带来巨大的效益，使得规划设计、工程施工、运营管理乃至整个工程的质量和管理效率得到显著提高。BIM 技术的应用，能改变传统的建筑管理理念，能引领建筑信息技术走向更高层次，它的全面应用，将大大提高建筑管理的集成化程度。

全书共 5 章，内容包括：BIM 技术及应用现状；BIM 技术在建筑设计中的应用；BIM 技术在建筑结构设计中的应用；BIM 技术在建筑设备设计中的应用；BIM 技术在项目建设全生命周期中的应用；BIM 在工程施工进度管理中的应用；BIM 技术在工程造价管理和控制中的应用；BIM 在预制装配式住宅中的应用；BIM 在上海中心大厦工程中的应用案例。

本书以 Revit 软件为基础，结合实例系统地介绍了 BIM 技术在建筑设计、结构设计、建筑设备设计以及工程建设领域中的应用，并突出 Revit 在建筑设计中的应用方法和技巧。本书由易到难、循序渐进、思路清晰、重点突出，力争突出专业性、实用性和可操作性，适合于初学者及有一定基础的读者阅读。

全书由江南大学、南京工程学院共同编写，参加编写工作的人员有：冯小平（第 1、2、4、5 章），章丛俊、徐新荣（第 3 章），张大林（第 2 章），吴俊杰（第 1 章），殷浩（第 4 章），俞金柱（第 5 章）；此外，成维佳、杨雅楠、张猛、殷文枫、李佳璐、王紫琪、黄玉臻、孟瑶参与了本书编写工作。本书编写过程中参考了部分教材、专著以及专业文献，在此表示诚挚的感谢。

由于作者水平有限，且编写时间仓促，书中难免有疏漏和错误，恳请广大读者提出宝贵意见。

2017 年 1 月

目 录

第1章 BIM 概述 ……………… 1

本章要点及学习目标 ……………… 1

1.1 BIM 的概念 ……………… 1

  1.1.1 BIM 的定义 ……………… 1

  1.1.2 BIM 相关术语 ……………… 2

1.2 BIM 的特点 ……………… 2

1.3 BIM 技术应用 ……………… 3

1.4 BIM 国内外发展现状 ………… 4

  1.4.1 BIM 技术在国外的发展 …… 4

  1.4.2 BIM 技术在我国的发展 …… 6

  1.4.3 BIM 技术的发展趋势 ……… 8

1.5 BIM 软件 ……………… 9

1.6 Autodesk Revit 系列软件 …… 10

  1.6.1 Revit 软件功能简介 ……… 10

  1.6.2 Revit 的 API 二次开发功能 … 11

1.7 Revit 的安装及功能简介 …… 11

  1.7.1 Revit 的安装 ……………… 11

  1.7.2 Revit 基本操作 ……………… 13

本章小结 ……………… 31

思考与练习题 ……………… 31

第2章 建筑设计中的 BIM 技术应用 ……………… 32

本章要点及学习目标 ……………… 32

2.1 建筑族的创建 ……………… 32

  2.1.1 创建门窗族 ……………… 32

  2.1.2 创建栏杆族 ……………… 37

  2.1.3 创建家具族 ……………… 44

  2.1.4 创建植物族 ……………… 48

2.2 Revit 建筑模型构建 ……… 49

  2.2.1 建立新项目 ……………… 49

  2.2.2 标高 ……………… 50

  2.2.3 轴网 ……………… 54

2.3 墙体 ……………… 59

  2.3.1 一般墙体 ……………… 59

  2.3.2 复合墙 ……………… 68

  2.3.3 叠层墙 ……………… 74

  2.3.4 异型墙 ……………… 77

  2.3.5 幕墙 ……………… 81

2.4 门窗 ……………… 85

  2.4.1 插入门（窗） ……………… 85

  2.4.2 编辑门窗 ……………… 88

2.5 楼板 ……………… 93

  2.5.1 创建楼板 ……………… 93

  2.5.2 编辑楼板 ……………… 96

  2.5.3 楼板边缘 ……………… 100

2.6 屋顶 ……………… 103

  2.6.1 迹线屋顶 ……………… 104

  2.6.2 拉伸屋顶 ……………… 107

  2.6.3 面屋顶 ……………… 109

  2.6.4 屋檐底板、封檐带、檐槽 … 110

2.7 楼梯 ……………… 114

  2.7.1 直楼梯 ……………… 114

  2.7.2 螺旋楼梯 ……………… 117

2.8 柱和梁 ……………… 118

  2.8.1 结构柱 ……………… 118

  2.8.2 建筑柱 ……………… 120

  2.8.3 梁 ……………… 121

  2.8.4 结构支撑 ……………… 124

2.9 Revit Architecture 视图生成 ……………… 125

  2.9.1 平面图的生成 ……………… 126

  2.9.2 立面图的生成 ……………… 130

  2.9.3 剖面图的生成 ……………… 133

  2.9.4 详图索引、大样图的生成 … 136

2.9.5 三维视图的生成 ·········· 142

2.10 应用实例 ·············· 146

2.10.1 项目创建·········· 146

2.10.2 绘制标高·········· 146

2.10.3 绘制轴网·········· 147

2.10.4 绘制墙体·········· 147

2.10.5 绘制结构柱·········· 151

2.10.6 创建门窗·········· 153

2.10.7 创建室内楼板·········· 157

2.10.8 绘制其他楼层建筑构件 ····· 158

2.10.9 创建屋顶·········· 161

本章小结 ·············· 163

思考与练习题 ·········· 163

第3章 装配式建筑结构 BIM 技术应用 ·········· 170

本章要点及学习目标 ·········· 170

3.1 概述 ·············· 170

3.1.1 装配式建筑特点 ········ 171

3.1.2 装配式建筑结构体系 ····· 171

3.2 结构族的创建 ·········· 172

3.2.1 创建结构基础 ········ 172

3.2.2 创建结构柱 ········ 177

3.2.3 创建结构梁 ········ 180

3.3 金属件族 ·············· 182

3.3.1 通用构件 ········ 182

3.3.2 斜撑构件 ········ 207

3.4 预制混凝土构件 ·········· 226

3.4.1 结构柱 ········ 226

3.4.2 预制叠合梁 ········ 235

3.4.3 预制梯段 ········ 244

3.4.4 预制梯梁 ········ 251

3.5 应用实例 ·············· 254

3.5.1 项目创建 ········ 254

3.5.2 楼层标高绘制 ········ 255

3.5.3 链接 CAD 平面图 ········ 256

3.5.4 绘制轴网 ········ 256

3.5.5 创建楼板 ········ 256

3.5.6 创建梁构件 ········ 259

3.5.7 创建剪力墙 ·········· 260

3.5.8 创建装配式内隔墙、砌体墙 ·········· 262

3.5.9 创建飘窗、阳台及设备平台 ·········· 264

3.5.10 创建门窗·········· 266

3.5.11 创建楼梯·········· 268

3.5.12 创建建筑面层·········· 271

3.5.13 完善细节，绘制完成 ····· 271

本章小结 ·············· 271

思考与练习题 ·········· 271

第4章 暖通空调设计 BIM 技术应用 ·········· 274

本章要点及学习目标 ·········· 274

4.1 Revit MEP 的工作界面 ······ 274

4.2 创建族 ·············· 275

4.2.1 创建阀门族 ········ 275

4.2.2 创建防火阀族 ········ 284

4.2.3 创建静压箱族 ········ 292

4.2.4 创建空调机组族 ········ 298

4.3 水管系统的创建 ·········· 303

4.3.1 管道设计参数设置 ········ 303

4.3.2 管道绘制 ········ 306

4.3.3 管道显示 ········ 312

4.3.4 管道标注 ········ 315

4.3.5 管道系统创建 ········ 319

4.3.6 水管系统的碰撞检查与修改 ·········· 323

4.4 风管系统的创建 ·········· 324

4.4.1 风管设计功能 ········ 324

4.4.2 风管系统创建 ········ 331

4.4.3 添加并连接主要设备 ····· 338

4.5 电气系统的创建 ·········· 346

4.5.1 电缆桥架与线管 ········ 346

4.5.2 电气系统的绘制 ········ 355

本章小结 ·············· 357

思考与练习题 ·········· 357

第5章 建筑节能设计 BIM 技术应用
.... 358

本章要点及学习目标 358
5.1 概述 358
  5.1.1 软件环境及软件启动 358
  5.1.2 用户界面 359
5.2 新建建筑模型 360
  5.2.1 轴网 360
  5.2.2 柱子 363
  5.2.3 墙体 365
  5.2.4 门窗 368
  5.2.5 屋顶 372
  5.2.6 空间划分 374
  5.2.7 楼层组合 375
  5.2.8 图形检查 377
  5.2.9 示例建筑 381
5.3 建筑节能设计 390
  5.3.1 设置管理 390
  5.3.2 节能设计 398
  5.3.3 其他工具 402
5.4 建筑能耗计算 410
  5.4.1 设置管理 410
  5.4.2 能耗计算 420
  5.4.3 结果输出 422
5.5 建筑碳排放 424
  5.5.1 设置管理 424
  5.5.2 碳排放计算 424
  5.5.3 结果输出 426
本章小结 429
思考与练习题 429

第6章 工程项目管理 BIM 技术应用
.... 432

本章要点及学习目标 432

6.1 BIM 技术在项目建设全生命
    周期中的应用 432
  6.1.1 BIM 在项目前期策划阶段的
      应用 432
  6.1.2 BIM 在项目设计阶段的应用
      435
  6.1.3 BIM 在项目施工阶段的应用
      438
  6.1.4 BIM 在项目运营维护阶段的
      应用 443
6.2 BIM 在工程施工进度管理中
    的应用 447
  6.2.1 BIM 应用思路分析 447
  6.2.2 BIM 应用软件选取 448
  6.2.3 案例分析 448
6.3 BIM 技术在工程造价管理和
    控制中的应用 459
  6.3.1 BIM 在工程造价中的应用价值
      459
  6.3.2 工程造价软件 460
  6.3.3 BIM 技术在工程造价控制中的
      应用 461
6.4 BIM 在预制装配式住宅中
    的应用 478
  6.4.1 概述 478
  6.4.2 BIM 在预制装配式住宅设计
      中的应用 479
  6.4.3 BIM 在预制装配式建筑建造
      过程中的应用 483
  6.4.4 小结 485
本章小结 485
思考与练习题 485

参考文献 487

第 1 章　BIM 概述

本章要点及学习目标

本章要点：
(1) 熟悉 BIM 的概念和特征；
(2) 熟悉 BIM 在国内外的应用发展现状；
(3) 掌握 BIM 的技术标准和应用软件。
学习目标：
(1) 理解 BIM 的基本内涵和基本特征；
(2) 了解 BIM 的应用软件；
(3) 熟悉 Revit 软件的功能。

1.1　BIM 的概念

1.1.1　BIM 的定义

世界各地的学者对 BIM 有多种定义，美国国家 BIM 标准将建筑信息模型（BIM）描述为"一种对项目自然属性及功能特征的参数化表达"。BIM 被认为是应对传统 AEC 产业（Architecture，建筑；Engineering，工程；Construction，建造）所面临挑战的最有潜力的解决方案，具有如下特性：首先，BIM 可以存储实体所附加的全部信息，这是 BIM 工具得以进一步对建筑模型开展分析运算（如结构分析、进度计划分析）的基础；其次，BIM 可以在项目全生命周期内实现不同 BIM 应用软件间的数据交互，方便使用者在不同阶段完成 BIM 信息的插入、提取、更新和修改，这极大增强了不同项目参与者间的交流合作并大大提高了项目参与者的工作效率。因此，近年来 BIM 在工程建设领域的应用越来越引人注目。

"BIM 之父" Eastman 在 2011 年提出 BIM 中应当存储与项目相关的精确几何特征及数据，用来支持项目的设计、采购、制造和施工活动。他认为，BIM 的主要特征是将含有项目全部构件特征的完整模型存储在单一文件里，任何有关于单一模型构件的改动都将自动按一定规则改变与该构件有关的数据和图像，BIM 建模过程允许使用者创建并自动更新项目所有相关文件，与项目相关的所有信息都作为参数附加给相关的项目元件。

Taylor 和 Bernstein 认为 BIM 是一种与建筑产业相关联的应用参数化、过程化定义的全新 3D 仿真技术。而早在十多年前，BIM 就曾经被 Tse 定义为可以使 3D 模型上的实体信息实现在项目全生命周期任意存取的工程技术环境。Manning 和 Messner 认为 BIM 是一种对建筑物理特征及其相关信息进行的数字化、可视化表达。Chau 等人认为 BIM 可以通过提供对项目未来情况的可视化、细节化模拟来帮助项目建设者做建设决定，BIM 是一种帮助建设者有效管理和执行项目建设计划的工具。

波兰的 Kacprzyk 和 Kepa 认为，建筑信息模型是一种允许工程师在建筑的全生命周期内构筑并修改的建筑模型。这意味着从开发商产生关于某一特定建筑的概念性设想开始，直到该建筑使用期结束被拆除，工程师都可以通过 BIM 技术不断对该建筑的模型进行调试与修正。通过传统图纸与现代三维模型间的信息交换，同时将大量额外建筑信息附加给三维模型，上述设想得以最终实现。

我国的建筑行业标准《建筑对象数字化定义》JG/T 198—2007 中定义 BIM 是："包含了系统的建筑信息的数据组织，计算机的对应应用程序可以快捷地进行访问和更改。这些信息包括按照开放工业标准表达的建筑设施的物理特性和功能特点以及与其相关的项目或生命周期信息。"

现阶段 BIM 的含义仍在不断地丰富和发展，BIM 的应用阶段已经扩展到了项目整个生命周期的运营管理。此外 BIM 的应用也不仅仅局限于建筑领域，一些桥梁工程、景观工程以及市政工程方面也开始应用 BIM 技术。

1.1.2　BIM 相关术语

按照 BIM 在建筑全生命周期中应用阶段的不同，BIM 被区分为如下几种类型：

1）BIM 3D：这是 BIM 最基本的形式。它仅用于制作与构件材料相关联的建筑信息文件。BIM 3D 不同于 CAD 3D，在 BIM 中建筑必须被分解为有特定实体的功能构件。

2）BIM 4D：作为对基础 BIM 3D 的补充，加入其中的第四个维度是时间维度。模型中的每一个构件都含有与自身被建造及被拆除的日期有关的信息。

3）BIM 5D：每一个施工任务的成本信息组成了 BIM 模型的第五个维度。

4）BIM 6D：有关建筑的能量分析构成了 BIM 模型的第六个维度。

5）BIM 7D：最后一个维度是关于建筑维修使用情况的模型，截至目前还没有软件可以实现这一功能。

1.2　BIM 的特点

1. 可视化

可视化就是"所见所得"的形式，BIM 技术是对建筑模型进行三维实体建模。以前需要用二维的施工图纸去想象三维的实体，然而建筑业的建筑形式各异，造型复杂，靠人脑去想象建筑模型很不现实，所以 BIM 提供了可视化的思路，BIM 可以直接用三维的方式来了解实体建筑的信息。另外，可视化不仅可以展示效果图，而且能增加各专业之间的沟通、讨论和决策，这些都可以在可视化的状态下进行。

2. 协调性

工程项目在设计时，往往由于各专业设计师之间的沟通不到位，而出现各种专业之间的碰撞问题，例如给水排水、暖通等专业中的管道在进行布置时，由于施工图纸是绘制在各自的施工图纸上的，真正施工过程中，可能在布置管线时正好在此处有结构设计的梁等构件在此妨碍着管线的布置，这种就是施工中常遇到的碰撞问题。BIM 建筑信息模型可协调各专业前期的碰撞问题，形成数据性文件。另外，BIM 的协调作用也并不是只能解决各专业间的碰撞问题，它还可以解决例如电梯井布置与其他设计布置及净空要求之协调，防火分区与其他设计布置之协调，地下排水布置与其他设计布置之协调等问题。

3. 模拟性

在设计阶段，BIM 可以对建筑性能进行模拟，例如：节能模拟、日照模拟、通风模拟、热能传导模拟、紧急疏散模拟等；另外，BIM 技术还可以进行施工进度模拟（三维基础上增加时间，4D 模拟），模拟指导招标投标和施工；同时还可以进行造价模拟（基于3D 模型的造价控制，5D 模拟），从而来实现成本控制；后期运营使用阶段还可以模拟日常紧急情况的处理方式，例如地震人员逃生模拟及消防人员疏散模拟等。

4. 优化性

现代工程项目设计和施工有多种方案可供选择，这涉及方案的优化问题，利用 BIM 模型和建筑性能优化分析软件可以对建筑设计和施工方案进行优化分析，确定最优方案，从而实现工程效益的最大化目标。

5. 可出图性

BIM 技术不仅可以生成传统的二维图纸，还可以提供三维模型和碰撞检查报告，三维图纸提供的信息更为详细，方便设计方案的改进优化。

1.3 BIM 技术应用

1）BIM 技术在建筑工程项目规划阶段的应用，主要体现于场地建模、设计表达、成本估算、基地分析、设计审核、历程规划、空间规划等几个方面。场地建模是通过 BIM 技术的应用实现限定条件仿真，将工程项目建设过程中的基地和设施情况利用 BIM 技术进行建模，为相关规划设计人员提供建设所需的场地信息等。相关规划设计人员可以利用 BIM 模型所输出的经费概算，为业主和工程项目的建设与规划做出科学的决策，并制订好经费预算。将 BIM 技术和 GIS 技术相结合应用可以让相关规划设计人员更好地评估工程区域的环境情况，并选择出最佳的工程项目场地位置，然后再利用 BIM 技术模拟特定区域内交通的运输情况，根据模拟数据对土地利用情况和交通规划情况进行评估，选择出最佳的建设方案。在设计审核环节，相关规划设计人员可以利用 3D 模型将建筑设计、结构设计以及机电与使用空间等的规划设计展示给利害关系人，再根据实际情况实时解决设计存在的问题。在历程规划环节，相关规划设计人员可以利用 4D 模型将规划施工顺序和空间要求的阶段性变化等进行可视化仿真，从而及时地提出整建、整修或增建项目的科学合理的方案。在空间规划环节，相关规划设计人员可以利用 3D 模型模拟空间规划的方案，进而做好评估和比选工作，然后抉择出最优的空间方案。

2）BIM 技术在建筑工程项目设计阶段的应用，重点从三维模型展示与空间规划环境分析入手，通过对模型得到的设计参数进行比较，争取达到优化设计的效果。相关规划设计人员还要重视建筑设备的布置以及图纸和文档的自动生成，还有材料与工艺等的细节情况，这样才能提高建模的有效性和可用性。

3）BIM 技术在建筑工程项目施工阶段的应用，主要从缺碰检查、多维协同、虚拟现实和协同管理四个环节进行分析。在缺碰检查环节，相关施工人员可以利用 BIM 技术对施工建筑物空间上的冲突和构件的缺失和碰撞情况进行模拟，进而帮助施工人员直接观察其存在的问题，及时做好模型的调整修改工作，优化工程设计。而且施工单位还可以利用此技术进行施工交底和施工模拟，通过模拟整个工程及时发现存在的问题，优化施工方案，提高施工的质量和效率。在多维协同环节，主要是将时间维度增加到 BIM 三维信息模型上，使之变成四维信息模型，进而将工程项目的施工进度和施工设计方案等模拟出来。然后再增加造价维度使之变为五维综合信息模型，使 BIM 模型除了可以模拟现场施工的进度和施工建设方案等，还可以实现项目的时间、空间以及价格维度上的多维协同，全面掌握工程项目的施工情况，以便及时修改、优化方案，减少返工和整改的概率，从而提高建筑工程项目的质量和效率，减少质量、安全以及造价等方面的风险问题。在虚拟现实环节，施工单位可以利用三维模型将虚拟现实技术引入实体建筑，以立体化的形式直接呈现出来，通过直观的观察与真实的体验来进行工程施工的检验工作。在协同管理环节，施工单位可以利用 BIM 技术将施工中所积累的知识经验和技术工艺等以模型动画的形式展示出来，给施工人员提供学习的机会，通过不断更新知识库，达到经验积累和知识传承的目的。

4）BIM 技术在建筑工程项目运维阶段的应用，主要从空间管理、隐蔽工程管理、应急管理以及节能减排管理等几个方面进行分析。空间管理主要应用于设备系统和办公系统，需要相关运维工作人员做好二维编号或者文字的更新工作，以三维图形对设施的位置进行管理，提高空间管理的水平。隐蔽工程管理需要相关运维工作人员利用 BIM 模型实现可视化管理，让管理者可以随时查看、更新和调整信息。应急管理是所有大型公共建筑和高层建筑必须关注的一个环节，在这些地区往往存在大量的人群，一旦遇到紧急危险事故，很难做好疏散工作，因此必须提高这些建筑的应急响应能力，使相关工作人员可以借助 BIM 技术安排好应急设备的位置，并设立相关的报警系统，帮助人们及时应对危险。在节能减排管理环节，可以借助"BIM＋IOT"技术对建筑的各种能耗数据进行可视化处理。

1.4　BIM 国内外发展现状

1.4.1　BIM 技术在国外的发展

BIM 是从美国发展起来的，1975 年，Chuck Eastman 教授提出 Building Description System 概念；1982 年 Oraphisoft 公司提出 VBM（Virtual Building Model，虚拟建筑模型）理念；1984 年推出 ArchiCAD 软件；1986 年 RobertAish 提出了 Building Modeling 的概念。2002 年美国建筑师协会资深建筑师杰里·莱瑟林（Jerry Laiserin）在《比较苹果与橙子》一文中首次提出 Building Information Modeling 这一术语，并逐渐得到业界人士广泛认可。随着全球化的进程加快，BIM 发展和应用在欧洲、日本、新加坡等发达国家和地区已经逐渐普及。

美国总务署在 2003 年便推出了 BIM 计划，并且对采用该技术的项目给予相应的资金和技术支持；从 2007 年起提出，所有大型项目都需要应用 BIM 技术；2004 年开始，美国陆军工程兵团也陆续使用 BIM 软件，对军事建筑项目进行了碰撞检查以及算量统计等，目前，美国有一半以上的建设项目已经开始应用 BIM 技术。

英国 BIM 技术起步较美国稍晚，2009 年 11 月英国建筑业 BIM 标准委员会［AEC（UK）BIM］发布了英国建筑业 BIM 标准，为 BIM 链上的所有成员实现协同工作提供了可能；2011 年，英国内阁办公室发布的"政府建设战略"文件中，关于 BIM 技术应用有了明确要求，到 2016 年，要实现全面协同的 3D·BIM，所有的文件也将进行信息化管理；英国 NBS（National Building Specification）组织的全英的 BIM 网络调研结果显示，2012 年英国有 39% 的人已经在应用 BIM 了。

日本是亚洲较早接触 BIM 的国家之一，由于日本软件业较为发达，而 BIM 是需要多个软件来互相配合的，这为 BIM 在日本的发展提供了平台。从 2009 年开始，日本大量的设计单位和施工企业开始应用 BIM；2012 年 7 月日本建筑学会发布了日本 BIM 指南，为日本的设计院和施工企业应用 BIM 技术提供指导。

另外，美国、英国等国家为了方便实现信息的交换与共享，还专门制定了 BIM 数据标准，其中的 IFC 标准已经得到了美国、欧洲、日本等国家和地区的认可并广泛使用。在新加坡，为了扩大 BIM 的认知范围，国家对在大学开设 BIM 课程给予大力支持，并为毕业生组织相应的 BIM 培训。

新加坡也属于早期应用 BIM 的国家之一。新加坡建设局（BCA）在 2011 年颁布了 2011～2015 年发展 BIM 的线路图，要求到 2015 年，整个建筑行业广泛使用 BIM 技术。2012 年 BCA 又颁布了《新加坡 BIM 指南》，作为政府文件对 BIM 的应用进行规范和引导。政府部门带头在建设项目中应用 BIM。BCA 的目标是，要求从 2013 年起工程项目提交建筑的 BIM 模型，从 2014 年起要提交结构与机电的 BIM 模型，到 2015 年实现所有建筑面积大于 5000m^2 的项目都要提交 BIM 模型。

韩国政府机构也积极推广 BIM 技术的应用，韩国在 2009 年发布了国家短期、中期和长期的 BIM 实施路线图，2010～2012 年间对 500 亿韩元以上及公开招标的项目通过应用 BIM 技术来提高设计质量；2013～2015 年间对于 500 亿韩元以上的公共建筑工程项目均要构建 4D 设计预算管理系统，以提高项目的成本控制能力；2016 年以后，针对所有的公共项目的设施管理全部采用 BIM，以实现行业的全面革新。

国外一些学者在 BIM 的学术研究方面也取得了不少的成果。David Bryde、Marti Broquetas、Jurgen Marc Volm 三位学者调查总结了 BIM 技术在建设工程领域的应用优势，通过对 35 个应用 BIM 的建设项目数据进行研究，发现 BIM 技术在建设项目全生命周期中的成本节约和控制是被提及最多的益处，其他的益处还包括工期的节约等。

Byicin Becerik-Gerber、Farrokh Jazizadeh、Nan Li 和 Guilben Calis 对 BIM 技术在设备管理领域的应用进行了探索，研究了 BIM 在设备管理中的应用现状、潜在的应用以及能带来的利益，旨在研究 BIM 技术在建筑全生命周期中应用所带来的产业价值，而不仅仅是集中在设计和建设阶段的应用。他们发现在设备管理阶段应用 BIM 技术对业主和设备管理组织均具有较大的价值，并且已经有一部分设备管理组织开始尝试在其项目中应用 BIM 或者计划在其未来的项目中应用 BIM。

Ibrahim Motawa 和 Abdulkreem Almarshad 建立了 BIM 系统用于建筑的日常维护，旨在通过建立一个集成的信息系统为建筑运营维护过程中所出现的各项问题提供参考信息和解决方案，该系统包括 BIM 和 Case-Based Reasoning 两个模块，帮助维护管理团队提供以往项目的解决经验和当前问题可能的影响因素。

Yacine Rezgu、Thumas Beach 和 Omer Rana 三位学者研究了 BIM 在全生命周期中的管理和信息交互。

Alan Redmond 等人以现有的 IFD 标准为切入点，研究了怎样通过云端 BIM 技术来增强信息的传递效率。

到目前为止，国外 BIM 技术发展较快较好的国家，已经存在很多 BIM 的试点项目，而且会有越来越多的建设项目将使用该技术，BIM 也必将会发展得越来越完善。英国航空航天系统公司（BAE Systems）与建筑业巨头 Balfour Beatty 签订了 8250 万英镑的合同，为英国 2018 年的首个 F-35 闪电 II 战斗机兴建工程和培训设施，全程使用包括 4D 建模和 BIM 在内的数字工具。越来越多的大型连锁酒店如 Hyatt 酒店，正在开始使用 "BIM＋钢结构" 进行建造智慧酒店。美国在装配式建筑方面也开始使用 BIM，如佛罗里达国际大学科学综合大楼（图 1.4-1）、位于美国得克萨斯州达拉斯的胜利公园的佩罗自然科学博物馆（图 1.4-2）等。

图 1.4-1　佛罗里达国际大学科学综合大楼外墙 BIM 效果模拟

目前，国外许多发达国家都已经出台 BIM 的相关标准，有益于实现国家之间 BIM 技术的信息共享与传递。

1.4.2　BIM 技术在我国的发展

在国内，我国香港和台湾最早接触了 BIM 技术，但在内地 BIM 应用目前还处于起步阶段。自 2006 年起，香港房屋署率先试用建筑信息模型，并且为了推行 BIM，于 2009 年自行订立了 BIM 标准和用户指南等；同年，还成立了香港 BIM 学会。

2007 年台湾大学也开始加入到研究建筑信息模型（BIM）的行列，还与 Autodesk 签订了产学合作协议；2008 年起，"BIM" 这个词引起了台湾省建筑业高度关注。

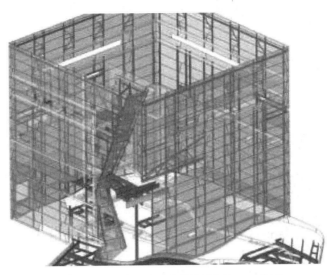

图 1.4-2　美国佩罗自然科学博物馆 BIM 模型

在台湾省，一些实力雄厚的大型企业已经在企业内部推广使用 BIM，并有大量的成功案例，台湾省几所知名大学也对 BIM 进行了广泛、深入的研究，推动了台湾省对于 BIM 的认知和应用。

内地 BIM 技术的推广和应用起步较晚，仅有部分规模较大的设计或者咨询公司有过应用 BIM 的项目经验，比如 CCDI、上海现代设计集团、中国建筑设计研究院等。此外，当前应用 BIM 的项目多是一些体量巨大、结构复杂的项目，像上海中心、青岛海湾大桥、广州东塔、北京的银河 SOHO 等，如图 1.4-3、图 1.4-4 所示。上海中心项目由于应用了 BIM，在施工过程中大约减少了 85% 的施工返工，据保守估计，节约超过 1 亿元。

图 1.4-3　上海中心

在内地，BIM 也正在被越来越多的人知晓，调查显示，2011 年业内相关人员对 BIM 的知晓程度达到 87%，并且有 39% 的单位已经使用了 BIM 相关软件，其中大部分为设计单位。BIM 技术在建筑业的高效性也引起国家相关部门的高度重视，2011 年 5 月，住房

图 1.4-4　北京银河 SOHO

和城乡建设部发布《2011～2015 年建筑业信息化发展纲要》明确指出：在施工阶段开展 BIM 技术的研究与应用，推进 BIM 技术从设计阶段向施工阶段的应用延伸，降低信息传递过程中的衰减；研究基于 BIM 技术的 4D 项目管理信息系统在大型复杂工程施工过程中的应用，实现对建筑工程有效的可视化管理等。2012 年 1 月，住房和城乡建设部《关于印发 2012 年工程建设标准规范制订修订计划的通知》建标（2012）5 号宣告了中国 BIM 标准制定工作的正式启动。

近几年来，随着国外建筑市场的冲击以及国家政策的推动，国内产业界的许多大型企业为了提高国际竞争力，都在积极探索使用 BIM，某些建设项目招标时将对 BIM 的要求写入招标合同，BIM 逐渐成为企业参与项目的一道门槛。目前，一些大中型设计企业已经组建了自己的 BIM 团队，并不断积累实践经验；施工企业虽然起步较晚，但也一直在摸索中前进，并取得了一定的成果。

BIM 技术将在我国建筑业信息化道路上发挥举足轻重的作用，通过 BIM 应用改进完善我国造价管理的现状，增强企业与同行业之间的竞争力，实现我国建筑行业乃至经济的可持续发展势在必行。BIM 技术不仅带来现有技术的进步和更新换代，实现建筑业跨越式发展，而且也间接影响了生产组织模式和管理方式，并将更长远地影响人们的思维方式。

1.4.3　BIM 技术的发展趋势

首先，移动终端的应用可以使人们不受时间地点的限制，及时地获取信息。在建筑工程施工过程中，施工设计人员可以借助移动设备对施工现场进行远程监控和指导，提高建筑工程施工的效率和质量，减少建筑工程的质量安全风险问题。在建筑物内放置监控和无线传感器可以实时监测房屋各项移动设备的运营信息以及空气的温度和湿度等情况。

其次，设计师可以通过激光扫描工程所在的区域，获得早期的一手数据，然后在交互式的三维空间中对建筑工程项目进行分析，设计出适合的方案，然后再利用云计算强大的计算功能对结构分析和能耗分析进行处理，利用云计算实现渲染和分析过程的实时计算，从而为设计师节省计算和分析的时间，及时地对方案进行比较，选择出最优的设计方案。

最后，现有的建筑信息管理方法很难形成完整的 BIM 模型，使该技术在建筑行业中的应用仍存在一些不足之处。针对这一情况，相关工作人员必须重视协同工作，并制订协同工作流程，促使各方都能参与管理，共同享受建设成果，从而发挥出 BIM 技术应用的最优效果。

1.5　BIM 软件

目前国内有四大主流 BIM 平台：

1. Revit

Revit 是当前建筑设计市场 BIM 的领导者，亦是我国建筑业 BIM 体系中使用最广泛的软件之一。Autodesk 公司在收购一家创业公司的 Revit 程序后，于 2002 年发布了该软件。Revit 是一个集成的产品家族，目前包括 Revit Architecture、Revit Structure 和 Revit MEP，分别面对建筑、结构和机电专业。Revit 作为一个设计工具是强大的、直观的，其易于上手，拥有一个友好的用户界面，同时还拥有一个广阔的对象族库。其劣势在于占内存过大，当文件过大时，系统速度会减慢，并且对于复杂曲面的设计也有所局限。

2. Bentley

Bentley 为建筑、机电、公共建设和施工提供了许多的相关产品，是土木工程和基础设施市场的主要参与者。Bentley 提供了大量的建筑模型工具用于处理 AEC 行业内的几乎所有的范围，但在数据一致性和用户界面层次上，Bentley 的大部分产品都只是部分集成，因此用户需要花更多的时间学习和操作。

3. ArchiCAD

在为建筑设计提供 BIM 应用程序的市场中，ArchiCAD 是历史最悠久的。其母公司Graphisoft 在 20 世纪 80 年代初就开始销售建筑 CAD。ArchiCAD 拥有一个相对易于操作的直观界面，具有领先于其他系统的服务能力，便于高效地项目合作，并开始支持对象级别的设计协调。但 ArchiCAD 在自定义参数化建模功能方面有局限性。

4. CATIA

CATIA 是一款全球首屈一指的在航天航空、汽车行业内的大型系统的参数建模平台。它提供了一个非常强大而完整的参数化建模功能，能够完成直接构建庞大而复杂的集成体来控制表面、特征和装配。国内很多体型复杂的 BIM 案例在外部幕墙的设计方面都是用的 CATIA。其劣势在于学习过程困难，拥有一个复杂的用户界面和较高的启动成本，对于建筑使用而言，其图纸发布功能还未充分完善。

相关 BIM 软件见表 1.5-1。

BIM 软件　　　　　　　　　　　　　　　　　　　　　　　　表 1.5-1

公司	软件	功能	使用阶段
Graphisoft	ArchiCAD	建模、能源分析	设计阶段、施工阶段
Bentley	Bentley Architecture	设计建模	设计阶段
	Bentley RAM Structural System	结构分析	设计阶段
	Bentley Construction	项目管理、施工计划	施工阶段
	Bentley Map	场地分析	施工阶段

续表

公司	软件	功能	使用阶段
Autodesk Tekla	BIM 360 Field	施工管理	施工阶段
	Navisworks 系列	模型审阅、施工模拟	设计阶段、施工阶段
	Revit 系列	建筑、结构、设备设计	设计阶段
	Tekla	结构设计	设计阶段
中科院	PKPM 系列	建筑、结构、设备及节能设计	设计阶段
鸿业科技	鸿业 BIM 系列	建筑、结构及设备设计	设计阶段
斯维尔	斯维尔系列软件	建筑、结构、节能设计以及工程量统计	设计阶段、施工阶段
北京理正	理正系列	设备设计、结构分析	设计阶段
鲁班	鲁班算量系列	自动统计工程量	设计阶段、施工阶段

1.6　Autodesk Revit 系列软件

1.6.1　Revit 软件功能简介

Revit 建筑设计软件具有建筑设计、结构分析、设备 MEP（Mechanical Electrical Plumbing）设计三大功能。

Revit Architecture 专门应用于建筑设计阶段，可用于建筑设计的方案阶段和施工图阶段。在建筑方面，软件还可以用于能量分析，以便在整个设计过程不断完善设计作品并做出最优方案的选择；在 Revit 中可以利用场地规划功能对工程现场的场地进行规划设计，并将设计展示给相关的参与方；可利用 Revit 中的三维可视化构建项目，探究复杂的有机外形、研究设计与照明的相互作用、验证设计规划和公共宣传以及建筑物破土动工前的营销；光分析功能可以在 Revit 设计环境中直接执行快速、精确的自动 LEED 采光和电力、日光照明分析；借助光分析这款使用 A360 渲染的云服务，可在 Revit 模型上直接快速显示电力和日光照明效果；此外，Revit 导出明细表的功能可以将模型中所有构件的工程量进行统计。

Revit Structure 主要用于结构分析，软件为常用的结构分析软件提供了链接的接口，软件可视化的功能有利于避免在设计阶段的一些错误。软件可以创建详细、准确的钢筋设计，使用钢筋明细表生成钢筋施工图文档。软件可以执行基于云的建筑结构分析。在 Revit 中进行工作的同时执行同步分析，或运行结构设计概念的并行分析。软件支持链接钢结构细节设计使用详细的 Revit 模型生成制造文档。Revit 和 Advance Steel 之间的互操作性能提供贯穿钢结构设计到最终制造的 BIM 工作流。

Revit MEP 软件提供了给水排水、暖通空调和电气三个专业的设计功能，可以绘制各个专业详细的细部构件。在暖通专业上，使用 Revit 可以创建通风系统和循环水管道系统，计算空调系统热负荷和冷负荷，并使用相关工具可以自动调整风管和管道的大小。在电气专业上，软件支持使用各类电气内容（包括电力、通信、消防、数据和护理呼叫）设计和建模，如电缆桥架布线等，并可计算整个电气配电系统中的电气负荷。在给水排水专业上，软件可以创建卫生卫浴系统，手动或自动布局管道系统，自动连接到卫浴装置和设备。在协同工作方面使用链接模型与建筑师更加高效地协作，若在设备设计过程中，建筑的模型出现了变化，再重新打开机械的 Revit 模型时，所链接的建筑模型将自动更新。使用 Revit 协作工具避免与结构梁和框架发生冲突，使用专为机械、电气和管道工程师和设计师开发的工具，在复杂的工作中保持协调一致和高效协作。

1.6.2　Revit 的 API 二次开发功能

API 是 Application Programming Interface（应用程序编程接口）的简称，Revit 为用户提供 API 的功能是为了让用户可以根据自身的需要在软件现有功能的基础上进行再开发。API 是一些预先定义好的函数，C＋和 VB 语言都可以使用 API 功能．利用 Revit 的 API 功能可以实现软件更加强大的功能，同时也有助于使用者理解内部工作的系统原理。

1.7　Revit 的安装及功能简介

1.7.1　Revit 的安装

1. 打开下载好的软件安装包，鼠标右击 Revit 2022 压缩包，选择【解压到当前文件夹】（图 1.7-1）。

图 1.7-1　解压文件

2. 打开解压的【Autodesk Revit 2022】文件夹（图 1.7-2）。
3. 鼠标右击【Setup. exe】安装程序，选择【以管理员身份运行】（图 1.7-3）。
4. 等待安装程序初始化完成（图 1.7-4）。
5. 点击【下一步】（图 1.7-5）。
6. 设置好安装路径后点击【安装】（图 1.7-6）。
7. 安装好后，返回到解压的【Revit 2022】文件夹中，然后打开【Crack】文件夹

图 1.7-2　打开文件

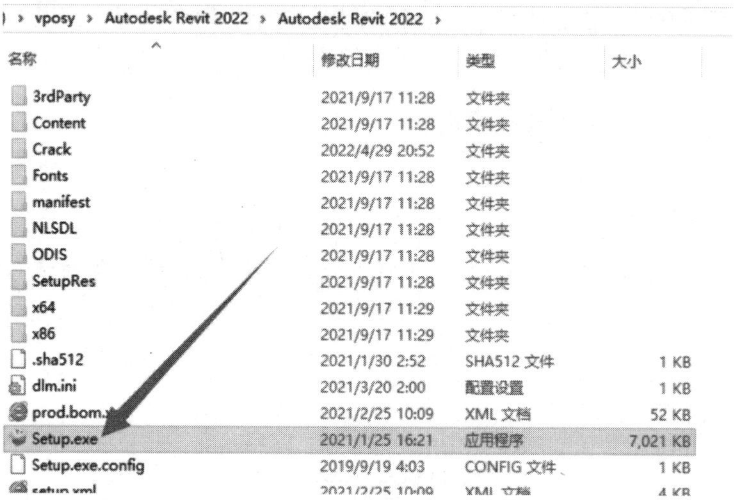

图 1.7-3　安装程序

图 1.7-4　等待安装

（图 1.7-7）。

8. 鼠标右击【Autodesk License Patcher Ultimate】程序，选择【以管理员身份运行】。

9. 在桌面上打开 Revit 2022 软件。

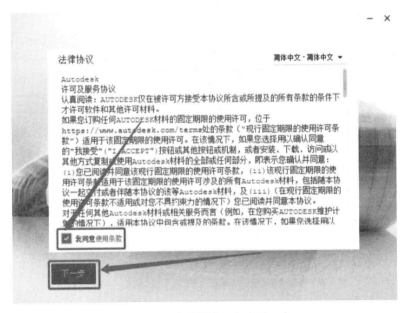

图 1.7-5　勾选同意，点击下一步

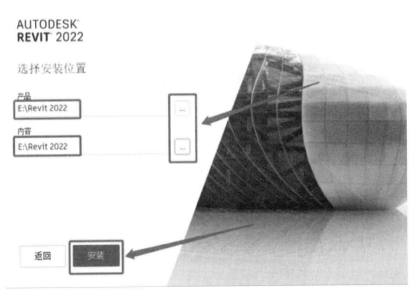

图 1.7-6　点击安装

10.选择已有可许类型，安装完成（图 1.7-8）。

1.7.2　Revit 基本操作

1. Revit 界面介绍

Revit 将"建筑""结构""设备"合为一体，为用户带来更高效便捷的操作体验。因此 Revit 工作界面也将这三项功能整合在一起，并按工作任务和流程进行分类，将软件的

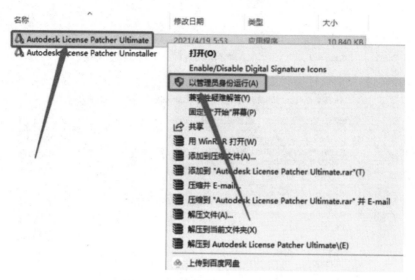

图 1.7-7　打开【Crack】文件夹

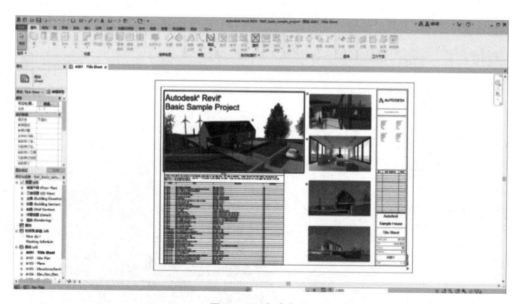

图 1.7-8　完成安装

各项功能组织在分门别类的选项卡中。

新建一个项目进入编辑状态后，Revit 工作界面将由快速访问工具栏、功能选项卡、绘图区域、帮助与信息中心、应用程序、面板、项目浏览器、状态栏、属性面板等部分构成，如图 1.7-9 所示。拖拽各选项卡及面板，用户可以按自己的使用习惯调整界面上各组成部分的位置，方便使用。另外，单击"快速访问工具栏"最右侧下拉箭头可更改"快速访问工具栏"中工具选项，单击"功能选项卡"最右侧下拉箭头可更改"功能面板"显示方式，其他界面调整方式用户可自行探索。

图 1.7-9 说明：①快速访问工具栏；②功能选项卡；③绘图区域；④帮助与信息中心；⑤应用程序菜单；⑥面板；⑦面板标题；⑧属性面板；⑨项目浏览器；⑩状态栏。

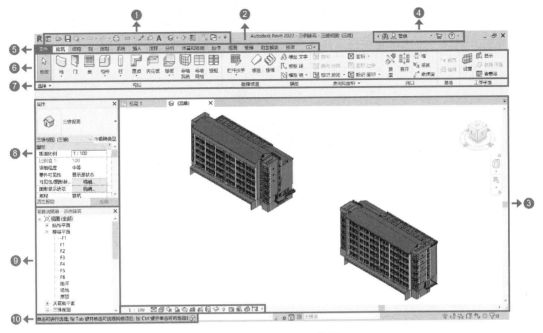

图 1.7-9　Revit 2022 工作界面

2. Revit 菜单命令

1）应用程序菜单

应用程序菜单由新建、打开、保存、另存为、导出与打印等功能构成，如图 1.7-10 所示。单击"选项"，可以对 Revit 软件内自动保存提醒、背景颜色、文件保存路径等基础默认信息进行修改。

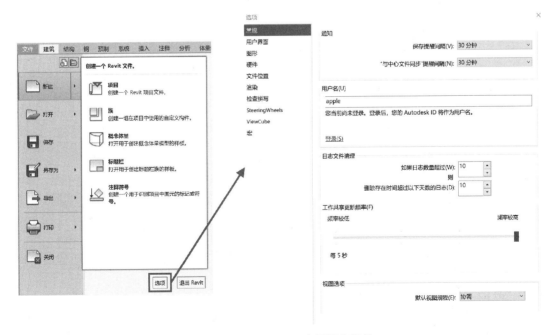

图 1.7-10　Revit 2022 应用程序菜单

2）快速访问工具栏

快速访问工具栏位于 Revit 界面左上方，包含主视图、打开、保存、同步、放弃、重做、打印、测量、对齐尺寸标注、按类别标记、文字、默认三维视图、剖面、细线、关闭非活动视图以及切换窗口等，如图 1.7-11 所示。

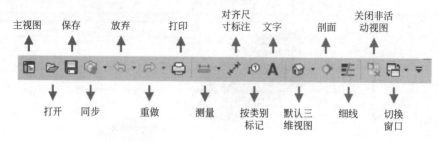

图 1.7-11 Revit 2022 快速访问工具栏

这里介绍几个常用工具：

（1）主视图：点击后直接跳转至刚进 Revit 的界面，即主视图。

（2）打开：用于打开 Revit 项目、族、注释或样板文件等。

（3）保存：用于对当前项目、族、注释或样板文件进行保存，以防数据丢失。

（4）放弃：用于取消最近执行的操作。

（5）重做：用于恢复最近执行的操作。

（6）测量：分为测量两个参照物之间距离和沿图元测量，前者用于测量两个图元或是参照物之间的距离，后者用于测量图元的长度。

（7）对齐尺寸标注：用于在平行参照物之间或多点之间放置尺寸标注。

（8）按类别标记：用于根据图元类别将标记附着到图元中。

（9）默认三维视图：用于打开默认的正交三维视图。

（10）剖面：用于创建剖面视图。

（11）关闭非活动视图：关闭打开的窗口，除当前处于活动状态的视图外。

（12）切换窗口：下拉箭头选择指定要显示或给出焦点的视图。

3）功能区

功能区指选项卡内的工具位置，如图 1.7-12 所示。

图 1.7-12 Revit 2022 功能区

（1）建筑、结构、钢、预制、系统（常用）：创建结构模型所需的工具，如轴网、标高、墙、楼板等。

（2）插入：用于添加和管理次级项目的工具。

（3）注释：用于将二维信息添加到设计中的工具，如尺寸、标高等。

（4）分析：用于对当前模型运行分析的补充工具，如荷载、边界条件等。

（5）体量和场地：体量和场地的专有工具，可以进行简单的建筑构件布置。

（6）协作：工作集以及碰撞检查。

（7）视图：用于管理和修改当前视图以及切换。

（8）管理：项目和系统参数，及其设置。

（9）附加模块：只有在安装第三方工具后，才能显示"附加模块"选项卡。

（10）修改：用于编辑现有图元、数据和系统的工具。

4）信息中心

信息中心位于 Revit 界面右上方，用户可以使用信息中心搜索信息。值得注意的是，用户必须具有访问 Internet 权限才能显示"Autodesk 联机"类别中的搜索结果。

5）属性面板

属性面板包含了当前图元所在族，该图元在本项目中的具体属性、限制条件等，单击"族类型"下拉箭头可更换不同族类型，单击各属性可修改该族类型本次应用的具体限制条件，属性面板见图 1.7-13。双击"编辑类型"，弹出"类型属性"对话框，见图 1.7-14。

◆ 族：选择当前编辑的族类型，例如"基本墙"。

◆ 类型：选择当前族类型下的细化类型，例如"综合楼-240mm-内墙"。

◆ 复制：复制当前具体族类型，通过更改该族类型的材质、构造、显示方式再进行重命名可创建新的细化族类型。

◆ 重命名：为选定的细化族类型重命名。

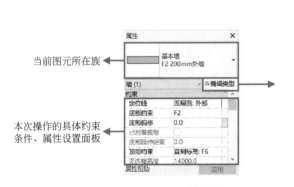

图 1.7-13　Revit 2022 属性面板

图 1.7-14　类型属性对话框

6）项目浏览器

项目浏览器中列出了编辑项目的所有视图、图例、图纸、族等，方便用户切换编辑界面。

项目浏览器的使用方法较为简单，单击"＋"号展开目录，单击"—"号收起目录，双击视图名称打开所选视图进入编辑界面，单击视图名称再单击右键打开快捷菜单，可执行复制视图、删除、重命名等命令，如图 1.7-15 所示。

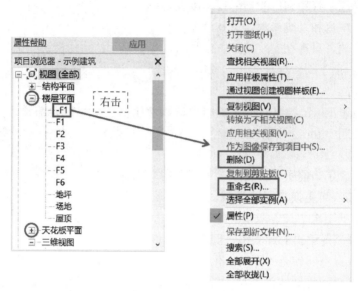

图 1.7-15 Revit 2022 项目浏览器

7）视图控制栏

视图导航栏位于绘图区域最右侧，有全导航控制盘和区域放大两个工具，如图 1.7-16 所示。

（1）全导航控制盘功能

① 缩放：进行视图的缩小和放大。

② 回放：显示已操作过的各角度视图图像，左右移动鼠标可进行选择。

③ 平移：对视图上下左右平移。

④ 动态观察：从各角度自由观察当前模型。

⑤ 中心：调整动态观察旋转中心。

⑥ 漫游：选择漫游视角。

⑦ 向上/向下：调整观察视角的高度。

⑧ 环视：调整视图角度，环视已建模型。

全导航控制盘界面见图 1.7-17，单击全导航控制盘按钮，打开该工具，单击任意命令鼠标不松开执行该命令，松开鼠标，恢复导航盘模式，单击导航盘右上角"×"号关闭全导航控制盘，单击右下角下拉箭头，可切换不同形式导航控制盘，用户可根据自己习惯进行选择。

（2）区域放大

"区域放大功能"位于绘图区域最右侧，可对选定区域进行局部放大。

单击"区域放大"工具，在视图上选择需要放大的区域，可进行视图放大观察，单击该工具下方下拉箭头，可进行功能切换，其中"缩放全部以匹配"可恢复整幅视图到最适宜观察的状态。

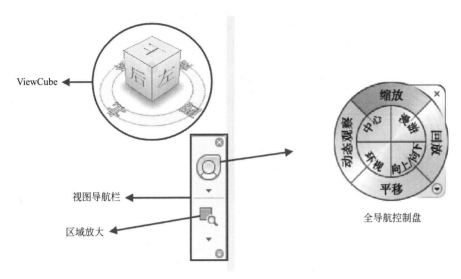

图 1.7-16　Revit 2022 视图导航栏　　　　图 1.7-17　全导航控制盘

在 Revit 2022 中，三维视图的右上角都会显示 Viewcube 工具，Viewcube 是一个三维导航工具，可指示模型当前视图方向，并调整视点，具体使用方法见图 1.7-18。

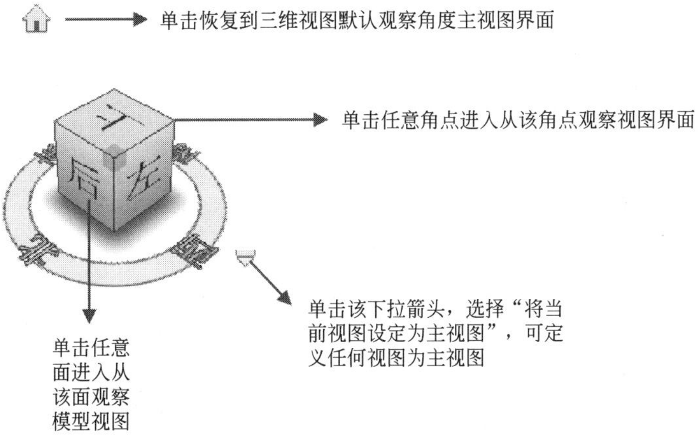

图 1.7-18　Viewcube 工具

8）状态栏

状态栏位于 Revit 界面左下方，使用某一工具时状态栏左侧会显示一些技巧或提示，告诉用户可以做什么；点击构件图时，会显示族和类型名称，如图 1.7-19。

9）常用的修改编辑工具

常规的修改命令适用于软件的所有绘图过程，如移动、复制、旋转、阵列、镜像、对齐、拆分、修剪、偏移等编辑命令，如图 1.7-20 所示，下面主要通过柱的编辑来详细介绍。

（1）柱的编辑：单击"建筑"＞"柱"＞"建筑柱"打开柱的上下文选项卡，单击放置柱。

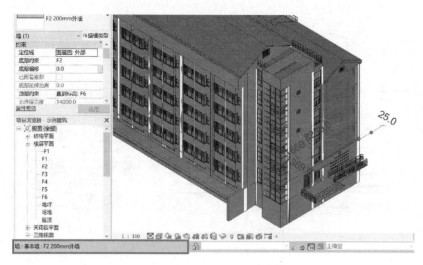

图 1.7-19 Revit 2022 状态栏

（2）移动：用于将选定的图元移动到当前视图中指定的位置。选择已放置的柱，单击"移动"按钮，选择移动起点后单击，拖动鼠标到适当位置，选择移动终点单击，完成移动命令。移动命令选项栏及使用方法如图 1.7-21 所示。

图 1.7-20 修改功能选项卡

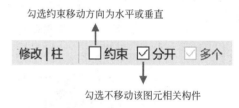

图 1.7-21 移动命令选项栏及使用方法

（3）复制：用于复制选定图元并将它们放置在当前视图指定的位置。勾选"多个"复选框，拾取复制的参考点和目标点，可复制多个柱到新的位置。

（4）旋转：用于旋转选定图元。拖拽"中心点"或按空格键可改变旋转的中心位置。鼠标拾取旋转参照位置和目标位置，旋转柱，也可以在选项栏设置旋转角度值后按回车键旋转柱。

（5）镜像：可以选择"拾取镜像轴"或"绘制镜像轴"镜像图元。

（6）阵列：选择图元，单击"阵列"工具，选项栏如图 1.7-22 所示，在选项栏中进行相应设置，勾选"成组并关联"复选框，输入阵列的数量，如"5"，选择"移动到"选项中的"第二个"，在视图中拾取参考点和目标点位置，两者间距将作为阵列方向上前一个柱和后一个柱的距离，自动阵列柱。

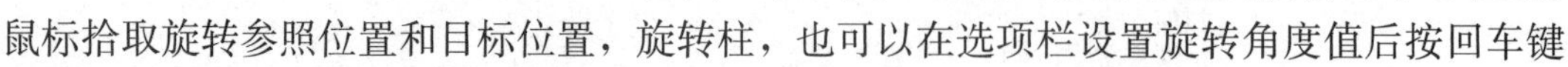

修改|结构柱	激活尺寸标注	⊞⊠	☑成组并关联	项目数：5		移动到：⦿第二个 ○最后一个	□约束

图 1.7-22 "阵列"选项栏

（7）对齐：选定图元，单击"对齐"工具，选择对齐标准线，再选择该图元对齐边线，可将选定图元对齐到该标准线。勾选"多重对齐"，可将多个图元一次性完成对齐命令,选择"首选"栏目,确定对齐标准。

(8)偏移:选定图元,单击"偏移"工具,输入偏移值,再偏移方向单击,完成操作。在选项栏,偏移方式可选择"图形"或"数值",勾选"复制",保留原图元。

10)快捷键的使用

Revit 快捷键是指在 Revit 软件操作中,可以利用键盘快捷键代替鼠标发出命令,完成绘图、修改、保存等操作。Revit 中国标准快捷键大致可以分为创建注释类、视图控制类、编辑设置类、链接载入类、管理分析类以及协同工作类六大类。本书介绍部分常用快捷键,见表1.7-1。

Revit 中国标准快捷键设置路径表   表 1.7-1

类别	工具命令	软件默认路径	快捷键
创建注释类	标高	建筑>基准	B
	轴网	建筑>基准	Z
	墙:建筑	建筑>构建>墙	WA
	分隔缝	建筑>构建>墙	WE
	门	建筑>构建	DR
	窗	建筑>构建	WD
	楼板:建筑	建筑>构建>楼板	FB
	建筑柱	建筑>构建>柱	AC
	对齐尺寸标注	注释>尺寸标注>对齐	CC
	(创建)房间	建筑>房间和面积>房间	RM
	放置构件(模型)	建筑>构建>构件>放置构件	FJ
	高程点	注释>尺寸标注>高程点	W1
	高程点坐标	注释>尺寸标注>高程点坐标	W2
视图控制类	属性	视图>窗口>用户界面>属性	1
	项目浏览器	视图>窗口>用户界面>项目浏览器	2
	族类别和族参数	创建>属性>族类别和族参数	Shift+1
	族类型	创建>属性>族类型	Shift+2
	三维视图:默认三维视图	视图>创建>三维视图	V
	视觉样式:着色	视图显示控制栏>视觉样式>着色	8
编辑设置类	过滤器	修改>选择>过滤器	VV
	可见性/图形替换	视图>图形>可见性图形	VG
	线样式	管理>设置>其他设置	GVV
	打开捕捉	无	F3
	绘制参照平面	建筑>工作平面>参照平面	P
	设置工作平面	建筑>工作平面>设置	PP
	选择全部实例:在整个项目中	鼠标右键关联菜单>选择全部实例>在视图中可见	A1

续表

类别	工具命令	软件默认路径	快捷键
编辑设置类	选择全部实例:在视图中可见	鼠标右键关联菜单>选择全部实例>在整个项目中	AQ
	对齐、偏移	修改>修改	Q O
	复制、旋转	修改>修改	C RO
	镜像(拾取轴)	修改>修改	MM
	修剪/延伸单个图元	修改>修改	TT
链接载入类	载入族	插入>从库中载入>载入族	ZZ
管理分析类	项目信息	管理>设置>项目信息	Shift+1
	项目参数	管理>设置>项目参数	Shift+2
协同工作类	立即同步	协作>同步>与中心文件同步	Shift+S

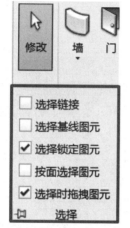

图 1.7-23　图元的选择

此外,打开快捷键菜单,在"搜索"栏中输入相应命令关键词可进行查找相关工具及其他相关操作对应的快捷键。

3. 图元操作

1) 图元的选择

单击"建筑">"选择"下拉箭头,见图 1.7-23,有五种修改功能,勾选复选框开启该功能,反之,关闭该功能。

(1) 选择链接:当我们将其他 Revit 文件、IFC 文件、CAD 文件链接到当前项目文件中时,可以通过是否开启该功能,决定鼠标在选取图元时是否能选取到链接文件。当我们针对局部建模时,建议关闭该功能,避免选择到链接的参照物文件。

(2) 选择基线图元:如果在一个视图中,设置了该视图的基线后,就能看到基线视图的图元并且以灰色显示。打开选择基线图元的功能,就可以选择灰显的图元,进而对图元进行后续操作。

(3) 选择锁定图元:为了防止图元被修改,通过锁定命令锁定该图元,需要再次编辑锁定后的图元时,可开启选择锁定图元的按钮。

(4) 按面选择图元:开启该功能可通过单击某个面,而不是单击边,来选中某个图元。例如,单击墙或楼板的中间即可将其选中,关闭此选项之后,必须单击墙或楼板的一条边才能将其选中。

(5) 选择时拖拽图元:开启选择时拖拽图元的按钮,可以用鼠标对图元进行拖拽。

2) 图元的过滤

当绘图区域中图元种类、数量较多时,可以利用图元的过滤,快速选取想要的图源类型,见图 1.7-24。当我们想选取所有轴网与标高时,一条条选择很浪费时间,这时我们可以选中所有图元,点击界面右下角的"过滤器"按钮,弹出过滤器对话框,单击"放弃全部"按钮,勾选标高和轴网前的复选框,点击"确定"退出。

此时已过滤出所有标高与轴网,见图 1.7-25。

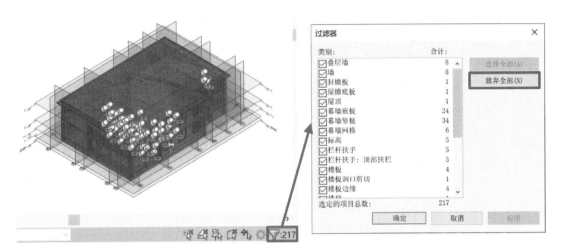

图 1.7-24　图元过滤器

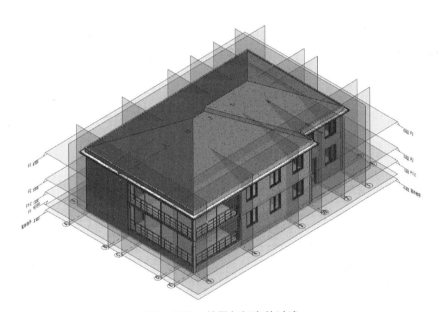

图 1.7-25　轴网与标高的过滤

4. 基本绘图

1）绘制平面

工作平面是一个用作视图或绘制图元起始位置的虚拟二维平面，接下来介绍工作平面的绘制与修改。

单击"建筑"＞"工作平面"＞"设置"，打开工作平面对话框，见图 1.7-26，有三种指定新的工作平面的方法，这里选择"名称"，单击"确定"退出。

单击"建筑"＞"工作平面"＞"显示"，可将刚刚绘制的工作平面显示在绘图区域，见图 1.7-27。

选中工作平面，进入"修改｜工作平面网格"上下文选项卡，选项栏见图 1.7-28，输入数值可以更改工作平面网格间距。拖动工作平面任意一边可以移动工作平面，拖拽工作

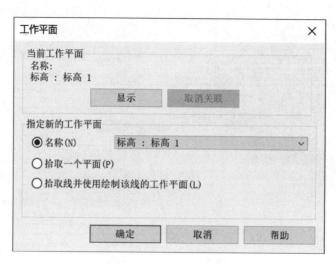

图 1.7-26　工作平面对话框

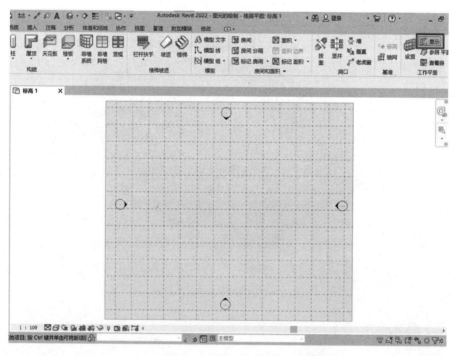

图 1.7-27　显示工作平面

修改 | 工作平面网格	间距	2000.0

图 1.7-28　网格参数修改设置

平面边上显示的任意一点可以调整工作平面的大小，见图 1.7-29。

　　2）绘制矩形

　　在绘制完工作平面后，可以绘制图元，首先介绍如何绘制矩形。单击"建筑"＞"模型"＞"模型 线",进入"修改｜放置 线"上下文选项卡,绘图版面见图 1.7-30,在这个面板中,提供了多种用于基本绘图的工具,用户可根据自己的需要进行选择,绘图版面右侧是线样式版面,点击下拉箭头,可以选择需要的线型。

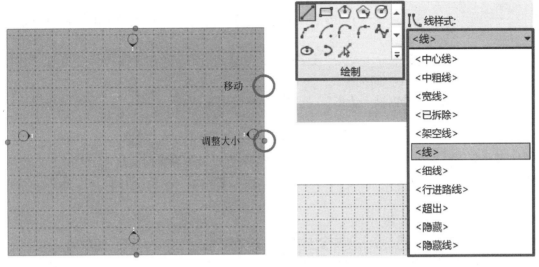

图 1.7-29 工作平面的移动与大小调整   图 1.7-30 绘制面板与线样式面板

单击"绘制"＞"矩形",在工作平面内拾取矩形的两个对角,完成矩形的绘制,在选项栏可以勾选半径并输入数值,将矩形的直角更改为圆角,见图 1.7-31。

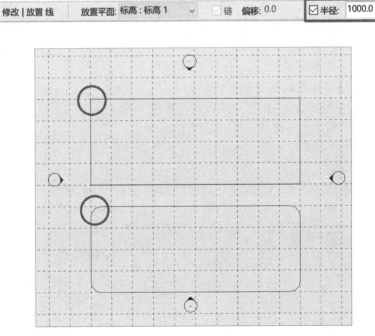

图 1.7-31 绘制矩形

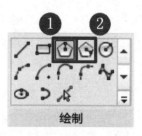

图 1.7-32 绘制面板

3）绘制多边形

单击"建筑"＞"模型"＞"模型 线"，进入"修改｜放置线"上下文选项卡，从绘制面板可以看到有两种绘制多边形的方法，见图 1.7-32。

① 内接多边形：绘制多边形，可指定多边形顶点与中心之间的距离。

② 外接多边形：绘制多边形，可指定多边形各边与中心之间的距离。

单击"绘制"＞"内接多边形"，此时选项栏见图 1.7-33。

图 1.7-33 选项栏设置

① 该选项可以选择工作平面的放置位置，这里选择"标高 1"。

② 边：输入数值，可以指定多边形边数。

③ 偏移量：指示绘制出的多边形将关于鼠标拖动出的线的偏移量，如果输入 0，则绘制出的线与鼠标移动的线保持一致，不发生偏移。

④ 半径：勾选半径，输入数值，可以指定多边形顶点与中心之间的距离。

本例输入边数为 6，偏移量为 0，勾选半径，输入值为 2000，依次拾取多边形中心位置①和顶点位置②，完成内接多边形的绘制，见图 1.7-34。

单击"绘制"＞"外接多边形"，选项栏设置与内接多边形相同，值得注意的是外接多边形的半径，指的是多边形各边与中心之间的距离，所以在各数值设置不变的情况下，利用"外接多边形"绘图工具绘制出来的多边形更大，且方向不同，见图 1.7-35。

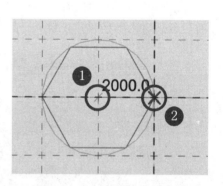

图 1.7-34 内接多边形的绘制

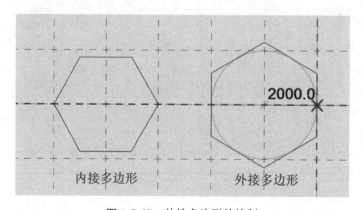

图 1.7-35 外接多边形的绘制

4）绘制圆

单击"建筑"＞"模型"＞"模型 线",进入"修改｜放置 线"上下文选项卡,单击"绘制"＞"圆形",进入圆的绘制,选项栏设置见图 1.7-36。

图 1.7-36　选项栏设置

① 该选项可以选择工作平面的放置位置,这里选择"标高 1"。

② 偏移量:指示绘制出的圆形将关于鼠标拖动出的线的偏移量,如果输入 0,则绘制出的线与鼠标移动的线保持一致,不发生偏移。

③ 半径:勾选半径,输入数值,可以指定圆的半径。

本例设置偏移量为 0,勾选半径,输入值为 2000,拾取圆心位置,完成圆的绘制,见图 1.7-37。

5）绘制圆弧

单击"建筑"＞"模型"＞"模型 线",进入"修改｜放置 线"上下文选项卡,从绘制面板可以看到有四种绘制圆弧的方法,见图 1.7-38。小技巧:将光标停留在一个工具选项上,右下角将出现提示,显示当前工具的作用。

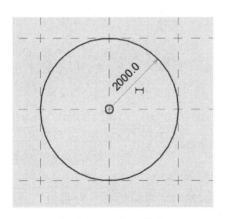

图 1.7-37　圆的绘制

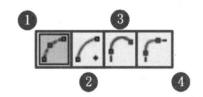

图 1.7-38　绘制面板

① 起点-终点-半径弧:通过指定起点、端点和弧半径,可以创建一条曲线。

② 圆心-端点弧:通过指定弧的中心点、起点和端点,可以绘制一条曲线。

③ 相切-端点弧:可以创建连接至现有线一端的曲线。弧的起点捕捉到现有线的一端,单击以便在捕捉点开始绘制弧,然后单击其端点,弧的半径将自动调整。

④ 圆角弧:将 2 条相交线形成的角成为圆角。

单击"绘制"＞"起点-终点-半径弧",此时选项栏见图 1.7-39。

① 该选项可以选择工作平面的放置位置,这里选择"标高 1"。

② 链:勾选这个选项,绘制的圆弧将成为一个链。

图 1.7-39   选项栏设置

③ 偏移量：指示绘制出的圆弧将关于鼠标拖动出的线的偏移量，如果输入 0，则绘制出的线与鼠标移动的线保持一致，不发生偏移。

④ 半径：勾选半径，输入数值，可以指定圆弧所在圆的半径。

本例设置偏移量为 0，勾选半径，输入值为 2000，拾取圆弧起点①与端点②，完成圆弧的绘制，见图 1.7-40。如果未勾选半径，拾取圆弧起点、端点以及圆弧上任意一点，即可绘制圆弧。

需要提前确定圆弧半径时，一般选择"圆心-端点弧"绘图工具，通过指定弧的中心点、起点和端点，可以绘制一条曲线。

当存在两条不相交的直线，并且需要通过圆弧将其连接时，可以选择"相切-端点弧"绘图工具，通过选择现有直线一个端点①作为圆弧起点，再拾取另一条直线的一个端点②作为圆弧终点，完成圆弧的绘制，见图 1.7-41。

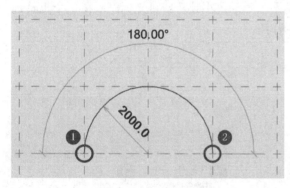

图 1.7-40   圆弧的绘制

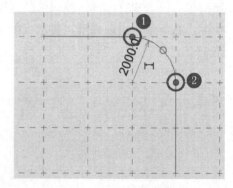

图 1.7-41   圆弧的绘制

存在两条相交直线，并且需要将相交角改为圆角时，可以选择"圆角弧"绘图工具，依次拾取第一条现有直线、第二条现有直线以及圆弧上任意一点，完成圆弧的绘制。

单击现有圆弧，点击半径数值并重新输入，可以对其半径进行修改，此时选项栏见图 1.7-42。

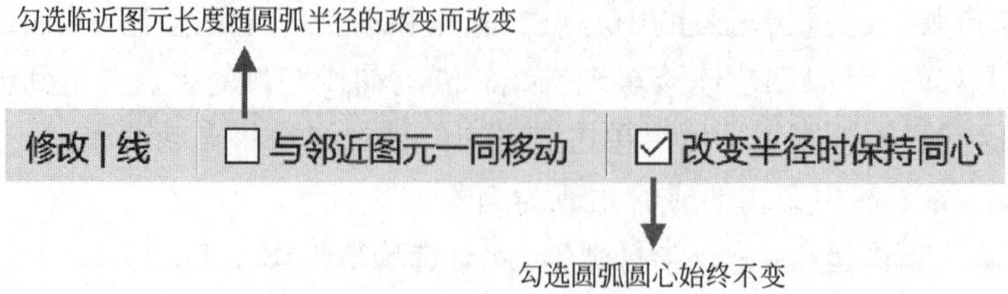

勾选临近图元长度随圆弧半径的改变而改变

修改 | 线   □ 与邻近图元一同移动   ☑ 改变半径时保持同心

勾选圆弧圆心始终不变

图 1.7-42   圆弧的修改

5. 基本编辑

图元的基本编辑包括移动、旋转、复制、偏移、镜像、阵列、修剪/延伸、拆分等编辑命令，如图 1.7-43 所示，下面主要通过矩形的编辑来详细介绍。

（1）矩形的编辑：单击"模型 线"＞"绘制"＞"矩形"拾取矩形的两个对角绘制矩形图元。

（2）移动：用于将选定的图元移动到当前视图中指定的位置。选择已放置的矩形，单击"移动"按钮，选择移动起点后单击，拖动鼠标到适当位置，选择移动终点单击，完成移动命令。移动命令选项栏及使用方法如图 1.7-44 所示。

图 1.7-43 修改功能选项卡

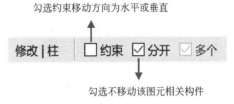

图 1.7-44 移动命令选项栏及使用方法

（3）旋转：用于旋转选定图元。拖拽"中心点"或按空格键可改变旋转的中心位置。鼠标拾取旋转参照位置和目标位置，旋转矩形，也可以在选项栏设置旋转角度值后按回车键旋转柱。

（4）复制：用于复制选定图元并将它们放置在当前视图指定的位置。勾选"多个"复选框，拾取复制的参考点和目标点，可复制多个柱到新的位置。

（5）偏移：选定图元，单击"偏移"工具，输入偏移值，再偏移方向单击，完成操作。在选项栏，偏移方式可选择"图形"或"数值"，勾选"复制"，保留原图元。值得注意的是，矩形不能整体偏移，只能对模型线进行偏移。

（6）镜像：可以选择"拾取镜像轴"或"绘制镜像轴"镜像图元。

（7）阵列：选择图元，单击"阵列"工具，选项栏见图 1.7-45，在选项栏中进行相应设置，勾选"成组并关联"复选框，输入阵列的数量，如"5"，选择"移动到"选项中的"第二个"，在视图中拾取参考点和目标点位置，两者间距将作为阵列方向上前一个柱和后一个柱的距离，自动阵列柱。

图 1.7-45 "阵列"选项栏

（8）修剪/延伸：选定图元，单击"修剪/延伸单个图元"工具，选择一个参照作为修剪/延伸边界，选择要修剪/延伸的对象，单击要保留的部分，完成操作。若想同时修剪/延伸多个图元，可以单击"修剪/延伸多个图元"进行编辑。

（9）拆分：选定图元，单击想要拆分的位置，即将该图元在单击处拆分开来。

6. 辅助操作

1）参照平面

在绘图过程中，参照平面是一个很常用的工具，具有辅助线的作用。单击"建筑"＞

"工作平面">"参照平面",进入"修改｜放置 参照平面"上下文选项卡,通过拾取参照平面起点与终点,可以绘制一个参照平面。单击参照平面名称,如图 1.7-46 ①处,可以对参照平面进行命名;也可以打开属性面板,对参照平面的名称进行修改。

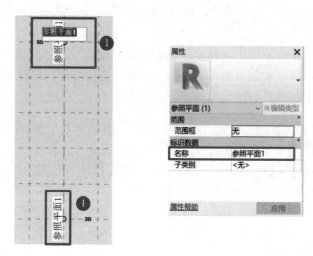

图 1.7-46　参照平面的命名

2）使用临时尺寸

临时尺寸标注是 Revit 当中一项实用编辑功能,通过更改临时尺寸标注,用户可以方便地对所编辑图元进行尺寸修改,从而更改所编辑图元的形状和位置。下面以移动一个柱图元为例讲解"临时尺寸标注"的用法,单击主图元,显示临时尺寸标注如图 1.7-47。

尺寸界线夹点,如图 1.7-47 中第 2 步所示,单击拖动鼠标可移动,方便用户更改参照标准。本例将夹点拖拽至中间虚线,并更改数值为 2000。

数值标注,单击数值显示数值编辑框,可根据需求输入任意数值,如图 1.7-48 中第 3 步所示。本例更改该数值为 3500,见图 1.7-48。

转换为永久尺寸标注,当该图元不再为当前编辑图元时仍显示该尺寸标注。本例单击该图标,将其设定为永久尺寸标注,见图 1.7-49。

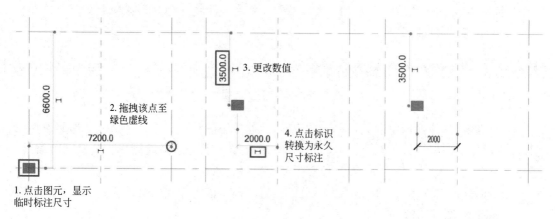

图 1.7-47　第 1、2 步　　　　　图 1.7-48　第 3、4 步　　　　　图 1.7-49　结束

本章小结

本章主要介绍了 BIM 的概念、相关术语和基本特征，BIM 在国内外的应用发展现状；国内外 BIM 的技术标准；BIM 应用软件及国内外应用现状；Autodesk Revit 系列软件的功能；Revit 的安装和基本操作等。

思考与练习题

1-1　什么是 BIM？其基本内涵和特征是什么？

1-2　有哪些 BIM 的应用软件？其应用方面有什么不同？

1-3　Revit 软件的功能有哪些？

第 2 章　建筑设计中的 BIM 技术应用

本章要点及学习目标

本章要点：
(1) 熟练掌握建筑族的创建，包括门窗族、栏杆族，家具族；
(2) 掌握建筑模型的构建，包括创建标高、轴网、墙体、门窗、楼板、屋顶和楼梯等；
(3) 掌握 Revit 视图生成的方法。
学习目标：
(1) 能够熟练绘制 Revit 建筑模型；
(2) 掌握绘制建筑族的绘制方法；
(3) 能够熟练绘制一栋建筑模型。

2.1　建筑族的创建

在 Revit 2022 中，族是一个很重要的概念，每一个族的同种类型属性和参数是统一的，当用户修改某一族的类型参数时，已经创建的同类型图元也会自动更新，从而大大方便了建模过程，增加了 Revit 建模的高效性和智能性。在建模时，用户可以选择软件自带的族类型进行建模，也可以自行创建符合使用要求的族类型来方便建模过程。

2.1.1　创建门窗族

单击文件＞新建＞族，打开"新族-选择样板文件"对话框，选择样板文件，单击打开，进入族编辑模式。本节将以创建一个窗族为例来讲解门窗族的创建。

在"新族-选择样板文件"对话框中选择"公制窗 . Rft"，单击打开进入组编辑模式。

1. 修改窗洞口参数

双击项目浏览器中"外部"视图，单击"创建"＞"工作平面"＞"设置"按钮，打开工作平面对话框，设置如图 2.1-1 所示。

单击"修改"＞"属性"＞"族类型"按钮，弹出族类型编辑器，见图 2.1-2 和图 2.1-3，在编辑器中修改参数"宽度""高度""默认窗台高度"的值，可对该窗台族进行对应参数调整，单击"默认三维视图"按钮可观察当前窗的三维显示状态。本例设置窗"宽度""高度""默认窗台高度"的值分别为 1200、1500、900，单击"确定"按钮退出"族类型编辑器"。

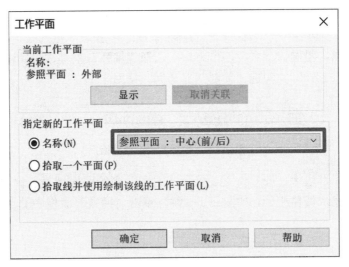

图 2.1-1 "工作平面"对话框

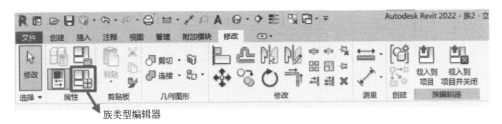

图 2.1-2 族类型编辑器

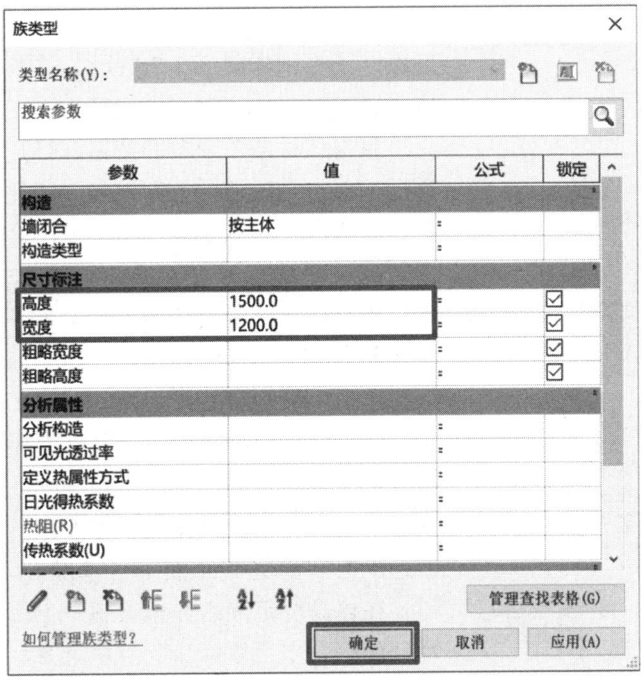

图 2.1-3 "族类型"对话框

2. 创建窗框

单击"创建"选项卡＞"形状"＞"拉伸",进入"修改｜创建拉伸"上下文选项卡。选择"矩形"工具,沿洞口顶点拉伸出矩形,选择"偏移"工具,将偏移方式设置为"数值方式",偏移量为"60",勾选"复制"复选框,见图 2.1-4。

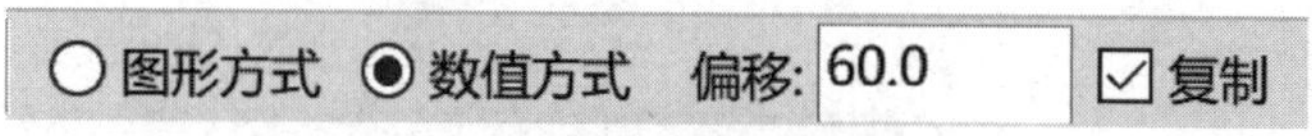

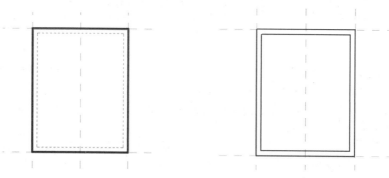

○ 图形方式　◉ 数值方式　偏移：60.0　☑ 复制

图 2.1-4　偏移方式设置界面

移动鼠标至矩形边缘,按 Tab 键切换所选对象,当绘图区域显示偏移预览如图 2.1-5时,单击鼠标,完成偏移命令,如图 2.1-6 时,单击"模式"面板中的"完成"按钮,完成窗框的编辑。

图 2.1-5　显示偏移预览　　　　　　图 2.1-6　窗框的编辑

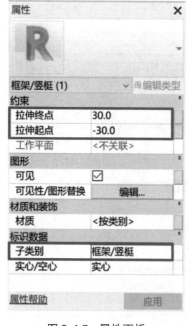

图 2.1-7　属性面板

单击窗框选中,在属性面板中设置窗框拉伸起点、终点、子类别如图 2.1-7 所示,单击"应用"按钮,完成设置。将拉伸窗框厚度设置为 60mm。

单击"材质"最右侧按钮,打开"关联族参数"对话框,单击"添加参数"按钮,不更改其他设置选项,在"名称"处输入"窗框材质",如图 2.1-8 所示,单击"确定"退出。

用类似方法绘制内部窗框,设置偏移值为 40mm,拉伸起点 20mm,拉伸终点—20mm。

单击,可观察三维视图,如图 2.1-9 所示。

下面创建窗框横梃,与竖梃不同的是横梃需要设置等分,使其不管如何更改窗户宽度、高度都能保证横梃在窗户中间位置,具体过程如下:

单击"创建"面板＞"基准"＞"参照平面"按钮,在窗高度范围内任意绘制一个参照平面,单击"注释"面板＞"尺寸标注"＞"对齐"按钮,依次拾取窗上边、参照平面、窗下边,在空白位置单击,完成尺寸

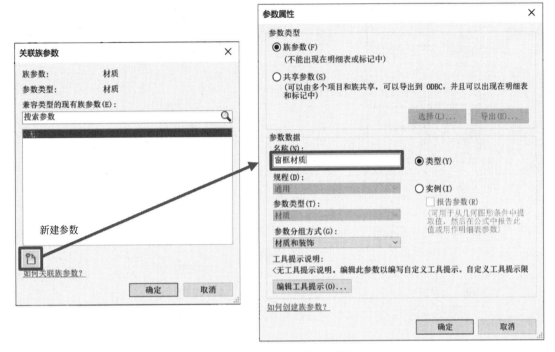

图 2.1-8 "关联族参数"对话框

标注，单击"EQ"按钮保持该参照平面等分窗框高度，见图 2.1-10。

再次单击"创建"选项卡＞"形状"＞"拉伸"，进入"修改｜创建拉伸"上下文选项卡。

选择"矩形"工具，在中间参照平面附近绘制两个矩形，并用"对齐"工具进行标注。更改绘制的矩形上下边尺寸界限值，使上下边距离中间参照平面均为20mm，单击尺寸标注选中，再次点击 EQ 进行等分，并单击上锁，最后单击"完成"按钮完成横梃的编辑，见图 2.1-11。

再次单击选中横梃，设置拉伸起点 20mm，拉伸终点—20mm，子类型和材质设置如上。单击"可见"后的"关联族参数"，打开"关联族参数"对话框，单击"添加参数"按钮，不更改其他设置选项，在"名称"处输入"横梃可见"，其他参数不变，单击"确定"退出。

图 2.1-9 窗的三维视图

3. 创建窗扇

再次单击"创建"选项卡＞"形状"＞"拉伸"，进入"修改｜创建拉伸"上下文选项卡。

选择"矩形"工具，沿窗框内部绘制两个矩形，见图 2.1-12，单击"完成"按钮。选中刚绘制的矩形，更改属性值见图 2.1-13。

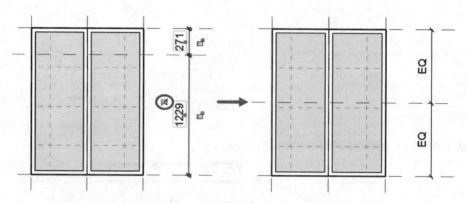

图 2.1-10　窗框高度等分

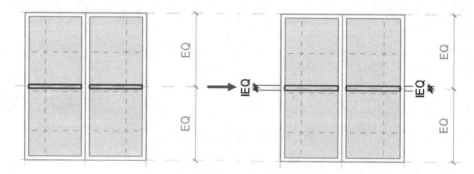

图 2.1-11　窗横梃的编辑

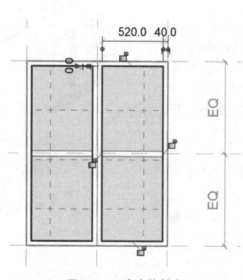

图 2.1-12　窗扇的创建

图 2.1-13　属性值编辑

4. 绘制窗平面符号

打开三维视图，选择窗边框及玻璃，"修改｜选择多个"上下文选项卡中将出现"可见性设置"按钮，单击打开设置，更改设置见图2.1-14。

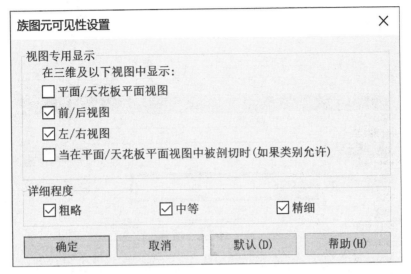

图2.1-14 "可见性设置"对话框

单击"注释"＞"详图"＞"符号线"按钮，打开"修改｜放置 符号线"上下文选项卡，更改子类别为"窗截面"，在窗位置绘制两条线，借助"对齐"注释工具实现等分，绘制后图形见图2.1-15。

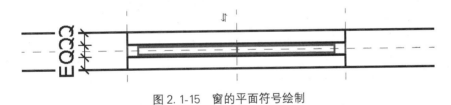

图2.1-15 窗的平面符号绘制

5. 保存族文件

打开族类型编辑器，单击"新建"按钮，输入窗名称如图2.1-16所示，单击确定，创建新的族类型。单击保存按钮，选择合适保存路径，保存该文件。

门的族文件创建参照窗族进行。

2.1.2 创建栏杆族

单击"应用程序"＞"新建"＞"族"，打开族样板选择对话框，选择"公制栏杆"。

1. 创建扶手

双击"左立面"视图，切换到左立面界面，单击选项卡"创建"＞"形状"＞"拉伸"，弹出"工作平面"对话框，见图2.1-17，选择参照平面"中心（左/右）"，进入扶手形状绘制界面。

选择"绘制"面板＞"圆形"工具，在参照平面上下两个交点处各绘制一个半径为50的圆，见图2.1-18。

单击"完成"按钮退出草图绘制，在属性面板中，更改拉伸终点参数为"2000"，并

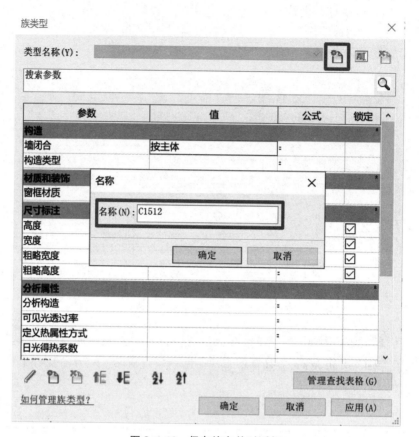

图 2.1-16　保存族文件对话框

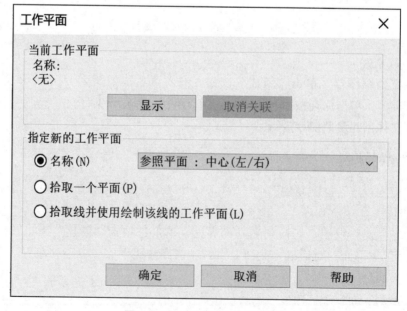

图 2.1-17　"工作平面"对话框

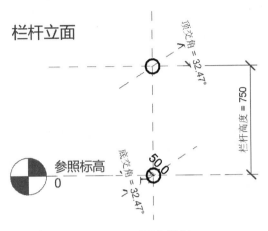

图 2.1-18 "圆"绘制

单击"拉伸终点"后的"关联族参数按钮",弹出"关联族参数"对话框,单击"添加参数",打开"参数类型"对话框,填写名称为"栏杆长度",见图 2.1-19,单击确定退出。

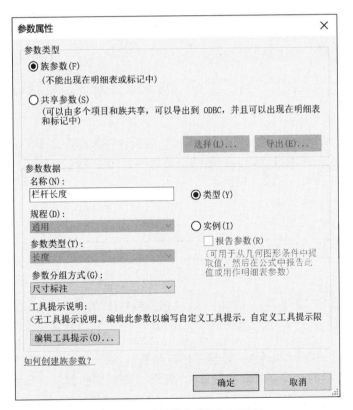

图 2.1-19 "关联族参数"对话框

单击"材质"后的"关联族参数按钮",弹出"关联族参数"对话框,单击"添加参数",打开"参数类型"对话框,填写名称为"扶手材质",见图 2.1-20,单击确定退出。

2. 创建栏杆

双击"参照标高"平面视图,切换到该视图平面,单击选项卡"创建">"形状">

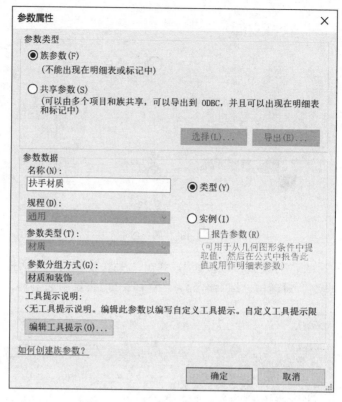

图 2.1-20　"关联族参数"对话框

"拉伸"，进入栏杆形状绘制界面。选择"绘制"面板＞"圆形"工具，在扶手两端各绘制一个半径为 50 的圆，再通过移动命令使两个圆的位置如图 2.1-21 所示，单击"完成"按钮退出草图绘制。

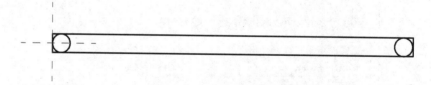

图 2.1-21　创建栏杆

在属性面板中，将拉伸起点设置为—100，单击"拉伸终点"后的"关联族参数按钮"，弹出"关联族参数"对话框，选择"栏杆高度"，见图 2.1-22，单击确定退出。

单击"材质"后的"关联族参数按钮"，弹出"关联族参数"对话框，单击"添加参数"，打开"参数类型"对话框，填写名称为"两端栏杆材质"，见图 2.1-23，单击确定退出。

下面绘制中间栏杆，单击选项卡"创建"＞"形状"＞"拉伸"，进入栏杆形状绘制界面。选择"创建"面板＞"基准"＞"参照平面"工具，在原参照平面右侧绘制 2 个参照平面，更改两个间距均为 500，按 Esc 键退出。选择"绘制"面板＞"圆形"工具，在参照平面处绘制一个半径为 30 的圆，如图 2.1-24 所示。

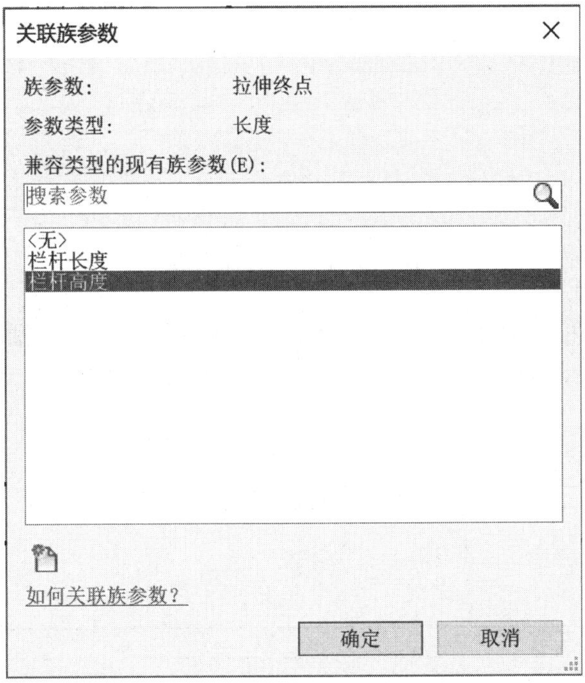

图 2.1-22 “关联族参数”对话框

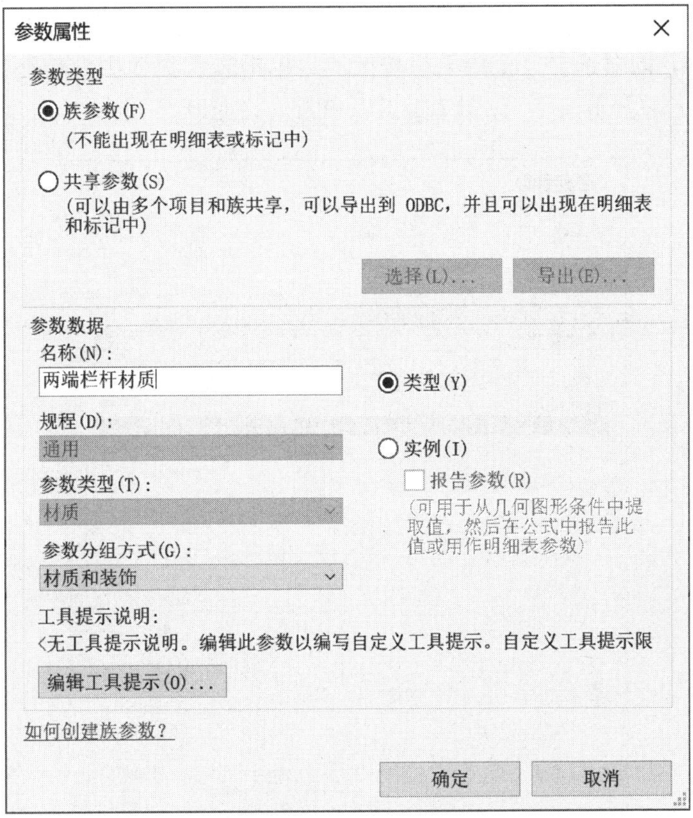

图 2.1-23 “参数类型”对话框

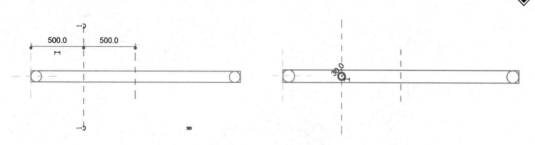

图 2.1-24　中间栏杆绘制

选择"修改"面板＞"阵列"工具，选定阵列对象为 30mm 小圆，修改选项栏各项参数如图 2.1-25 所示。阵列完成后见图 2.1-26。

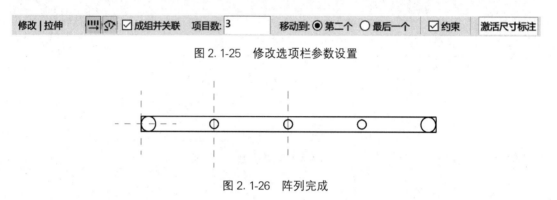

图 2.1-25　修改选项栏参数设置

图 2.1-26　阵列完成

按住 Ctrl 键，同时选中 3 个中间栏杆图元，单击属性面板中拉伸终点后"关联族参数"按钮，选择"栏杆高度"，见图 2.1-27，单击确定退出。

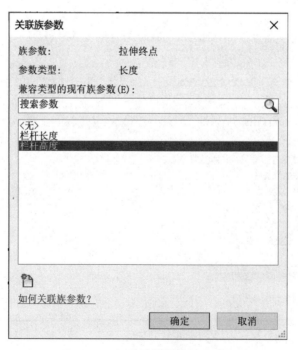

图 2.1-27　"关联族参数"对话框

单击"材质"后的"关联族参数按钮",弹出"关联族参数"对话框,单击"添加参数",打开"参数类型"对话框,填写名称为"中间栏杆材质",见图 2.1-28,单击确定退出。

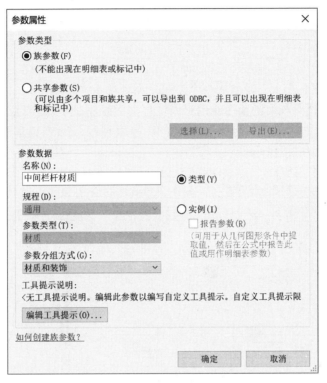

图 2.1-28 "关联族参数"对话框

单击"默认三维视图按钮"可观察该族情况,单击"族类型编辑器"＞"新建",输入名称"公制圆形栏杆—50mm",见图 2.1-29,单击"确定"退出,其三维视图见图 2.1-30,保存该文件。

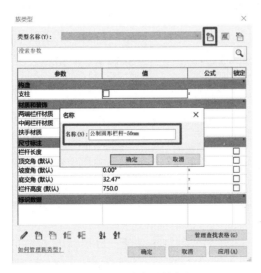

图 2.1-29 族类型编辑器

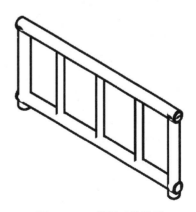

图 2.1-30 栏杆三维视图

2.1.3　创建家具族

本节将以创建一个玻璃圆桌为例来讲解家具族的创建。单击"应用程序"＞"新建"＞"族",打开族样板选择对话框,选择"公制家具"。

1. 创建桌柱

双击"前立面"视图,切换到前立面界面,单击选项卡"创建"＞"形状"＞"旋转",先在参照标高上方 450 处创建一个参照平面,单击"绘制"＞"边界线"＞"线",在参照标高交点①处向右绘制长 100 的直线,再向上绘制长 15 的直线,在参照平面交点②处绘制长 20 的直线,单击"修改"＞"镜像-拾取轴",选中①处两条直线,单击②所在水平参照平面,完成镜像修改。

单击"绘制"＞"边界线"＞"起点-终点-半径弧",依次选择图中③、④、②右侧点,完成圆弧的绘制。删除②处长 20 的直线,单击"绘制"＞"边界线"＞"线"将桌柱上下部分连接形成闭环曲线,单击"绘制"＞"轴线"＞"线",绘制旋转轴线,如图 2.1-31 所示。

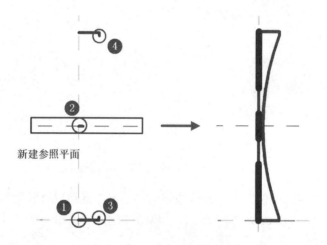

新建参照平面

图 2.1-31　创建桌柱

单击"完成"按钮退出草图绘制,在属性面板中,单击"材质"后的"关联族参数按钮",弹出"关联族参数"对话框,单击"添加参数",打开"参数类型"对话框,填写名称为"桌柱材质",见图 2.1-32,单击确定退出。

2. 创建桌面

双击"参照标高"平面视图,切换到该视图平面,单击选项卡"创建"＞"形状"＞"拉伸",进入桌面形状绘制界面。选择"绘制"面板＞"圆形"工具,在参照平面交点处绘制一个半径为 600 的圆,如图 2.1-33 所示,单击"完成"按钮退出草图绘制。

在属性面板中,将拉伸起点设置为 900,拉伸终点设置为 915。单击"材质"后的"关联族参数按钮",弹出"关联族参数"对话框,单击"添加参数",打开"参数类型"对话框,填写名称为"桌面材质",见图 2.1-34,单击确定退出。

单击"属性"＞"族类型",打开族类型对话框,单击新建参数,填写名称为"桌面半径",见图 2.1-35,单击确定退出。单击"测量"＞"半径尺寸标注"对桌面半径进行标注,单击标注,在标注属性面板中标签后下拉箭头选择"桌面半径",单击应用,见图 2.1-36。

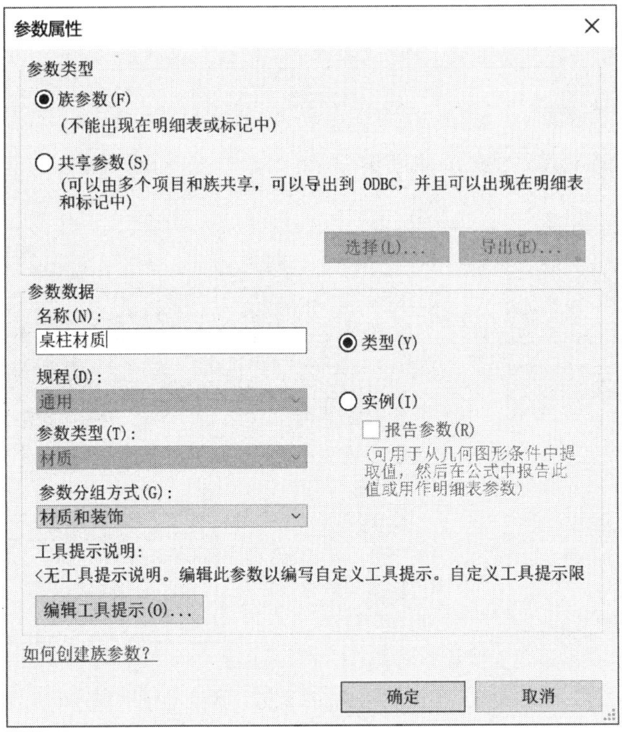

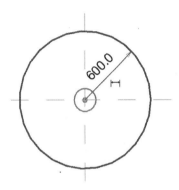

图 2.1-32 "关联族参数"对话框

图 2.1-33 圆的绘制

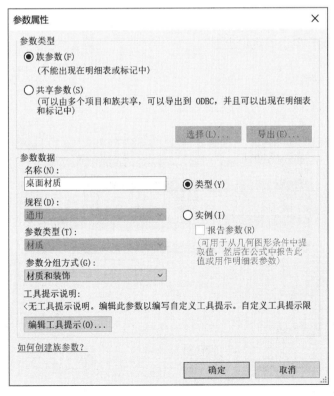

图 2.1-34 "关联族参数"对话框

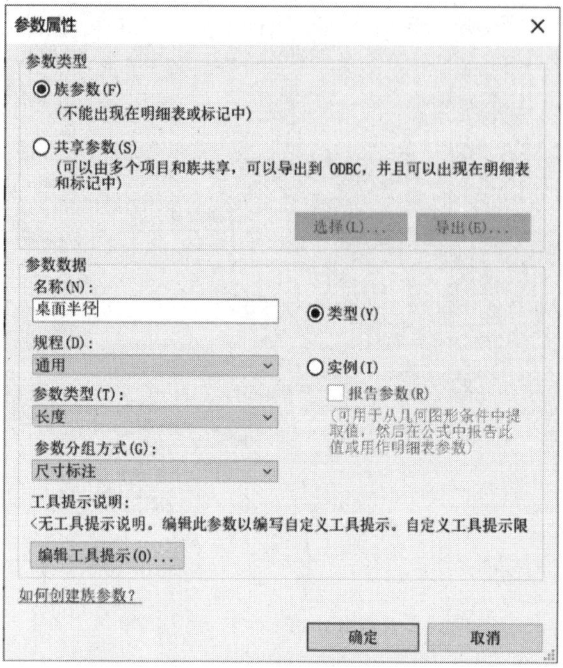

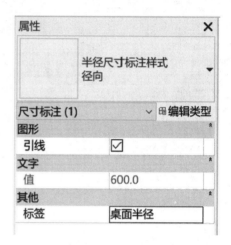

图 2.1-35 "关联族参数"对话框

图 2.1-36 桌面半径的标注

　　单击"属性">"族类型",打开族类型对话框,单击"桌柱材质">"按类别"后的"材质浏览器按钮",见图 2.1-37,单击"打开/关闭资源浏览器",搜索不锈钢,选择任意一种,见图 2.1-38,单击确定退出。单击"桌面材质">"按类别"后的"材质浏览器按钮",选择玻璃,单击确定退出。

图 2.1-37 "族类型"对话框

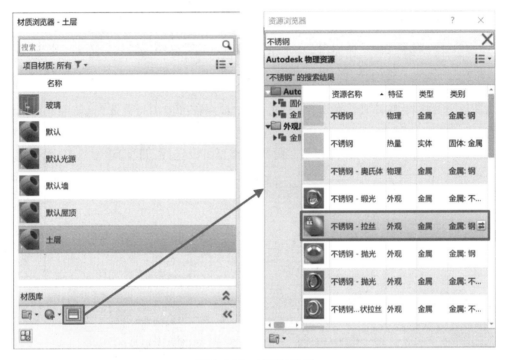

图 2.1-38　材质的选择

单击"默认三维视图按钮"可观察该族情况，单击"族类型编辑器"＞"新建"，输入名称"玻璃圆桌"，见图 2.1-39，单击"确定"退出，其三维视图见图 2.1-40，保存该文件。

图 2.1-39　族类型编辑器

图 2.1-40　玻璃圆桌三维视图

2.1.4　创建植物族

因为植物外观不规则，所以自己从零创建较难，这里介绍一种比较简单、快捷的方法创建植物族。单击"应用程序" > "新建" > "族"，打开族样板选择对话框，选择"公制 RPC 族"。

双击三维视图，切换到三维视图界面，并将视图样式改为"真实"。单击"属性" > "族类型"，打开族类型对话框，单击"渲染外观"后的按钮，进入渲染外观库对话框，单击类别后的下拉箭头，可以看到有很多种植物类型可以选择，我们这里选择"Shrubs & Grasses"，见图 2.1-41，在这一类别中，还有很多种灌木可供选择，选择"Oleander"，单击确定退出。

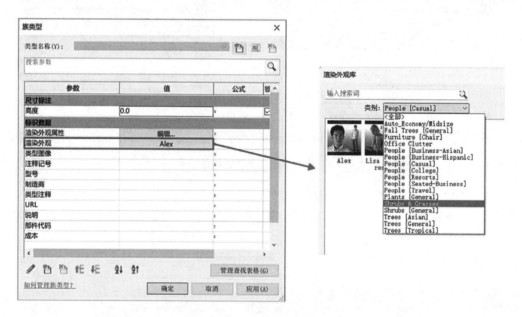

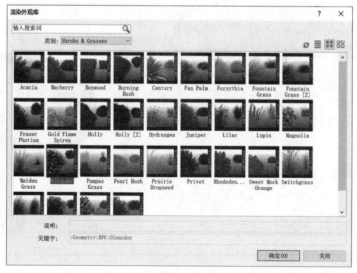

图 2.1-41　族类型编辑器和渲染外观库

单击"族类别和族参数编辑器",将族类别改为"植物",单击确定退出;单击"族类型编辑器">"新建",输入名称"植物1",见图2.1-42,单击"确定"退出,其三维视图见图2.1-43,保存该文件。

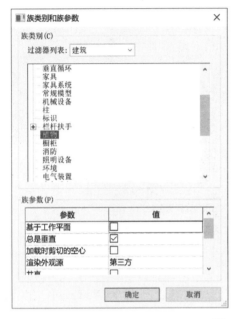

图 2.1-42　族类型编辑器

图 2.1-43　植物三维视图

2.2 Revit 建筑模型构建

2.2.1 建立新项目

新建一个 Revit 项目,将开始一个 Revit 三维模型的创建过程,在创建前一定要为创建项目选择一个合适的项目样板,这将对后续操作的难易性有很大的影响。本书将以一个三维模型的创建为例来讲解建筑模型的创建方法。

单击"应用程序">"新建">"项目"，打开"新建项目"对话框，见图 2.2-1，单击浏览按钮，打开"选择样板"对话框，见图 2.2-2，选择合适的样板文件，单击打开，进入项目文件编辑界面，观察属性面板，双击切换视图，可看到项目样板文件中已有的视图和标高等信息，见图 2.2-3，用户可根据自己习惯进行增删修改。

图 2.2-1　"新建项目"对话框

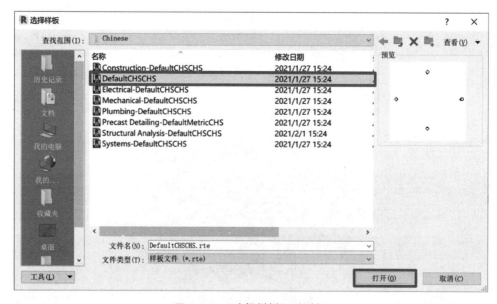

图 2.2-2　"选择样板"对话框

2.2.2　标高

标高用来确定所创建平面的高度，是创建其他构件的基础，可以通过创建标高来创建楼层平面视图。在 Revit 当中，为了使一次绘制的轴网可以显示在所有楼层平面视图，通常先绘制标高，后绘制轴网，所以标高绘制好后最好不要进行更改，否则将为后续操作带来不便。下面将接上节创建的项目讲解标高的创建、修改以及族属性编辑。

1. 创建标高

打开上节新建项目，切换到北立面视图，单击选项卡"建筑">"基准">"标高"，

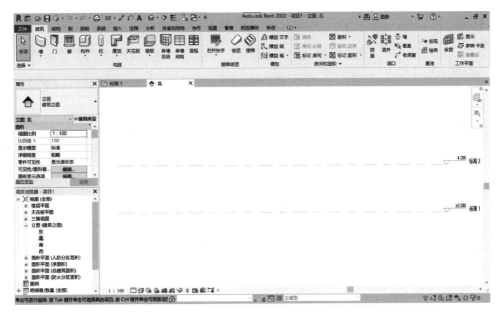

图 2.2-3　项目文件编辑界面

进入"修改丨放置 标高"上下文选项卡，选项栏设置见图 2.2-4。

图 2.2-4　设置选项栏

（1）创建平面视图：勾选可创建对应平面视图。

（2）平面视图类型：单击选择平面视图类型，默认为楼层平面视图。

（3）偏移量：标高偏移绘制线的距离，正值向上偏移，负值向下偏移。

捕捉已有标高竖直方向延长线，输入偏移值"3000"，向右水平拉伸，当光标移动至与已有标高符号延长线对齐时单击，完成该标高绘制，见图 2.2-5。注意，这里输入偏移值单位为"mm"，是指与上一个标高之间的距离，但绘制完成后进行标高修改时，因为标高默认单位是"m"，数值指标高值，例如一个标高为 6m，应在标高数值框内输入"6"。

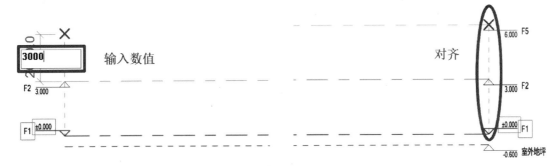

图 2.2-5　绘制标高

2. 修改标高

各标高部件名称见图 2.2-6，修改各值，可进行相应修改。

（1）是否显示标号：勾选该选项，显示标头、标高值、标头名称，不勾选则隐藏。

（2）标高值：单击可修改标高数值。

（3）标高名称：单击可修改标高名称。

（4）对齐约束：单击显示上锁状态，则该标头与其他标头位置保持一致，左右移动一个标头，其他标头也随之移动。

（5）添加弯头符号：点击可添加弯头，见图 2.2-7，拖拽①夹点，更改弯折位置，当拖拽①夹点与②夹点重合时，弯头去除。

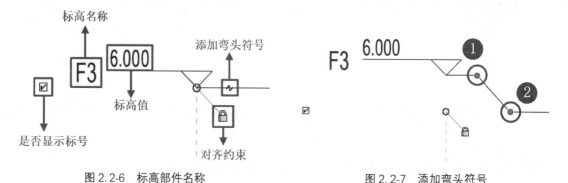

图 2.2-6　标高部件名称　　　　　　　图 2.2-7　添加弯头符号

3. 属性编辑

创建任意一条标高，打开属性面板，见图 2.2-8。

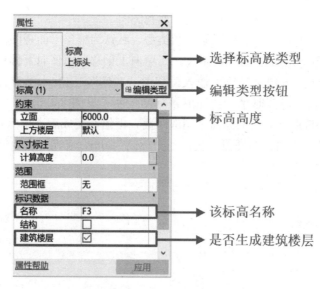

图 2.2-8　属性面板

（1）标高族类型：单击下拉箭头选择当前图元的族类型。

（2）立面：编辑当前标高高度。

（3）名称：当前标高名称，修改后，会弹出对话框见图 2.2-9，单击"是"将更改相

图 2.2-9　是否重命名视图对话框

应视图名称。

（4）建筑楼层：勾选该选项，将生成对应楼层平面视图。

本例更改属性对话框数值见图 2.2-10。

单击"编辑类型"按钮，弹出"类型属性"对话框，见图 2.2-11。

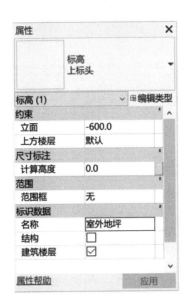

图 2.2-10　属性对话框

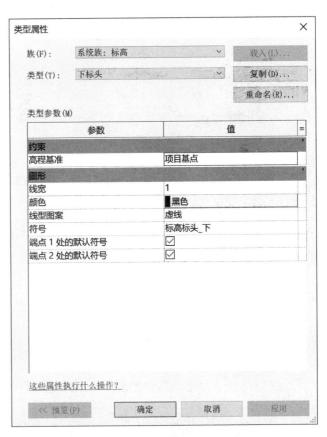

图 2.2-11　"类型属性"对话框

（1）族：选择当前图元所在族。

（2）类型：选择当前图元所属具体类型，例如，本例选择"下标头"，见图 2.2-12。

（3）复制：复制当前类型，并为复制的类型重新命名。该命令常用来创建一个新的类型，重命名后更改类型属性使其成为一个新的类型。

（4）重命名：重命名当前类型。

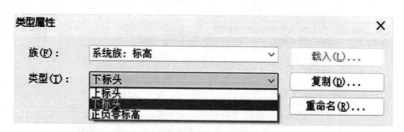

图 2.2-12　类型选择

（5）基面：选择标高的基面，有"项目基点"和"测量点"两个选项，"项目基点"指该项目的正负零标高，"测量点"指海拔绝对高程。

（6）线宽：指定标高线宽度，数值越大，线越宽。

（7）颜色：指定标高线颜色。

（8）线型图案：选择标高线的线型样式，例如，选择当前线型为"虚线"，标高线见图 2.2-13。

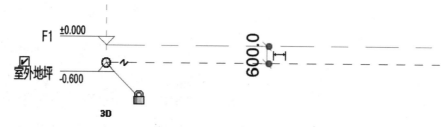

图 2.2-13　线型图案设置

（9）符号：选择标头符号。

（10）端点处的默认符号：勾选显示符号，不勾选则标高显示见图 2.2-14。

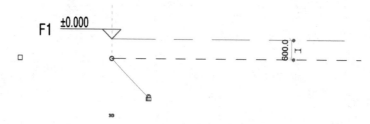

图 2.2-14　端点处的默认符号设置

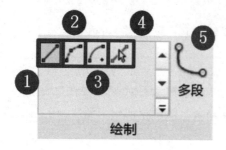

图 2.2-15　绘制面板

2.2.3　轴网

1. 创建轴网

切换到 F1 平面视图，单击选项卡"建筑">"基准">"轴网"，进入"修改 | 放置 轴网"上下文选项卡，绘制面板见图 2.2-15。

（1）直线：绘制直线轴网。

（2）起点-终点-半径弧：通过绘制起点、终点并输入圆弧半径绘制弧形轴网。

（3）圆心-端点弧：通过绘制圆心和两个端点绘制弧形轴网。

（4）拾取线：通过已有直线、墙面等来绘制轴网。

（5）多段线：绘制折线轴网，一条轴网可以有多个拐点，单击该工具将进入轴网草图编辑模式，但用该工具，一幅草图只可以绘制一条轴网。本例中，选择"直线"工具，选项栏设置见图 2.2-16。

偏移量：绘制线与所绘轴线间距离，本例设置为 0。

在绘图区域适当位置单击，竖向移动绘制第一条轴线，默认编号为①，绘制第二条轴线时，使其端头与第一条对齐，输入距上一条轴线距离，见图 2.2-17，拖动另一个端头使其与①轴线端头对齐，单击完成绘制。小技巧：按住 Shift 键同时拖动轴线端头，可保证移动方向始终水平或竖直。

图 2.2-16　选项栏设置

图 2.2-17　创建轴网

单击"修改"面板＞"阵列"，在选项栏设置见图 2.2-18。注意："项目数"包含选定的项目本身。

图 2.2-18　选项栏设置

"移动到"是指参照标准，如选择"第二个"，则接下来输入的绘制距离，将作为第一个项目与第二个项目之间的阵列参照距离，本例输入"6300"，见图 2.2-19，则接下来将列出 4 条竖向轴线，两两之间相距"6300"。

图 2.2-19　输入数值

选择②轴线，单击"修改"面板＞"复制"，选项栏设置见图 2.2-20，输入偏移距离"3000"，再绘制一条轴线，可以看到该轴线标高为⑥，在 Revit 中，总是自动填写当前轴号，默认为上一条轴线编号加一，所以本轴号需要进行修改，单击轴号数字，输入"1/2"完成该轴线编辑，见图 2.2-21。

| 修改 \| 模型组 | ☑约束 | ☑分开 | ☐多个 |

图 2.2-20　复制选项栏设置

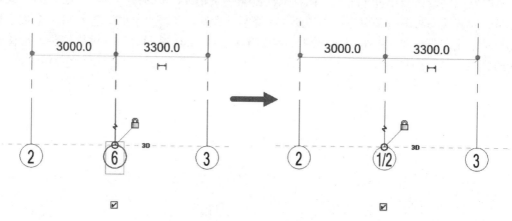

图 2.2-21　轴线编辑

2. 修改轴网

轴网各部件名称见图 2.2-22，修改各值，可进行相应属性修改。

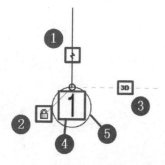

图 2.2-22　轴网各部件名称

（1）添加弯头：用法同标高弯头，点击添加弯头可添加折点，修改标头位置。

（2）对齐约束：用法同标高约束，上锁使移动一个标头，其他标头将随之移动，保持对齐。

（3）3D：单击可在 2D 与 3D 之间切换，在 2D 模式下，修改该轴线只影响本楼层平面视图轴线样式，在 3D 模式下将影响其他楼层视图轴线样式。

（4）轴线标号：单击可修改当前轴网编号。

（5）轴线标头：在属性面板中可更改其样式。

注意：在 Revit 中所绘制的轴线实际上为一个垂直于水平面的竖直平面，所以在一层绘制轴线后，其他层都会出现其投影。但是轴线样式的更改可能无法传递到其他楼层平面视图，要想传递修改到其他楼层，需要单击"修改 ｜ 轴网"上下文选项卡＞"基准"＞"影响范围"，打开"影响基准范围"对话框，勾选需要传递的视图，见图 2.2-23。

3. 属性编辑

单击任意一条轴线，打开属性面板，见图 2.2-24。

（1）族类型：显示当前轴线所属族以及具体类型。

（2）编辑类型按钮：单击可更改具体类型参数，或更换当前类型。

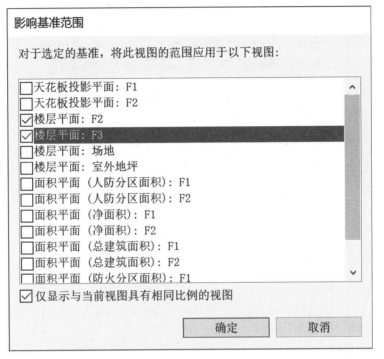

图 2.2-23 "影响基准范围"对话框

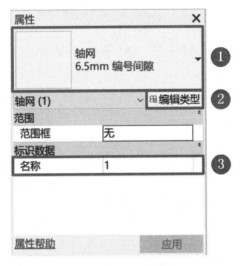

图 2.2-24 属性面板

（3）名称：显示当前轴线名称，单击可修改。

单击"编辑类型"按钮，打开"类型属性"对话框，见图 2.2-25。

（1）符号：单击可修改当前轴线端头符号样式。

（2）轴线中段：选择轴线中段样式，选择"无"，则轴线中段显示见图 2.2-26。

（3）轴线末端宽度：设置轴线末端的宽度值，决定线的粗细。

（4）轴线末端颜色：设置轴线末端颜色。

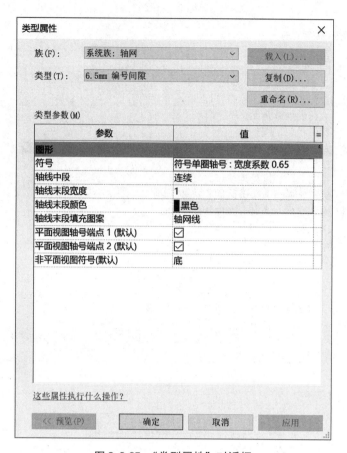

图 2.2-25　"类型属性"对话框

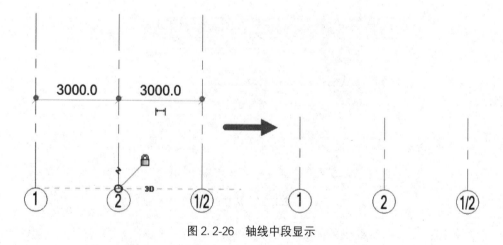

图 2.2-26　轴线中段显示

（5）轴线末端填充图案：设置轴线末端线型。

（6）平面视图轴号端点：勾选显示轴线符号，不勾选则见图 2.2-27。
本例继续绘制该项目轴网，尺寸标注，见图 2.2-28。

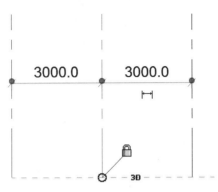

图 2.2-27 平面视图轴号端点设置

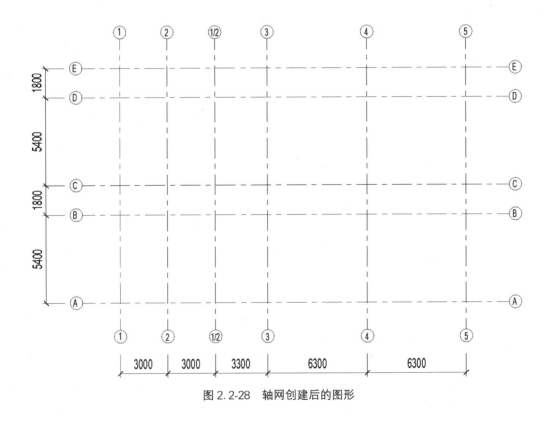

图 2.2-28 轴网创建后的图形

2.3 墙体

墙体是建筑外围护结构和内部分割空间的承担者，常用墙体有一般墙体、复合墙体、叠层墙体、玻璃幕墙等，在 Revit 中创建墙体需要掌握墙体的路径绘制、外观更改、材料选择等知识，本节将配合上文中实例进行墙体绘制方法的讲解。

2.3.1 一般墙体

1. 创建墙体

打开上节保存文件，切换到 F1 平面视图，单击选项卡"建筑"＞"构建"＞"墙"＞

"墙：建筑"，进入"修改｜墙"上下文选项卡，绘制面板见图 2.3-1。在这个面板中，提供了多种用于绘制墙体路径的工具，用户可根据自己的需要进行选择，本节着重讲解以下 4 个工具。小技巧：将光标停留在一个工具选项上，右下角将出现提示，显示当前工具的作用。

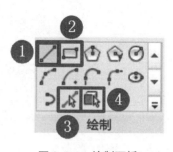

图 2.3-1　绘制面板

(1) 直线：绘制直线墙面，可连续绘制多段。

(2) 矩形：绘制封闭的矩形墙轮廓。

(3) 拾取线：拾取已有线段转化为墙面。

(4) 拾取面：拾取已有面，将其转化为墙面。

本例中我们选择"直线"工具，选项栏见图 2.3-2。

图 2.3-2　选项栏

(1) 该选项有"高度"或"深度"两个选择，选择"高度"则从绘制平面向上绘制墙体，选择"深度"则从绘制平面向下绘制墙体。

(2) 选择高度或深度将要到达的标高，如果选择"未连接"选项，将激活③这个选项，见图 2.3-3。

(3) 输入未连接情况下，墙将要达到的高度或深度。

(4) 定位线：选择该墙以哪条墙线定位。Revit 中共提供了 5 种定位线，如选择"核心层中心线"，则该墙的核心层中心线与绘制线重合。

(5) 链：勾选这个选项，绘制的墙体将成为一个链。

(6) 偏移量：指示绘制出的定位线将关于鼠标拖动出的线的偏移量，如果输入 0，则绘制出的线与鼠标移动的线保持一致，不发生偏移。

(7) 勾选这个选项，绘制墙的直角转折角会自动生成圆弧角。

(8) 为⑦中的圆弧角设定圆弧半径值。

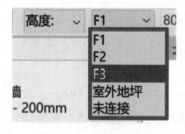

图 2.3-3　选项栏设置

本节选项栏各项设置见图 2.3-3，沿轴线绘制外墙见图 2.3-4，绘制完成后按 Esc 键两次退出。

2. 修改墙体

单击选中一条墙体，显示墙的相关信息见图 2.3-5。

(1) 尺寸界线：拖动夹点可更改尺寸标注参照线，输入数值，可更改墙的位置。

(2) 反转符号：单击可改变墙的内外朝向。

(3) 永久尺寸界线转化符号：单击，临时尺寸标注线将转化为永久尺寸界线。

(4) 墙体端头夹点：拖拽可改变墙的长度。

3. 属性编辑

打开属性面板，面板上各值含义见图 2.3-6。

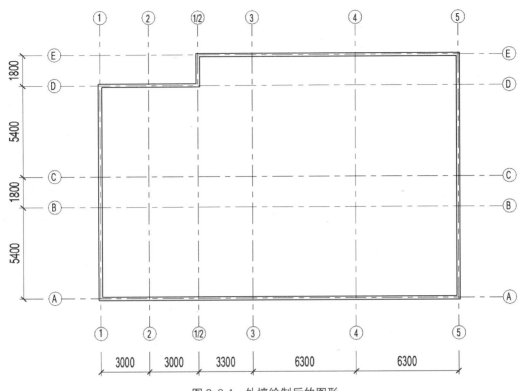

图 2.3-4　外墙绘制后的图形

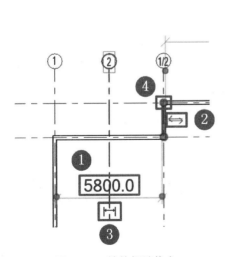

图 2.3-5　墙的相关信息

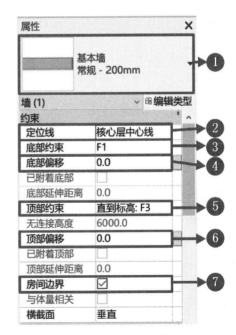

图 2.3-6　属性面板

（1）显示当前墙的族和具体类型，单击下拉箭头可选择。

（2）定位线：与选项栏中"定位线"含义相同。

（3）底部约束：选择墙底部标高基准。

（4）底部偏移：底部关于基准线偏移量，正值为向上偏移，负值为向下偏移。

（5）顶部约束：选择墙顶部标高基准。

（6）顶部偏移：顶部关于基准线偏移量。

（7）房间边界：意思为在生成房间时，该墙是否作为分隔一个房间的分割线，勾选则该墙将分隔房间，成为一个房间的边界。

本例中，将"底部偏移"设置为"—600"，使墙底部连接室外地坪，其他参数不变。选中所有已绘制外墙。

技巧：①从左上角向右下角框选，选中全部包含在范围框内的图元，从右下角向左上角框选，只要图元有一部分包含在范围框内的就会选中。②如果选中图元过多，可单击右下角"过滤器"，弹出如图 2.3-7 所示的"过滤器"对话框，勾选要选择的图元类别，可进一步筛选已选中的图元如图 2.3-8 所示。

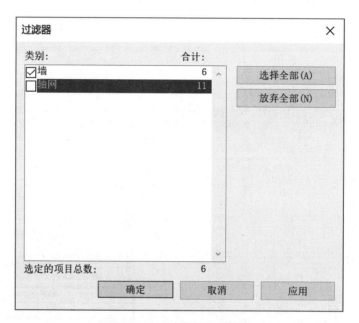

图 2.3-7   "过滤器"对话框

选择好外墙图元后，打开属性面板，单击"编辑类型"按钮，打开"类型属性"对话框，单击"复制"按钮，弹出"名称"对话框，输入新建类型名称"练习-外墙"，见图 2.3-9，单击"确定"退出。修改"功能"为"外部"，见图 2.3-10。

单击"结构"后面的"编辑"按钮，打开"编辑部件"对话框，见图 2.3-11。该对话框中显示了当前墙类型的结构构成，最上面结构邻接墙外部，最下面结构邻接墙内部，下面将具体介绍如何修改编辑墙的结构。

（1）插入：用于新建一个结构层。

（2）删除：删除选中结构层。

（3）向上向下：向上向下移动选中结构层。

在本例中，新建 3 个结构层，移动其位置见图 2.3-12。

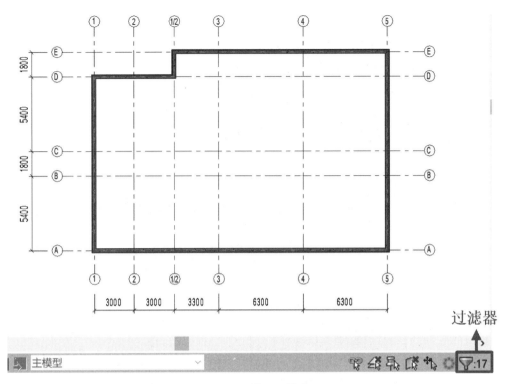

图 2.3-8 墙图元筛选

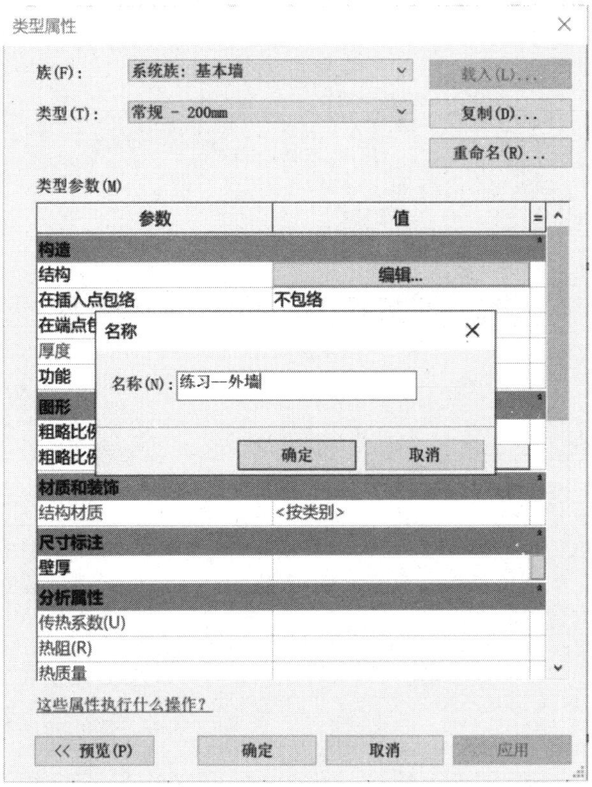

图 2.3-9 "类型属性"对话框

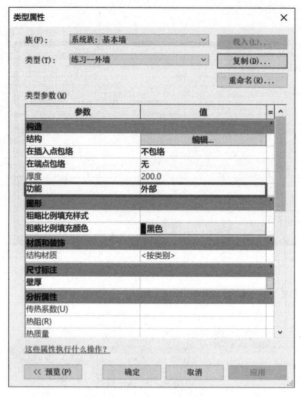

图 2.3-10　类型参数修改

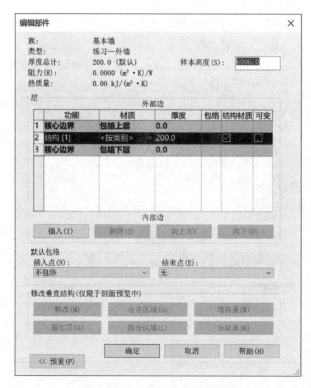

图 2.3-11　"编辑部件"对话框

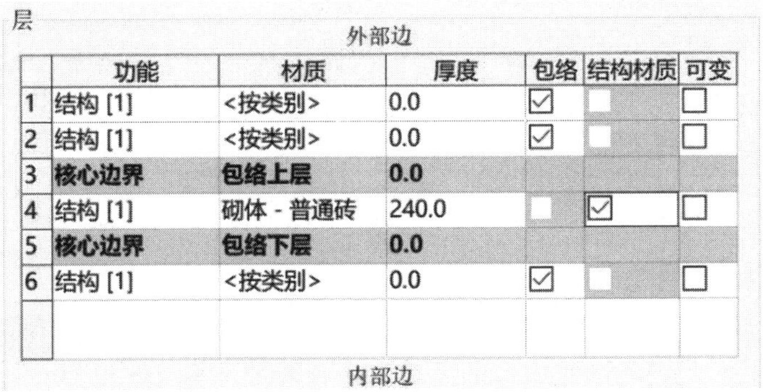

层	功能	材质	厚度	包络	结构材质	可变
			外部边			
1	结构 [1]	<按类别>	0.0	☑	☐	☐
2	结构 [1]	<按类别>	0.0	☑	☐	☐
3	**核心边界**	**包络上层**	**0.0**			
4	结构 [1]	砌体 - 普通砖	240.0	☐	☑	☐
5	**核心边界**	**包络下层**	**0.0**			
6	结构 [1]	<按类别>	0.0	☑	☐	☐
			内部边			

图 2.3-12 新建结构层

下面开始分别编辑，每个结构的功能、材质和厚度，以"层1"为例，单击"功能"，在下拉列表中选择"面层2（5）"，单击"材质"，打开"材质浏览器"，见图2.3-13。在材质浏览器中，有软件库中所包含的所有材质，用户可进行更改和创建，在右侧有"标识""图形""外观"三个标签，用户可切换观察该材质的各方面属性，见图2.3-14。

图 2.3-13 材质浏览器

在"材质浏览器"中找到"练习-粉刷-米色"，单击材质浏览器下端按钮"复制选定的材质"，见图2.3-15，复制该材质，并重命名为"练习-粉刷-黄色"。

在图形页面，单击"着色"＞"颜色"，弹出"颜色"对话框，见图2.3-16，选择灰

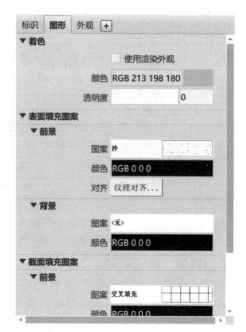

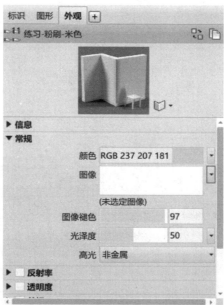

图 2.3-14 "标识""图形""外观"标签

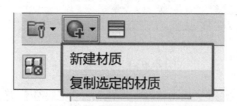

图 2.3-15 材质浏览器下端按钮

色，单击"确定"，更改该材质颜色。单击"表面填充图案"＞"填充图案"，弹出"填充样式"对话框，见图 2.3-17，选择"分区 01"，单击"确定"按钮，退出编辑。

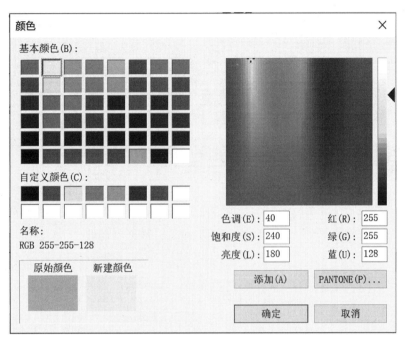

图 2.3-16 "颜色"对话框

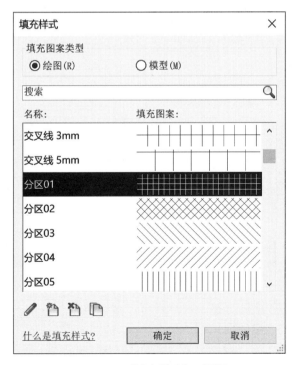

图 2.3-17 "填充样式"对话框

另外，材质浏览器中可以搜索需要的材质，在搜索框中输入关键字即可，例如在选择保温材质时，可以搜索"保温"，材质浏览器将自动给出筛选结果，见图 2.3-18。逐个将每层材质进行设置，完成后，见图 2.3-19。

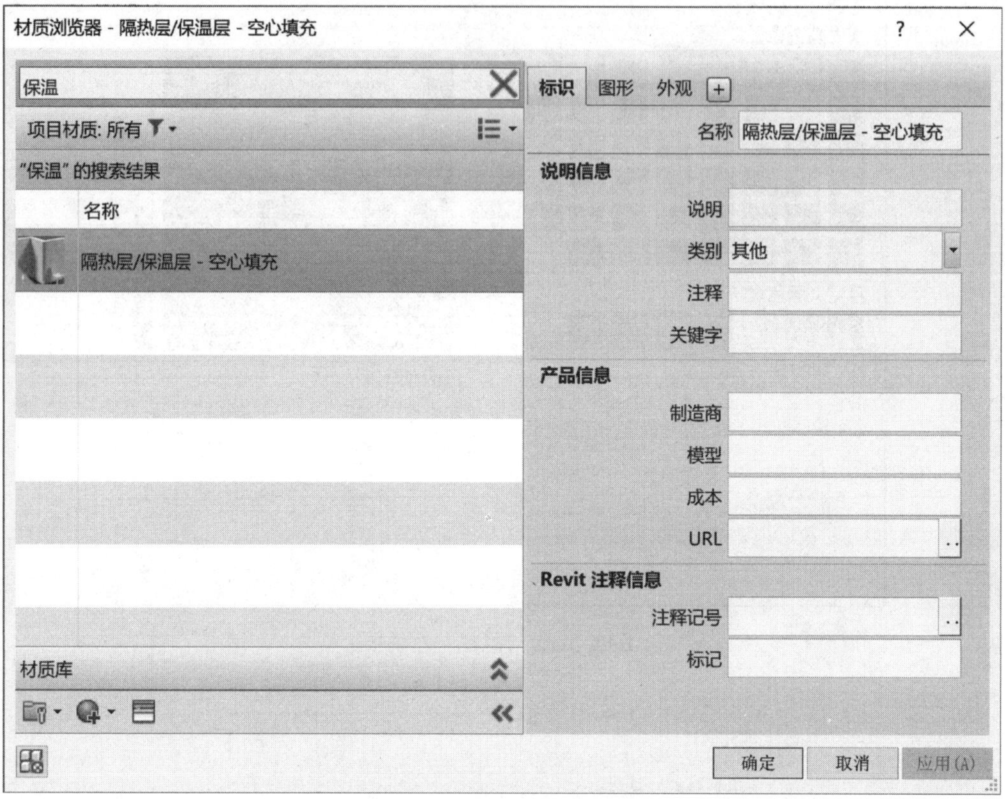

图 2.3-18　材质浏览器

单击"预览"按钮，可进行目前墙体结构预览，见图 2.3-20。

单击"确定"退出"编辑部件"对话框，再次单击"确定"，退出"编辑类型"对话框。

完成后，切换到默认三维视图，可观察墙体效果，切换到"着色"模式下，则三维视图效果如图 2.3-21 所示。

2.3.2　复合墙

在实际工程中，有些墙并不是单一的基本墙，结构比较复杂，外表装饰复杂，Revit中为此提供了可以绘制复合墙的工具，用它可以设置墙体从上到下不同部位的外观、结构等。

复合墙的创建与一般墙体类似，本节不再过多介绍，本节重点讲解复合墙体的结构设计。

单击选项卡"建筑"＞"构建"＞"墙"＞"墙：建筑"，单击"属性面板"＞"编辑类型"，打开"类型属性"对话框，单击"结构"后面的"编辑"，打开"部件编辑"对话框，单击"预览"，界面见图 2.3-22。

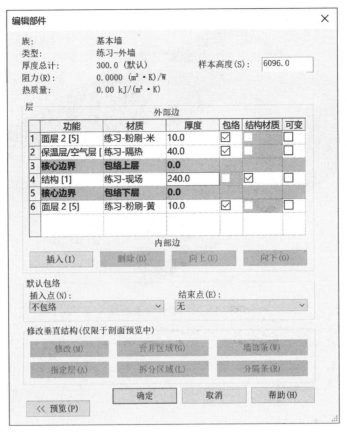

图 2.3-19 "编辑部件"对话框

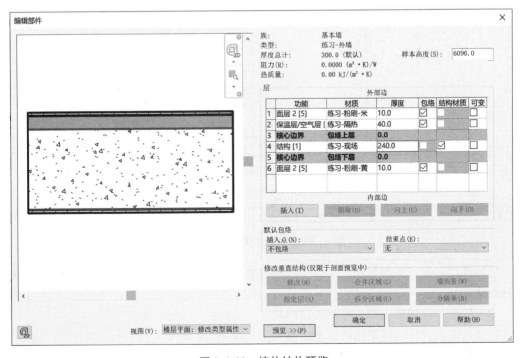

图 2.3-20 墙体结构预览

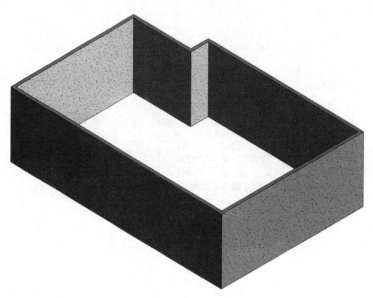

图 2.3-21　墙体三维视图

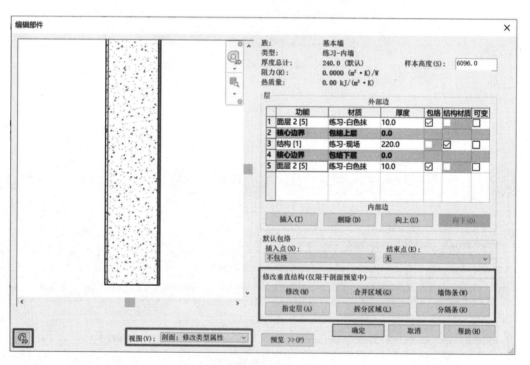

图 2.3-22　"部件编辑"对话框

（1）视图：有"平面"和"剖面"两种类型，当切换到"剖面"时，"修改垂直结构"工具激活。

（2）修改：使用该工具可修改剖面形状。

（3）指定层：将选定结构层指定给图上某一区域。

（4）拆分区域：用于添加区域拆分线。

（5）合并区域：单击要合并的两个区域中间线，将使两个区域合并。

（6）墙饰条：为墙面添加墙饰条。

（7）分隔条：为墙面添加分隔条。

单击"拆分区域"，在面层移动鼠标，软件将给出其距离底部的数值，移动到"200"处，单击，绘制第一条拆分线，继续向上拖动鼠标，依次绘制距离为"100""200"两条拆分线，见图 2.3-23。

注意：仔细选择拆分线放置区域，不要放到中间结构层内。

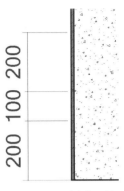

图 2.3-23　拆分区域

将"面层 2（5）"材质改为，"练习-抹灰-茶"，添加一个结构层，功能也为"面层 2（5）"，指定材质为"里面装饰-瓷砖"，选中该结构层，单击"指定层"，在面层上单击刚才分好的面层区域，见图 2.3-24。

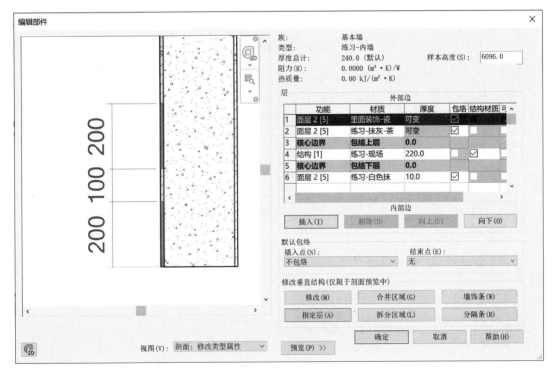

图 2.3-24　"编辑部件"对话框

注意：这里选择多个区域不需按住 Ctrl 键。

单击"分隔条"，打开"分隔条"对话框，见图 2.3-25。

（1）载入轮廓：载入"分隔条"的轮廓样式。

（2）添加：单击添加一条分隔条。

（3）轮廓：选择该分隔条的轮廓样式。

（4）距离：选择分隔条截面自参照线的距离。

（5）自：选择分隔条参照线，有底或顶两个选项。

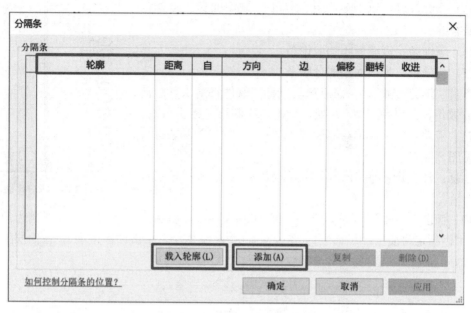

图 2.3-25　"分隔条"对话框

（6）边：选择该分隔条的位置，在墙外部或内部。

单击载入轮廓，在文件目录下选择合适的轮廓族样式，单击"添加"，添加一个分隔条，选择轮廓为"分隔条-砖层：1 匹砖"，距离为"500"，自"底部"，见图 2.3-26。

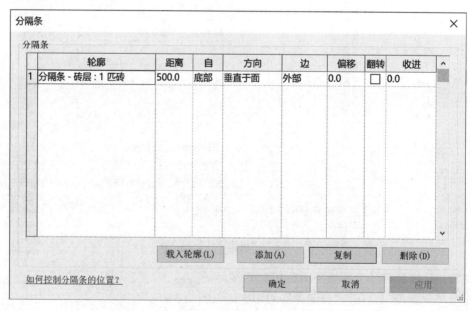

图 2.3-26　"分隔条"对话框

单击"墙饰条"，打开"墙饰条"对话框，见图 2.3-27。

（1）载入轮廓：载入"墙饰条"的轮廓样式。

（2）添加：单击添加一条墙饰条。

图 2.3-27 "墙饰条"对话框

（3）轮廓：选择该墙饰条的轮廓样式。

（4）材质：选择该墙饰条的材质。

（5）距离：选择分隔缝截面自参照线的距离。

（6）自：选择分隔缝参照线，有底或顶两个选项。

（7）边：选择该分隔缝的位置，在墙外部或内部。

本例中，单击"载入轮廓"，在文件目录下选择合适的轮廓族样式，单击"添加"两次，添加两个墙饰条，其他项设置见图 2.3-28。

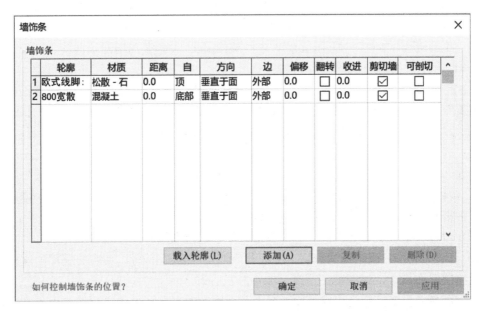

图 2.3-28 "墙饰条"对话框

单击"确定"，退出"墙饰条"编辑，在预览窗口可以看到墙的剖面见图 2.3-29，单击"确定"退出"类型属性"对话框，绘制一条墙，在默认三维视图观看效果，见图 2.3-30。

图 2.3-29　"墙饰条"编辑

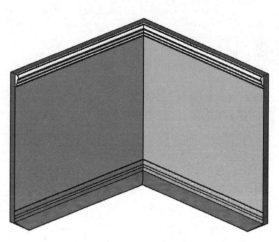

图 2.3-30　三维视图

2.3.3　叠层墙

当一面墙的上下结构不同时，可以使用叠层墙工具来进行绘制，省去在相同平面位置绘制两次的麻烦。叠层墙是由多种基本墙层叠而成，通过设置每一层墙的属性、位置来组合成所需的叠层墙类型，绘制方法如下：

单击选项卡"建筑"＞"构建"＞"墙"＞"墙：建筑"，进入"修改｜墙"上下文选项卡，打开属性面板，单击"编辑类型"按钮，打开"类型属性"对话框。

在"基本墙"族里，创建一个名为"练习-内墙-上"的类型，选择"功能"为"内部"，单击结构后面的"编辑"按钮，打开"编辑部件"对话框，设置墙的结构，内外面层均为"练习-粉刷-米色"、厚度"10"，中间结构层为"练习-现场浇筑混凝土"、220，如图 2.3-31 所示。

再次创建一个名为"练习-内墙-下"的类型，选择"功能"为"内部"，单击结构后面的"编辑"按钮，打开"编辑部件"对话框，设置墙的结构，内外面层均为"练习-白色抹灰"、厚度"10"，中间结构层为"练习-现场浇筑混凝土"、220，如图 2.3-32 所示。

更换族的类型为"系统-叠层墙"，"类型属性"对话框界面见图 2.3-33，单击"复制"按钮，在名称对话框中输入"练习-叠层墙"，单击"确定"退出，单击"结构"后面的"编辑"按钮，打开编辑部件对话框，见图 2.3-34，可以看到，该对话框与基本墙的编辑部件对话框是不完全一样的，下面将具体讲解叠层墙的部件编辑方法。

（1）偏移：指叠层墙上下部分的对齐参考标准，在本例中选择"墙中心线"。

（2）顶部/底部：该结构的编辑，上面代表墙的顶部，下面代表墙的底部，这样方便用户对叠层墙的设计。

（3）可变：可变按钮是决定该段墙高度是否可变的工具，由于叠层墙是由不同的基本墙叠加而成的，所以，用户需要指定每一层的高度，当该层高度输入具体数值时，该层墙

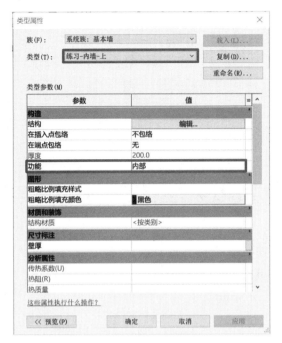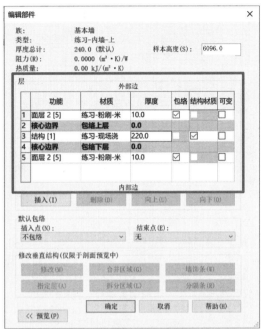

图 2.3-31 "类型属性""编辑部件"对话框

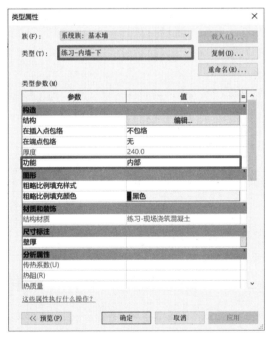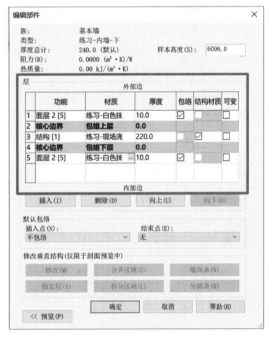

图 2.3-32 "类型属性""编辑部件"对话框

高度为定值将不再改变，当高度指定为可变时，该层墙的高度将根据用户绘图时墙的具体高度而相应变化。

（4）插入：点击插入一层墙结构。

（5）删除：点击删除选中的墙结构。

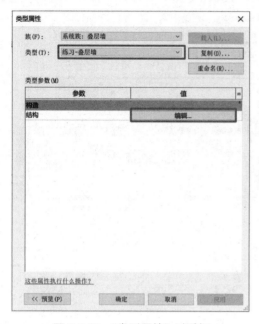

图 2.3-33　"类型属性"对话框

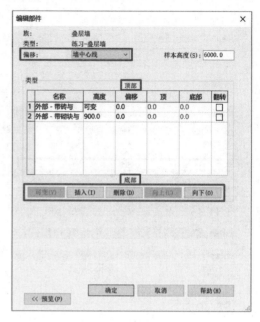

图 2.3-34　"编辑部件"对话框

（6）向上/向下：单击可将选中的墙结构向上向下移动。

在类型部分，各值的含义如下：

（1）名称：该层基本墙的类型名称，单击可打开下拉列表进行选择，见图 2.3-35。

（2）高度：该层墙的高度，输入定值或指定为可变。

（3）偏移：该层墙关于参考标准线的偏移量。

本例中，修改上层墙为"练习-内墙-上"，高度为"可变"，偏移为"0"，插入一层墙，选择名称为"练习-内墙-下"，高度为"3600"，偏移为"0"，调整好后，界面见图 2.3-36。

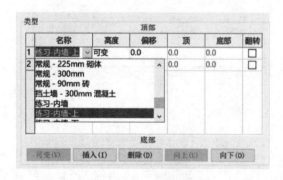

图 2.3-35　名称设置

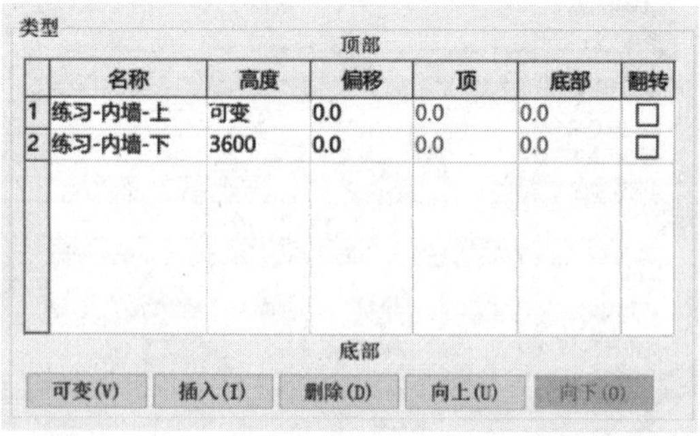

图 2.3-36　界面

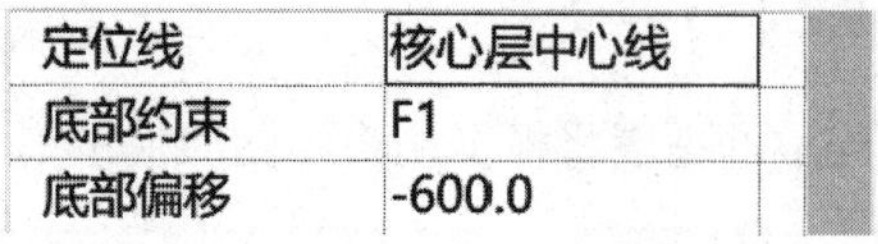

定位线	核心层中心线
底部约束	F1
底部偏移	-600.0

图 2.3-37　设置"底部偏移"

设置好后，返回属性面板，设置"底部偏移"为"-600"，见图 2.3-37，意为从室外地坪"-600"标高处开始创建墙体。将选项栏设置见图 2.3-38，开始沿轴网绘制内墙，绘制完成后，见图 2.3-39。

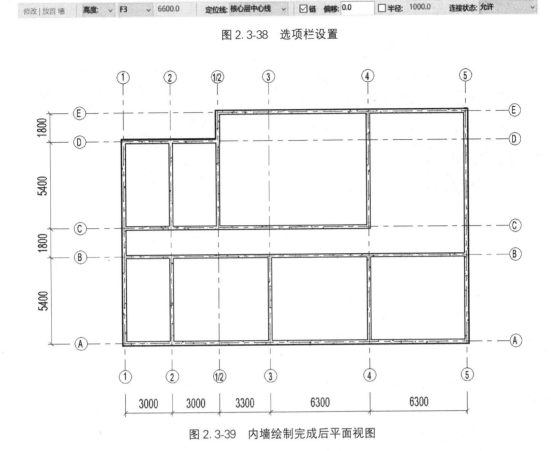

图 2.3-38 选项栏设置

图 2.3-39 内墙绘制完成后平面视图

绘制完成后，切换到默认三维视图进行观察，因为内墙不方便观察，可以使用剖面框。在默认三维视图下，不选中任何图元，在属性面板中有一个"剖面框"选项，见图 2.3-40，勾选该选项，将在三维视图出现一个剖面框，单击选中，剖面框每一个面上出现 2 个箭头，见图 2.3-41，拖动这些箭头可以移动相应的面，移到建筑模型内部时，可以看到该剖面的情况，见图 2.3-42。

2.3.4 异型墙

在工程中，有时墙是一些不规则的图形，不能按照一般墙体的绘制方法进行绘制，这些墙统称为异型墙。

1. 墙面形状编辑

由于有的墙会有开洞等情况，下面绘制一面叠层墙，来进行墙面形状的修改。

选中该墙，因为墙表面的填充图案会干扰接下来墙轮廓的绘制，所以单击鼠标右键，选择"在视图中隐藏" > "图元"。

图 2.3-40 "剖面框"选项

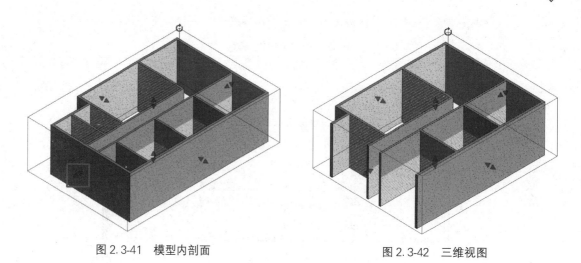

图 2.3-41 模型内剖面　　　　　　　　　　图 2.3-42 三维视图

选择"视图">"图形">"可见性/图形",打开"立面:北的可见性/图形替换"对话框,单击"过滤器列表"右侧的下拉箭头,只选择"建筑"类别,单击下表中"墙"所在行,单击图中①、②两处进行修改,打开"填充样式图形"对话框,取消勾选前景与后景的"可见"选项,单击"确定",设置图元表面图案不可见,见图 2.3-43。

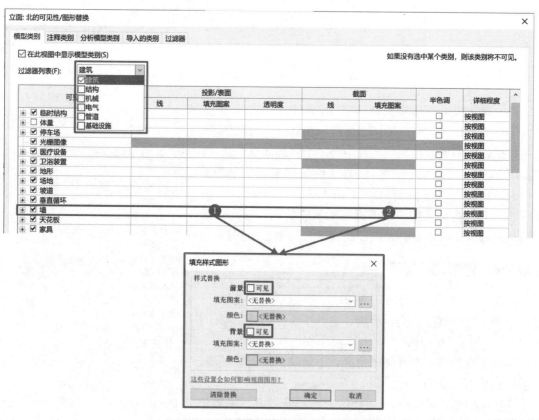

图 2.3-43 "视图专有图元图形"对话框

　　完成设置后，单击"修改｜叠层墙">"模式">"编辑轮廓"，进入墙轮廓草图编辑模式，选择"直线"工具，在墙面上绘制一个矩形。

　　单击"修改">"拆分图元"，在绘制的矩形下边上任意位置单击，再使用"修改">"修剪/延伸为角"工具，单击要保留的线段，进行修剪，见图 2.3-44。完成后，单击"完成"按钮退出墙轮廓编辑，墙轮廓形状见图 2.3-45。

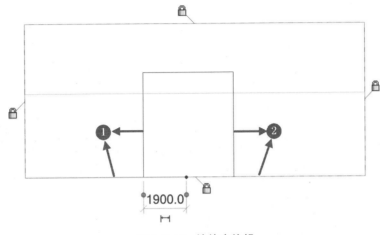

图 2.3-44　墙轮廓编辑

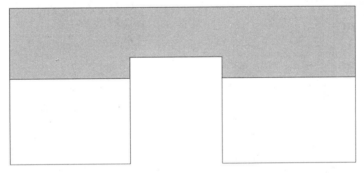

图 2.3-45　墙轮廓编辑完成后的平面视图

2. 绘制复杂曲面墙

复杂曲面墙的绘制需先绘制一个体量，再通过拾取面的命令，绘制曲面墙。

　　单击"体量和场地">"概念体量">"内建体量"，在弹出的"名称"对话框中，输入名称"曲面"，见图 2.3-46，进入到绘制体量界面。

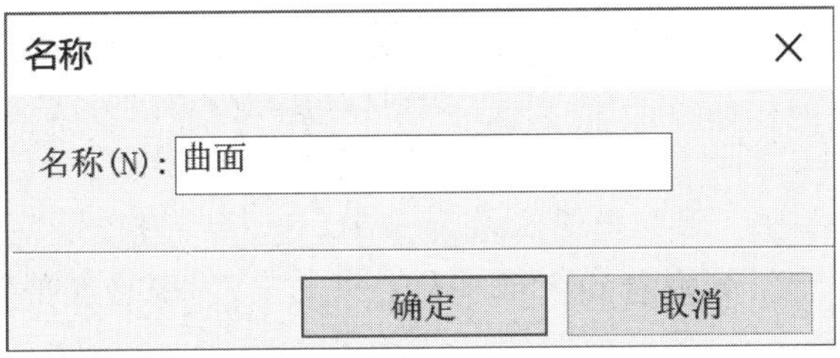

图 2.3-46　"名称"对话框

在 F1 楼层平面视图上绘制一个圆形，在 F2 楼层平面视图上绘制一个方形，见图 2.3-47。

图 2.3-47   圆形和方形绘制

单击"形状"＞"创建形状"＞"实心形状"，见图 2.3-48，选中绘制好的正方形和圆形，按回车键确认，切换到默认三维视图，可以看到绘制的体量效果见图 2.3-49。

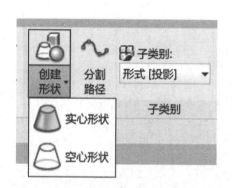

图 2.3-48   "创建形状"选项

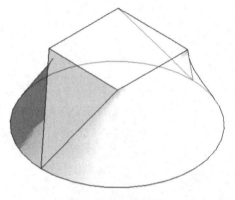

图 2.3-49   效果图

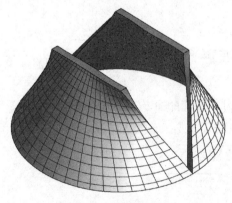

图 2.3-50   曲面墙绘制

单击"建筑"＞"墙"＞"墙 建筑"，在"放置｜墙"上下文选项卡中选择"绘图"＞"拾取面"，单击实体的两个曲面，在曲面上生成墙面，选中实体并删除，完成曲面墙绘制，见图 2.3-50。

3. 墙的附着与分离

由于一些墙或楼板、天花板的剖面不规则或是斜面、或是曲面，所以直接绘制好的墙体与楼板不能够进行很好地连接，所以本例讲解墙的附着与分离的方法。现有一组墙和楼板位置如图 2.3-51 所示。

选中墙面，在"修改｜墙"上下文选项卡中，选择"修改墙"＞"附着顶部/底部"按钮。"顶部"即将墙顶部附着到上部构件，"底部"将墙底部附着到下部构件，见图 2.3-52。

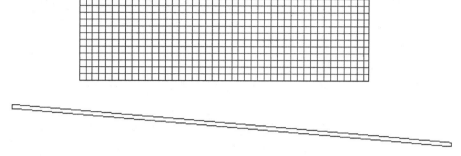

图 2.3-51 墙和楼板位置图

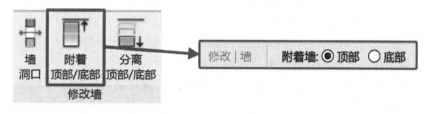

图 2.3-52 修改墙选项

附着后，墙和楼板三维视图如图 2.3-53 所示。

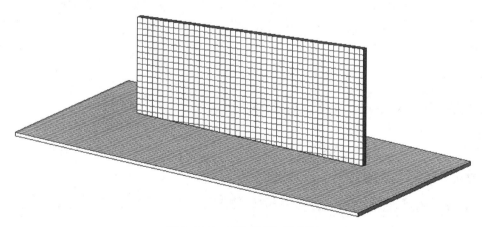

图 2.3-53 墙和楼板三维视图

再次选中墙，在"修改 | 墙"上下文选项卡中，选择"修改墙">"分离"按钮，如果该墙上下部都进行了附着，则状态栏会有"顶部""底部"和"全部分离"三个选项。"顶部"即将墙顶部与上部构件分离，"底部"将墙底部与下部构件分离，"全部分离"指墙顶部与底部同时分离。

2.3.5 幕墙

幕墙是现代建筑常用的外墙立面，在 Revit 中用户可以手动创建幕墙分格，也可以在定义好的情况下自动创建幕墙网格和竖梃，以便更好地满足用户的要求效果。

1. 创建自动分格幕墙

单击"建筑">"构建">"墙">"墙 建筑"，进入"放置 | 墙"上下文选项卡，

打开属性面板，单击"编辑类型"按钮，打开"类型属性"对话框，切换族为"幕墙"，类型为"幕墙"，单击"复制"按钮，命名该类型为"练习-幕墙"。

2. 构造

功能：选择该幕墙是外部墙体还是内部分隔墙。

自动嵌入：勾选该栏，所绘制的幕墙自动打断已绘制的其他墙体，嵌在其他墙体之上，类似窗户用法。

幕墙嵌板：幕墙的材质，一般选择玻璃，如果幕墙样式复杂，嵌板也可以选择其他墙体类型。

3. 垂直网格/水平网格

布局：布局形式，有"固定距离""最小距离"等选项，幕墙网格的分格将会依照此布局进行，若选择"固定距离"，则在该方向上，以此固定距离划分网格。若选择"最小距离"，则系统自动在该方向上划分网格，网格间距不小于设定的距离。

间距：设定在某种布局条件下网格在该方向的间距。

调整竖梃尺寸：勾选该项，系统将根据幕墙具体情况自动调整竖梃尺寸。

4. 垂直竖梃/水平竖梃

内部类型：选择幕墙中间竖梃类型。

边界 1 类型/边界 2 类型：选择幕墙边界竖梃类型。

本例将各项参数设置见图 2.3-54，设置好后单击"确定"退出，在属性面板设置底部限制条件为"F1"，偏移为"0"，顶部限制条件为"F3"，偏移为"－600"，见图 2.3-55。设置选项栏见图 2.3-56。

图 2.3-54　参数设置　　　　　　　　图 2.3-55　属性面板设置

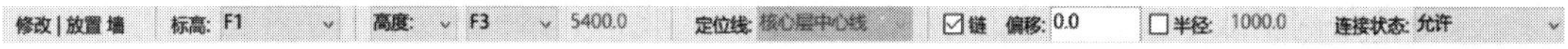

| 修改 \| 放置 墙 | 标高: F1 ∨ | 高度: ∨ F3 ∨ 5400.0 | 定位线: 核心层中心线 ∨ | ☑链 偏移: 0.0 | □半径: 1000.0 | 连接状态: 允许 ∨ |

图 2.3-56　设置选项栏

在图中沿外墙绘制玻璃幕墙，绘制完成后见图 2.3-57。

5. 创建手动分格幕墙

单击"建筑"＞"构建"＞"墙"＞"建筑 墙"，进入"放置｜墙"上下文选项卡，打开属性面板，选择"幕墙族 幕墙类型"在绘图区域任意绘制一条幕墙，三维视图见图 2.3-58。

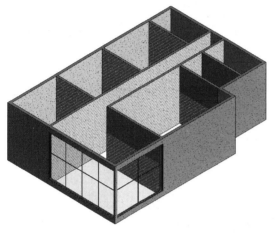

图 2.3-57　玻璃幕墙绘制后的三维视图

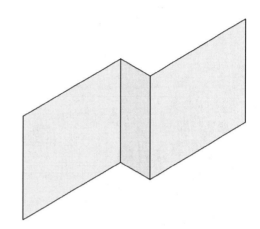

图 2.3-58　幕墙绘制三维视图

单击"建筑"＞"构建"＞"幕墙网格"，打开"修改｜放置 幕墙网格"上下文选项卡，在放置面板有三个选项，见图 2.3-59。

（1）全部分段：在选中的幕墙范围内同一条直线上的所有嵌板上放置网格。

（2）一段：只在选中的幕墙嵌板上放置网格。

（3）除拾取外的全部：在幕墙选中范围内，在除拾取线之外的同一直线上的其他嵌板上放置网格。

应用放置面板上的工具，绘制幕墙网格见图 2.3-60。

图 2.3-59　放置面板

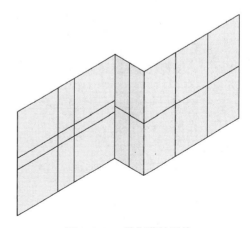

图 2.3-60　绘制幕墙网格

　　选中一条网格线，进入"修改 网格"上下文选项卡，单击"幕墙网格"＞"添加/删除线段"，可以对已绘制的网格进行修改。在图 2.3-61 中，选中幕墙网格线①，单击"添加/删除线段"按钮，再单击②位置线段可以将该段网格删除，依次使用该工具，修改幕墙网格形状。

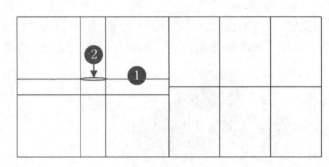

图 2.3-61　幕墙网格编辑

图 2.3-62　"放置"面板

　　修改幕墙网格后，单击"建筑"＞"构建"＞"竖梃"，进入"放置 | 竖梃"上下文选项卡，在"放置"面板有 3 个工具，见图 2.3-62。

　　（1）网格线：在选中的一条网格线上绘制竖梃。

　　（2）单段网格线：在选中的一段网格线上绘制竖梃。

　　（3）全部网格线：在选中范围内的全部网格线上绘制竖梃。

　　选用恰当工具，属性面板中设置类型为"30mm 正方形"，在玻璃幕墙上添加竖梃见图 2.3-63，在拐角处，选择竖梃类型为"L 形角竖梃 L 形竖梃 1"，单击拐角处的网格，添加拐角竖梃，完成后见图 2.3-64。

　　注：拐角处必须添加拐角竖梃，其角度会根据墙的转折角度相应调整。

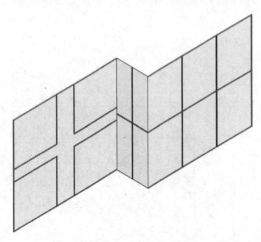

图 2.3-63　幕墙绘制效果图（一）

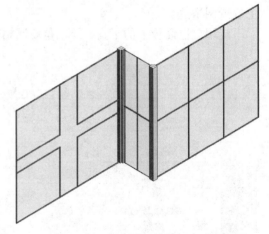

图 2.3-64　幕墙绘制效果图（二）

2.4 门窗

2.4.1 插入门（窗）

1. 插入门

切换到 F1 楼层平面视图，单击"建筑"＞"构建"＞"门"，进入"修改｜放置门"上下文选项卡。单击"标记"＞"在放置时进行标记"，则 Revit 将在放置该门时自动进行门的类型编号标记。选项栏选项激活，见图 2.4-1。

图 2.4-1　选项栏设置

（1）标记：单击选择门的标记样式。

（2）引线：选择标记门时是否有引线，后面数字输入框，在勾选引线时激活，数值指引线的长度。

本例中，不勾选"引线"一项，其他选项不做改变，在属性面板中选择"MLC-1"族，"MLC-1"类型，设置"底高度"为"0"，"顶高度"为"3000"，见图 2.4-2，单击"编辑类型"按钮，打开"类型属性"对话框，见图 2.4-3，选择"功能"为"外部"，门的宽度和高度不变，不做其他修改，单击"确定"退出。

图 2.4-2　"属性"面板

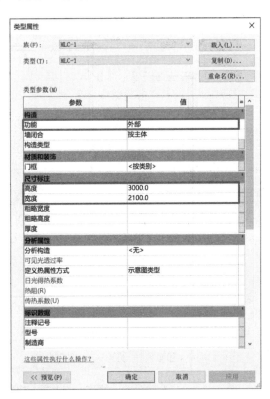

图 2.4-3　"类型属性"对话框

在图中选取要放置该门的墙体，当临时尺寸标记显示尺寸合适时，单击放置该门，见图 2.4-4。

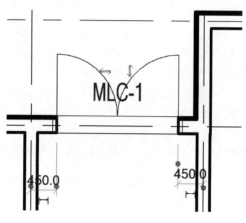

图 2.4-4　插入门

注意：在设置"门"的属性和类型时，一般只改动门的宽度和高度以及功能，其他细部尺寸不需修改。

选择要放置的门类型，在其他房间依次放置门，放置好后见图 2.4-5。

注意：洞口的编辑放置与门一样，只是"门洞"族没有创建门扇。

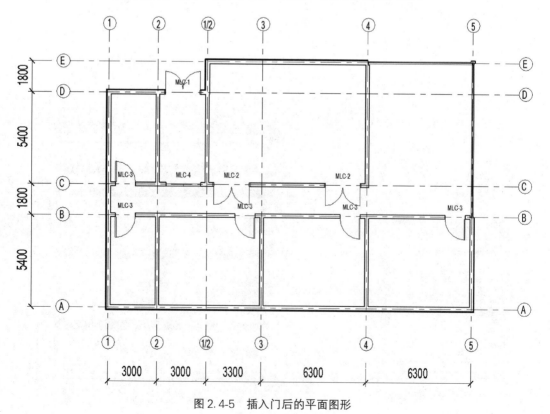

图 2.4-5　插入门后的平面图形

2. 插入窗

单击"建筑">"构建">"窗",进入"修改｜放置窗"上下文选项卡,单击"标记">"在放置时进行标记",则 Revit 将在放置该窗时自动进行窗的类型编号标记。选项栏选项激活,该用法同门标记一致。

在属性面板中,单击"编辑类型"按钮,打开"类型属性"对话框,复制"双开推拉窗",见图 2.4-6。将其命名为"C-1",设定高度"1800",宽度"1500",单击"确定"退出,在属性面板中设置"底高度"为"900",则顶高度自动发生相应调整,见图 2.4-7,设置好后,在图上 2、3 轴线间任意位置插入两扇窗,并使用"注释">"对齐"工具,捕捉轴线和窗的中点进行尺寸标注,见图 2.4-8。

图 2.4-6 "类型属性"对话框

图 2.4-7 属性面板

单击 EQ,各标注距离自动等分,见图 2.4-9。

单击"修改">"复制"按钮,在选项栏勾选"约束""多个"选项,见图 2.4-10。

选中刚创建的两个窗户,按"回车"键确认,选中 2 轴线与 a 轴线的交点作为复制的基点,见图 2.4-11,依次在 3、4 轴线与 a 轴线的交点处单击,复制完成,见图 2.4-12,按 Esc 键退出。

修改编辑好其他窗的族与类型,在其他房间依次放置窗,放置好后切换到默认三维视图,效果见图 2.4-13。

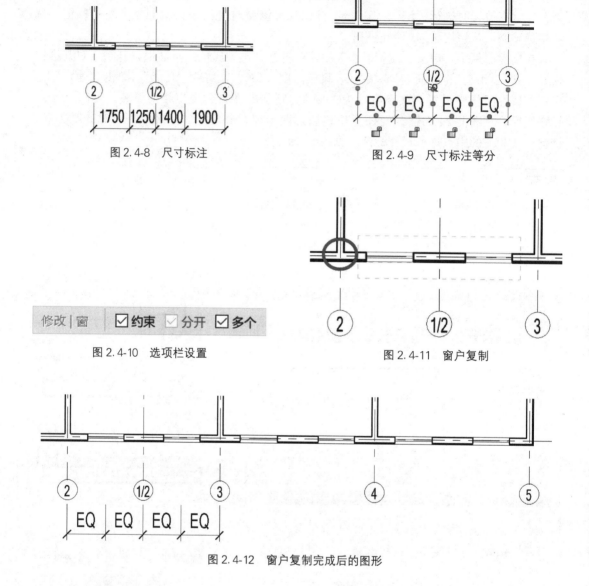

图 2.4-8　尺寸标注

图 2.4-9　尺寸标注等分

修改 | 窗　☑约束　☐分开　☑多个

图 2.4-10　选项栏设置

图 2.4-11　窗户复制

图 2.4-12　窗户复制完成后的图形

2.4.2　编辑门窗

1. 编辑门

切换到 F1 楼层平面视图，选中一个已经放置好的门，则绘图区域上出现该门的编辑信息，见图 2.4-14。

（1）单击可修改尺寸标注数值，改变门的位置，拖动夹点可更改参考线的选择。

（2）转化为永久尺寸标注按钮，单击后，不选择该门，这个尺寸标注仍然显示。

（3）转化门开口左右的符号，单击后可翻转门的左右朝向。

（4）转化门开口内外的符号，单击后可翻转门的内外朝向。

（5）门的标记符号，单击选中可进行位置的移动。

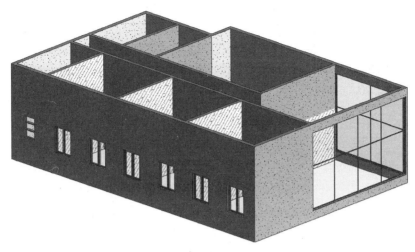

图 2.4-13　窗户绘制完成后三维视图

　　在本例中，单击③后，门实现左右翻转，见图 2.4-15，单击④门实现上下翻转，见图 2.4-16，将临时尺寸标注"300"改为"600"，见图 2.4-17。

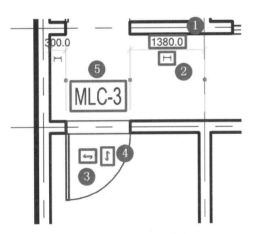

图 2.4-14　门的编辑信息

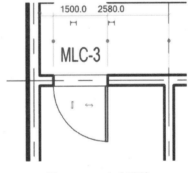

图 2.4-15　左右翻转

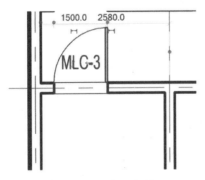

图 2.4-16　上下翻转

图 2.4-17　改尺寸

　　用类似的方法，将各个房间的门修改好。之后，选中除入口处门之外的所有门，进入"修改丨门"上下文选项卡，见图2.4-18，单击"剪贴板"＞"复制到剪贴板"按钮，单击"粘贴"下拉箭头，从列表中选择"与选定的标高对齐"，见图2.4-19，弹出"选择标高"对话框，见图2.4-20，选择"F2"，单击确定退出。则选中的全部对象将被复制到F2标高上，切换到默认三维视图，配合剖面框，可以看到，一层的门已经全部被复制到二层了，见图2.4-21。

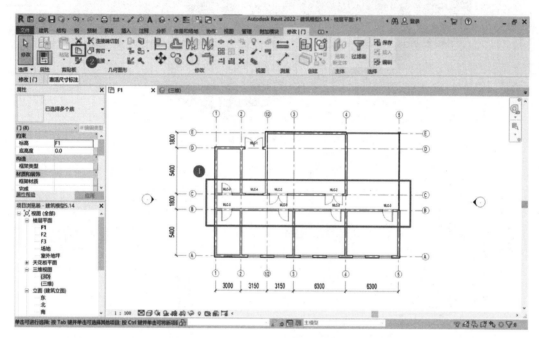

图2.4-18　"修改丨门"选项卡

图2.4-19　"粘贴"选项

图2.4-20　"选择标高"对话框

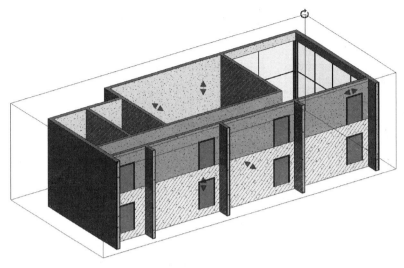

图 2.4-21 门复制到 F2 标高后的图形

2. 编辑窗

切换到 F1 楼层平面视图，选中一个已经放置好的窗，则绘图区域上出现该窗的编辑信息，大致与门相似，如图 2.4-22 所示。

（1）单击可修改尺寸标注数值，改变窗的位置，拖动夹点可更改参考线的选择。

（2）转化为永久尺寸标注按钮，单击后，不选择该窗，这个尺寸标注仍然显示。

（3）转化窗内外朝向的符号，单击后可翻转窗的朝向。

（4）窗的标记符号，单击选中可进行位置的移动。

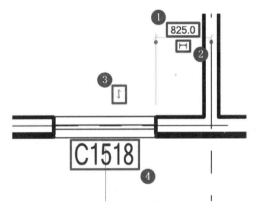

图 2.4-22 窗的编辑信息

据此方法，将各个房间的窗修改好。然后，选中所有窗，进入"修改|窗"上下文选项卡，单击"剪贴板"＞"复制到剪贴板"按钮，单击"粘贴"下拉箭头，从列表中选择"与选定的标高对齐"，在"选择标高"对话框中选择"F2"，单击确定退出，则选中的全部对象将被复制到 F2 标高上。

注意：复制时只选定门窗图元而不选择对应标记符号，则只复制了门窗图元，复制出的视图没有门窗标记符号，要想将门窗标记一起复制，必须在选择的时候把标记也选中。

本例将一层的所有门窗的标记符号一起选中，复制到 F2 视图。切换到 F2 平面视图，在入口处开间新放置一个"C-1"类型的窗，F2 楼层的门窗布置完毕，见图 2.4-23，切换到默认三维视图观看效果，见图 2.4-24。

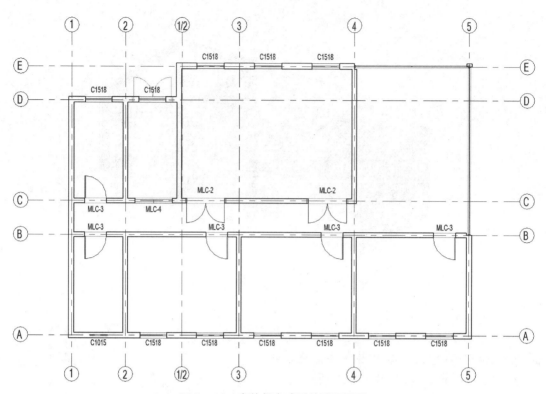

图 2.4-23　窗编辑完成后的平面图形

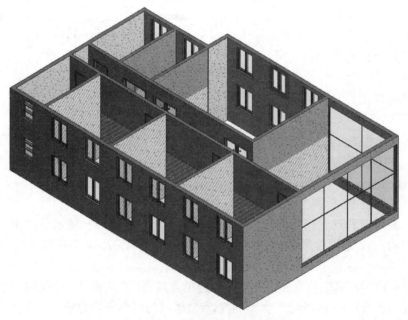

图 2.4-24　窗编辑完成后的三维图形

2.5 楼板

在 Revit 中，可以创建普通的室内楼板、室外楼板，也可以创建带坡度的楼板和异形楼板，编辑起来十分方便。

2.5.1 创建楼板

切换到 F1 楼层平面视图，单击"建筑"＞"构建"＞"楼板"＞"楼板：建筑"，进入"修改｜创建 楼层边界"上下文选项卡，见图 2.5-1，楼板的创建也是先绘制轮廓草图，再进行创建，在"绘制"面板中有许多工具，其用法编辑与墙的轮廓时相同。

图 2.5-1 创建楼层边界选项卡

选用"拾取墙"这个工具，选项栏见图 2-5-2，设置偏移为"0"，勾选"延伸到墙中（至核心层）"，则楼板将延伸到墙的核心层表面，单击要创建楼板的房间边缘墙，在此命令下，选中的墙会出现内外翻转的符号，单击可改变选中墙的楼板边界线的位置，见图 2.5-3。

图 2.5-2 选项栏设置

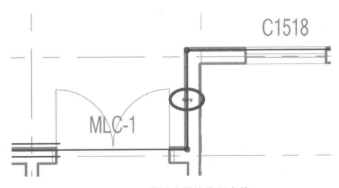

图 2.5-3 楼板边界线位置变换

依次选中外围墙，配合使用"修改"＞"修剪/延伸为角"工具和"绘制"＞"直线"工具，绘制楼板边界草图线。注意不要选择幕墙和卫生间范围的楼板，幕墙不用"拾取墙"的功能，否则拾取线在幕墙中心，卫生间的楼板构造和标高与普通楼板不同，故也不能在此次绘制中布置。完成后，草图线见图 2.5-4。

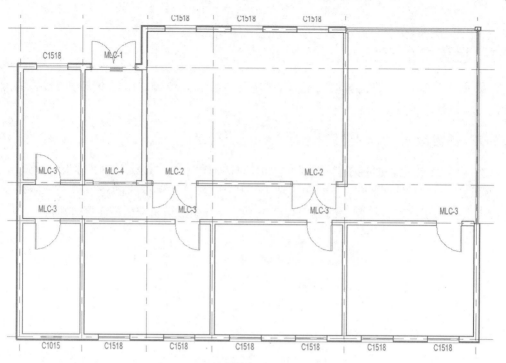

图 2.5-4   绘制楼板边界草图线视图

选择"绘制"＞"拾取线"工具，沿幕墙内边缘绘制楼板边界，配合使用"修改"＞
"修剪/延伸为角"工具和"绘制"＞"直线"工具将草图线修改成为闭合的封闭图形，见
图 2.5-5。

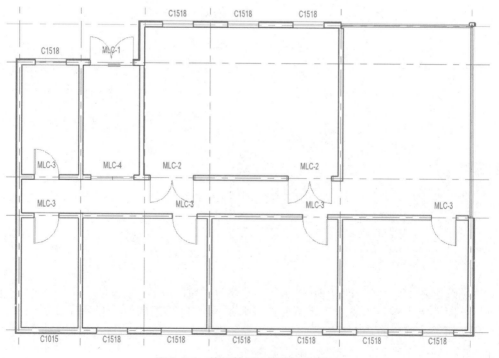

图 2.5-5   编辑楼板边界草图线视图

打开属性面板，单击"编辑类型"对话框，选择族类型为"室内地坪"，复制创建一个新的楼板，修改名称为"练习-楼板"，不更改其他选项，单击"结构"后的"编辑"按钮，打开"编辑部件"对话框，见图 2.5-6。

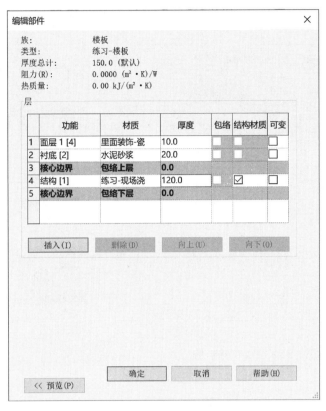

图 2.5-6 "编辑部件"对话框

添加一个结构层，移动至最下层，选择功能为"面层 2（5）"，材质为"练习-白色抹灰"，厚度为"10"，选择最上面的结构层，修改材质为"地面砖"，不更改其他选项，设置好后，"编辑部件"对话框界面见图 2.5-7。

单击"确定"按钮退出编辑，在属性面板上设置"标高"为 F1，自标高的高度为"0"，勾选"房间边界"选项，见图 2.5-8。意为楼板面层高与 F1 标高对齐并且不发生偏移，楼板算作房间边界。

设置好后单击"模式" > "完成"，退出草图编辑模式，完成楼板的创建。Revit 将弹出对话框，询问是否剪切重叠面积，如图 2.5-9 为了 Revit 可以正确计算墙和楼板的体积，这里我们选择"是"。

下面创建卫生间楼板，绘制草图如图 2.5-10 所示。

打开属性面板，新建一个楼板类型，命名为"练习-卫生间楼板"，设置结构见图 2.5-11，单击"确定"退出，设置属性面板见图 2.5-12，楼板表面自 F1 标高向下偏移 20mm，勾选"房间边界"。

单击"模式" > "完成"，退出草图编辑，生成卫生间楼板，切换到三维视图观察效果，如图 2.5-13。

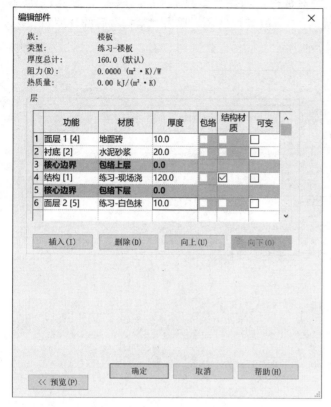

图 2.5-7　"编辑部件"对话框

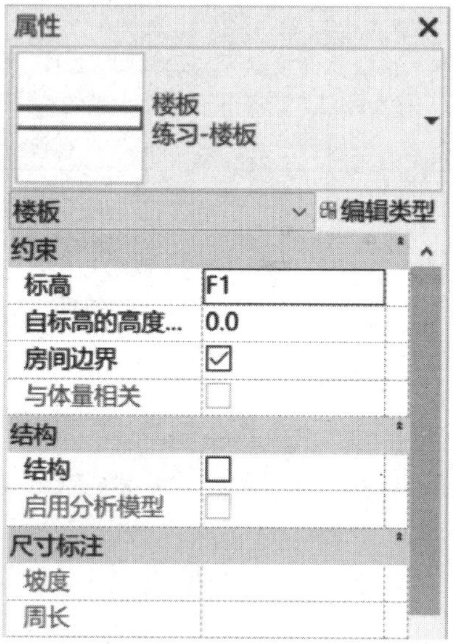

图 2.5-8　属性设置

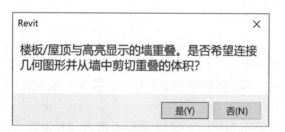

图 2.5-9　"是否剪切重叠面积"对话框

　　配合使用过滤器选中所有楼板,单击"复制到剪贴板",再单击"粘贴">"与选定标高对齐",选择 F2 楼层,单击"确定",所有楼板复制到 F2 楼层。

2.5.2　编辑楼板

1. 斜楼板

　　在 F1 平面分两次绘制两块一模一样的楼板,见图 2.5-14,绘制过程中,选中其中一块,选择"绘制">"坡度箭头"工具,在楼板上绘制坡度箭头,见图 2.5-15。

　　选中刚绘制的坡度箭头,打开属性面板,设置指定条件为"尾高",楼板坡度的指定条件意思是楼板的成坡方式,最低处标高为"F1",尾高度偏移为"0",意味着箭头尾部的标高以 F1 标高为基准且不发生偏移。最高处标高为"F1",头高度偏移为"1000",意

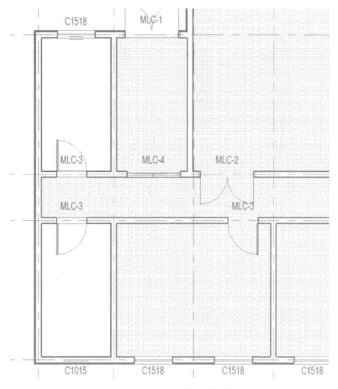

图 2.5-10　卫生间楼板

编辑部件

族：　　　　楼板
类型：　　　练习-卫生间楼板
厚度总计：　160.0（默认）
阻力(R)：　 0.0000（m²·K）/W
热质量：　　0.00 kJ/（m²·K）

层

	功能	材质	厚度	包络	结构材质	可变
1	面层 1 [4]	瓷砖	10.0			
2	衬底 [2]	水泥砂浆	20.0			
3	**核心边界**	**包络上层**	0.0			
4	结构 [1]	练习-现场浇	120.0		☑	
5	**核心边界**	**包络下层**	0.0			
6	面层 2 [5]	练习-白色抹	10.0			

插入(I)　　删除(D)　　向上(U)　　向下(O)

确定　　取消　　帮助(H)

<< 预览(P)

图 2.5-11　"编辑部件"对话框

属性

楼板
练习-卫生间楼板

楼板　　　　　　　　　　编辑类型
约束
标高　　　　　　　F1
自标高的高度...　　-20.0
房间边界　　　　　☑
与体量相关
结构
结构
启用分析模型
尺寸标注
坡度
周长

图 2.5-12　属性设置

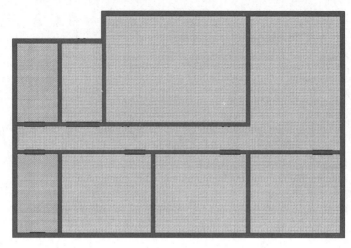

图 2.5-13　楼板绘制完成后的三维视图

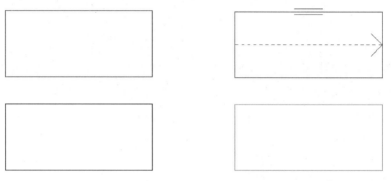

图 2.5-14　楼板　　　　　　　　　　　　图 2.5-15　绘制坡度箭头

图 2.5-16　属性设置

味着箭头头部标高以 F1 标高为基准且向上偏移 1000mm，设定好后，见图 2.5-16，单击"应用"。单击"模式"＞"完成"按钮，退出草图编辑，切换到默认三维视图，配合使用注释面板"高程点 坡度"工具，可以标注楼板坡度，观察效果见图 2.5-17。

选中带坡度的楼板，进入"修改｜楼板"上下文选项卡，单击"编辑边界"按钮，选中坡度箭头，在属性面板更改指定坡度方式为"坡度"，设置最高处标高参照为"F2"，箭头头部关于 F2 偏移为 0，见图 2.5-18，应用该属性，退出草图编辑模式，再次切换到三维视图，观察效果见图 2.5-19。

2. 特殊楼板编辑

有些楼板形状较特殊，不是一块平整的表面，可以通过楼板编辑使之满足要求。选中一块已绘制的普通楼板，进入"修改｜楼板"上下文选项卡，在形状编辑面板中，有如下几个命令，见图 2.5-20。

图 2.5-17　楼板坡度效果图

图 2.5-18　属性设置

图 2.5-19　楼板三维视图

图 2.5-20　形状编辑

（1）修改子图元：单击楼板图元上已有的点或线，可打开该选中子图元的高程值输入框，输入需要的数值，即可更改该子图元高程。

（2）添加点：在楼板图元上添加一个点。

（3）添加分割线：在楼板图元上添加分割线，使该楼板分割成几个互不相关的楼板图元，方便用户进行编辑。

（4）拾取支座：通过拾取支座的方式添加楼板分割线。

（5）重设形状：撤销对楼板进行的全部编辑操作。

本例中我们使用"添加点"工具，在楼板上添加两个点，设置一个点的高程为"500"，另一个点的高程为"300"，见图 2.5-21。切换到三维视图，观察效果，见图 2.5-22。

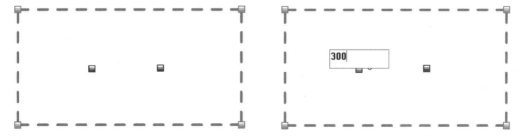

图 2.5-21　设置高程

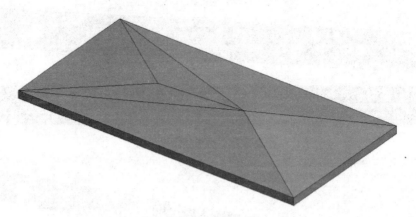

图 2.5-22　楼板三维视图

2.5.3　楼板边缘

接上节练习，切换到 F1 平面视图，单击"建筑"＞"构建"＞"楼板"＞"楼板边缘"，进入"修改｜放置楼板边缘"上下文选项卡。打开属性面板，单击"编辑类型"，打开"类型属性"对话框，选择"楼板边缘"族类型，复制新建一个类型，命名为"练习-楼板边缘"，单击轮廓值，在下拉列表中选择"楼板边缘-加厚：600×300mm"，选择材质为"练习-现场浇筑混凝土"，见图 2.5-23。

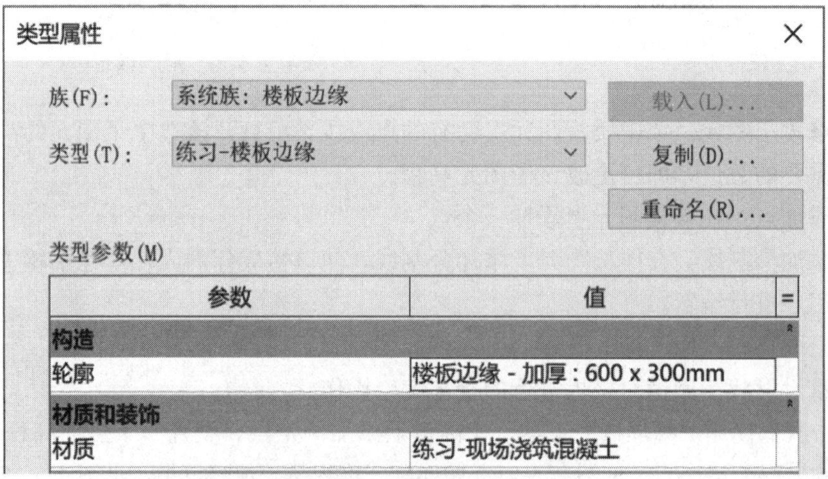

类型属性		×
族(F)：	系统族：楼板边缘	载入(L)...
类型(T)：	练习-楼板边缘	复制(D)...
		重命名(R)...

类型参数(M)

参数	值	=
构造		
轮廓	楼板边缘 - 加厚：600 x 300mm	
材质和装饰		
材质	练习-现场浇筑混凝土	

图 2.5-23　"类型属性"对话框

设置好后退出"类型属性"对话框，不对属性面板的其他项进行修改，单击玻璃幕墙处的楼板，放置楼板边缘，见图 2.5-24，生成的楼板边缘还带有内外翻转符号，单击可进行内外的修改。

切换到默认三维视图，使用"视图控制栏"的"临时隔离和隐藏"工具将楼板边隔离，其三维视图见图 2.5-25。

下面为楼板边缘添加扶手，单击"建筑"＞"楼梯坡道"＞"栏杆扶手"＞"绘制路径"，进入"修改｜创建栏杆扶手路径"上下文选项卡，以绘制路径的方式来完成栏杆的编辑。打开属性面板，单击"编辑类型"按钮，打开"类型属性"对话框，选择"玻璃嵌板-底部填充"类型，复制该类型，重命名为"练习-玻璃嵌板-底部填充"，在构造参数中有两个主要参数"扶栏结构"和"栏杆位置"，见图2.5-26，"扶栏结构"用于编辑水平扶手的结构，"栏杆位置"用于编辑竖直方向栏杆的结构和位置。

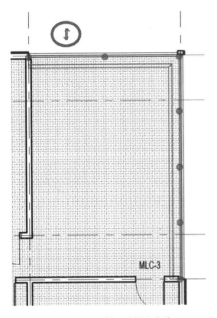

图2.5-24　放置楼板边缘

图2.5-25　绘制楼板边缘后三维视图

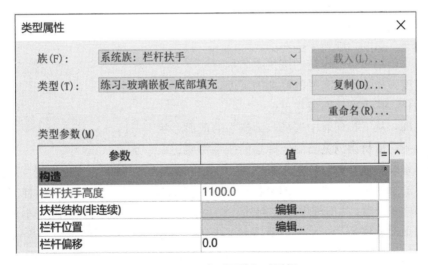

图2.5-26　"类型属性"对话框

首先单击"扶栏结构"编辑按钮，弹出"编辑扶手"对话框，见图2.5-27。

（1）插入：插入一个新的扶手图元。

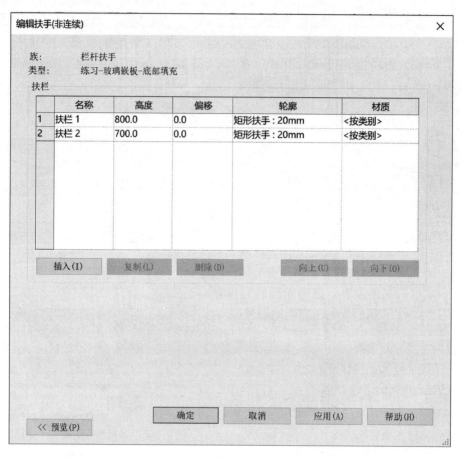

图 2.5-27 "编辑扶手"对话框

（2）复制：复制当前选中扶手的所有属性。

（3）删除：删除当前扶手图元。

（4）名称：用户自己设定的该扶手名称。

（5）高度：该扶手距离栏杆底部的高度。

（6）偏移：扶手的左右偏移量。

（7）轮廓：从下拉列表中选择，为扶手的截面形状。

（8）材质：从材质浏览器中选择当前扶手材质。

本例不修改其他参数，只将"扶栏 2"的高度修改为"1100"，完成后退出，单击"栏杆位置"后的编辑按钮，弹出"编辑栏杆位置"对话框，见图 2.5-28，"主样式"中设定主要栏杆的样式位置，"支柱"设定起始、结束、转角处栏杆样式和位置。本例中只修改主样式 3 的顶部偏移为"−300"，意为该栏杆在顶部扶栏 1 的图元下方 300mm 的位置。修改支柱 1 的栏杆族为"栏杆-圆形：25mm"，单击"确定"退出。

设置好栏杆属性后，单击"绘制" > "直线"按钮，在楼板边缘上绘制栏杆路径见图 2.5-29，单击"模式" > "完成"，退出草图编辑模式，选中楼板边缘和栏杆，复制到 F2 标高，切换到默认三维视图，可观察绘制效果，见图 2.5-30。

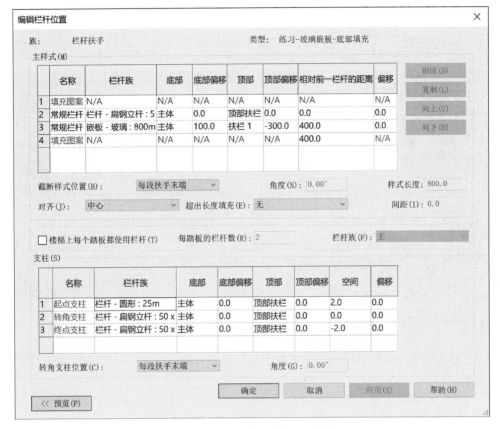

图 2.5-28 "编辑栏杆位置"对话框

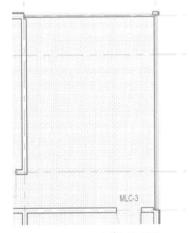

图 2.5-29 绘制栏杆路径

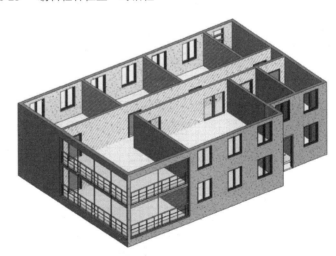

图 2.5-30 楼板边缘和栏杆绘制完成后三维视图

2.6 屋顶

在 Revit 2022 中，共提供了迹线屋顶，拉伸屋顶，面屋顶和屋檐：底板，屋顶：封檐带，屋顶：檐槽这几个用于创建屋顶和屋顶构建的工具，方便用户根据具体项目的需要进行屋顶的创建。

2.6.1　迹线屋顶

迹线屋顶是较常用的屋顶工具，本节将运用迹线屋顶工具创建练习中模型的屋顶。

1. 创建迹线屋顶

打开上节练习的保存文件，切换到 F3 平面视图，单击"建筑"＞"构建"＞"屋顶"＞"迹线屋顶"，进入"修改｜创建屋顶迹线"上下文选项卡，绘制面板见图 2.6-1，可以看到其绘制面板大致如楼板的草图编辑面板，各项工具使用与创建楼板时使用方法相同，选项栏见图 2.6-2。

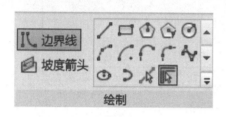

图 2.6-1　"修改｜创建屋顶迹线"选项卡

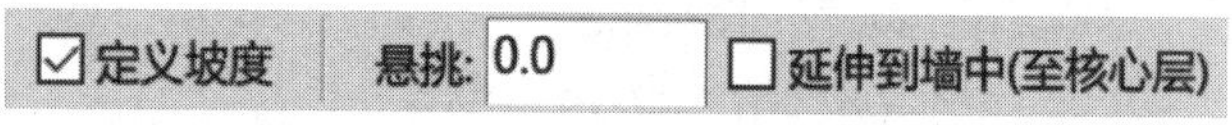

图 2.6-2　选项栏设置

（1）定义坡度：勾选该项将在屋顶各边添加坡度，坡度可定义，具体使用方法稍后会仔细讲解。

（2）悬挑：设置屋檐悬挑长度。

（3）延伸到墙中：勾选该项屋顶边界延伸到墙核心层表面。

本例中，选项栏设置如图 2.6-2 所示，在属性面板，单击"编辑类型"按钮，打开"类型属性"对话框，选择屋顶族类型为"架空隔热保温屋顶-混凝土"，复制新建一个类型，命名为"练习-屋顶"，单击"结构"后的编辑按钮，打开编辑部件对话框，设置各结构材质、厚度如图 2.6-3 所示，单击"确定"退出编辑，在属性面板设置底部标高"F3"，自标高的底部偏移为 0，如图 2.6-4 意为屋顶底部的参照标高为 F3，且没有偏移量。

注意：屋顶的标高是以屋顶底部为标准设置的。

选择"绘制"＞"拾取墙"工具，拾取办公楼外围墙线，见图 2.6-5，完成后单击"模式"＞"完成"按钮，退出屋顶轮廓编辑。切换到默认三维视图，观察效果，见图2.6-6。

2. 使用"定义坡度"

单击"建筑"＞"构建"＞"屋顶"＞"迹线屋顶"，进入"修改｜创建屋顶迹线"上下文选项卡，在选项栏勾选"定义坡度"选项，创建坡屋顶轮廓见图 2.6-7。

选中任意一条屋顶边线，属性面板见图 2.6-8，勾选"定义屋顶坡度"选项，则该屋顶边线有坡度，不勾选则该边线不产生坡度，在"坡度"栏可更改坡度值。

将各个边依次做是否有坡度，坡度值的修改，修改后屋顶轮廓草图见图 2.6-9。

单击"完成"按钮退出草图编辑，切换到默认三维视图，观察效果见图 2.6-10。

另外，还可以通过使用坡度箭头来完成坡屋顶的创建，具体用法见编辑楼板中的坡度箭头用法。

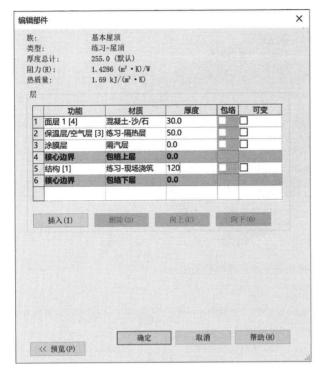

图 2.6-3 "编辑部件"对话框

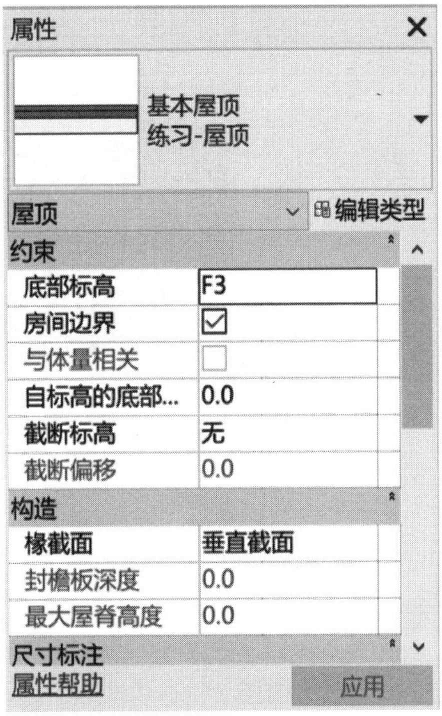

图 2.6-4 属性面板设置

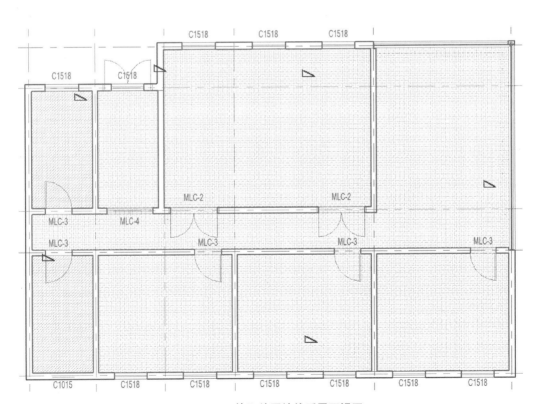

图 2.6-5 拾取外围墙线后平面视图

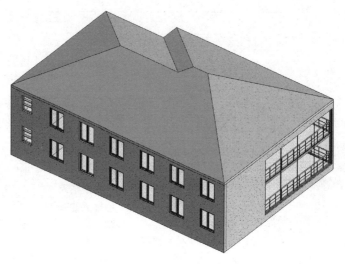

图 2.6-6　屋顶绘制完成后三维视图

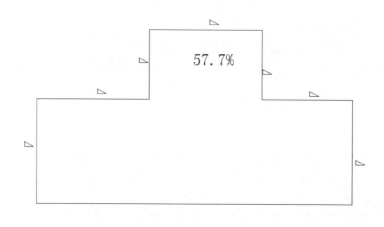

图 2.6-7　创建坡屋顶轮廓

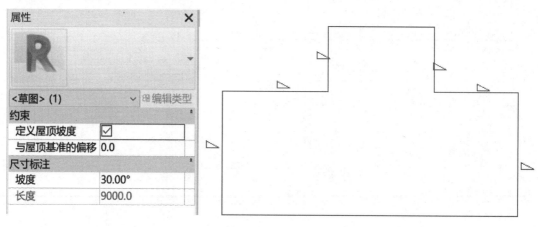

图 2.6-8　属性面板　　　　　　　　　　　图 2.6-9　坡度编辑

图 2.6-10　屋顶坡度效果

2.6.2　拉伸屋顶

在平面创建一个坡屋顶，三维效果见图 2.6-11，切换到 F3 楼层平面视图，创建三个参照平面，位置见图 2.6-12。

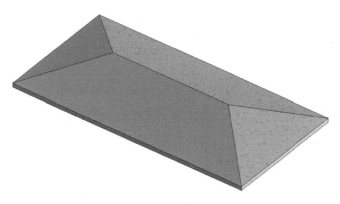

图 2.6-11　坡屋顶

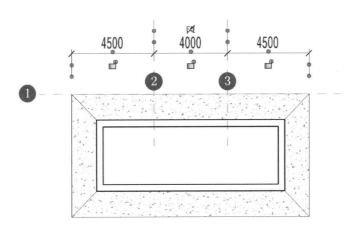

图 2.6-12　参照平面创建

单击"建筑"＞"构建"＞"屋顶"＞"拉伸屋顶"，弹出"工作平面"对话框，选择"拾取一个平面"为拉伸屋顶选择一个拉伸基面，本例选择①参考平面，弹出"转到视图"对话框，选择"立面：北立面"，切换到可以编辑拉伸屋顶迹线的平面，弹出"屋顶参照标高和偏移"对话框，选择标高"F3"，偏移为"0"，则该拉伸屋顶的底部将建立在F3 标高上，见图 2.6-13，单击"确定"，进入"修改｜创建拉伸屋顶轮廓"上下文选项卡。

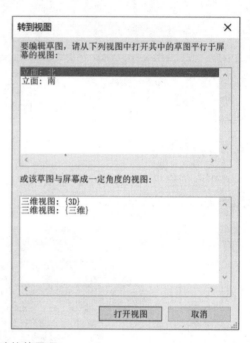

图 2.6-13　创建拉伸屋顶

选择"绘制"＞"起点-终点-半径弧"工具，绘制界面上绘制一个半圆弧见图 2.6-14，在属性面板设置屋顶的族和类型，更改拉伸终点为"1800"，见图 2.6-15，单击"模式"＞"完成"按钮退出草图编辑模式。

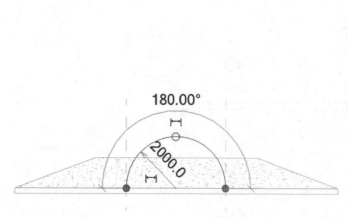

图 2.6-14　绘制半圆弧

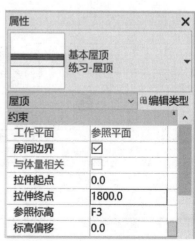

图 2.6-15　属性面板

到默认三维视图，可观察迹线屋顶创建情况，见图 2.6-16。

选中"拉伸屋顶"，进入"修改｜屋顶"上下文选项卡，单击"几何图形"＞"连接/取消连接屋顶"，见图 2.6-17，先单击拉伸屋顶①边缘，再单击坡屋顶②面，完成屋顶的连接，完成后效果见图 2.6-17。

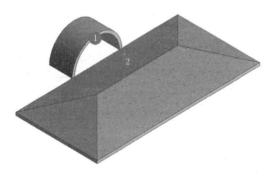

图 2.6-16　拉伸屋顶操作

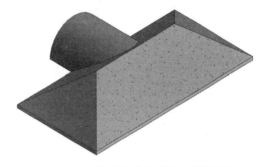

图 2.6-17　拉伸屋顶完成后三维效果图

2.6.3　面屋顶

面屋顶用于为表面不规则的模型创建屋顶，通过拾面来根据面的形状创建符合需要的屋顶形状。

下面以为一个不规则三维实体创建屋顶为例来讲解面屋顶的使用，现需要为图 2.6-18 的三维实体创建面屋顶。

单击"建筑"＞"构建"＞"屋顶"＞"面屋顶"，进入"修改｜放置 面屋顶"，创建面板如图 2.6-19 所示。

（1）选择多个：选择多个面。

（2）清除选择：删除已选择的面。

（3）创建屋顶：在已选择的面创建屋顶。

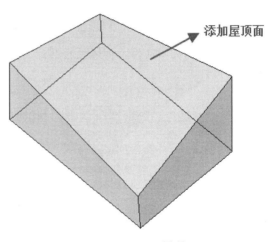

图 2.6-18　面屋顶

图 2.6-19　创建面屋顶面板

选项栏界面如图 2.6-20 所示，用于选择放置该屋顶的标高和标高偏移量。

修改｜放置面屋顶	标高: F3 ∨	偏移: 0.0

图 2.6-20　选项栏界面

　　直接单击该几何体表面，再单击"多重选择"＞"创建屋顶"按钮，则在几何体表面生成一个屋顶，见图 2.6-21。

　　选中几何实体将其删除，则创建的屋顶如图 2.6-22 所示。面屋顶的属性设置族类型选择都与其他屋顶类似，这里不再做过多介绍。

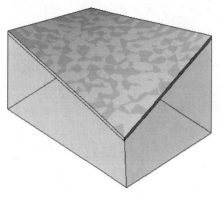

图 2.6-21　创建屋顶

图 2.6-22　屋顶创建后的三维效果图

2.6.4　屋檐底板、封檐带、檐槽

　　1. 屋檐底板

　　打开保存的练习文件，将屋顶底部标高更改为"F3"向上偏移"300"，为该屋顶添加屋檐底板。

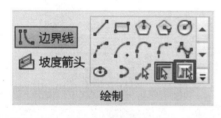

图 2.6-23　创建"屋檐底板边界"选项卡

　　切换到 F3 标高平面视图，单击"建筑"＞"构建"＞"屋顶"＞"屋檐：底板"，进入"修改｜创建屋檐底板边界"上下文选项卡，如图 2.6-23 所示，大部分绘制工具同迹线屋顶的绘制工具相同，只有"拾取屋顶边"是特有的功能，单击该项后，选择一个屋顶，系统会自动沿该屋顶的边缘生成轮廓边界，用户可在此基础上再进行修改编辑。

　　单击"绘制"＞"拾取屋顶边"，选中已绘制的屋顶，系统自动沿屋顶轮廓生成边界线，见图 2.6-24，在属性面板设置标高为"F3"，偏移为"0"，单击"编辑类型"按钮，在"类型属性"对话框中选择"常规-300mm"，复制新建一个檐底板类型，命名为"练习-檐底板 300"，单击结构后的"编辑"按钮，在编辑部件对话框中设置结构材质为"练习-现场浇筑混凝土"，见图 2.6-25，不更改其他选项，退出属性编辑。

　　单击"模式"＞"完成"按钮，退出草图编辑模式，切换到默认三维视图，可以看到新绘制的檐底板如图 2.6-26 所示。

　　2. 屋顶封檐板

　　单击"建筑"＞"构建"＞"屋顶"＞"屋顶：封檐板"，进入"修改｜放置 封檐板"上下文选项卡，单击檐顶边、檐底板等模型边线即可添加封檐带，再次单击可取消添加，由于在系统自带族中没有满足要求的封檐带轮廓，故新建一个轮廓族。

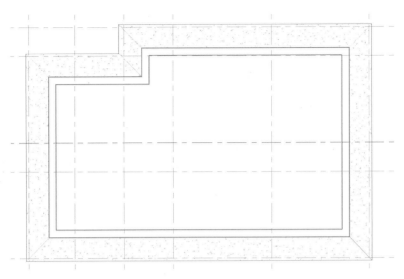

图 2.6-24 生成屋顶轮廓边界线

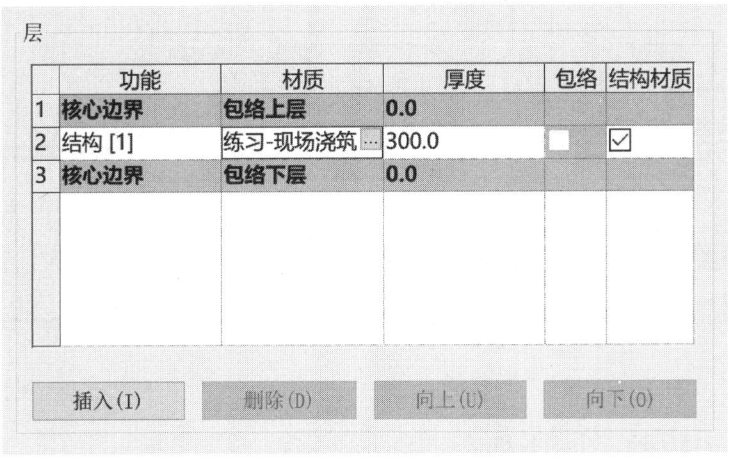

	功能	材质	厚度	包络	结构材质
1	**核心边界**	**包络上层**	**0.0**		
2	结构 [1]	练习-现场浇筑…	300.0	☐	☑
3	**核心边界**	**包络下层**	**0.0**		

插入(I)　删除(D)　向上(U)　向下(0)

图 2.6-25 编辑部件对话框

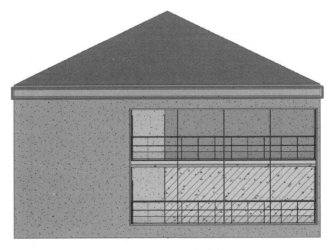

图 2.6-26 绘制檐底板

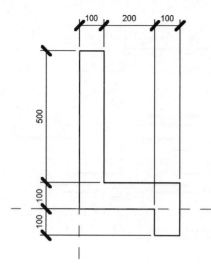

图 2.6-27　封檐带样式尺寸

单击"应用程序"＞"新建"＞"族",选择样板文件为"公制轮廓",进入族编辑界面,选择"创建"＞"详图"＞"线"＞"绘制"＞"线"工具,绘制轮廓的样式、尺寸、位置如图 2.6-27 所示。

绘制完成后,单击"保存",命名为"封檐板轮廓-1",单击"确定"完成保存,单击"载入到项目中",载入当前项目。

打开属性面板,单击"编辑类型"按钮,进入"类型属性"对话框,复制当前族类型以创建新的族类型,命名为"练习-封檐板",选择轮廓为"封檐板轮廓-1",材质为"练习-现场浇筑混凝土",见图 2.6-28,单击"确定"退出编辑,在属性面板设置垂直轮廓偏移"-500",水平轮廓偏移"0",见图 2.6-29。

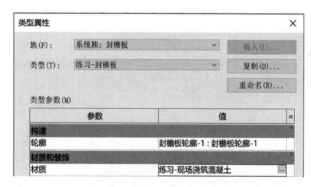

图 2.6-28　"类型属性"对话框

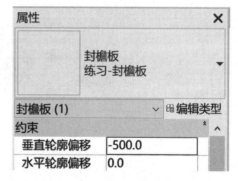

图 2.6-29　属性面板

依次单击屋顶边线,生成封檐带轮廓见图 2.6-30。

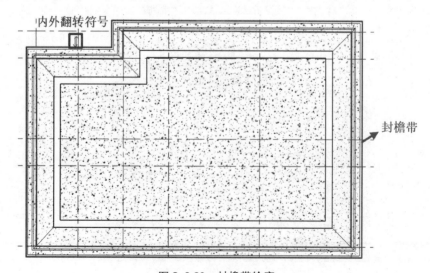

图 2.6-30　封檐带轮廓

按 Esc 键退出封檐带轮廓编辑，切换到默认三维视图，观察效果见图 2.6-31。

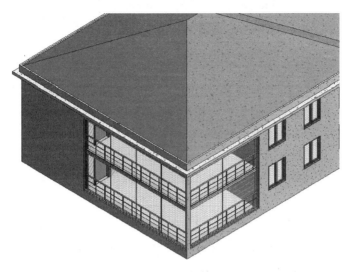

图 2.6-31 三维效果图

3. 屋顶檐槽

单击"建 筑"＞"构 建"＞"屋 顶"＞"屋顶：檐槽"，进入"修改｜放置 檐沟"上下文选项卡，单击檐顶边、檐底板、封檐带等模型边线即可添加封檐沟，再次单击可取消添加。

打开属性面板，单击"编辑类型"按钮，在类型属性对话框中，复制新建一个檐沟类型，命名为

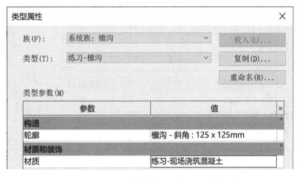

图 2.6-32 "类型属性"对话框

"练习-檐沟"，修改材质为"练习-现场浇筑混凝土"，见图 2.6-32，单击"确定"退出，在属性面板设置水平和垂直偏移均为"0"，见图 2.6-33。依次单击封檐板外边缘生成檐沟，三维效果见图 2.6-34。

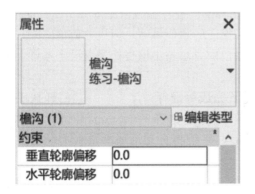

图 2.6-33 属性面板

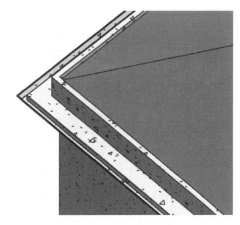

图 2.6-34 檐沟三维效果图

2.7　楼梯

2.7.1　直楼梯

本节将接上节练习为办公楼模型创建楼梯，打开联系文件，切换到 F2 标高平面视图。

单击"建筑">"楼梯坡道">"楼梯"，进入"修改｜创建楼梯"上下文选项卡，打开属性面板，单击"编辑类型"按钮，选择"190mm 最大踢面 250mm 梯段"类型，复制创建一个新的类型，命名为"练习-直楼梯"，修改各参数，见图 2.7-1，其他选项不做修改。其中，"最小踏板深度"是指楼梯的踏步宽度最小值，"最大踢面高度"是指踏步的最大高度值。

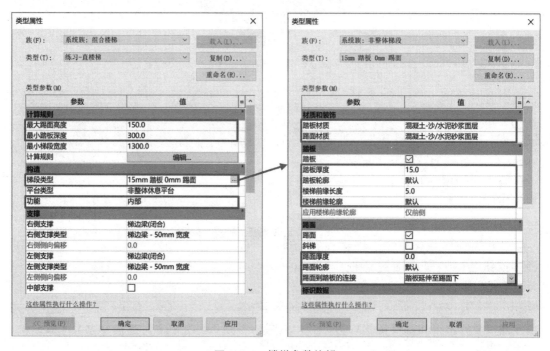

图 2.7-1　楼梯参数编辑

修改完成后，单击"确定"退出编辑，在属性面板设置各参数值见图 2.7-2，当用户给出限制条件后，系统会自动计算出所需踏步数和相应的数值参考，但该数值可修改，用户进行修改后，相应数值也自动发生改变，如果用户的要求超出该楼梯类型设定条件，系统将给出警告。

创建楼梯的面板如图 2.7-3 所示，在属性设置完成后选择"工具">"栏杆扶手"，添加楼梯，系统弹出"栏杆扶手"对话框，见图 2.7-4，选择"900mm"，位置为"踏板"，单击"确定"退出栏杆设置，在绘制完成后，系统将自动沿楼梯踏板边缘生成栏杆扶手。

单击"绘制">"梯段"，进入绘制梯段线的模式，楼梯将沿梯段线路径生成。使用"参照平面"工具在楼梯间绘制 3 个参照平面，位置如图 2.7-5 所示。

图 2.7-2　属性面板

图 2.7-3　创建楼梯的面板

图 2.7-4　"栏杆扶手"对话框

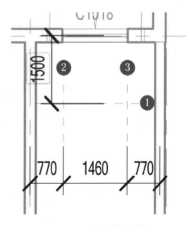

图 2.7-5　绘制参照平面

　　绘制完成后，选择"绘制"＞"直线"工具，从左侧交点处开始点击，拖动鼠标向下移动，注意观察浅灰色提示，了解已绘制踏步数和未绘制踏步数，本例在绘制 10 个踏步后完成第一段绘制，见图 2.7-6，平移到合适位置单击，向上拖动鼠标直至所剩踏步数为

0，拖动系统生成的楼板边缘线到合适位置，完成后，见图 2.7-7。

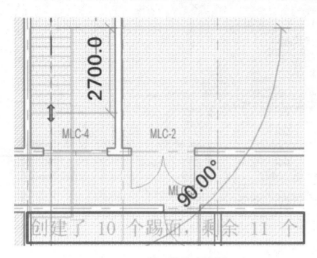

图 2.7-6　第一段踏步绘制

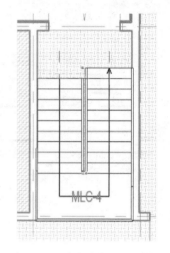

图 2.7-7　踏步绘制后平面视图

单击"模式"＞"完成"按钮退出草图编辑模式，切换到三维视图，见图 2.7-8。

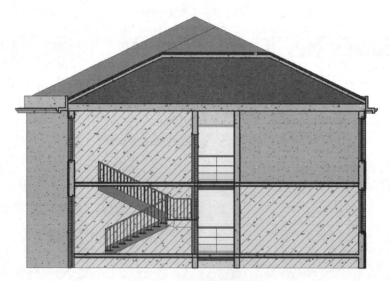

图 2.7-8　楼梯三维视图

☑链　偏移：0.0　☐半径：1000.0

图 2.7-9　修改状态栏

单击"建筑"＞"洞口"＞"垂直"，为楼板创建洞口，修改状态栏各项值见图 2.7-9，选择 F2 标高楼板，切换到 F2 平面视图，创建洞口轮廓线，完成后见图 2.7-10，单击"模式"＞"完成"退出洞口草图编辑，可以看到楼梯的 F2 标高平面视图可以正常显示，见图 2.7-11。

单击"建筑"＞"楼梯坡道"＞"栏杆扶手"＞"绘制路径"绘制 F2 楼板栏杆，草图线见图 2.7-12，单击"完成"按钮退出，切换到默认三维视图，观察楼梯效果，见图 2.7-13。

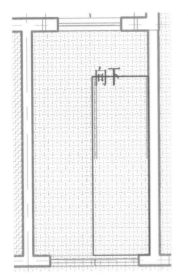

图 2.7-10 创建洞口轮廓线

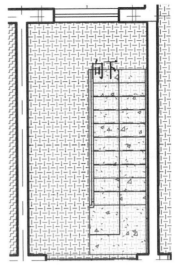

图 2.7-11 楼梯平面视图

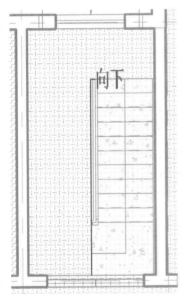

图 2.7-12 栏杆扶手

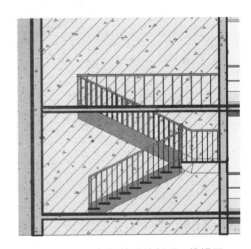

图 2.7-13 栏杆扶手绘制后三维视图

2.7.2 螺旋楼梯

螺旋楼梯和直行楼梯的编辑方法大致相同，只是绘制时所用工具不同，故关于螺旋楼梯的属性、类型编辑以及添加栏杆等内容不再做重复介绍，本节着重介绍螺旋楼梯的草图绘制。

打开练习文件，切换到 F1 平面视图，单击"建筑">"楼梯坡道">"楼梯"，进入"修改｜创建楼梯"上下文选项卡，单击"构件">"圆心-端点螺旋"，不更改属性面板所有选项，绘制 F1 标高至 F2 标高的一段螺旋楼梯。

在空白位置单击绘制圆弧圆心，向外拖拽，输入圆弧半径为"6000"，见图 2.7-14。单击选择楼梯起点位置，沿一个方向拖动，直至灰色提醒文字为"创建了"21 个踢面，剩余0个，见图2.7-15，单击确定。完成后单击"模式" ＞ "完成"按钮退出草图编辑模式，切换到默认三维视图，观察螺旋楼梯效果见图2.7-16。

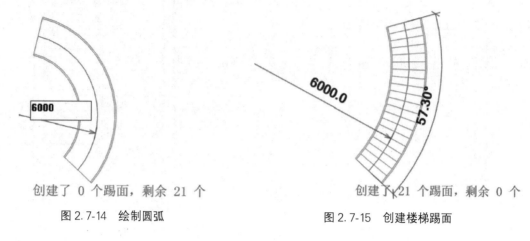

创建了 0 个踢面，剩余 21 个   创建了 21 个踢面，剩余 0 个

图 2.7-14 　绘制圆弧   图 2.7-15 　创建楼梯踢面

图 2.7-16 　螺旋楼梯效果图

2.8 　柱和梁

2.8.1 　结构柱

接上节练习，切换到F1楼层平面视图，单击"建筑" ＞ "构建" ＞ "柱" ＞ "结构柱"，进入"修改｜放置结构柱"上下文选项卡，选项面板见图2.8-1。

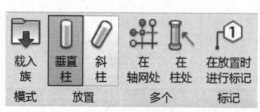

图 2.8-1 　选项面板

（1）载入族：单击载入结构柱族文件。

（2）垂直柱：放置与地坪垂直的柱，一般用得较多。

（3）斜柱：放置与垂直方向成一定角

度柱，是 Revit 提供的特别柱编辑工具，由于实际工程使用较少，在这里不做过多介绍，读者可以自己探索。

（4）在轴网处：在选中范围内的所有轴网交点处放置柱。

（5）在柱处：在放置建筑柱的地方放置结构柱。

（6）标记：在放置时进行自行添加柱名称标记，用法同门窗标记，这里不再做过多介绍。

在该选项卡状态下不选择任何项，则系统将在鼠标单击处添加柱，由于在系统自带结构柱中没有满足要求的，故新建一个结构柱族。单击"应用程序">"新建">"族"，选择样板文件为"公制结构柱"，进入族编辑界面，绘制一个 500×500×3000 的结构柱，并保存命名为结构柱，载入到项目。

本例中选择"垂直柱"选项，不单击"在放置时标记"，选项栏设置见图 2.8-2。

图 2.8-2 选项栏设置

不勾选"放置后旋转"，放置方法为"高度"，至标高"F3"。"放置后旋转"是指在放置柱到指定位置后再根据系统提示，完成柱的角度旋转。

设置完成后，打开属性面板，单击"编辑类型"按钮，在弹出的"类型属性"对话框中，选择柱的类型为"结构柱"，复制新建一个柱类型，命名为"练习-结构柱 300×300"，修改属性值深度为"300"，高度为"300"，见图 2.8-3，完成编辑后单击"确定"退出。

类型属性		×
族(F)：	结构柱	载入(L)...
类型(T)：	练习-结构柱300×300	复制(D)...
		重命名(R)...

类型参数(M)

参数	值	=
型号		
制造商		
类型注释		
URL		
说明		
部件代码		
成本		
剖面名称关键字		
部件说明		
类型标记		
OmniClass 编号	23.25.30.11.14.11	
OmniClass 标题	Columns	
代码名称		
其他		
深度	300.0	
宽度	300.0	

这些属性执行什么操作？

| << 预览(P) | 确定 | 取消 | 应用 |

图 2.8-3 "类型属性"对话框

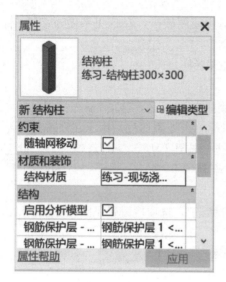

图 2.8-4　属性面板

在属性面板勾选"随轴网移动"选项，修改"结构材质"为"练习-现场浇筑混凝土"，如图 2.8-4 所示。

设置完成后，单击在"轴网处"按钮。在绘图区域框选所有的轴网，见图 2.8-5，单击"模式"＞"完成"退出编辑模式，删除多余的柱，移动个别柱的位置进行调整，完成后见图 2.8-6。

选中任意一个柱，单击右键，在快捷菜单中选择"选择全部实例"＞"在视图中可见"，选中全部柱，打开属性面板，在面板中设置底部标高为"室外地坪"，其他参数不变，见图 2.8-7，单击"应用"完成修改。

切换到默认三维视图，配合剖面框的使用，可以看到柱已经在模型中正确显示了，见图 2.8-8。

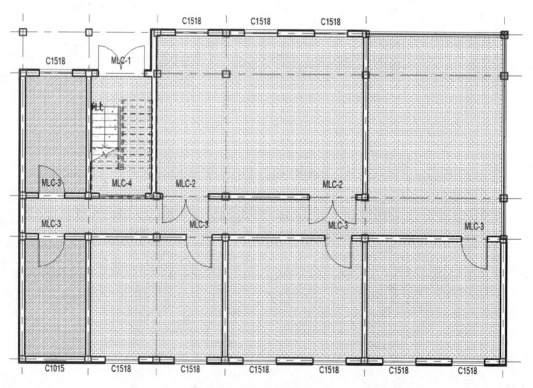

图 2.8-5　绘图区域选择轴网

2.8.2　建筑柱

在 Revit 中，建筑柱和结构柱的绘制方式是大致相同的，单击"建筑"＞"构建"＞"柱"＞"建筑柱"，进入"修改｜放置 柱"上下文选项卡中，在该选项卡界面没有"放置""多个""标记"这几个面板，这是因为建筑柱是为了美观而设置的构件，通常通过载

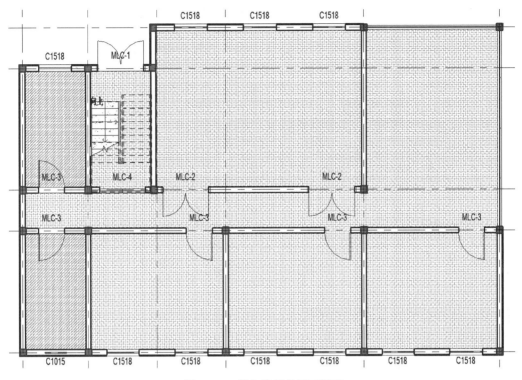

图 2.8-6 插入柱后的平面视图

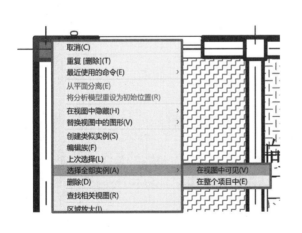

图 2.8-7 属性面板

入族载入专门创建的柱模型，大面积放置多个的情况相对较少，故而没有提供相关选项，除此之外选项栏和属性面板的使用皆同结构柱，这里就不再做重复介绍了。

2.8.3 梁

由于 Revit 2022 将建筑、结构、系统三大建模工具合为一个软件，所以在创建建筑模型时也可以用其他选项卡的工具，本小节将使用结构选项卡的梁工具来完善模型。

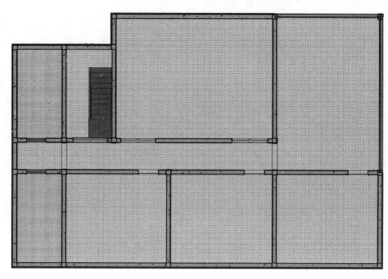

图 2.8-8　三维视图

图 2.8-9　面板界面

接上节练习，切换到 F2 楼层平面视图，单击"结构"＞"梁"进入"修改｜放置 梁"上下文选项卡，面板界面如图 2.8-9 所示。选择"在轴网上"工具，在绘图区域选择要创建梁的轴网，将依次在选中的模型轴网上创建出多个梁，用法类似结构柱中该工具，其他工具与创建柱模型时用法相同，不再重复介绍。

本节练习中由于创建的梁较少，故选择"绘制"＞"直线"工具，选项栏见图 2.8-10。

| 修改\|放置 梁 | 放置平面: 标高：F2 | ∨ | 结构用途: <自动> | ∨ | □三维捕捉 | □链 |

图 2.8-10　选项栏

（1）放置平面：选择梁的放置平面标高。

（2）结构用途：选择梁的结构用途，有"大梁""托梁""檩条"等多个选项。

在本例中，选择放置梁在"F2"标高，结构用途设为"自动"，不勾选"三维捕捉"和"链"的选项。

打开属性面板，单击"编辑类型"按钮，打开"类型属性"对话框，选择"HW400 ×400 × 13 × 21"类型，复制新建一个梁类型，命名为"练习-梁"，修改宽度为"30.00cm"，见图 2.8-11，单击"确定"按钮退出。

在属性面板修改 Y 轴对正"中心线"，Z 轴对正"顶"，见图 2.8-12，意为绘制的梁线对正梁的中心，梁的顶面对正设置的标高，不更改其他选项，单击"应用"，完成设置。

在绘图区域绘制三条梁线，见图 2.8-13，按 Esc 键退出梁的放置模式，由于梁顶部对正 F2 标高，故在平面视图中只能看见虚线框。

切换到默认三维视图，配合剖面框，可以看到梁已经正确显示在模型中了，见图 2.8-14。

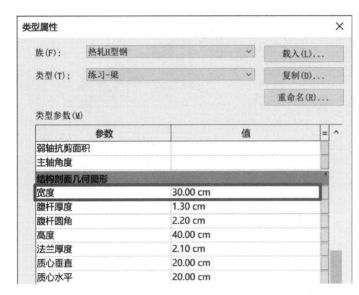

图 2.8-11　"类型属性"对话框

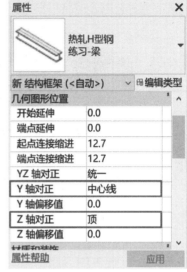

图 2.8-12　属性面板

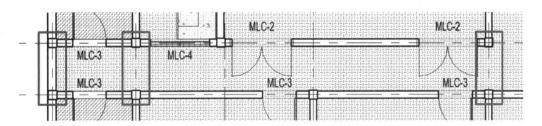

图 2.8-13　绘制梁线

图 2.8-14　梁绘制后三维视图

　　选中所有梁，复制到剪贴板，单击"粘贴"＞"与选定标高对齐"，选择"F3"标高，单击"确定"，梁复制到 F3 标高，如图 2.8-15 所示。

图 2.8-15　梁复制到 F3 标高后的效果图

2.8.4　结构支撑

　　结构支撑是连接梁和柱对角线的结构构件，首先创建柱子和梁，三维效果如图 2.8-16 所示。单击"工作平面" > "设置"按钮，弹出"工作平面"对话框，选择"拾取一个平面"，见图 2.8-17，本例选择①所在平面为参照平面。

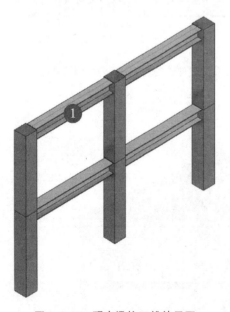

图 2.8-16　现有梁柱三维效果图

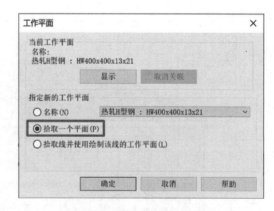

图 2.8-17　工作平面对话框

　　打开属性面板，单击"编辑类型"按钮，打开"类型属性"对话框，选择"HW400× 400×13×21"类型，复制新建一个结构支撑类型，命名为"练习-结构支撑"，修改宽度为"30.00cm"，见图 2.8-18，单击"确定"按钮退出。

　　在属性面板修改 Y 轴对正"中心线"，Z 轴对正"顶"，见图 2.8-19，意为绘制的结构支撑线对正结构支撑的中心，结构支撑的顶面对正设置的标高，不更改其他选项，单击"应用"，完成设置。

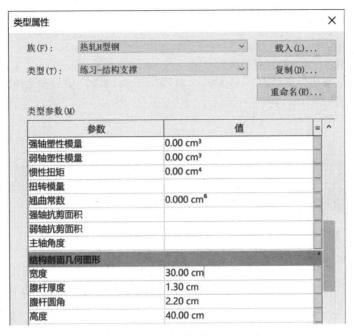

图 2.8-18 类型属性对话框

单击"结构"＞"支撑",进入"修改｜放置 支撑"上下文选项卡,点击结构支撑的起点与终点,完成绘制,切换到默认三维视图,如图 2.8-20 所示。

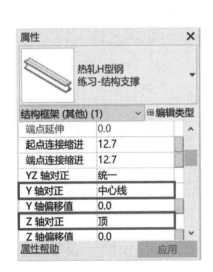

图 2.8-19 属性面板

图 2.8-20 结构支撑三维视图

2.9 Revit Architecture 视图生成

在 Revit 当中,提供了多种视图类型和用于生成视图的工具,用户可以根据自己的需求生成需要的视图类型,如平面图、立面图、剖面图和三维视图等,另外用户还可以方便地绘制自己所需的视图，如节点详图、大样图等。

2.9.1　平面图的生成

在 Revit 中，创建一个标高默认生成一张楼层平面视图，所以我们可以看到，在浏览器中，如果没有特殊操作，标高与楼层平面视图往往是一一对应的，当然也可以创建其他类型的平面视图。

图 2.9-1　平面视图类型

单击"视图">"创建">"平面视图"工具，可以看到该工具可以创建 5 种不同的平面视图类型，见图 2.9-1。

（1）楼层平面视图：使用最频繁的平面视图类型，通常在默认标高位置系统会自动对应的楼层平面视图。

（2）天花板投影平面：用于创建天花板投影平面视图的工具，视图深度较小，主要表现天花板结构。

（3）结构平面：用于创建结构平面的视图工具，在楼层平面视图中，选定剖切面后都是向下看的，而结构平面视图为了可以清晰地表现结构构造，可以选择"向上看"，这样柱、梁等结构就可以清晰地展现了。

（4）平面区域：平面区域工具可以为平面上特定的一个区域设定视图，平面区域草图是闭合的，不可以重叠，但可以具有重合边线。它可以用来差分标高平面，也可以把在一个视图中不可见的区域显示使用复制粘贴的工具显示出来，另外还可以设置其可见性，单击"视图">"图形">"可见性图形"按钮，弹出图形可见性对话框，在注释类别中可以看到"平面区域"选项，不勾选该项，则该视图中的平面区域不可见，见图 2.9-2。

图 2.9-2　"平面区域"选项可见性设置

（5）面积平面：可以创建用于表现平面面积和功能区域划分的视图平面，在此类平面视图上会标注每个房间的功能和面积。

本节以楼层平面视图为例讲解平面视图的创建及属性。

打开练习文件，切换到南立面视图，创建标高"F1-2"，高程为 1.5m，不勾选生成平面视图选项，见图 2.9-3。

单击"视图" > "创建" > "平面视图" > "楼层平面视图"，弹出"新建楼层平面"对话框，单击"编辑类型"按钮，弹出"类型属性"对话框，见图 2.9-4，可以选择和设置不同的楼层平面视图类型，单击"确定"退出编辑，在"为新建的视图选择标高"区域选择创建的"F1-2"标高，勾选"不复制现有视图"，意为不把目前所在的平面视图复制到新建的平面视图当中，单击"确定"，见图 2.9-5，创建了一个在标高"F1-2"的楼层平面视图。

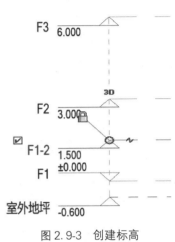

图 2.9-3　创建标高

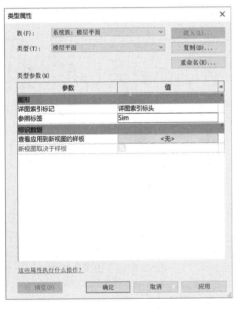

图 2.9-4　"类型属性"对话框

图 2.9-5　"新建楼层平面"对话框

打开属性面板，属性面板有关于平面视图的各项属性值的设置，见图 2.9-6。

显示模型：有"标准""半色调"和"不显示"三个选项，"标准"模式下，正常显示所有图元。"半色调"模式下，以浅色线显示普通模型图元，正常显示所有详图视图专有图元。"不显示"模式下，只显示详图视图专有图元，不显示其他图元。

详细程度：有"粗略""中等"和"详细"三个选项，可以更改视图中图元显示的精细程度。例如在 F1-2，选择"粗略"，视图见图 2.9-7，选择"精细"，视图见图 2.9-8。

图 2.9-6　属性设置

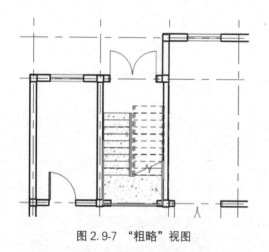

图 2.9-7　"粗略"视图

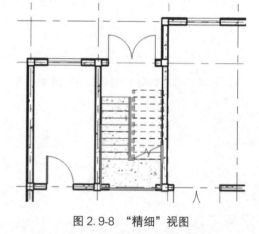

图 2.9-8　"精细"视图

可见性/图形替换：单击弹出"可见性图形替换"对话框，见图 2.9-9，它将模型图元分为 5 个类别，可通过勾选或取消勾选可见性栏来设置该图元在本视图中的可见性。

（1）图形显示选项：单击"编辑"，弹出"图形显示选项"按钮，有"模型显示""阴影""照明"和"摄影曝光"几个选项，可以为模型设置符合要求的显示形式。

（2）基线：选择该视图的基线，通常从该视图上或下的楼层平面视图选择，虽然该层视图的线会变暗，但仍然可见。此项对于理解上下层结构间的关系是非常有用的。

（3）基线方向：选择"平面"则基线视图为从上向下看，选择"天花板投影平面"则基线平面为从下向上看的视图。

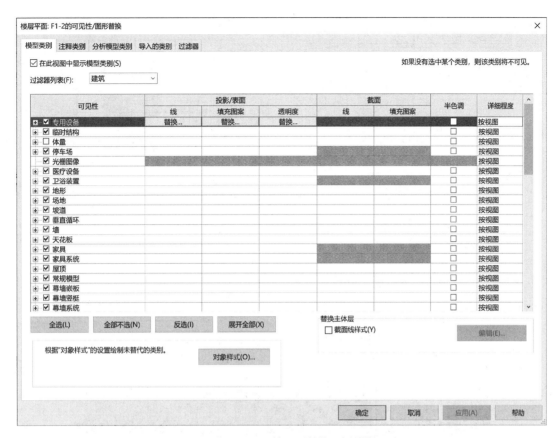

图 2.9-9 "可见性图形替换"对话框

（4）方向：有"项目北"和"正北"两个选项，用于切换视图的显示方向，选择"项目北"，则项目的北方对正视图上方。

（5）墙连接显示：有"清理所有墙连接"和"清理同类型墙连接"两个选项，选择"清理所有墙连接"，则所有墙只要相接就会自动连接，选择"清理同类型墙连接"，则只会将同种墙连接在一起。

（6）颜色方案位置：有"背景"和"前景"两个选项，选择"背景"，则该色彩方案应用于背景图案，选择"前景"，则该色彩方案应用于模型。

（7）色彩方案：单击弹出"编辑颜色方案"对话框，如图 2.9-10 所示，在此对话框中可以为当前视图添加颜色方案，可以选择按"空间"或"房间"等编辑色彩方案，在图 2.9-10 中，以"房间"方案编辑色彩类型，单击确定后，可在视图上看到办公楼功能分区，见图 2.9-11。

（8）日光路径：勾选则显示日光情况下模型的视图样式。

（9）视图样板：视图参照的样板，各项设置都在该样板基础上，如样板发生改变，则该视图也发生改变。

（10）视图名称：显示该视图名称，单击可修改。

（11）裁剪视图：勾选，可在视图上进行裁剪，参见区域将不可见。

（12）裁剪区域可见：勾选，则可将裁剪区域显示。

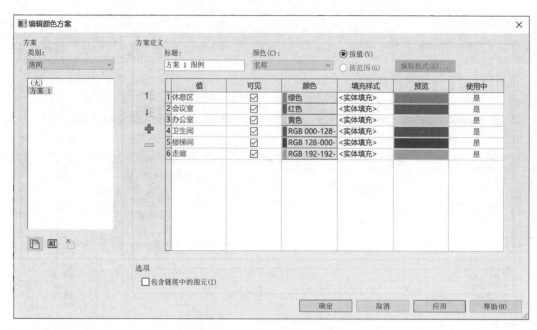

图 2.9-10   "编辑颜色方案"对话框

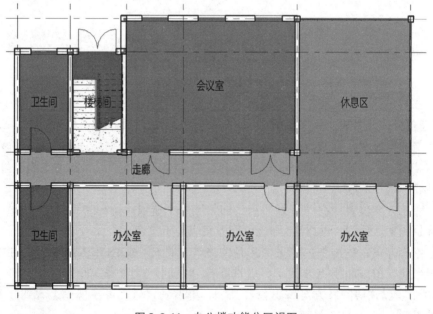

图 2.9-11   办公楼功能分区视图

（13）视图范围：单击打开"视图范围"对话框，见图 2.9-12，可在该对话框内修改该平面视图的剖面标高，顶部和底部的界限和视图的深度，以此来改变视图的显示范围。

2.9.2　立面图的生成

立面使用与观察模型在竖直方向上状态的视图类型，模板一般默认有"东""西"

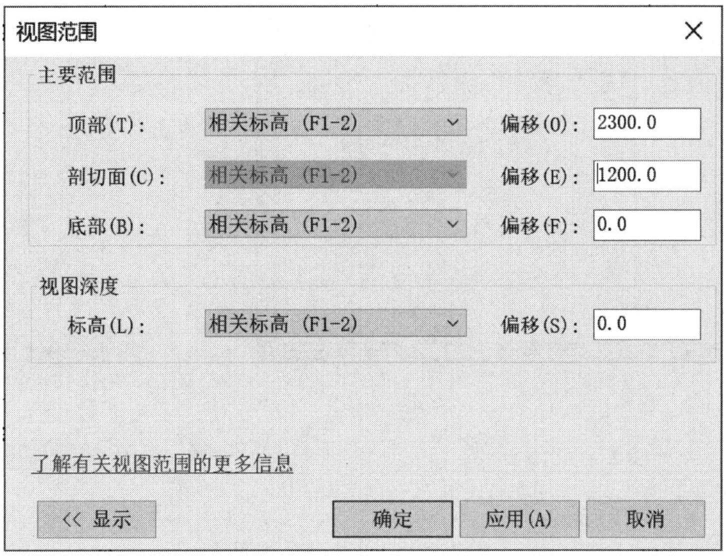

视图范围
主要范围
顶部(T):
相关标高 (F1-2)
偏移(O):
2300.0
剖切面(C):
相关标高 (F1-2)
偏移(E):
1200.0
底部(B):
相关标高 (F1-2)
偏移(F):
0.0
视图深度
标高(L):
相关标高 (F1-2)
偏移(S):
0.0
了解有关视图范围的更多信息
<< 显示
确定
应用(A)
取消

图 2.9-12 “视图范围”对话框

“南”“北”四个立面，用于观察模型的外立面，如果想要创建观察模型内部结构的立面视图，也可以根据自己的需求进行创建。

单击“视图”>“创建”>“立面”，有“立面”和“框架立面”两个选项，见图 2.9-13，“立面”用于绘制普通立面视图，表现建筑内部立面的样式，“框架立面”用于绘制结构立面视图，主要表现建筑的结构形态，这里我们选择“立面”，进入“修改 | 立面”上下文选项卡。

在该选项卡下，“选项栏”见图 2.9-14，勾选“附着到轴网”则该立面符号附着到轴网，本例中不勾选选项。

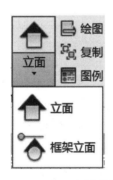

绘图
复制
图例
立面
立面
框架立面

图 2.9-13 立面选项对话框

修改 | 立面
附着到轴网

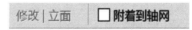

图 2.9-14 选项栏

在绘图区域移动鼠标则立面符号将会随鼠标移动，在空白区域按“Tab”键，立面符号会旋转方向，当它附着到墙上时，立面方向垂直于墙，在适当位置单击鼠标，该立面符号放置完成，见图 2.9-15。

系统会给该立面视图自动生成一个视图名称，在“属性栏中”可修改，见图 2.9-16。

在该选项卡状态下，有剪裁和剖面两个面板，见图 2.9-17，“尺寸剪裁”可用于调整

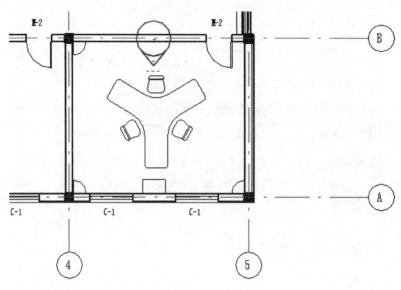

图 2.9-15 立面符号放置

立面视图的范围大小，"拆分线段"可用于绘制非矩形的视图范围轮廓，该工具与剖面图中该工具的用法相同，将在"生成剖面图"小节中详细介绍。

图 2.9-16 属性编辑

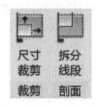

图 2.9-17 剖面面板选项卡

下面单击"尺寸剪裁"按钮，弹出"剪裁区域尺寸"对话框，见图 2.9-18，"模型剪裁尺寸"是指该视图中模型可见范围的大小，"注释剪裁偏移"是指注释类别图元在多大范围内会被一起剪裁，不修改该对话框的任何值，单击"确定"退出。

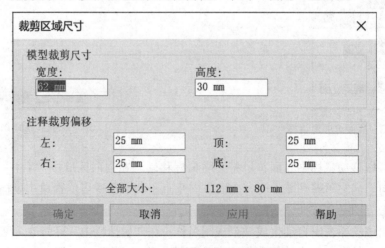

图 2.9-18 "剪裁区域尺寸"对话框

在绘图区域，拖动视图范围框上的夹点同样可以修改模型的视图范围，见图 2.9-19，适当拖动各夹点调整视图范围到满足需求。

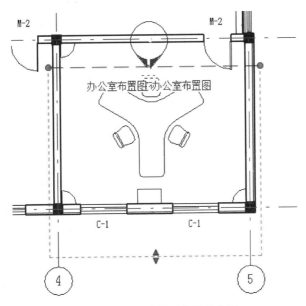

图 2.9-19　修改模型的视图范围

切换到"办公室布置图"立面视图，立面视图效果如图 2.9-20 所示，拖动各夹点仍可在立面范围内修改视图范围，单击①符号，可以将垂直视图截断，单击后如图 2.9-21 所示，将两夹点拖拽至重合可重新恢复原视图。

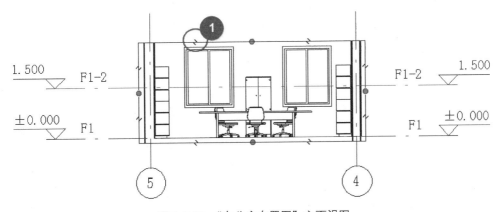

图 2.9-20　"办公室布置图"立面视图

2.9.3　剖面图的生成

剖面图用于显示三维模型的剖面情况，通常用来显示内部结构、位置等图元信息。

接上节练习，切换到 F1 楼层平面视图，单击"视图">"创建">"剖面"，进入"修改 | 剖面"上下文选项卡，其选项栏如图 2.9-22 所示，不更改任何选项，开始绘制剖面线。

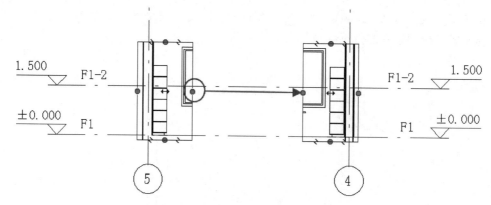

图 2.9-21　"办公室布置图"立面视图

| 修改 \| 剖面 | 偏移: 0.0 |

图 2.9-22　选项栏

沿 2 轴线右侧从上向下拖动鼠标，在适当位置单击完成剖面线的绘制，如图 2.9-23 所示。

剖面图视图范围，同立面图视图范围一样也可以拖动进行范围修改，在该选项卡状态下，显示"裁剪"和"剖面"两个面板，见图 2.9-24，这里详细讲解"拆分线段"工具的使用方法。

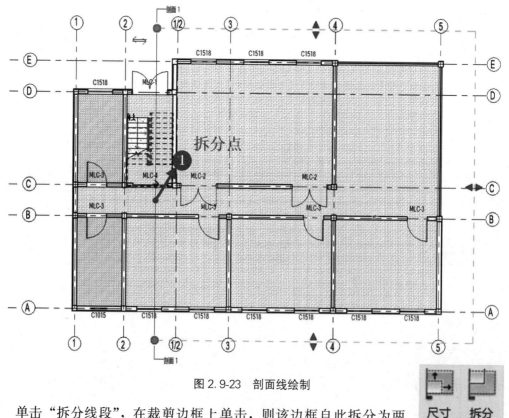

图 2.9-23　剖面线绘制

单击"拆分线段"，在裁剪边框上单击，则该边框自此拆分为两段，本例在图 2.9-23①位置单击拆分，移动裁剪边框，至如图 2.9-25 所示的位置。

单击图 2.9-25 中①位置的翻转符号，则剪裁框发生翻转，翻转后　图 2.9-24　选项卡

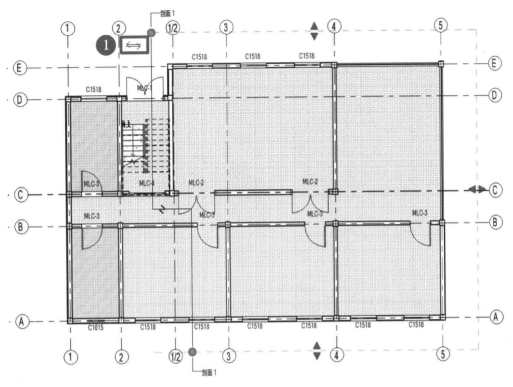

图 2.9-25　移动裁剪

位置如图 2.9-26 所示。

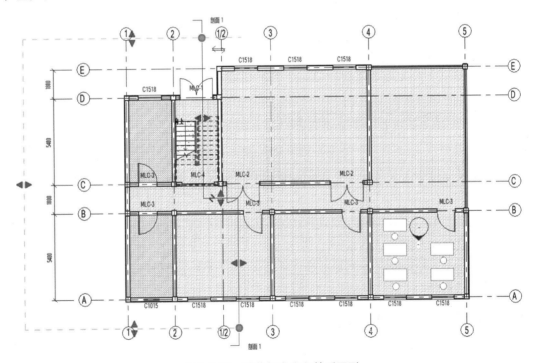

图 2.9-26　剪裁框发生翻转后图形

双击剖面符号切换到该立面视图，立面视图效果见图 2.9-27。

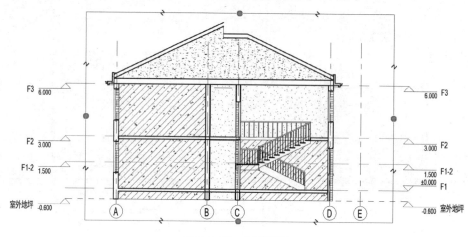

图 2.9-27　立面视图

单击"视图"＞"图形"＞"可见性图形"按钮，弹出"可见性/图形替换"对话框，选择楼梯，将楼梯的界面填充图案改为"实体填充"，见图 2.9-28。

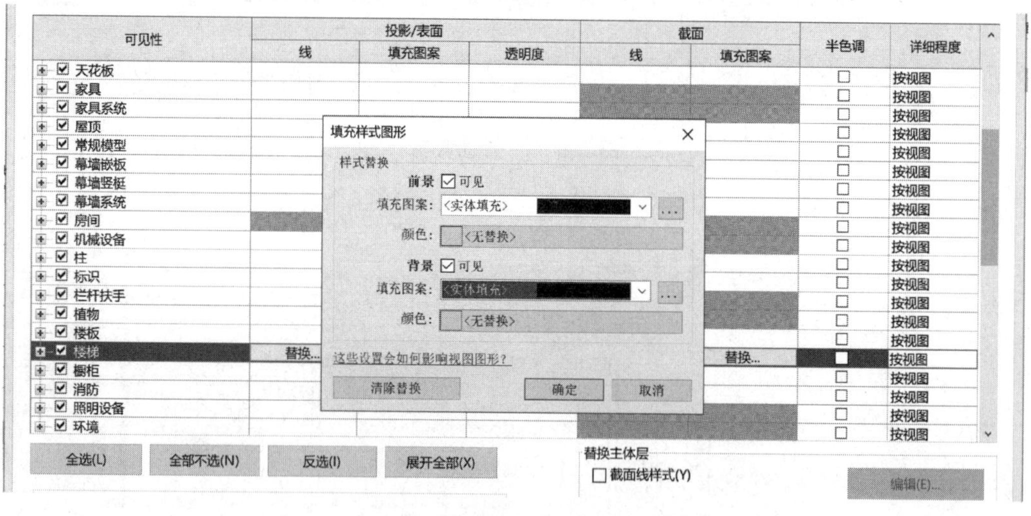

图 2.9-28　"实体填充"对话框

在视图中选择需要隐藏的图元，右键单击，在弹出的快捷菜单中选择"在视图中隐藏"＞"图元"，见图 2.9-29，选中图元被隐藏。

在属性面板中，不勾选"裁剪区域可见"选项，见图 2.9-30，则剖面裁剪框被隐藏起来，不修改其他属性选项。

调整好所有选项后的剖面视图如图 2.9-31 所示，在属性面板可以设置视图其余属性，具体参见平面视图。

2.9.4　详图索引、大样图的生成

详图索引、大样图用来标识具体的房间尺寸、内部布置，是详细表现模型内部情况的重要视图类型。

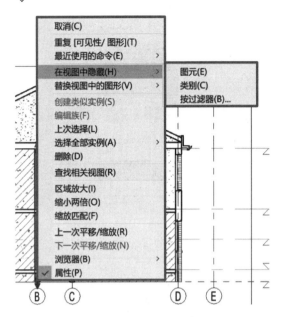

图 2.9-29 快捷菜单

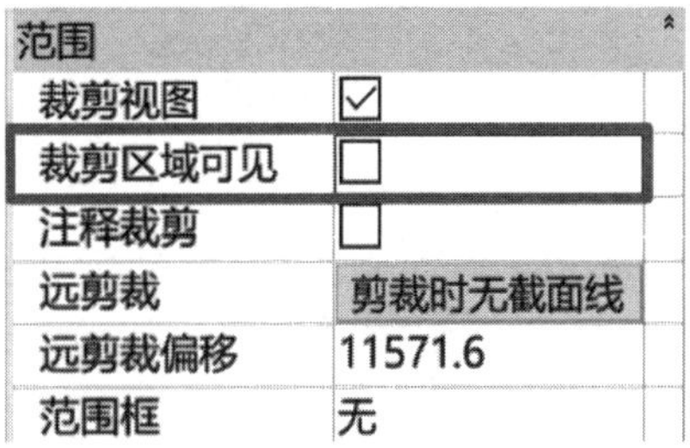

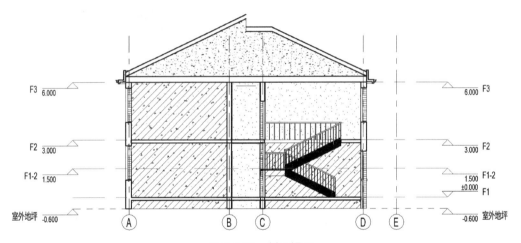

图 2.9-30 "裁剪区域可见"选项

图 2.9-31 剖面视图

单击"视图">"创建">"详图索引",在该菜单下有"矩形"和"草图"两个工具,见图 2.9-32,"草图"工具用来绘制形状不规则的详图轮廓,在这里我们选择"矩形"。

打开属性面板,单击"编辑类型"按钮,在类型属性对话框中选择族为"系统族:详图视图",类型为"详图",复制新建一个详图类型,命名为"练习-详图索引"。单击"详图索引标记"后的值,弹出"详图索引标记类型属性对话框",见图 2.9-33,在该对话框中选择类型为"详图索引标头",单击"确定"退出。

单击"剖面标记"后的值,弹出"剖面标记类型属性对话框",见图 2.9-34,在该对话框中选择类型为"剖面详图绘制标头,剖面详图绘制末端",单击"确定"退出。

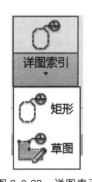

图 2.9-32 详图索引

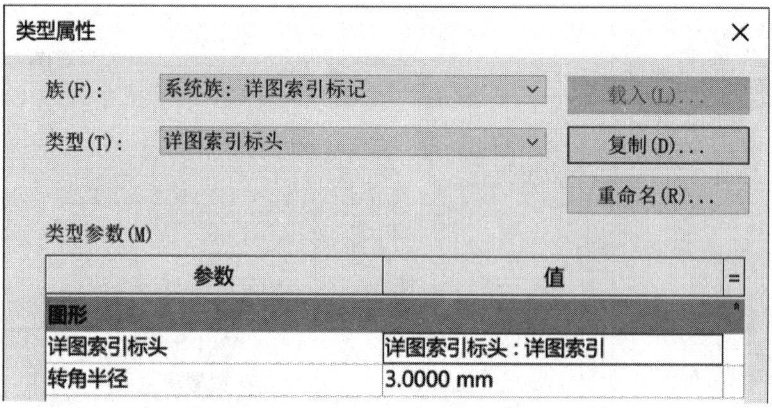

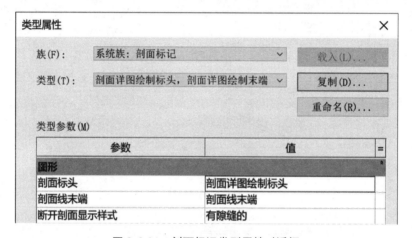

图 2.9-33　索引标记类型属性

图 2.9-34　剖面标记类型属性对话框

返回"详图视图类型属性对话框",界面见图 2.9-35,单击"确定"退出。

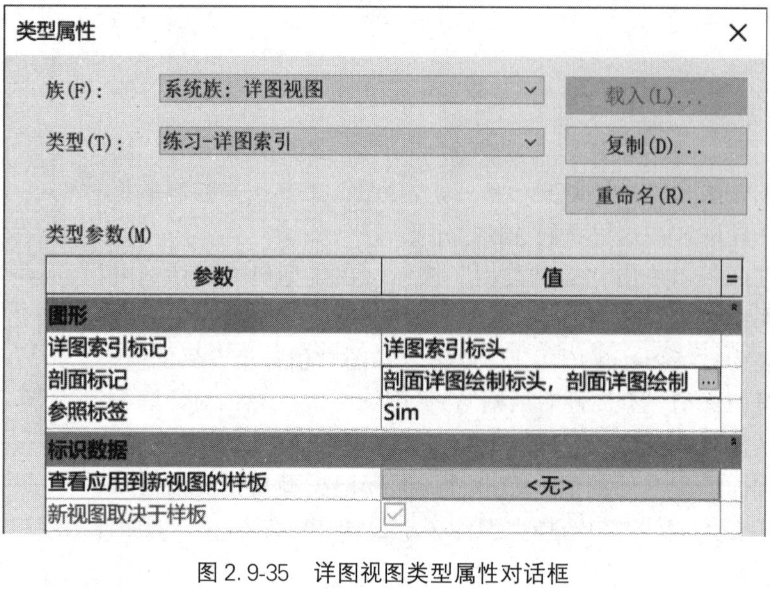

图 2.9-35　详图视图类型属性对话框

在图中适当位置拖动鼠标，截取大样图区域，见图 2.9-36，单击大样图符号，使其处于选中状态，单击旋转符号，可将大样图区域旋转，拖动夹点可更改大样图范围。

打开项目浏览器，将该视图重命名为"楼梯间详图-平面"，见图 2.9-37，双击进入该视图。

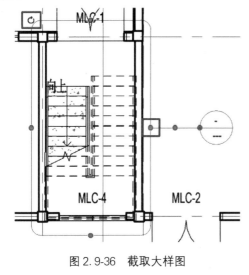

图 2.9-36　截取大样图

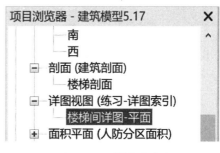

图 2.9-37　视图重命名

该视图如图 2.9-38 所示，选中不需要的图元，单击鼠标右键，在弹出的快捷菜单中选择"在视图中隐藏"＞"图元"，隐藏不需显示的图元。

单击"注释"＞"尺寸标注"＞"对齐"工具，为该平面视图进行尺寸标注，标注完成后见图 2.9-39。

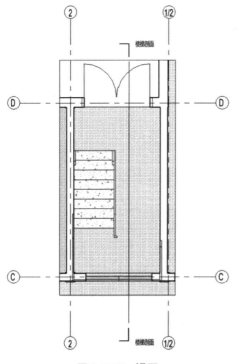

图 2.9-38　视图

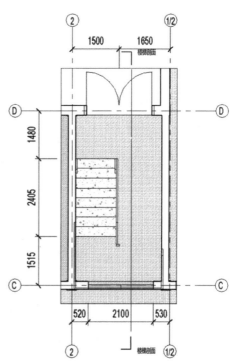

图 2.9-39　标注尺寸

在属性面板单击"可见性/图形替换"按钮,打开"详图视图:楼梯间详图-平面的可见性/图形替换"对话框,选择墙的截面填充图案,弹出"填充样式图形"对话框,选择颜色和填充图案如图 2.9-40 所示,勾选"可见"选项,单击"确定"退出。

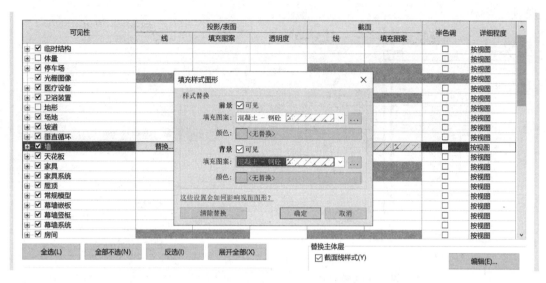

图 2.9-40　选择颜色和填充图案

编辑完成后,该视图显示见图 2.9-41。

在属性面板中设置显示在"仅父视图",见图 2.9-42,则该剖面图的剖面符号只显示在截取它的原视图中。

单击"视图样板"选项,弹出"指定视图样板"对话框,见图 2.9-43,选择"楼梯-平面大样"样板,单击"V/G 替换模型",弹出"楼梯-平面大样的可见性/图形替换"对话框,单击替换楼梯截面线样式下的编辑按钮,进入"线图形"对话框,设置线宽如图 2.9-44 所示,在"指定视图样板"中勾选除显示模型外所有的复选框,单击"确定"完成修改。

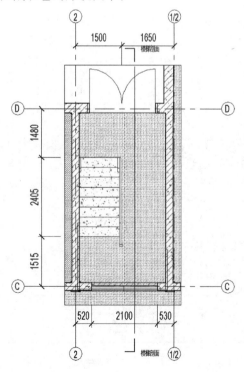

图 2.9-41　视图显示

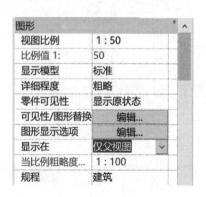

图 2.9-42　图形

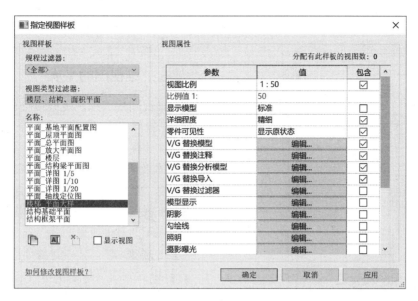

图 2.9-43　指定视图样板

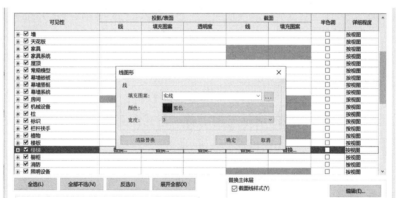

图 2.9-44　线图形

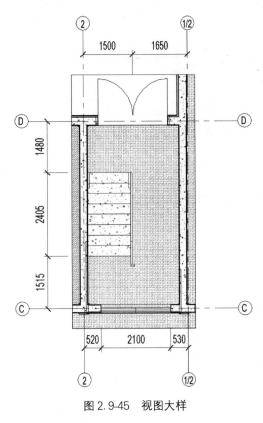

图 2.9-45　视图大样

回到绘图区域观察修改后该视图大样情况，见图 2.9-45。

2.9.5　三维视图的生成

三维视图用于用户观察模型的三维效果，在 Revit 软件中三维视图是一个重要的视图选项，在该模式下用户可以观看模型接近真实的整体效果。在 Revit 中，系统会为用户自动创建"默认三维视图"，这是用户使用最多的三维视图，另外系统也为用户提供了创建三维视图的其他工具。

单击"视图" ＞ "创建" ＞ "三维视图"，可以看到在下拉菜单中有"默认三维视图""相机"和"漫游"三个工具，见图 2.9-46。

"默认三维视图"用于打开默认三维视图，默认三维视图的使用在前面已经基本介绍过，其属性同"平面视图"大致相同，配合 ViewCube、导航栏和"剖面框"，可以方便地进行各角度、各位置的视图观察。

"漫游"选项用于创建模型的动画三维漫游，在视图上指定漫游路径，可生成相应路径的漫游动画。

图 2.9-46　三维视图

在这里主要介绍"相机"这个工具，使用该工具可以创建任意位置、方向的三维视图。单击"相机"按钮，进入放置相机的状态，选项栏如图 2.9-47 所示。

透视图：勾选该项所创建的三维视图为透视图，体现近大远小的透视规则，不勾选则创建正交三维视图，远近部件的大小显示都相同。

偏移量：指相机的高度关于参照平面高度的偏移量。

自：选择相机放置的参照标高平面。

用于设定标高的选项只有在平面视图中创建三维视图时才会显示，在里面视图中选项栏不显示该项。本例中，选项栏设置见图 2.9-47。

在绘图区域任意位置单击放置相机，拖动鼠标决定相机的可视范围，单击确定，放置好后见图 2.9-48。

☑ 透视图　比例: 1 : 100　　　偏移: 0.0　　自 F1

图 2.9-47　选项栏

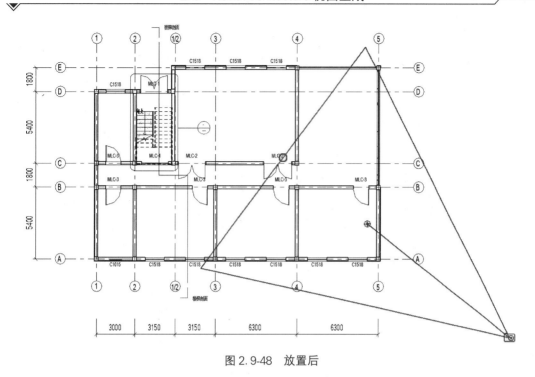

图 2.9-48　放置后

切换到该视图中，视图显示以该角度和视图深度剪切到的画面，见图 2.9-49。

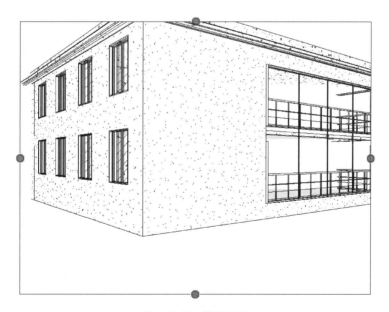

图 2.9-49　视图显示

该视图并不完全满足观察要求，故我们需要对它做进一步调整，切换到默认三维视图，见图 2.9-50，通过拖拽粉色圆点可调整范围框的方向，通过拖拽蓝色圆点可调整视图范围的大小。注意，在其他视图中也可以对相机的位置和范围进行调整。

当其他视图中不显示该相机时，在项目浏览器中，该视图名称上单击鼠标右键，在快捷菜单中选择"显示相机"，见图 2.9-51，则在相机可见的所有视图中都会显示该相机。

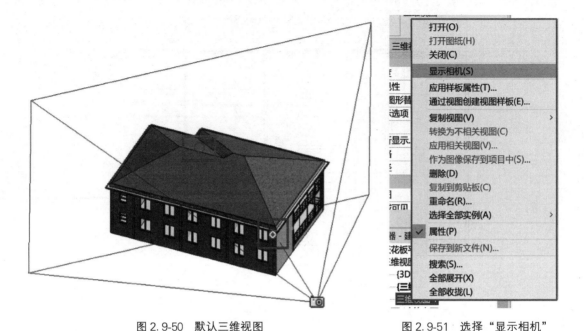

图 2.9-50　默认三维视图　　　　　　　　　　图 2.9-51　选择"显示相机"

想要关闭相机，在除该三维视图之外的所有视图上只需单击空白处即可，想要关闭该视图上的显示相机的图框，则需单击"视图控制栏"上的"隐藏剪裁区域"按钮，见图 2.9-52，或在属性面板上不勾选"剪裁区域可见"选项。

1：100

图 2.9-52　单击按钮

调整相机位置和观察方向直到满足要求，隐藏剪裁区域的边框，效果见图 2.9-53。

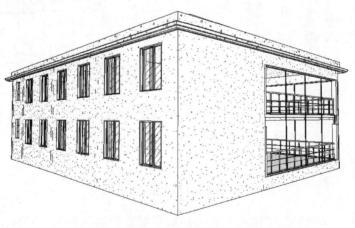

图 2.9-53　效果图

在属性面板单击"图形显示选项"后的编辑按钮，弹出"图形显示选项"对话框，见图 2.9-54，更改模型样式为"着色"，勾选"投射阴影"选项，设置背景为"渐变"，单击"确定"按钮退出。

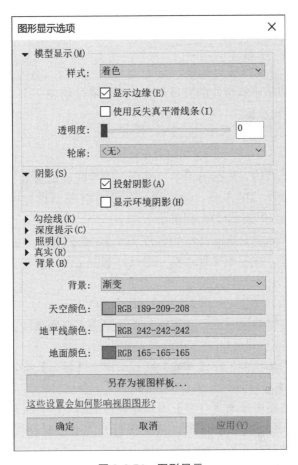

图 2.9-54　图形显示

观察绘图区域，该三维视图最终呈现效果见图 2.9-55。

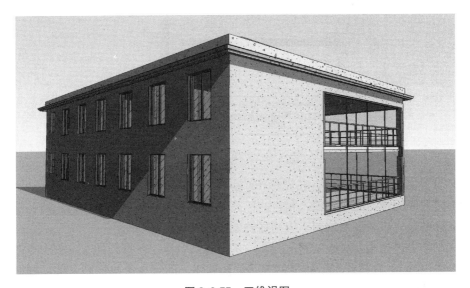

图 2.9-55　三维视图

2.10　应用实例

Revit 建筑设计以三维模型为基础，与传统二维设计模式有较大的区别，应用 Revit 软件构建三维建筑模型是建筑行业的发展趋势。本节通过创建一个完整的建筑模型，介绍 Revit 建设设计的方法和步骤。

2.10.1　项目创建

某住宅是 6 层砖混结构，内部有卧室、餐厅、卫生间、厨房等建筑构件设施，满足建筑的功能要求。创建该项目的步骤：项目样板文件定制-标高确定-绘制轴网-添加结构柱-添加门窗-创建楼板和屋顶-添加楼梯-完善细节。

启动 Revit 后，单击左上角的【应用程序菜单】，选择【新建】｜【项目】选项，打开【新建项目】对话框，在样本文件选择"建筑样本"文件，单击【确定】按钮。

2.10.2　绘制标高

创建标高是建筑建模的第一步。在建模时首先要进入立面视图。本例是六层住宅，每层层高是 2.8m，主体高度是 14m，室内外高差是 1.5m。

（1）进入"建筑"选项卡，在【基准】面板中单击【标高】按钮；系统激活【修改｜放置 标高】选项卡。

（2）在【绘制】面板中单击【直线】确定绘制标高的方法，在选项栏中启用【创建平面视图】，单击【平面视图类型】选项，系统将打开"平面视图类型"的对话框，如图 2.10-1 所示，选择【楼层平面】选项，单击确定。

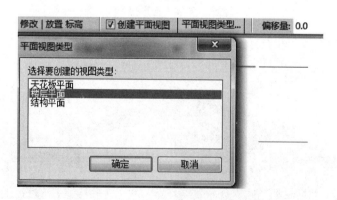

图 2.10-1　"平面视图类型"的对话框

（3）设置完相应的参数后，在光标 F2 标高的左侧，系统会自动捕捉最近的标高线，并显示临时尺寸标注，此时，输入相应的标高参数值，并依次单击捕捉确定所绘制标高线两个端点，即可完成标高的绘制。绘制后的效果如图 2.10-2 所示。

（4）利用上述相同方法绘制其他标高。单击标高名称，在打开的文本框中更改标高名称，并按下 Enter。在打开对话框中单击【是】按钮，即可在更改标高名称的同时更改相同视图的名称。至此，完成所有标高的绘制。

图 2.10-2　标高绘制后的效果图

2.10.3　绘制轴网

（1）在【项目浏览器】中双击【视图】｜【楼层平面】｜F1 视图，进入 F1 视图。

（2）切换到"建筑"选项卡，在【基准】面板中单击【轴网】按钮，进入【修改｜放置 轴网】选项卡，单击【绘制】面板中的直线按钮。在绘图区左下角的适当位置，单击并垂直向上移动光标，在适当位置再次单击完成第一条轴线的创建。

（3）继续移动光标指向现有轴线的交点，系统会自动捕捉该端点，并显示临时尺寸标注，此时，输入相应的尺寸参数值，并依次单击确定第二条轴线的起点，然后向上移动光标，确定第二条轴线的终点后单击，即可完成该轴线的绘制。

（4）利用该方法按照图示的尺寸依次绘制该建筑水平方向的各轴线，然后通过双击各水平轴线的编号，对轴线编号进行修改。

（5）利用该方法按照图示的尺寸依次绘制该建筑竖直方向的各轴线，然后通过双击轴线编号，对轴线编号进行修改。绘制后的效果如图 2.10-3 所示。

2.10.4　绘制墙体

Revit 的墙模型不仅可以显示墙的形状，而且可以给出墙详细构造做法和参数。一般墙分为外墙和内墙。本例住宅的外墙构造从外向内依次为 10mm 厚外抹灰、10mm 厚保温、240mm 厚砖和 10mm 厚内抹灰，内墙构造从外向内依次为 10mm 厚外抹灰、240mm 厚砖和 10mm 厚内抹灰。

1. 创建外墙

（1）切换至 F1 楼层平面视图，在【建筑】选项卡下的【构建】面板中单击【墙：建

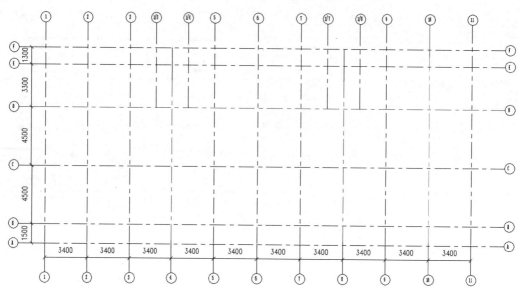

图 2.10-3　轴线绘图后的图形

筑】按钮，系统打开【修改 | 放置 墙】选项卡。在【属性】面板的类型选择器中，选择列表中的【基本墙】族下面的"常规 200 类型"，以该类型为基础进行墙类型的编辑，如图 2.10-4 所示。

（2）单击【属性】面板中【编辑类型】按钮，打开【类型属性】对话框。单击该对话框中【复制】按钮，在打开的【名称】对话框中输入"住宅-外墙 240mm"，单击【确定】按钮，创建一个新类型，如图 2.10-4 所示。

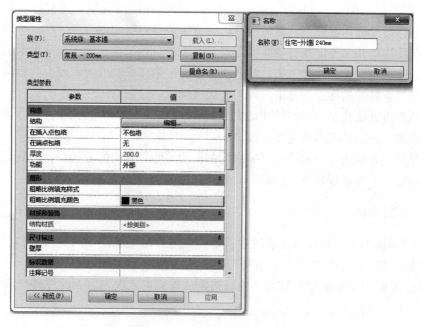

图 2.10-4　【类型属性】对话框

（3）单击【结构】右侧的【编辑】按钮，打开【编辑部件】对话框，单击【层】选项列表下方【插入】按钮两次，插入新的构造层，并设置各构造层厚度、材质等参数，如图 2.10-5 所示。

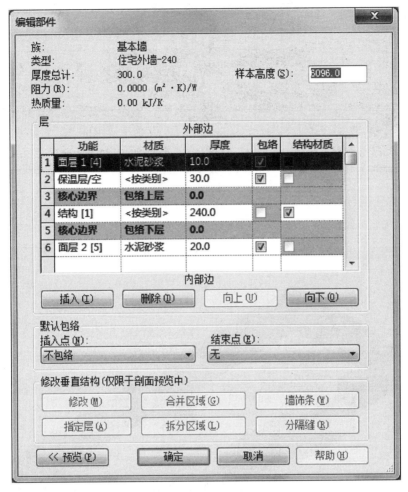

图 2.10-5 【编辑部件】对话框

（4）完成外墙构造参数设置后，在【修改 | 放置 墙】选项卡中单击直线按钮，在选项栏中设置相关参数选项，然后在绘图区拾取相应轴线的交点绘制外墙墙线。绘制外墙后的平面视图如图 2.10-6 所示。

（5）在外墙【属性】面板中设置【底部限制条件】为"室外地坪"，顶部约束为"直到 F2"。切换视图选项卡，在创建面板中单击【默认三维视图】按钮，查看绘制外墙后的三维效果，如图 2.10-7 所示。

2. 创建内墙

本例内墙构造从外向内依次为 20mm 厚抹灰、240mm 厚砖和 20mm 厚内抹灰。内墙构造的设置方法与外墙相同，可以在外墙类型的基础上进行修改。

（1）切换至 F1 楼层平面视图，在【建筑】选项卡下的【构建】面板中单击【墙：建筑】按钮，在【属性】面板的类型选择器中，选择"住宅-外墙 240mm"，单击【编辑类

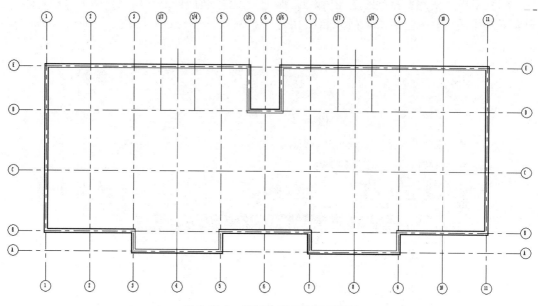

图 2.10-6　绘制外墙后的平面视图

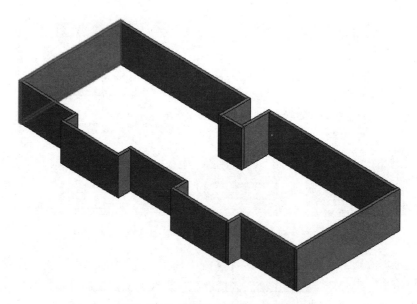

图 2.10-7　绘制外墙后的三维视图

型】按钮，复制该类型创建"住宅-内墙 240mm"并设置【功能】为内部，如图 2.10-8 所示。

（2）单击【结构】右侧的【编辑】按钮，打开【编辑部件】对话框，将保温构造层删除，并设置各构造层厚度、材质等参数，如图 2.10-9 所示。

（3）完成内墙构造参数设置后，在【修改 | 放置 墙】选项卡中单击直线按钮，在选项栏中设置相关参数选项，然后在绘图区拾取相应轴线的交点绘制内墙墙线。绘制后的平面图如图 2.10-10 所示。三维效果如图 2.10-11 所示。

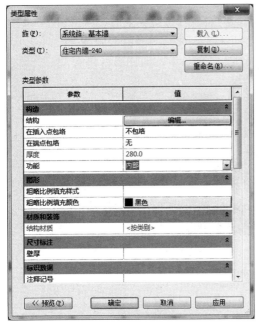

图 2.10-8 【类型属性】对话框

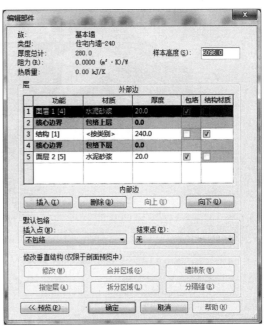

图 2.10-9 "编辑部件"对话框

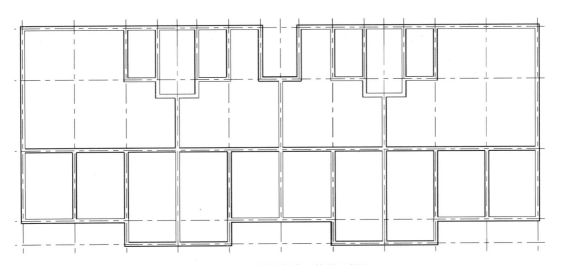

图 2.10-10 绘制内墙后的平面视图

2.10.5 绘制结构柱

建筑的梁柱板是建筑的承重构件。在平面视图中结构柱的截面和墙截面是各自独立。

（1）切换至 F1 楼层平面视图，在【建筑】选项卡下的【构建】面板中单击【结构柱】按钮，系统打开【属性】面板。在【属性】面板的类型选择器中，选择"混凝土-正方形-柱"类型中"300×300mm"的型号，单击【编辑类型】按钮，在打开的"类型属性"对话框中，单击【复制】按钮，创建"240×240mm"的新柱类型，如图 2.10-12 所示。

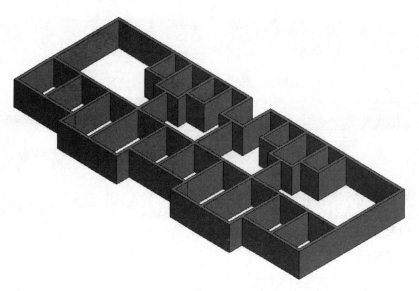

图 2.10-11　绘制内墙后的三维视图

图 2.10-12　"类型属性"对话框

（2）在选项栏中设置高度为 F6，并在选项卡中放置方式为"垂直柱"，在绘图区的轴网交点处依次单击，系统可自动添加指定的结构柱。

（3）切换至视图选项卡，单击【图形】面板中的【细线】按钮，进入细线显示模式。然后切换至【修改】选项卡，单击【修改】面板的【对齐】按钮，依次对齐所有位于建筑外侧的结构柱，修改后的效果如图 2.10-13 所示。

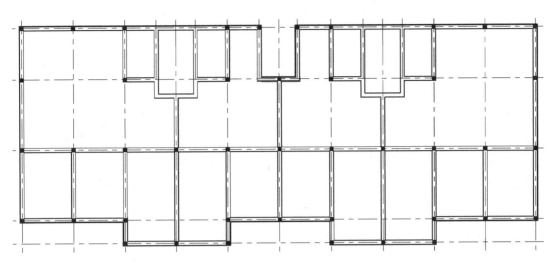

图 2.10-13　绘制结构柱后的平面图形

（4）选择任意一个结构柱，在右击后的快捷菜单中选择【全部实例】｜【在视图中可见】选项，系统将选中视图中所有结构柱。在【属性】面板中设置【底部标高】为"室外地坪"选项，单击应用按钮。切换至三维视图，三维效果如图 2.10-14 所示。

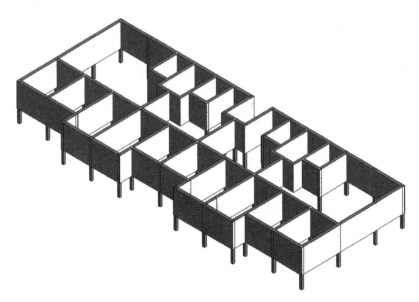

图 2.10-14　绘制结构柱后的三维效果图

2.10.6　创建门窗

在 Revit 系统中，门窗图元属于外部族，在添加门窗之前，需要在项目中载入所需的门窗族，才能在项目中使用。

1. 创建门

（1）切换至 F1 视图，在【建筑】选项卡下的【构建】面板中单击【门】工具，系统打开【修改｜放置 门】选项卡，单击【模式】面板【载入族】按钮，系统弹出【载入族】

对话框，选择建筑门中的"双扇平开玻璃门"族文件，并单击【打开】按钮，载入该族，如图 2.10-15 所示。

图 2.10-15　载入门族文件对话框

（2）单击【打开】按钮后，系统【属性】面板类型选择器自动选择该族类型，在该族类型下拉列表中选择"1500×2400"型号，将光标指向墙体的某点位置，单击后即可添加门图元，如图 2.10-16 所示。

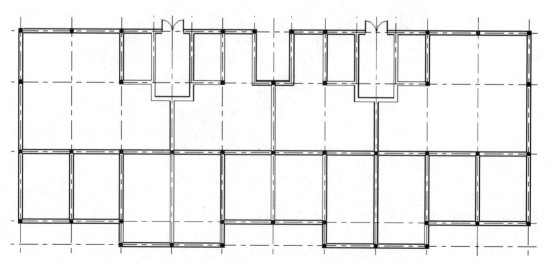

图 2.10-16　创建双扇平开玻璃门后 F1 平面视图

（3）利用上述方法，载入"单扇平开木门 1"族文件，在该族类型下拉列表中选择"900×2100"型号，将光标指向墙体的某点位置，单击后即可添加门图元，如图 2.10-17

所示。

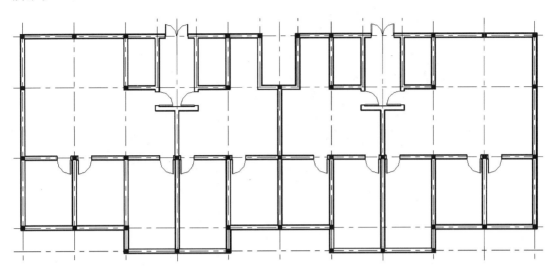

图2.10-17 创建单扇平开木门后平面视图

（4）在"单扇平开木门1"族类型下拉列表中选择"800×2100"型号，将光标指向墙体的某点位置，单击后即可添加厨房和卫生间的门图元，如图2.10-18所示。

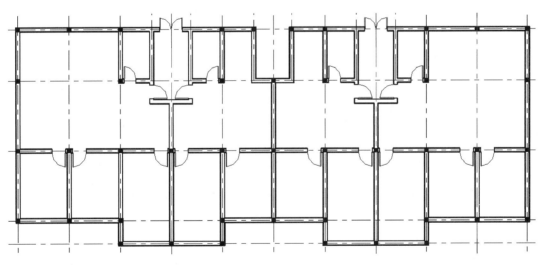

图2.10-18 创建厨房和卫生间的门后平面视图

（5）切换到三维视图，插入各地点门后的三维效果图形，如图2.10-19所示。

2. 创建窗

窗是基于主体的构件，可以添加到任何类型的墙内，可以在平面视图、立面视图、剖面视图和三维视图中添加窗。首先需要选择窗的类型，然后指定窗在主体图元上的位置，系统将自动剪切洞口并放置窗。操作步骤如下：

（1）在【建筑】选项卡下的【构建】面板中单击【窗】工具，系统打开【修改｜放置窗】选项卡，单击【模式】面板【载入族】按钮，系统弹出【载入族】对话框，选择建筑窗中的"推拉窗4-带贴面"族文件，在【类型属性】对话框中，复制类型并命名为

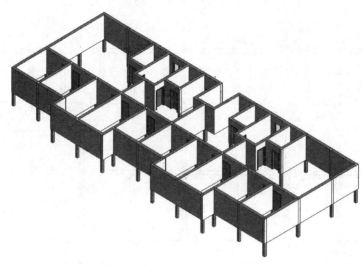

图 2.10-19　创建门后三维视图

"C1800×1500"，在【属性】面板中设置【默认窗台高度】"底高度"为 900.0，其他参数默认。

（2）单击【打开】按钮后，系统【属性】面板类型选择器自动选择该窗族类型，将光标指向墙体的某点位置，单击后即可添加窗图元。按照上述方法，依次插入各地点窗，完成后图形如图 2.10-20 所示。

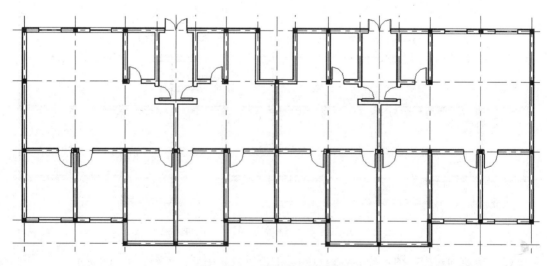

图 2.10-20　添加窗后平面图形

（3）利用上述方法，载入"推拉窗 6"族文件，在【类型属性】对话框中，复制类型并命名为"C1000×1500"，在【属性】面板中设置【默认窗台高度】"底高度"为 900.0，其他参数默认。

（4）单击【打开】按钮后，系统【属性】面板类型选择器自动选择该窗族类型，将光标指向墙体的某点位置，单击后即可添加窗图元。按照上述方法，依次插入各地点窗，完成后图形如图 2.10-21 所示。三维效果图如图 2.10-22 所示。

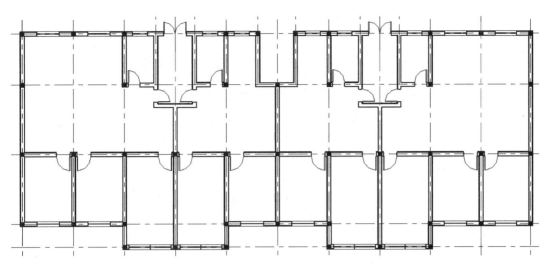

图 2.10-21 添加窗后平面图形

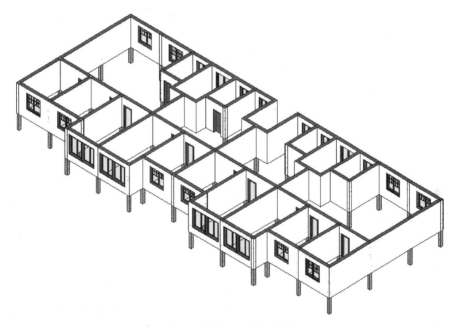

图 2.10-22 添加窗后的三维效果图

2.10.7 创建室内楼板

1. 定义楼板类型

在创建楼板前需要先定义楼板类型。定义墙体类型按照下列步骤：

（1）切换至 F1 楼层平面视图，在【建筑】选项卡下的【构建】面板中单击【楼板】下拉按钮，选择【楼板：建筑】选项，打开【修改｜创建楼层边界】选项卡进入草图绘制模式。

（2）单击【属性】面板中【编辑类型】按钮，打开【类型属性】对话框，如图 2.10-23

所示。单击该对话框中【复制】按钮，在打开的【名称】对话框中输入"现场浇注混凝土120"，单击【确定】按钮，创建一个新类型。

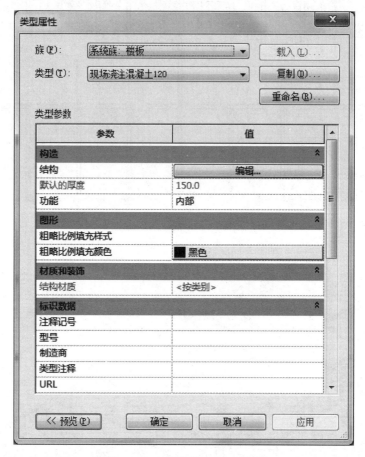

图 2.10-23　【类型属性】对话框

（3）单击【结构】右侧的【编辑】按钮，打开【编辑部件】对话框，单击【层】选项列表下方【插入】按钮两次，插入新的构造层；分别设置两个构造层的"功能"和"厚度"选项。具体参数如图 2.10-24 所示。

（4）完成楼板结构参数的设置后，单击【绘制】面板中【拾取墙】按钮，并在选项栏中设置相应的参数选项。然后在墙体图元上单击，绘制楼板轮廓线，见图 2.10-25。完成单击【模式】面板中的【完成编辑模式】按钮 ✔，即可完成该层楼板的创建。

（5）切换到三维视图，绘制楼板后的三维效果图形如图 2.10-26 所示。利用上述相同方法，可绘制其他楼层平面的绘制。

2.10.8　绘制其他楼层建筑构件

1. 创建其他楼层外墙

（1）右击任意一外墙，在弹出的快捷菜单中选择【选择全部实例】中【在视图中可见】选择全部外墙，在【属性】栏中设置"限制条件"中"顶部约束"为"直到标高：F6"。创建其他各层外墙，如图 2.10-27 所示。

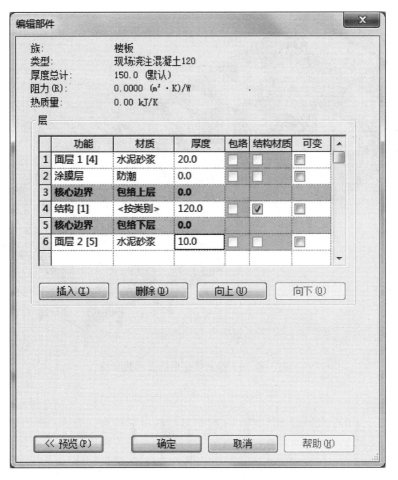

图 2.10-24 【编辑部件】对话框

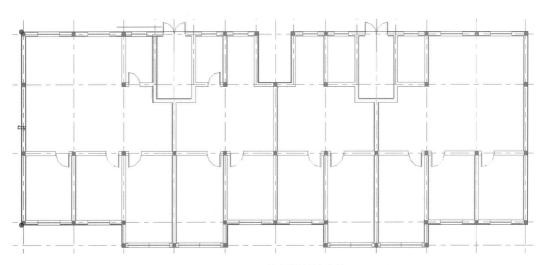

图 2.10-25 绘制楼板轮廓线

（2）右击任意一内墙，在弹出的快捷菜单中选择【选择全部实例】中【在视图中可见】选择全部内墙，在【属性】栏中设置"限制条件"中"顶部约束"为"直到标高：F6"。

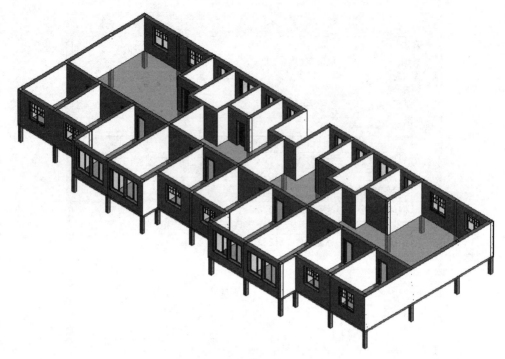

图 2.10-26　绘制楼板后的三维效果图

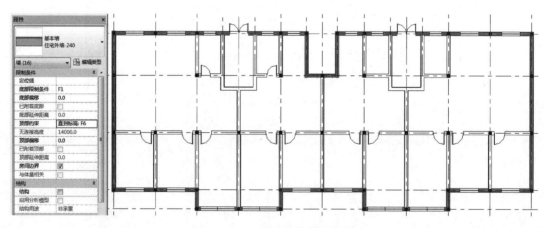

图 2.10-27　创建其他楼层外墙

创建其他各层内墙，如图 2.10-28 所示。

2. 创建其他各层结构柱

右击任意一柱，在弹出的快捷菜单中选择【选择全部实例】中【在视图中可见】选择全部柱，在【属性】栏中设置"限制条件"中"顶部约束"为"直到标高：F6"。创建其他各层柱。

3. 创建其他各层门窗

（1）选择 F1 平面视图中所有图元，单击【选择】面板中【过滤器】，出现"过滤器"对话框，在"类别"栏中去掉墙和柱的勾选，单击【确定】按钮，可选择门、窗和楼板图元。单击【剪贴板】面板中的"复制"按钮，将所有选择的图元复制到剪贴板中。

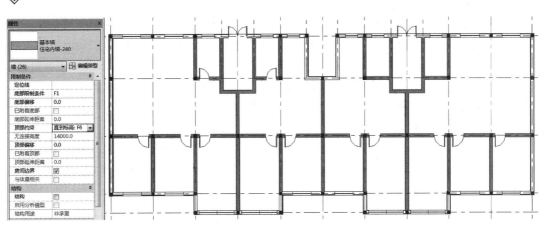

图 2.10-28　创建其他楼层内墙

（2）切换到 F2 平面视图，单击【剪贴板】面板中的"粘贴"按钮的下拉列表中"与选定标高对齐"，出现如图 2.10-29 所示"选择标高"对话框，选择 F2 至 F5，单击【确定】按钮，门、窗和楼板图元复制到 F2 至 F5 层。

（3）分别切换 F2、F3、F4、F5 平面视图，将楼梯间门删除，在【建筑】选项卡，插入"C1800×1500"窗。切换到三维视图，如图 2.10-30 所示。

图 2.10-29　"选择标高"对话框

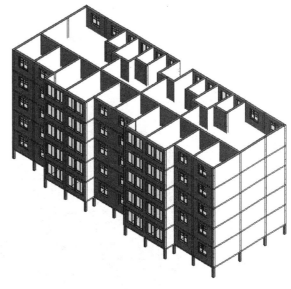

图 2.10-30　三维视图

2.10.9　创建屋顶

（1）切换至 F6 平面视图，在【建筑】选项卡下的【构建】面板中单击【屋顶】下拉按钮，选择【迹线屋顶】选项，打开【修改|创建屋顶迹线】选项卡。单击【属性】面板中【编辑类型】按钮，打开【类型属性】对话框。单击该对话框中【复制】按钮，在打开的【名称】对话框中输入"保温屋顶-混凝土-平屋顶"，单击【确定】按钮，创建一个新类型。

（2）单击【结构】右侧的【编辑】按钮，打开【编辑部件】对话框，单击【层】选项列表下方【插入】按钮两次，插入新的构造层；分别设置两个构造层的"功能"和"厚度"选项。

（3）单击【绘制】面板中的【拾取墙】按钮，在选项栏中禁用【定义坡度】选项，设置【悬挑】值为 480，并启用【延伸到墙中（至核心层）】选项，在【属性】面板中设置【自标高的底部偏移】选项为 480。

（4）依次单击墙体图元，生成屋顶轮廓线，如图 2.10-31 所示。单击【模式】面板中【完成编辑模式】按钮，在打开的对话框中单击"是"按钮，完成屋顶的绘制，如图 2.10-32 所示。

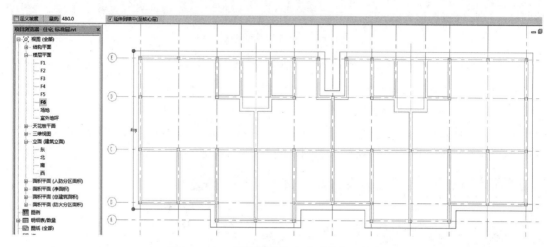

图 2.10-31　屋顶轮廓线生成后的平面视图

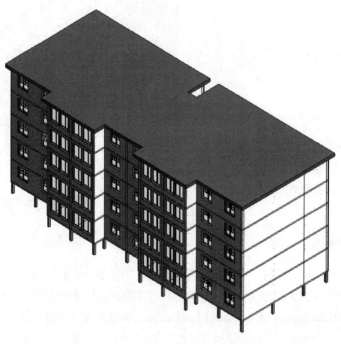

图 2.10-32　屋顶轮廓线生成后的三维视图

本章小结

本章介绍了 Revit 的工作界面、建筑族（门窗族、栏杆族）创建方法；建筑模型的创建，内容包括：创建标高、轴网、墙体、门窗、楼板、屋顶和楼梯等；建筑平面图、立面图、剖面图、详图和三维视图的生成方法。通过实例介绍了建筑模型的创建方法、步骤。

思考与练习题

2-1　我们所说的"建筑信息模型"是指什么？（　　）

A. BINB　　　　　　B. BIM　　　　　　C. DIN　　　　　　D. DIM

2-2　以下哪个选项不是建筑信息模型所具备的？（　　）

A. 模型信息的完整性　　　　　　　　B. 模型信息的关联性

C. 模型信息的一致性　　　　　　　　D. 以上选项均是

2-3　下面哪个选项不是我国大力推崇 BIM 的原因？（　　）

A. 提高工作效率　　B. 控制项目成本　　C. 提升建筑品质　　D. 使建筑更安全

2-4　以下哪个选项不是 BIM 的特点？（　　）

A. 可视化　　　　　B. 模拟性　　　　　C. 保温性　　　　　D. 协调性

2-5　哪个不是 BIM 实现施工阶段的项目目标？（　　）

A. 施工现场管理　　B. 物业管理系统　　C. 施工进度模拟　　D. 数字化构件加工

2-6　下面哪个 BIM 全生命周期模型的顺序是正确的？（　　）

A. 策划阶段-设计阶段-施工阶段-运营阶段

B. 设计阶段-策划阶段-施工阶段-运营阶段

C. 施工阶段-策划阶段-设计阶段-运营阶段

D. 运营阶段-策划阶段-设计阶段-施工阶段

2-7　下面哪个选项的说法是正确的？（　　）

A. 从 CAD 到 BIM 不是一个软件的事

B. 从 CAD 到 BIM 不是换一个工具的事

C. 从 CAD 到 BIM 不是一个人的事

D. 以上选项均正确

2-8　BIM 是建筑行业的第几次革命？（　　）

A. 第一次　　　　　B. 第二次　　　　　C. 第三次　　　　　D. 第四次

2-9　下面哪个工程没有运用 BIM 技术？（　　）

A. 上海迪士尼乐园　B. 上海中心大厦　　C. 上海东方明珠　　D. 上海证大喜马拉雅中心

2-10　下面哪个国家的 BIM 技术不是最成熟的？（　　）

A. 越南　　　　　　B. 新加坡　　　　　C. 韩国　　　　　　D. 日本

2-11　下列选项中，不属于 BIM 竣工交付阶段应用的是（　　）。

A. 验收人员根据设计、施工 BIM 模型可对整个工程进行直观掌控

B. 验收过程中借助三维可视化 BIM 模型可对现场实际施工情况进行精细校核

C. BIM 的协调性为建设项目的竣工验收提供了可视化基础

D. 通过竣工模型的搭建，可将建设项目的设计、经济、管理等信息融合到一个模型中，以便于后期运维管理单位的使用

2-12　BIM 是近十年在原有 CAD 技术的基础上发展起来的一种多维模型信息集成技术，其中多维是指三维空间、四维时间、五维（　　　）、N 维更多应用。

A. 设计　　　　　　　B. 成本　　　　　　　C. 实施阶段　　　　　D. 运营过程

2-13　BIM 的全称是（　　　）

A. Building Information Modeling　　　　　B. Build lnformation Modeling

C. Build lnformation Model　　　　　　　D. Building Intelligent Modeling

2-14　下列不属于当前建设工程项目管理难点的是（　　　）。

A. 项目管理各条线获取数据难度大

B. 项目工程资料容易保存

C. 设计图纸碰撞检查与施工难点交底困难多

D. 项目管理各条线协同、共享、合作效率低

2-15　下列不属于采用 BIM 技术进行虚拟施工指导优势的是（　　　）。

A. 提前反映施工难点，避免返工现象

B. 模拟展现施工工艺，三维模型交底

C. 不同班组施工采用多版图纸

D. 模拟施工流程，优化施工过程管理

2-16　下列哪个选项不属于协同平台的功能？（　　　）

A. 建筑模型信息存储功能　　　　　　　B. 具有图形编辑平台

C. 兼容建筑专业应用软件　　　　　　　D. 质量控制功能

2-17　Revit Building 的族文件的扩展文件名为（　　　）。

A. rvp　　　　　　　B. rvt　　　　　　　C. rfa　　　　　　　D. rft

2-18　Revit 软件中，墙门窗属于（　　　）。

A. 施工图构件　　　B. 模型构件　　　C. 标注构件　　　D. 体量构件

2-19　Revit 软件中新建的线样式保存在（　　　）。

A. 项目文件中　　　B. 模板文件中　　　C. 线型文件中　　　D. 族文件中

2-20　Revit 软件中，以下哪个不是创建体量的工具？（　　　）

A. 旋转　　　　　　B. 融合　　　　　　C. 旋转　　　　　　D. 放样

2-21　Revit 软件中，设置工作平面的方法有（　　　）。

A. 根据名称　　　　　　　　　　　　B. 拾取一个平面

C. 拾取线并使用绘制该线的工作平面　　D. 以上方法都对

2-22　Revit 软件中，"标高"命令可用于（　　　）。

A. 平面图　　　　　B. 立面图　　　　　C. 透视图　　　　　D. 以上都可

2-23　利用 Revit 软件绘制轴网时，如何实现轴线的轴网标头偏移？（　　　）

A. 选择该轴线，修改类型属性的设置

B. 单击标头附近的折线符号，按住"拖拽点"即可调整

C. 以上两种方法都可以

D. 以上两种方法都不可

2-24　下列选项中不属于 BIM 工具可视化模式的是（　　）。

A. 仿真　　　　　B. 隐藏线　　　　　C. 真实渲染　　　　　D. 带边框着色

2-25　剖面图主要表达建筑物内部的（　　）构造。

A. 横向　　　　　B. 竖向　　　　　C. 水平　　　　　D. 网状

2-26　把需要详细表达的建筑局部用较大比例画出，称为建筑（　　）。

A. 剖面图　　　　　B. 平面图　　　　　C. 详图　　　　　D. 立面图

2-27　材质用于定义建筑模型中图元的外观，材质属性不包括下列哪项？（　　）

A. 图形　　　　　B. 渲染外观　　　　　C. 物理　　　　　D. 贴花

2-28　下列哪个选项是组成项目的基本单元，是参数信息的载体？（　　）

A. 图元　　　　　B. 构件　　　　　C. 族　　　　　D. 数据库

2-29　标记高程点时，"高程原点"参数设置值不包含（　　）。

A. 相对　　　　　B. 绝对　　　　　C. 测量点　　　　　D. 项目基点

2-30　关于场地的几个概念，下列表述中正确的是（　　）。

A. 拆分表面草图线一定是开放环　　　　　B. 子面域草图线一定是闭合环

C. 拆分表面草图线一定是闭合环　　　　　D. 子面域草图线一定是开放环

2-31　栏杆扶手中的横向扶栏个数设置，是点击"类型属性"对话框中哪个参数进行编辑？（　　）

A. 扶栏位置　　　　　B. 扶栏结构　　　　　C. 扶栏偏移　　　　　D. 扶栏连接

2-32　下列哪项是 Revit 提供的创建建筑红线的方式？（　　）

A. 通过角点坐标来创建　　　　　B. 通过导入文件来创建

C. 通过拾取来创建　　　　　D. 通过输入距离和方向角来创建

2-33　下列哪个按键可以将光标范围所指的图形构件轮流切换？（　　）

A. Tab　　　　　B. Alt　　　　　C. Ctrl　　　　　D. F2

2-34　Revit Building 中，在哪里设置渲染材质目录的位置？（　　）

A. 菜单"设置"-"选项"-"文件位置"

B. 菜单"设置"-"选项"-"渲染"

C. 菜单"文件"-"导入/链接"

D. 以上都不对

2-35　下面哪个命令可将填充样式从一个项目复制到另一个项目中？（　　）

A. 保存到库中　　　　　B. 传递项目标准　　　　　C. 导出　　　　　D. 另存为

2-36　在使用"移动"工具时，希望对所选对象实现"复制"操作而不是移动对象，应该在哪里修改移动的选项？（　　）

A. "工具"工具栏　　　B. 选项栏　　　　　C. 标题栏　　　　　D. "编辑"工具栏

2-37　Revit 项目单位规程不包括下列哪项内容？（　　）

A. 公共　　　　　B. 结构　　　　　C. 电气　　　　　D. 公制

2-38　项目浏览器是用于导航和管理复杂项目的有效方式，哪项不属于此部分功能？

（　　）

A. 打开一个视图　　　B. 修改项目样板　　　C. 管理链接　　　　D. 修改组类型

2-39　Revit 的界面不包括下列哪项?（　　　）

A. 菜单栏　　　　　　B. 绘图区　　　　　　C. 工具栏　　　　　D. 设置栏

2-40　在使用修改工具前,（　　　）。

A. 必须退出当前命令　　　　　　　　B. 必须切换至"修改"模式

C. 必须先选择图元对象　　　　　　　D. 以上均正确

2-41　关于修剪/延伸错误的说法是（　　　）。

A. 修剪/延伸可以使用选择框来选择多个图元进行修剪

B. 修剪/延伸只能单个对象进行处理

C. 以上均正确

D. 以上均错误

2-42　使用建筑图元进行能量分析是将能量分析模型发送给哪种软件用于分析?（　　　）

A. Autodesk Green：Building Studio　　　B. Autodesk Ecotect

C. Autodesk InfraWorks　　　　　　　　D. Autodesk Navisworks

2-43　为避免未意识到图元已锁定而将其意外删除的情况,可以对图元进行什么操作?（　　　）

A. 锁定　　　　　　　B. 固定　　　　　　　C. 隐藏　　　　　　D. 以上均可

2-44　不能捕捉下面哪个对象上的特征点来对齐图纸中的轴网向导?（　　　）

A. 视口中的裁剪区域　　　　　　　　B. 标高

C. 墙线　　　　　　　　　　　　　　D. 轴网线

2-45　在 Revit 中,有关建筑红线设置,下列说法正确的是（　　　）。

A. 要创建建筑红线,可以直接将测量数据输入到项目中,Revit 会使用正北值对齐测量数据

B. 将项目导出到 ODBC 数据库中时,可以导出建筑红线面积信息

C. 可以创建建筑红线明细表,明细表可以包含"名称"和"面积"建筑红线参数

D. 以上说法均正确

2-46　要建立排水坡度符号,需使用哪个族样板?（　　　）

A. 公制常规模型　　　B. 公制常规标记　　　C. 公制常规注释　　D. 公制详图构件

2-47　要修改永久性尺寸标注的数值,必须首先选择（　　　）。

A. 该尺寸标注　　　　　　　　　　　B. 该尺寸标注所参照的构件或几何图形

C. 强参照　　　　　　　　　　　　　D. 弱参照

2-48　如果需要将已放置在图纸上的详图大样编号由默认的 3 修改为 5,则应该修改视口图元属性中的哪个参数?（　　　）

A. 显示模型　　　　　B. 详细程度　　　　　C. 详图编号　　　　D. 在图纸上旋转

2-49　可以通过按哪个键切换到多段尺寸标注链中的各个线段,并删除线段?（　　　）

A. Alt　　　　　　　　B. Tab　　　　　　　C. Ctrl　　　　　　D. Shift

2-50　如果在三维视图中对建筑构件的材质进行标记,需要（　　　）。

A. 先锁定图元　　　　　　　　　　　B. 先锁定视图

C. 先将视图放置到图纸上　　　　　　D. 可直接标记

2-51   对某些项目，需要标注时对同一对象进行两种单位标注，如何进行操作？（   ）

A. 建立两种标注类型，两次标注   B. 添加备用标注

C. 无法实现该功能   D. 使用文字替换

2-52   在链接模型时，主体项目是公制，要链入的模型是英制，如何操作？（   ）

A. 把公制改成英制再链接   B. 把英制改成公制再链接

C. 不用改就可以链接   D. 不能链接

2-53   导入场地生成地形的 DWG 文件必须具有哪个数据？（   ）

A. 颜色   B. 图层   C. 高程   D. 厚度

2-54   使用"对齐"编辑命令时，要对相同的参照图元执行多重对齐，请按住（   ）。

A. Ctrl 键   B. Tab 键   C. Shift 键   D. Alt 键

2-55   由于 Revit 中有内墙面和外墙面之分，最好按照哪种方向绘制墙体？（   ）

A. 顺时针   B. 逆时针

C. 根据建筑的设计决定   D. 顺时针、逆时针都可以

2-56   关于弧形墙，下面说法正确的是（   ）。

A. 弧形墙不能直接插入门窗   B. 弧形墙不能应用"编辑轮廓"命令

C. 弧形墙不能应用"附着顶/底"命令   D. 弧形墙不能直接开洞

2-57   在绘制墙时，要使墙的方向在外墙和内墙之间翻转，如何实现？（   ）

A. 单击墙体   B. 双击墙体

C. 单击蓝色翻转箭头   D. 按 Tab 键

2-58   以下有关相机设置和修改描述最准确的是（   ）。

A. 在平面、立面、三维视图中鼠标拖拽相机、目标点、远裁剪控制点，可以调整相机的位置、高度和目标位置

B. 点选项栏"图元属性"，可以修改"视点高度""目标高度"参数值调整相机

C. "视图"菜单中选择"定向"命令，可设置三维视图中相机的位置

D. 以上皆正确

2-59   编辑墙体结构时，可以（   ）。

A. 添加墙体的材料层   B. 可以修改墙体的厚度

C. 可以添加墙饰条   D. 以上都可

2-60   当旋转主体墙时，与之关联的嵌入墙（   ）。

A. 嵌入墙将随之移动   B. 嵌入墙将不动

C. 嵌入墙将消失   D. 嵌入墙将与主体墙反向移动

2-61   为幕墙添加竖梃时，不能选择的添加方式是（   ）。

A. 网格线   B. 单段   C. 全部网格线   D. 幕墙边缘

2-62   不能给以下哪种图元放置高程点？（   ）

A. 墙体   B. 门窗洞口   C. 线条   D. 轴网

2-63   当点击某个组实例进行编辑后，则（   ）。

A. 其他组实例不受影响   B. 其他组实例自动更新

C. 其他组实例出错   D. 其他组实例被删除

2-64   关于扶手的描述，错误的是（   ）。

A. 扶手不能作为独立构件添加到楼层中，只能将其附着到主体上，例如楼板或楼梯

B. 扶手可以作为独立构件添加到楼层中

C. 可以通过选择主体的方式创建扶手

D. 可以通过绘制的方法创建扶手

2-65　关于图元属性与类型属性的描述，错误的是（　　　）。

A. 修改项目中某个构件的图元属性只会改变构件的外观和状态

B. 修改项目中某个构件的类型属性只会改变该构件的外观和状态

C. 修改项目中某个构件的类型属性会改变项目中所有该类型构件的状态

D. 窗的尺寸标注是它的类型属性，而楼板的标高就是实例属性

2-66　在定义垂直复合墙的时候不能把下面哪些对象事先定义到墙上？（　　　）

A. 墙饰条　　　　　B. 墙分割缝　　　　　C. 幕墙　　　　　D. 挡土墙

2-67　根据自身对 BIM 技术的理解和认识，简述 BIM 技术对建筑行业带来的好处。

答：（1）三维展示，形象直观，提升中标概率。

（2）快速算量，精度提升，有效提升施工管理效率。

（3）精确计划，减少浪费，实现精细化管理。

（4）多算对比，有效管控，降低项目成本风险。

（5）虚拟施工，有效协同，减少建筑质量安全问题。

（6）碰撞检查，减少返工，提高施工质量。

（7）冲突调用，决策支持，为工程提供数据支撑。

2-68　简述对 BIM 含义的理解。

答：（1）BIM 是以三维数字技术为基础，集成了建筑工程项目各种相关信息的工程数据模型，是对工程项目设施实体与功能特性的数字化表达。

（2）BIM 是一个完善的信息模型，能够连接建筑项目生命期不同阶段的数据、过程和资源，是对工程对象的完整描述，提供可自动计算、查询、组合拆分的实时工程数据，可被建设项目各参与方普遍使用。

（3）BIM 具有单一工程数据源，可解决分布式、异构工程数据之间的一致性和全局共享问题，支持建设项目生命期中动态的工程信息创建、管理和共享，是项目实时的共享数据平台。

2-69　某建筑共 50 层，其中首层地面标高为 ±0.00，首层层高为 6.0m，第二至第四层层高 4.8m，第五层及以上均层高 4.2m。请按要求建立项目标高，并建立每个标高的楼层平面视图，并按照以下平面图（图 2.11-1、图 2.11-2）中的轴网要求绘制项目轴网。最终结果以"标高轴网"为文件名保存为样板文件，放在考生文件夹中。

2-70　BIM 在施工阶段对施工技术提升的价值有哪些？

答：（1）辅助施工深化设计或生成施工深化图纸。

（2）利用 BIM 技术对施工工序的模拟和分析。

（3）基于 BIM 模型的错漏碰缺检查。

（4）基于 BIM 模型的实时沟通方式。

2-71　BIM 模型不仅包括三维模型，还包含哪些业务数据，为技术方面和经济方面及时、准确地提供关键数据？

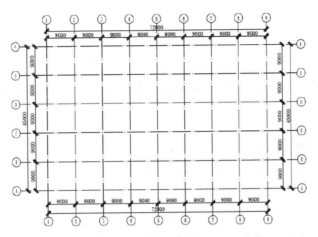

图 2.11-1　1-5 层轴网布置图（1∶500）

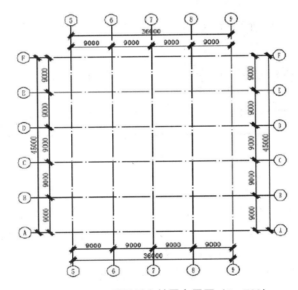

图 2.11-2　6 层及以上轴网布置图（1∶500）

答：（1）进度。

（2）成本。

（3）合同。

（4）图纸。

2-72　你认为 BIM 技术是否值得推广，其发展趋势如何？

答：从专家 BIM 到全员 BIM，从孤立 BIM 到集成 BIM，最终发展到所有项目的所有工作由 BIM 完成。

2-73　BIM 总体实施计划的主要内容包括哪些？

答：（1）明确项目 BIM 需求。

（2）编制 BIM 实施计划。

（3）基于 BIM 技术的过程管理。

（4）项目完结与后评价。

第3章 装配式建筑结构 BIM 技术应用

本章要点及学习目标

本章要点：
(1) 熟练掌握金属构件族的创建，包括：通用构件族、斜撑构件族；
(2) 掌握建筑模型的构建，包括：创建标高、轴网、墙体、门窗、楼板、屋顶和楼梯等；
(3) 掌握 Revit 视图生成的方法。
学习目标：
(1) 能够熟练绘制 Revit 建筑模型；
(2) 掌握绘制建筑族的绘制方法；
(3) 能够熟练绘制一栋建筑模型。

3.1 概述

装配式建筑是指把传统建造方式中的大量现场作业工作转移到工厂进行，在工厂加工制作好建筑用构件和配件（如楼板、墙板、楼梯、阳台等），运输到建筑施工现场，通过可靠的连接方式在现场装配安装而成的建筑。

装配式建筑在20世纪初就开始引起人们的兴趣，到20世纪60年代终于实现。英国、法国、苏联等国首先作了尝试。由于装配式建筑的建造速度快，而且生产成本较低，迅速在世界各地推广开来。

我国关于装配式建筑的规划自2015年以来密集出台。2015年发布《工业化建筑评价标准》GB/T 51129—2015（已作废），决定2016年全国全面推广装配式建筑，并取得突破性进展。2015年11月14日住房和城乡建设部出台《建筑产业现代化发展纲要》，计划到2020年装配式建筑占新建建筑的比例20%以上。到2025年装配式建筑占新建建筑的比例50%以上。2016年2月22日国务院出台意见，要求要因地制宜发展装配式混凝土结构、钢结构和现代木结构等装配式建筑，力争用10年左右的时间，使装配式建筑占新建建筑面积的比例达到30%。2016年7月5日住房和城乡建设部出台《住房和城乡建设部2016年科学技术项目计划——装配式建筑科技示范项目》建科［2016］137号，并公布了2016年科学技术项目建设装配式建筑科技示范项目名单。2016年9月14日国务院召开国务院常务会议，提出要大力发展装配式建筑推动产业结构调整升级。2016年9月27日国务院出台意见，对大力发展装配式建筑和钢结构重点区域、未来装配式建筑占比新建建筑目标、重点发展城市进行了明确。

2020年08月28日，住房和城乡建设部、教育部、科技部、工业和信息化部等九部门联合印发《关于加快新型建筑工业化发展的若干意见》，提出：要大力发展钢结构建筑、推广装配式混凝土建筑，培养新型建筑工业化专业人才，壮大设计、生产、施工、管理等方面人才队伍，加强新型建筑工业化专业技术人员继续教育；培育技能型产业工人，深化建筑用工制度改革，完善建筑业从业人员技能水平评价体系，促进学历证书与职业技能等级证书融通衔接。打通建筑工人职业化发展道路，弘扬工匠精神，加强职业技能培训，大力培育产业工人队伍；全面贯彻新发展理念，推动城乡建设绿色发展和高质量发展，以新型建筑工业化带动建筑业全面转型升级，打造具有国际竞争力的"中国建造"品牌。

3.1.1 装配式建筑特点

装配式建筑的组织过程可以分为三个阶段：①设计阶段，将建筑的各种构件拆分为标准部件和非标准部件，实现模具定型化；②预制阶段，在工厂里采用专用模具加工和生产各种构件，并运至施工现场；③装配阶段，采用大型吊装机械对各种构配件进行现场装配，待就位后将构配件通过节点连接成整体，形成完整的建筑结构。相比传统建筑，装配式建筑具有以下优越性：

1. 生产效率高

装配式建筑通常采用定型化和标准化的预制构件，这些构件可以通过高度机械化和半自动化的预制生产线进行工业化生产；现场安装时也可以充分利用现代化的机械系统和先进的生产技术。这些都有效降低了工时消耗，加快了施工进度，从而提高了生产效率。

2. 建设周期短

装配式建筑除安装工序外，其余各建造工序可以是同时进行的；同时，施工现场工作的减少也降低了管理、环境、设施等对施工周期的影响。

3. 产品质量好

预制构件的标准化和工厂化生产可以避免人为因素，避免施工上的转包行为，从而易于控制产品质量。

4. 环境影响小

预制构件在工厂中生产可以严格控制废水、废料和噪声污染；而且，现场安装时湿作业少，施工工期短，现场材料堆放少。

5. 可持续发展

预制构件通过严格的设计和施工，可大大减少材料用量；同时，装配式结构的拆除也相对容易，一些预制构件可以修复后重复利用，促进了社会的可持续发展。

6. 工人劳动条件好

在工厂中多采用机械化和自动化设备生产预制构件，工人劳动条件好于现场施工方式。在现场安装时多采用机械化的施工方式，极大地降低了工人的劳动强度。

7. 建筑产业转型

建筑行业的发展从手工业到工业化进行产业转型，将提高行业的生产效率，减少对人力资源和自然资源的消耗，有利于建筑产业发展升级。

3.1.2 装配式建筑结构体系

结构体系是指结构抵抗外部作用的构件组成方式，按材料可分为混凝土结构、钢结构、（竹）木结构等体系类型，适用于装配式建筑的结构体系，除了满足结构安全性、适用性、耐久性等一般必需建筑功能要求外，还必须满足适合工厂化生产、机械化施工、方便运输、节能环保、经济绿色等建筑工业化的功能要求。

综合考虑各结构体系的特点和装配式建筑的特征，我国装配式建筑结构体系的选择主要集中在装配式混凝土结构体系上。装配式混凝土结构是由预制混凝土构件通过可靠的连接方式装配而成的结构体系，包括装配整体式混凝土结构、全装配式混凝土结构等。

装配整体式混凝土结构是由预制混凝土构件通过现场后浇混凝土、水泥基灌浆料连接形成整体的装配式混凝土结构；全装配式混凝土结构是预制构件之间通过干式连接的结构，连接形式简单、易施工，但结构整体性较差，一般用于较低层建筑。目前国内的工程实例基本为装配整体式混凝土结构，主要包含：装配整体式混凝土框架结构、装配整体式剪力墙结构、装配整体式框架-现浇剪力墙结构、装配整体式部分框支剪力墙结构。本章以装配整体式混凝土框架结构为例，详细介绍构建预制构件模型的方法和步骤。

3.2　结构族的创建

Autodesk Revit 中的所有图元都是基于族的。"族"是 Revit 中使用的一个功能强大的概念，有助于您更轻松地管理数据和进行修改。每个族图元能够在其内定义多种类型，根据族创建者的设计，每种类型可以具有不同的尺寸、形状、材质设置或其他参数变量。使用 Autodesk Revit 的一个优点是不必学习复杂的编程语言，便能够创建自己的构件族。使用族编辑器，整个族创建过程在预定义的样板中执行，可以根据用户的需要在族中加入各种参数，如距离、材质、可见性等。可以使用族编辑器创建现实生活中的建筑构件、图形和注释构件。

3.2.1　创建结构基础

1. 独立基础

1）选择样板文件

单击 Revit Structure 界面左上角的"应用程序菜单按钮"＞"新建"＞"族"。在图 3.2-1 所示的"新族-选择样板文件"对话框中，选择"公制结构基础.rft"，单击"打开"。

2）设置族类别

在进入族编辑器后，打开"族类别和族参数"对话框，如图 3.2-2 所示。

由于所选用的是基础样板文件，默认状态下"族类别"已被选择为"结构基础"。"族参数"对话框中还有一些参数可以勾选。

（1）基于工作平面：可以通过勾选此项，在放置基础时，不仅可以放置在某一标高上，还可以放置在某一工作平面上。

（2）总是垂直：不勾选此项，基础可以相对于水平面有一定旋转角度，而不总是垂直。

（3）加载时剪切的空心：勾选该参数后，在项目文件中，基础可以被带有空心且基于面的实体切割时能显示出被切割的空心部分。默认设置为不勾选。

（4）结构材质类型：可以选择基础的材料类型，有钢、混凝土、预制混凝土、木材和

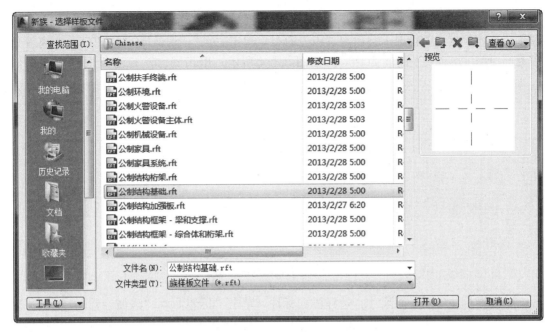

图 3.2-1 "新族-选择样板文件"对话框

其他五类。

3）绘制参照平面

（1）在项目浏览器里打开"参照标高"视图，单击"常用"选项卡＞"基准"面板＞"参照平面"命令，单击左键开始绘制参照平面，如图 3.2-3 所示。

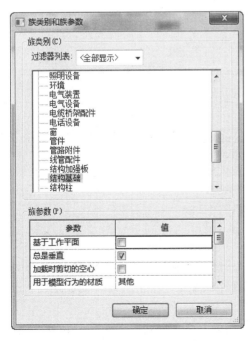

图 3.2-2 "族类别和族参数"对话框

图 3.2-3 绘制参照平面

（2）单击"注释"选项卡＞"尺寸标注"面板＞"对齐"命令，标注横向的三条参照平面，在连续标注的情况下会出现"⊠"符号，单击"⊠"，切换成 EQ（EQ 为距离等分符号），使三个参照平面间距相等，如图 3.2-4 所示，用相同方法标注纵向的三条参照平面。

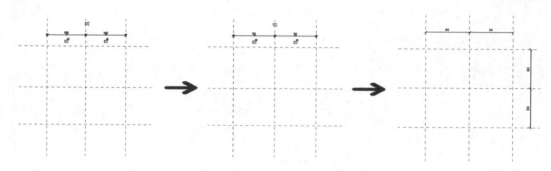

图 3.2-4　参照平面间距等分

快捷键标注参照平面尺寸：选择横向标注，单击"标签"＞"添加参数"，弹出"参数属性"对话框，在"名称"栏输入"边长"，单击"确定"，添加纵向标注为相同参数，如图 3.2-5 所示。

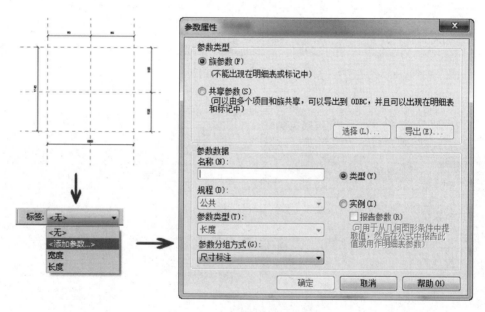

图 3.2-5　"参数属性"对话框

4）绘制基础

（1）单击"常用"选项卡＞"形状"面板＞"拉伸"命令，单击"修改 | 创建拉伸"选项卡＞"绘制"面板按钮，绘制图形，并和参照平面锁定。单击"✔"完成绘制。进入"前"立面视图，选中刚拉伸绘制的形体，拉伸下部与参照平面对齐锁定。

（2）回到"参照标高"视图，单击"常用"选项卡＞"形状"面板＞"拉伸"命令，单击"修改 | 创建拉伸"选项卡＞"绘制"面板按钮，绘制图形，并用 EQ 平分，并标注

添加参数,如图 3.2-6 所示。

(3)进入"前"立面视图,选中刚拉伸绘制的形体,拉伸下部与第一次绘制的形体的上部对齐锁定。标注图形高度并添加参数"H",如图 3.2-7 所示。

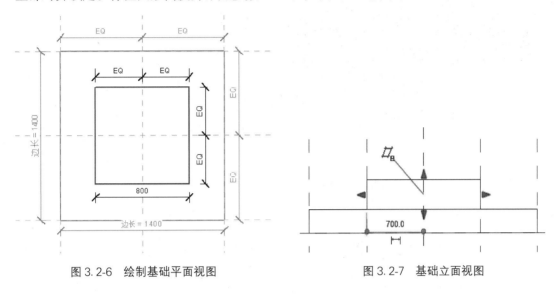

图 3.2-6 绘制基础平面视图   图 3.2-7 基础立面视图

5)添加材质参数

进入三维视图,选中绘制的图形,打开"属性"面板,单击"材质"按钮后,在弹出的"关联组参数"对话框中单击"添加参数",在弹出的"参数属性"对话框中,在"名称"栏输入"材质",单击两次"确定",如图 3.2-8 所示,完成材质参数的添加。

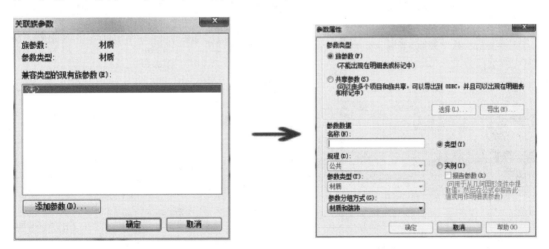

图 3.2-8 "参数属性"对话框

6)独立基础族绘制完成

三维效果视图如图 3.2-9 所示。

2. 墙下条形基础

条形基础是结构基础类别的成员,并以墙为主体,可在平面视图或三维视图中沿着结构墙放置这些基础,条形基础被约束到所支撑的墙,并随之移动。在 Revit Structure 中,

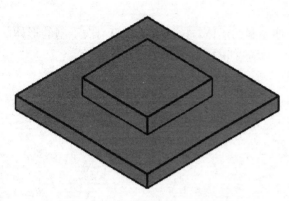

图 3.2-9　独立基础族三维效果图

墙下条形基础是系统族，用户不能自己创建族文件和加载，只能在软件自带的墙基础形状下修改和添加新的类型。下面来介绍墙下条形基础的应用方法和参数设置。

首先单击"常用"选项卡＞"基础"面板＞"条形"命令进入墙基础编辑界面。在墙基础"属性"对话框中，可以选择墙基础的类型、设置钢筋的保护层厚度、启用分析模型等，如图 3.2-10 所示。

在"属性"对话框中单击"编辑类型"，打开"类型属性"对话框，在"类型属性"对话框中，可以修改或复制添加新的墙基础类型，如图 3.2-11 所示。

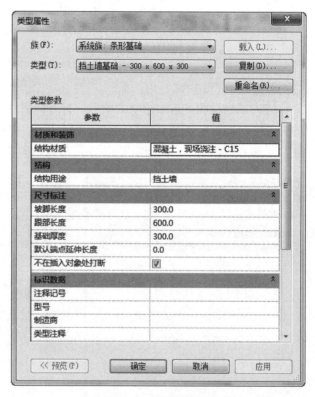

图 3.2-10　"属性"对话框　　　　　　　　图 3.2-11　"类型属性"对话框

3. 板基础

板基础和墙基础一样是系统自带的族文件。板基础的性能和结构楼板有很多相似之处，下面来介绍板基础的应用参数设置。

首先单击"常用"选项卡＞"基础"面板＞"板"命令，在板基础的下拉菜单下有两种工具，分别是"基础底板"和"楼板边缘"。单击"基础底板"，进入"板基础"编辑状态，可以根据基础的边界形状选择合适的形状绘制工具，在绘图区域内绘制板基础的形状，如图 3.2-12 所示。

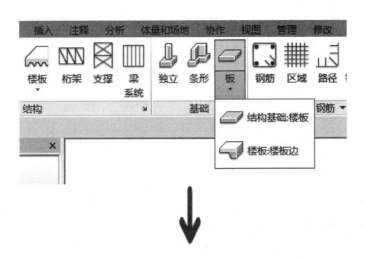

图 3.2-12 "基础"面板

本例属性和类型属性的设置也和结构楼板基本相同，但与结构楼板不同的是，在绘制板基础时，默认状态下没有板跨方向，用户可以通过单击"跨方向"按钮，然后选中绘图区域的"板基础"边界线，即可为板基础添加板跨方向。也可以通过单击"坡度箭头"按钮，为板基础添加坡度。

3.2.2　创建结构柱

结构柱是建筑的承重构件，结构柱主要是钢筋混凝土柱和钢柱。下面以 L 形柱为例，介绍一个结构柱的具体创建过程，具体步骤如下：

1. 选择样板文件

单击 Revit Structure 界面左上角的"应用程序菜单"按钮＞"新建"＞"族"。在"新族-选择样板文件"对话框中，选择"公制结构柱.rft"，单击"打开"，如图 3.2-13 所示。

2. 修改原有样板

进入"楼层平面"＞"低于参照标高"视图，删除原样板中的 EQ 等分标注，如图 3.2-14 所示。

移动两条参照平面，具体位置不重要。"宽度"和"深度"参数是原有的，而"厚度"参数需要新建，快捷键标注参照平面尺寸，如图 3.2-15 所示。

选中横向标注，单击"标签"＞"添加参数"，弹出"参数属性"对话框，在"名称"栏输入"厚度"，单击"确定"，如图 3.2-16 所示，用同样的方法添加竖向标注参数。

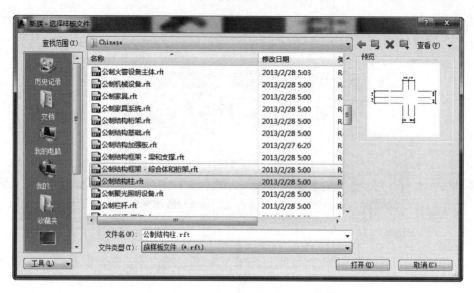

图 3.2-13　"新族-选择样板文件"对话框

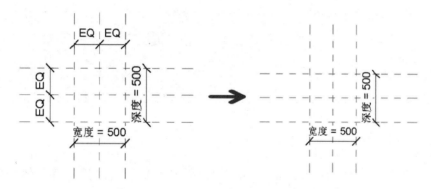

图 3.2-14　参照平面视图

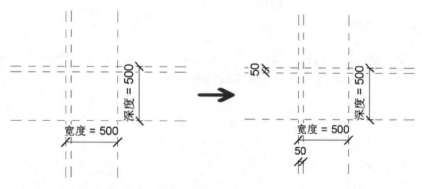

图 3.2-15　参照平面编辑

3. 绘制柱

（1）进入"楼层平面"＞"低于参照标高"视图，单击"常用"选项卡＞"形状"面板＞"拉伸"命令按钮，绘制拉伸轮廓，并与参照平面锁定，如图 3.2-17 所示，重复上一步操作。

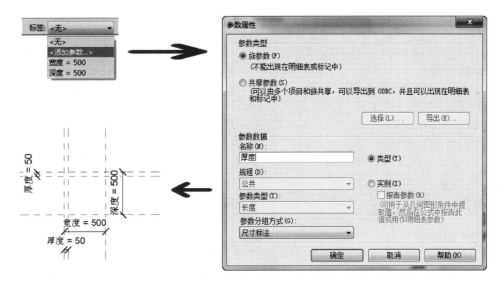

图 3.2-16 "参数属性"对话框

（2）单击"修改"面板＞命令。修改绘制的草图，如图 3.2-18 所示。单击"√"，完成拉伸绘制。

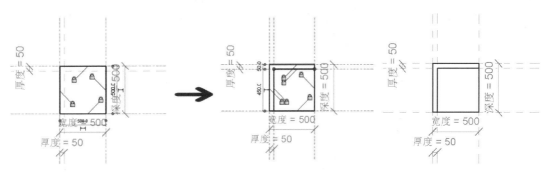

图 3.2-17 绘制柱

图 3.2-18 柱绘制后的前视图

（3）打开"前"视图，选中刚绘制的矩形形体，拉伸上部并与"高于参照标高"锁定，拉伸下部并与"低于参照标高"锁定，如图 3.2-19 所示。

4. 添加材质参数

进入三维视图，选中柱子，打开"属性"面板，单击"材质"后，在弹出的"关联族参数"对话框中单击"添加参数"，在弹出的"参数属性"对话框中，在"名称"栏输入"柱子材质"，单击两次"确定"，如图 3.2-20 所示，完成材质参数的添加。

5. L形柱族创建完成

三维视图如图 3.2-21 所示。

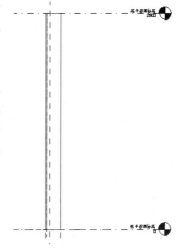

图 3.2-19 拉伸

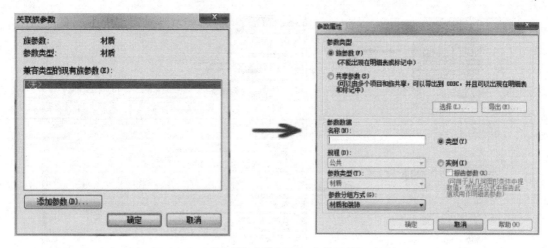

图 3.2-20 "关联族参数"和"参数属性"对话框

3.2.3 创建结构梁

1. 选择样板文件

单击 Revit Structure 界面左上角"应用程序菜单"按钮>"新建">"族"。在"新族-选择样板文件"对话框中，选择"公制结构框架-梁和支撑.rft"，单击"打开"，如图 3.2-22 所示。

2. 修改原有样板

删除在梁中心的线和两条参照平面。

3. 修改可见性

选中用"拉伸"命令创建的梁形体，单击"拉伸|修改"上下文选项卡>"设置"面板>"可见性设置"命令，在弹出图 3.2-23

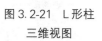

图 3.2-21 L 形柱
三维视图

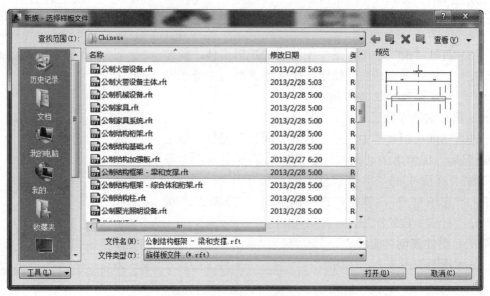

图 3.2-22 "新族-选择样板文件"对话框

所示的"族图元可见性设置"对话框中，勾选"粗略"，单击"确定"。此时梁形体为黑色显示，而不再是灰色，如图 3.2-24 所示。

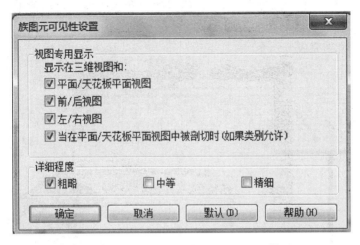

图 3.2-23 "族图元可见性设置"对话框

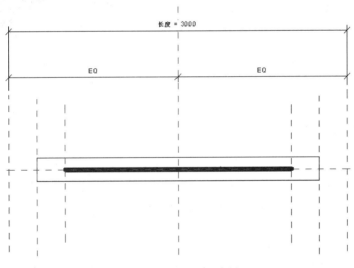

图 3.2-24 结构梁绘制

4. 修改拉伸

（1）进入立面"右"视图，选中拉伸形体，单击"修改｜拉伸"上下文选项卡＞"模式"面板＞"编辑拉伸"命令，进入拉伸绘图模式，修改拉伸轮廓。

（2）等分参照平面。单击"注释"选项卡＞"尺寸标注"面板＞"对齐"命令，标注参照平面，在连续标注的情况下会出现 EQ 符号，单击 EQ，切换成 EQ，（EQ 为距离等分符号），使三个参照平面间距相等。接着为草图添加尺寸标注，并将草图与参照平面锁定，如图 3.2-25 所示。

（3）选中刚放置的"400"尺寸标注，单击"标签"＞"添加参数"，弹出"参数属性"对话框，在"名称"栏输入"梁中宽度"，选择"实例"。

5. 添加材质参数

进入三维视图，选中绘制的梁，打开"属性"面板，单击"材质"后，在弹出的"关联族参数"对话框中单击"添加参数"，在弹出的"参数属性"对话框中，在"材质"单击两次"确定"。完成材质参数的添加。

6. 工字梁族绘制完成

三维视图如图 3.2-26 所示。

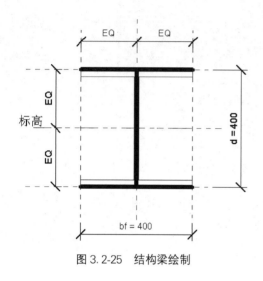

图 3.2-25　结构梁绘制

图 3.2-26　工字梁三维视图

3.3　金属件族

3.3.1　通用构件

本节主要介绍预制件中常用的金属构件，包括螺母、斜撑用地面拉环、垫片、螺栓和螺杆等。

1. 螺母

（1）在主视图中点击"族"→"新建"或者单击"文件"→"新族"→"族"命令，打开"新族-选择样板文件"对话框，选择"公制常规模型 .rft"为样板族，如图 3.3-1 所示，单击"打开"按钮进入族编辑器界面，如图 3.3-2 所示。

（2）单击"创建"选项卡"形状"面板中的拉伸按钮，打开"修改|创建拉伸"选项卡，如图 3.3-3 所示。

（3）单击"绘制"面板中"圆"按钮⊙，捕捉参照平面交点为圆心，移动光标同时输入半径 12，按回车键确认，即可绘制圆，如图 3.3-4 所示。

（4）单击"绘制"面板中"外接多边形圆"按钮，捕捉上一步绘制的圆心为中心，水平移动光标同时输入外接圆半径 18，按回车键确认，完成六边形绘制，如图 3.3-5 所示。

（5）在"属性"选项板中设置拉伸终点为 12，拉伸起点为 0，如图 3.3-6 所示，单击"模式"面板中的"完成编辑模式"按钮✔，完成拉伸模型的创建，如图 3.3-7 所示。

图 3.3-1 "新族-选择样板文件"对话框

图 3.3-2 族编辑器界面

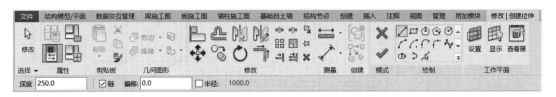

图 3.3-3 "修改丨创建拉伸"选项卡

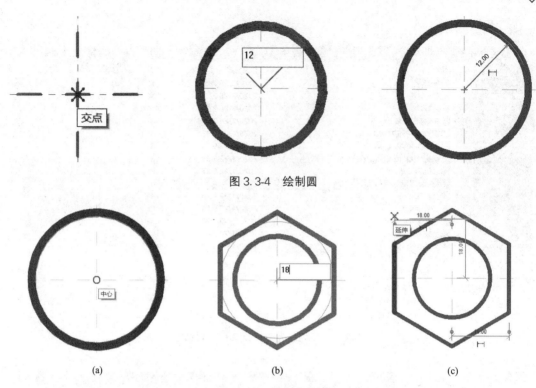

图 3.3-4　绘制圆

图 3.3-5　绘制六边形

(a)　　　　　　　　　　(b)　　　　　　　　　　(c)

（a）指定圆心；（b）输入外接圆半径；（c）完成六边形绘制

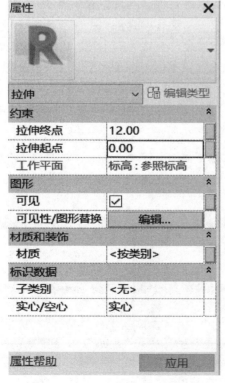

图 3.3-6　设置"属性"选项板参数

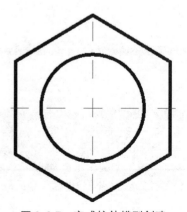

图 3.3-7　完成拉伸模型创建

（6）在项目浏览器的"三维视图"节点下双击"视图1"，将视图切换至三维视图，如图 3.3-8 所示。

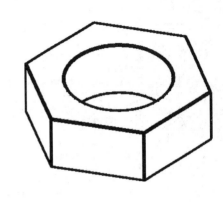

图 3.3-8　三维视图

（7）单击"快速访问"工具栏的"保存"按钮 ▉（快捷键：Ctrl＋S），打开"另存为"对话框，输入文件名"M24 螺母"，如图 3.3-9 所示，单击"保存"按钮，保留族文件。

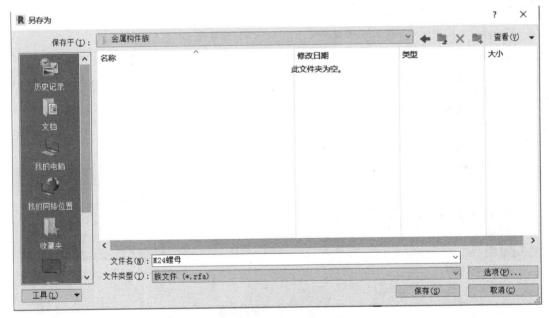

图 3.3-9　在"另存为"对话框中输入文件名

2. 斜撑用地面拉环

（1）在主视图中单击"族"→"新建"或者单击"文件"→"新建"→"族"命令，打开"新族-选择样板文件"对话框，选择"基于面的公制常规模型 .rft"为样板族，如图 3.3-10 所示，单击"打开"按钮进入族编辑器界面。该族样板默认提供预埋件嵌入的墙面。

图 3.3-10   "新族-选择样板文件"对话框

（2）在项目浏览器的"立面（立面 1）"节点下双击"前"，如图 3.3-11 所示，将视图切换至前视图。

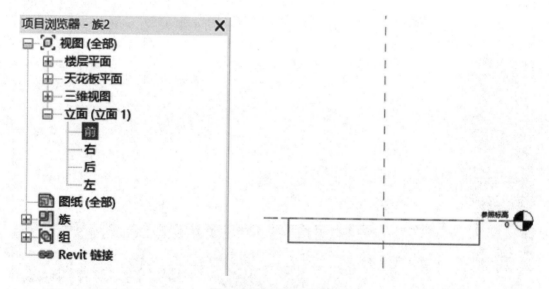

图 3.3-11   切换至前视图

（3）单击"创建"选项卡"基准"面板中"参照平面"按钮（快捷键：RP），打开如图 3.3-12 所示的"修改｜放置 参照平面"选项卡和选项栏，系统默认激活"线"按钮，在参照线标高下适当位置单击确定参照平面的起点，水平移动光标到适当位置单击确定参照平面的终点，绘制平面，双击参照平面的临时尺寸，使尺寸处于编辑状态，输入新的尺寸，按回车键确认，调整参照平面的位置，如图 3.3-13 所示。

图 3.3-12 "修改 | 放置 参照平面"选项卡和选项栏

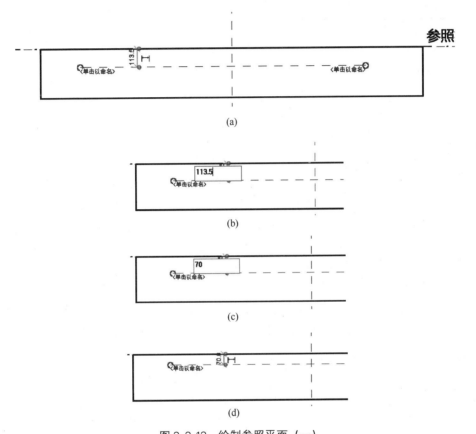

图 3.3-13 绘制参照平面（一）

（a）绘制平面；（b）双击尺寸；（c）输入新尺寸；（d）调整参照平面位置

（4）继续绘制参照平面，将光标放置在上一步绘制的参照平面（一）上方的适当位置，当显示临时尺寸时，直接输入数值 100，按回车键确认，然后水平移动光标到适当位置单击，绘制参照平面（二），如图 3.3-14 所示。

（5）采用上述方法，绘制其他参照平面，如图 3.3-15 所示。

（6）单击"创建"选项卡"形状"面板中的"放样"按钮 ，打开"修改 | 放样"选项卡，如图 3.3-16 所示。单击"放样"面板中"绘制路径"按钮 ，打开"修改 | 放样 →绘制路径"选项卡，系统默认激活"线"按钮，绘制左侧的线段，如图 3.3-17 所示。

（7）单击"绘制"面板中的"圆角弧"按钮，拾取水平线段和竖直线段，拖动鼠标到适当位置单击，生成圆角，双击圆角上的临时尺寸，更改尺寸为 16，按回车键确认，如图 3.3-18 所示。

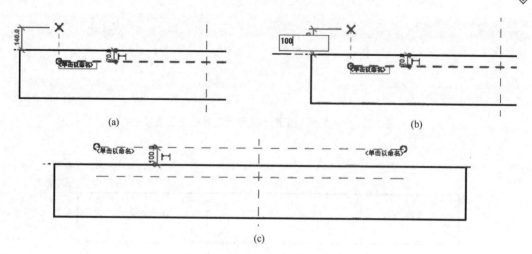

图 3.3-14　绘制参照平面（二）

（a）绘制平面；（b）双击尺寸；（c）输入新尺寸

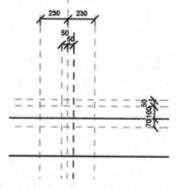

图 3.3-15　绘制其他参照平面

（8）框选左侧的线段和圆角弧，单击"修改"面板中的"镜像-拾取轴"按钮（快捷键：MM），拾取中间的竖直参照平面为镜像轴，将左侧所选路径进行镜像，如图 3.3-19 所示。

（9）单击"绘制"面板中的"起点-终点-半径弧"按钮，捕捉左侧竖直线的端点作为圆弧起点，然后捕捉右侧竖直线端点做为圆弧终点，移动光标选取最上端的参照平面确定圆弧半径绘制圆弧，如图 3.3-20 所示，单击"模式"面板中的"完成编辑模式"按钮，完成路径绘制。

图 3.3-16　"修改｜放样"选项卡

（10）单击"放样"面板中的"编辑轮廓"按钮，打开如图 3.3-21 所示的"转到视图"对话框，选择"立面：右"视图绘制轮廓，如果在平面视图中绘制路径，则应选择立面视图绘制轮廓，单击"打开视图"按钮，打开右视图。

（11）单击"绘制"面板中的"圆"按钮，捕捉参照点为圆心，移动光标同时输入半径 8，按回车键确认，绘制圆，如图 3.3-22 所示。连续单击"模式"面板中的"完成编辑模式"按钮，完成圆的绘制。

（12）在项目浏览器"三维视图"节点下双击

图 3.3-17　绘制左侧线段

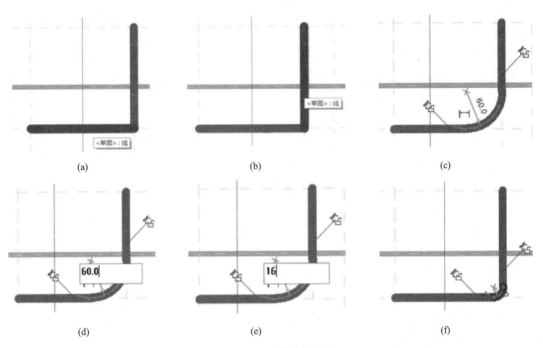

图 3.3-18　绘制圆角弧

（a）选取水平线段；（b）选取竖直线段；（c）生成圆角；（d）双击临时尺寸；（e）输入新尺寸；（f）调整圆角大小

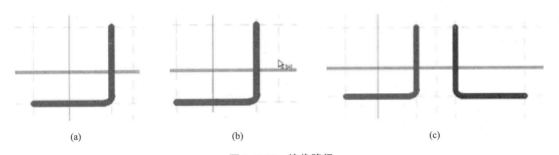

图 3.3-19　镜像路径

（a）选取路径；（b）拾取镜像轴；（c）镜像路径

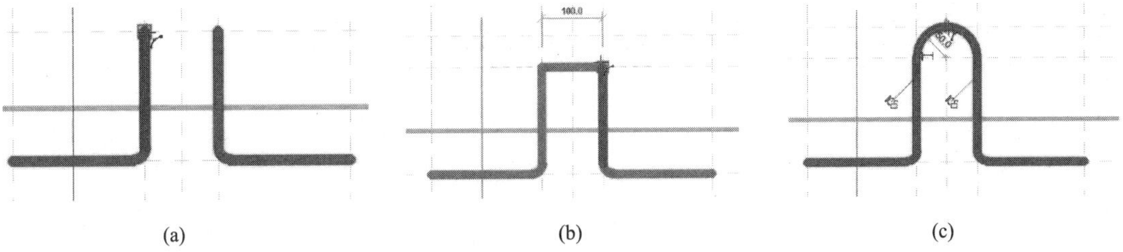

图 3.3-20　绘制圆弧

（a）指定起点；（b）指定终点；（c）确定半径

"视图1"，将视图切换至三维视图，在控制栏中将视觉样式更改为线框，如图 3.3-23 所示。

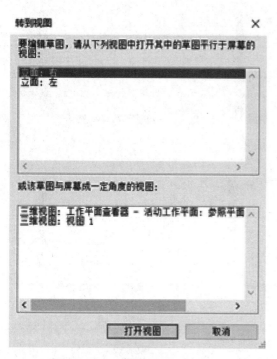

图 3.3-21　"转到视图"对话框

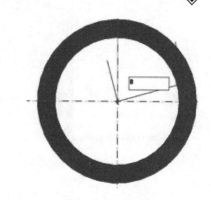

图 3.3-22　绘制圆

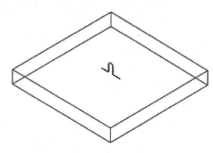

图 3.3-23　三维图形

（13）将视图切换至参考标高视图。单击"创建"选项卡"基准"面板中的"参照平面"按钮 （快捷键：RP），打开"修改｜放置 参照平面"选项卡和选项栏，系统默认激活"线"按钮，在选项栏中设置偏移值为 250，捕捉中间的参照平面，从上向下绘制，在其右侧会出现新的参照平面，距离中间参照平面 250；再次捕捉中间的参照平面，从上向下绘制，在其左侧会出现新的参照平面，距离中间参照平面 250。采用相同的方法，从右向左绘制距离水平参照平面分别为 20 和 50 的参照平面，如图 3.3-24 所示。

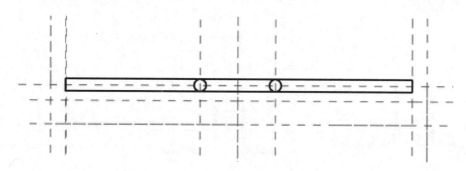

图 3.3-24　绘制参照平面

（14）单击"创建"选项卡"形状"面板中的"放样"按钮，打开"修改｜放样"选项卡，如图 3.3-16 所示。单击"放样"面板中的"绘制路径"按钮，打开"修改｜放样→绘制路径"选项卡，利用"线"按钮和"起点-终点-半径弧"按钮，绘制路径，如图 3.3-25 所示。单击"模式"面板中的"完成编辑模式"按钮，完成路径绘制。

（15）单击"放样"面板中的"编辑轮廓"按钮，打开如图 3.3-26 所示的"转到视图"对话框，选择"立面：前"视图绘制轮廓，单击"打开视图"按钮，打开前视图。

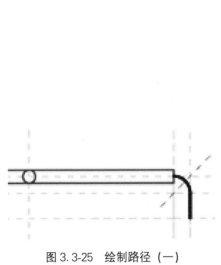

图 3.3-25　绘制路径（一）

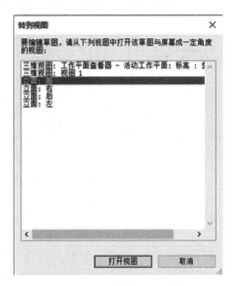

图 3.3-26　"转到视图"对话框

（16）单击"绘制"面板中的"圆"按钮，捕捉参照平面的交点为圆心，移动光标同时输入半径 8，按回车键确认，绘制圆，如图 3.3-27 所示。连续单击"模式"面板中的"完成编辑模式"按钮，将视图切换至三维视图，如图 3.3-28 所示。

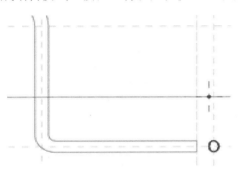

图 3.3-27　绘制圆

图 3.3-28　创建放样

（17）将视图切换至参照标高视图。单击"修改"选项卡"修改"面板中的"镜像-拾取轴"按钮，选取上一步创建的放样体为镜像对象，然后选取中间竖直参照平面为镜像轴将其镜像，如图 3.3-29 所示。

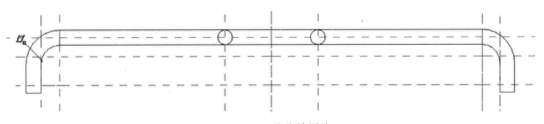

图 3.3-29　镜像放样体

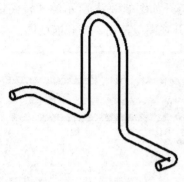

图 3.3-30　连接构件（一）

（18）将视图切换至三维视图，单击"修改"选项卡"几何图形"面板中"连接"按钮下拉列表中的"连接几何图形"按钮，先拾取主体部分，然后选取上一步创建的放样体为连接部分，将构件连接成一体，如图 3.3-30 所示。

（19）将视图切换至前视图，单击"创建"选项卡"形状"面板中的"放样"按钮，打开"修改｜放样"选项卡，单击"放样"面板中的"绘制路径"按钮，打开"修改｜放样→绘制路径"选项卡，利用"线"按钮，绘制路径，如图 3.3-31 所示。单击"模式"面板中的"完成编辑模式"按钮，完成路径绘制。

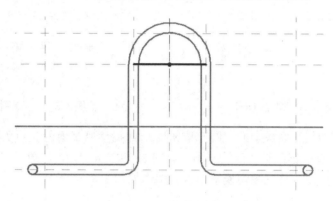

图 3.3-31　绘制路径（二）

（20）单击"放样"面板中"编辑轮廓"按钮，打开"转到视图"对话框，选择"立面：右"视图绘制轮廓，单击"打开视图"按钮，打开右视图。

（21）单击"绘制"面板中的"圆"按钮，捕捉参照平面的交点为圆心，移动光标同时输入半径 8，按回车键确认，绘制圆，如图 3.3-32 所示。连续单击"模式"面板中的"完成编辑模式"按钮，将视图切换至三维视图，如图 3.3-33 所示。

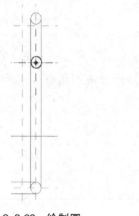

图 3.3-32　绘制圆

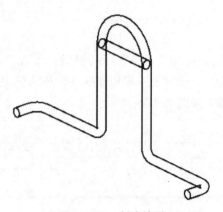

图 3.3-33　创建放样

（22）单击"修改"选项卡"几何图形"面板中"连接"按钮下拉列表中的"连接几何图形"按钮，先拾取主体部分，然后选取上一步创建的放样体为连接部分，将构件连接成一体，如图 3.3-34 所示。

（23）将视图切换至前视图。单击"创建"选项卡"基准"面板中的"参照平面"按钮（快捷键：RP），打开"修改｜放置 参照平面"选项卡和选项栏，系统默认激活"线"按钮，绘制参照平面，如图 3.3-35 所示。

（24）单击"创建"选项卡"形状"面板中的"拉伸"按钮，打开"修改｜创建拉伸"选项卡，单击"绘制"面板中的"圆"按钮，在参照平面的交点处绘制半径为 5 的圆，如图 3.3-36 所示。

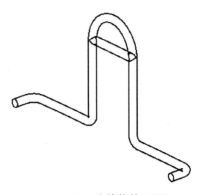

图 3.3-34 连接构件（二）

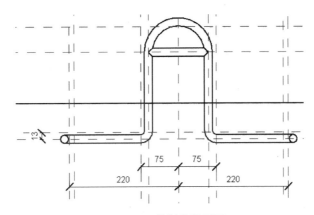

图 3.3-35 绘制参照平面

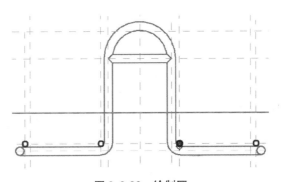

图 3.3-36 绘制圆

（25）在"属性"选项板中设置拉伸终点为 300，拉伸起点为 −300，如图 3.3-37 所示，单击"模式"面板中的"完成编辑模式"按钮，完成拉伸模型的创建，将视图切换至三维视图，如图 3.3-38 所示。

图 3.3-37　设置"属性"选项板参数

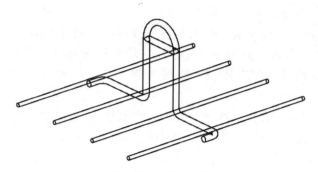

图 3.3-38　拉伸模型

（26）单击"快速访问"工具栏的"保存"按钮（快捷键：Ctrl＋S），打开"另存为"对话框，输入名称"斜撑用撑地拉环"。

3. 垫片

（1）在主视图中单击"族"→"新建"或者单击"文件"→"新建"→"族"命令，打开"新族-选择样板文件"对话框，选择"基于面的公制常规模型.rft"为样板族，单击"打开"按钮进入族编辑器界面。该族样板默认提供预埋件嵌入的墙面。

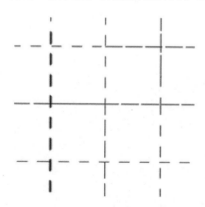

图 3.3-39　绘制参照平面

（2）单击"创建"选项卡"基准"面板中的"参照平面"按钮 （快捷键：RP），打开"修改｜放置参照平面"选项卡和选项栏，系统默认激活"线"按钮 ，在选项栏中输入偏移值 27.5，捕捉中间的参照平面，从上向下绘制，在其右侧会出现新的参照平面，距离中间参照平面 27.5；再次捕捉中间的参照平面，从上向下绘制，在其左侧会出现新的参照平面，距离中间参照平面 27.5；采用相同的方法，绘制距离水平参照平面为 27.5 的参照平面，如图 3.3-39 所示。

（3）单击"修改"选项卡"测量"面板中的"对齐尺寸标注"按钮 （快捷键：DI），依次从左到右选取竖直参照平面，拖动尺寸到适当位置，单击放置尺寸，然后单击图标，创建等分尺寸，如图 3.3-40 所示。

（4）单击"修改"选项卡"测量"面板中的"对齐尺寸标注"按钮 （快捷键：DI），选择左右两侧的竖直参照平面，拖动尺寸到适当位置，单击放置尺寸，如图 3.3-41 所示。

（5）选中上一步标注的尺寸，打开"修改｜尺寸标注"选项卡，单击"标签尺寸标注"面板中的"创建参数"按钮 ，打开"参数属性"对话框，选择参数类型为"族参数"，输入名称"b"，设置参数分组方式为"尺寸标注"，单击"确定"按钮，完成参数尺寸的添加，如图 3.3-42 所示。

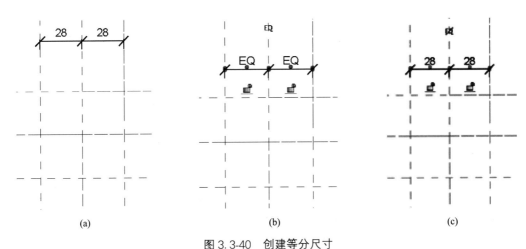

图 3.3-40 创建等分尺寸

（a）拖动尺寸；（b）放置尺寸；（c）生成等分尺寸

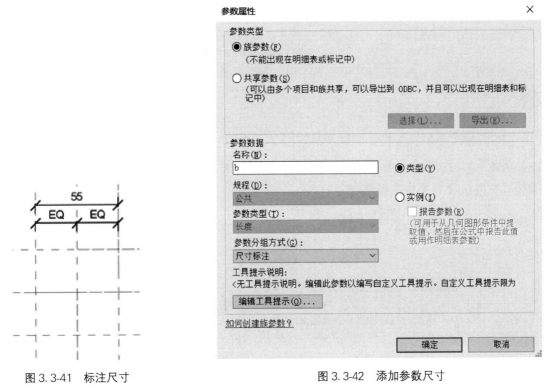

图 3.3-41 标注尺寸

图 3.3-42 添加参数尺寸

（6）重复步骤（3）～（5），标注长度方向的尺寸，如图 3.3-43 所示。

（7）将视图切换至前视图。利用"参照平面"命令（快捷键：RP）和"对齐尺寸标注"命令（快捷键：DI），绘制水平参照平面并标注参数尺寸，如图 3.3-44 所示。

（8）单击"创建"选项卡"形状"面板中的"放样"按钮，打开"修改｜放样"选项卡，单击"放样"面板中的"绘制路径"按钮，打开"修改｜放样→绘制路径"选项卡，利用"线"按钮，绘制路径，单击"创建或删除长度或对齐约束"图标，将

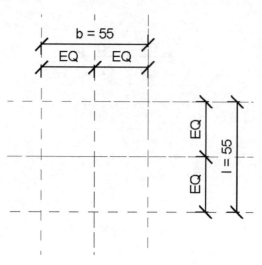

图 3.3-43　标注长度方向的尺寸

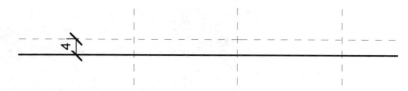

图 3.3-44　绘制水平参照平面并标注参数尺寸

路径的端点及线段与参照平面锁定，如图 3.3-45 所示。单击"模式"面板中的"完成编辑模式"按钮 ✔，完成路径绘制。

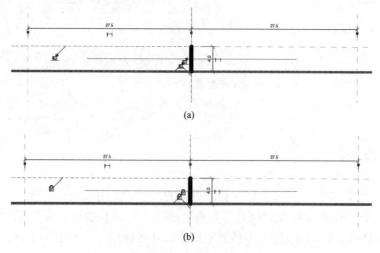

(a)

(b)

图 3.3-45　绘制路径并锁定
（a）绘制路径；（b）与参照平面锁定

（9）单击"放样"面板中的"编辑轮廓"按钮，打开如图 3.3-46 所示的"转到视图"对话框，选择"楼层平面：参照标高"视图绘制轮廓，单击"打开视图"按钮，切换至参照标高绘制视图。

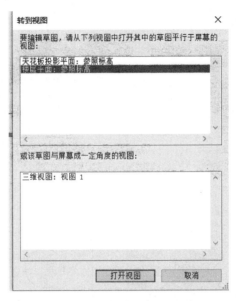

图 3.3-46 "转到视图"对话框

（10）单击"绘制"面板中的"矩形"按钮，以参照平面为参照，绘制轮廓线，单击视图中的"创建或删除长度或对齐约束"图标，将轮廓线与参照平面进行锁定，如图 3.3-47 所示。

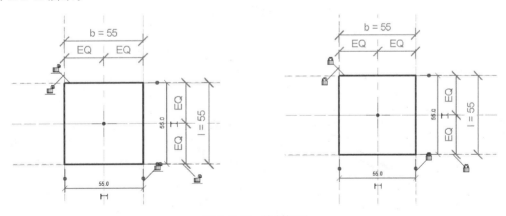

图 3.3-47 绘制矩形

（11）单击"绘制"面板中的"圆"按钮，捕捉参照平面的交点为圆心，移动光标并输入半径 11，按回车键确认，绘制圆，单击临时尺寸下方的图标，将临时尺寸标注成永久性尺寸，然后选中标注的尺寸，打开"修改｜尺寸标注"选项卡，单击"标签尺寸标注"面板中的"创建参数"按钮，打开"参数属性"对话框，选择参数类型为"族参数"，输入名称"孔半径"，设置参数分组方式为"尺寸标注"，单击"确定"按钮，如图 3.3-48 所示。

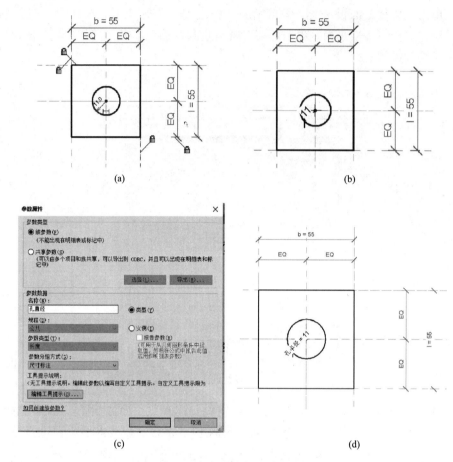

图 3.3-48　绘制圆并标注尺寸

（a）绘制圆；（b）标注尺寸；（c）设置尺寸参数属性；（d）生成参数尺寸

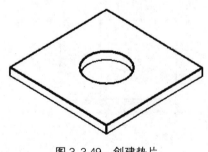

图 3.3-49　创建垫片

（12）连续单击"模式"面板中的"完成编辑模式"按钮 ✔，将视图切换至三维视图，如图 3.3-49 所示。

（13）单击"修改"选项卡"属性"面板中的"族类型"按钮 ▦，打开如图 3.3-50 所示的"族类型"对话框，单击"新建类型"按钮 ▯，打开"名称"对话框，输入名称"PL-55×55×4"，如图 3.3-51 所示，单击"确定"按钮，返回"族类型"对话框。单击"新建类型"按钮 ▯，打开"名称"对话框，输入名称"PL-65×65×6"，单击"确定"按钮，返回"族类型"对话框，更改"b""1"为 65，厚度为 6，孔半径为 16，如图 3.3-52 所示，单击"应用"按钮，观察视图中的图形是否随着参数的变化而变化，如果是，则表示参数关联成功；继续创建"PL-80×80×6""PL-130×130×10""PL-100×100×10"类型，如图 3.3-53～图 3.3-55 所示，单击"确定"按钮，完成类型的创建。

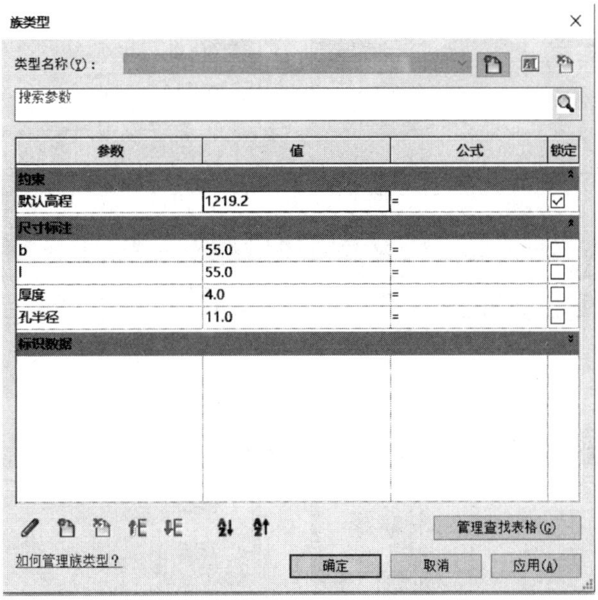

图 3.3-50 "族类型"对话框

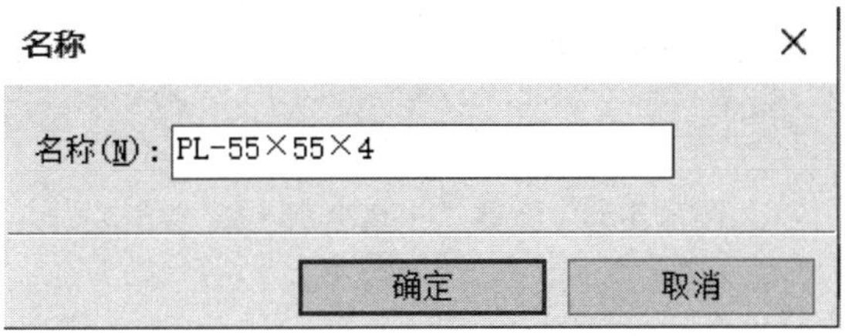

图 3.3-51 "名称"对话框

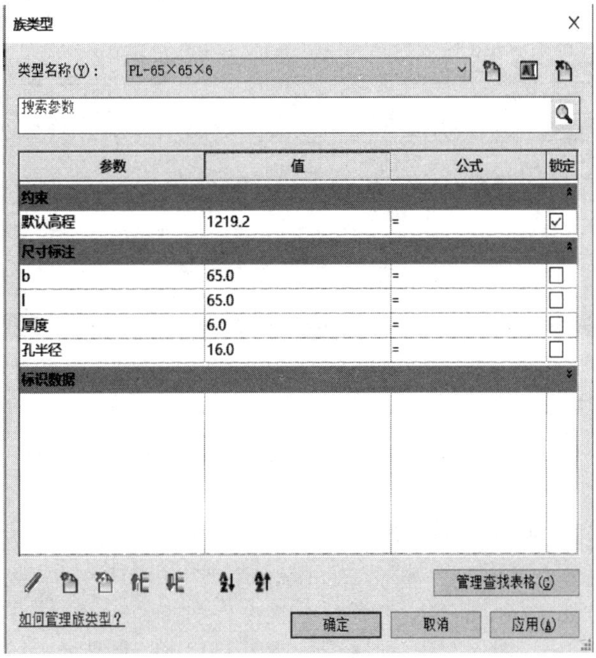

图 3.3-52 新建"PL-65×65×6"类型

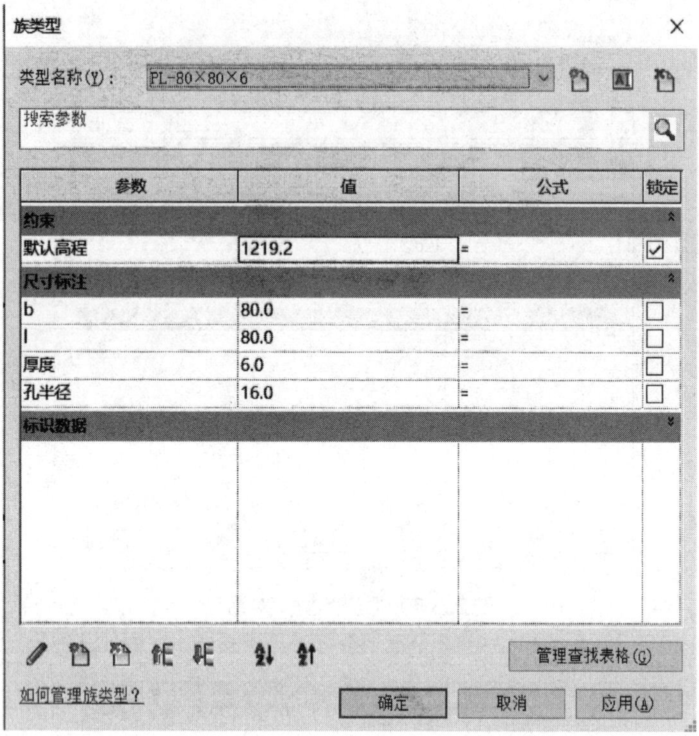

图 3.3-53　新建"PL-80×80×6"类型

图 3.3-54　新建"PL-130×130×10"类型

图 3.3-55　新建"PL-100×100×10"类型

（14）单击"快速访问"工具栏的"保存"按钮 ▣ （快捷键：Ctrl＋S），打开"另存为"对话框，输入名称"垫片"，单击"保存"按钮，保存族文件。

4. M20 螺栓

（1）在主视图中单击"族"→"新建"或者单击"文件"→"新建"→"族"命令，打开"新族-选择样板文件"对话框，选择"基于面的公制常规模型.rft"为样板族，单击"打开"按钮进入族编辑器界面。该族样板默认提供预埋件嵌入的墙面。

（2）将视图切换至前视图。单击"创建"选项卡"基准"面板中的"参照平面"按钮（快捷键：RP），打开"修改｜放置 参照平面"选项卡和选项栏，系统默认激活"线"按钮，在适当位置或者水平参照平面，如图 3.3-56 所示。

（3）单击"修改"选项卡"测量"面板中的"对其尺寸标注"按钮（快捷键：DI），标注第一水平参照平面与参照标高的尺寸，然后选取参照平面，使尺寸处于编辑状态，双击尺寸值，输入新的尺寸值 4，按回车键确认，调整参照平面的位置，如图 3.3-57 所示。

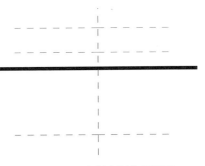

图 3.3-56　绘制水平参照平面

（4）选中上一步标注的尺寸，打开"修改｜尺寸标注"选项卡，单击"标签尺寸标注"面板中的"创建参数"按钮，打开"参数属性"对话框，选择参数类型为"族参数"，输入名称"垫片厚度"，设置参数分组方式为"尺寸标注"，如图 3.3-58 所示，单击"确

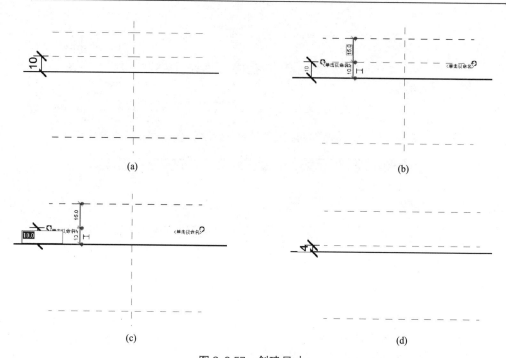

图 3.3-57　创建尺寸

(a) 标注尺寸；(b) 选取参照平面；(c) 双击尺寸；(d) 调整参照平面位置

定"按钮，完成参数尺寸的创建。

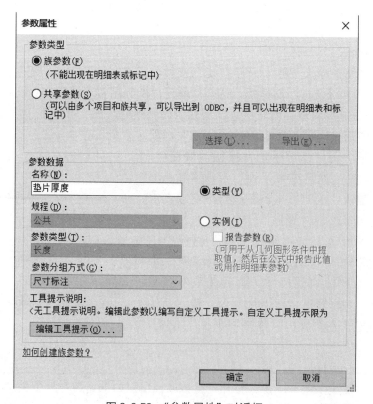

图 3.3-58　"参数属性"对话框

（5）单击"修改"选项卡"测量"面板中的"对其尺寸标注"按钮（快捷键：DI），标注平面参照标高上方的第一个参照平面与第二个参照平面之间的尺寸，并修改尺寸值为15，然后选取尺寸，单击视图中的"创建或删除长度或对齐约束"图标，将其进行锁定，如图3.3-59所示。

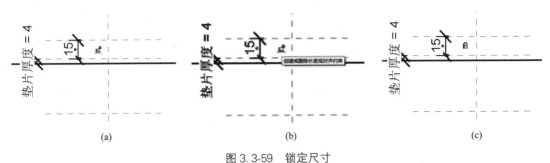

(a)　　　　　　　　(b)　　　　　　　　(c)

图3.3-59　锁定尺寸

（a）标注尺寸；（b）单击图标；（c）锁定尺寸

（6）单击"修改"选项卡"测量"面板中的"对齐尺寸标注"按钮（快捷键：DI），标注最上端参照平面与最下端参照平面之间的尺寸，并修改尺寸值为60，然后选取尺寸，打开"修改｜尺寸标注"选项卡，单击"标签尺寸标注"面板中的"创建参数"按钮，打开"参数属性"对话框，选择参数类型为"族参数"，输入名称"L"，设置参数分组方式为"尺寸标注"，单击"确定"按钮，完成参数尺寸的创建，如图3.3-60所示。

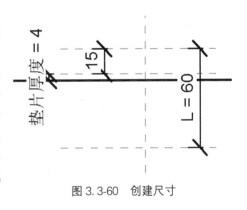

图3.3-60　创建尺寸

（7）单击"创建"选项卡"形状"面板中的"放样"按钮，打开"修改｜放样"选项卡，单击"放样"面板中的"绘制路径"按钮，打开"修改｜放样→绘制路径"选项卡，利用"线"按钮，绘制路径，单击"创建或删除长度或对齐约束"图标，将路径的端点及线段与参照平面锁定，如图3.3-61所示。单击"模式"面板中的"完成编辑模式"按钮，完成路径绘制。

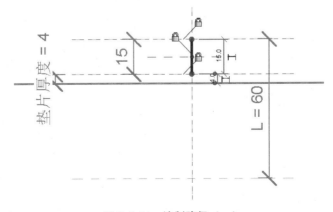

图3.3-61　绘制路径（一）

（8）单击"放样"面板中的"编辑轮廓"按钮，打开如图 3.3-62 所示的"转到视图"对话框，选择"楼层平面：参照标高"视图绘制轮廓，单击"打开视图"按钮，切换至参照标高绘制视图。

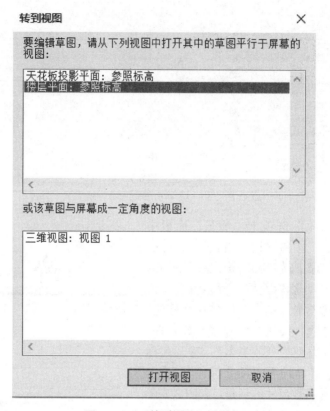

图 3.3-62　"转到视图"对话框

（9）单击"绘制"面板中的"外接多边形"按钮，捕捉参照平面的交点为圆心，水平移动光标同时输入外接圆半径 15，按回车键确认，绘制多边形，如图 3.3-63 所示。连续单击"模式"面板中的"完成编辑按钮"，完成螺母的绘制，将视图切换至三维视图，如图 3.3-64 所示。

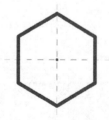

图 3.3-63　绘制多边形

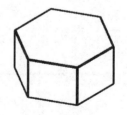

图 3.3-64　创建螺母

（10）将视图切换至前视图。单击"创建"选项卡"形状"面板中的"放样"按钮，打开"修改 | 放样"选项卡，单击"放样"面板中的"绘制路径"按钮，打开"修改 | 放样→绘制路径"选项卡，利用"线"按钮，绘制路径，单击"创建或删除长度或对齐约

束"图标,将路径的端点及线段与参照平面锁定,如图 3.3-65 所示。单击"模式"面板中的"完成编辑模式"按钮,完成路径绘制。

(11) 单击"放样"面板中的"编辑轮廓"按钮,打开"转到视图"对话框,选择"楼层平面:参照标高"视图绘制轮廓,单击"打开视图"按钮,切换至参照标高绘制视图。

(12) 单击"绘制"面板中的"圆"按钮,捕捉参照平面的交点为圆心,移动光标

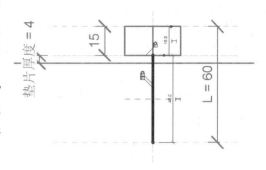

图 3.3-65 绘制路径(二)

并输入半径 10,按回车键确认,绘制圆,如图 3.3-66 所示。连续单击"模式"面板中的"完成编辑按钮",完成螺杆的绘制,将视图切换至三维视图,如图 3.3-67 所示。

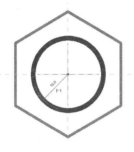

图 3.3-66 绘制圆

图 3.3-67 绘制螺杆

(13) 单击"修改"选项卡"属性"面板中的"族类型"按钮,打开如图 3.3-68 所示

图 3.3-68 "族类型"对话框

的"族类型"对话框,单击"新建类型"按钮,打开"名称"对话框,输入名称"M20 L=60",如图3.3-69所示,单击"确定"按钮,返回"族类型"对话框。单击"新建类型"按钮,打开"名称"对话框,输入名称"M20 L=75",单击"确定"按钮,返回"族类型"对话框,更改"L"为65,如图3.3-70所示,单击"应用"按钮,观察视图中的图形是否随着参数的变化而变化,如果是,则表示参数关联成功,单击"确定"按钮,完成类型的创建。

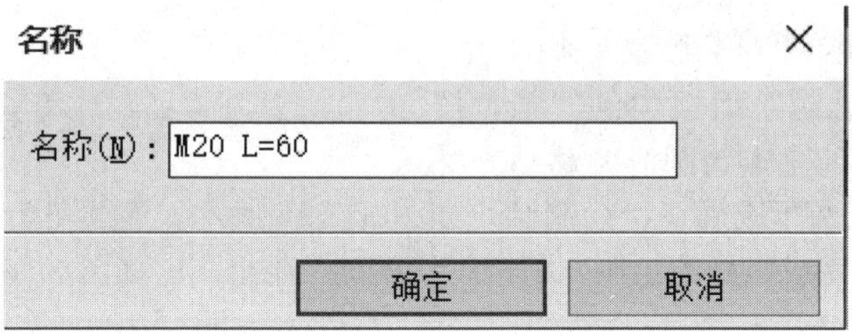

图3.3-69　"名称"对话框

图3.3-70　新建"M20 L=75"类型

(14)单击"快速访问"工具栏的"保存"按钮(快捷键:Ctrl+S),打开"另存为"对话框,输入名称"M20 螺栓",单击"保存"按钮,保存族文件。

采用上述方法,可创建M30螺栓,这里不再一一进行讲述。

5. 螺杆

(1)在主视图中单击"族"→"新建"或者单击"文件"→"新建"→"族"命令,打开"新族-选择样板文件"对话框,选择"基于面的公制常规模型.rft"为样板族,单击

"打开"按钮进入族编辑器界面。

（2）将视图切换至前视图。单击"创建"选项卡"形状"面板中的"放样"按钮，打开"修改｜放样"选项卡，单击"放样"面板中的"绘制路径"按钮，打开"修改｜放样→绘制路径"选项卡，利用"线"按钮和"圆角弧"按钮绘制路径，如图 3.3-71 所示。单击"模式"面板中的"完成编辑模式"按钮，完成路径绘制。

（3）单击"放样"面板中的"编辑轮廓"按钮，打开"转到视图"对话框，选择"立面：右"视图绘制轮廓，单击"打开视图"按钮，切换至右视图。

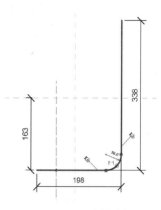

图 3.3-71　绘制路径

（4）单击"绘制"面板中的"圆"按钮，捕捉参照平面的交点为圆心，移动光标并输入半径 12，按回车键确认，绘制圆，如图 3.3-72 所示。连续单击"模式"面板中的"完成编辑按钮"，完成螺杆的绘制，将视图切换至三维视图，如图 3.3-73 所示。

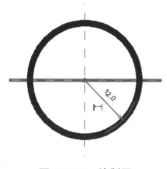

图 3.3-72　绘制圆

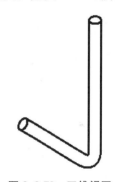

图 3.3-73　三维视图

（5）单击"快速访问"工具栏的"保存"按钮（快捷键：Ctrl＋S），打开"另存为"对话框，输入名称"螺杆"，单击"保存"按钮，保存族文件。

3.3.2　斜撑构件

1. 预埋螺母

（1）在主视图中单击"族"→"新建"或者单击"文件"→"新建"→"族"命令，打开"新族-选择样板文件"对话框，选择"公制常规模型 .rft"为样板族，单击"打开"按钮进入族编辑器界面。该族样板默认提供预埋件嵌入的墙面。

（2）单击"创建"选项卡"基准"面板中的"参照平面"按钮 ╱（快捷键：RP），打开"修改｜放置 参照平面"选项卡和选项栏，系统默认激活"线"按钮 ╱，在选项栏中输入偏移值 120，捕捉中间的参照平面，从下往上绘制，在其左侧会出现新的参照平面，距离中间参照平面 120，如图 3.3-74 所示。

（3）单击"修改"选项卡"测量"面板中的"对齐

图 3.3-74　绘制参照平面

尺寸标注"按钮 ✎（快捷键：DI），标注竖直参照平面之间的尺寸，然后选取标注的尺寸，打开"修改｜尺寸标注"选项卡，单击"标签尺寸标注"面板中的"创建参数"按钮 ▤，打开"参数属性"对话框，如图 3.3-75 所示，选择参数类型为"族参数"，输入名称"L"，设置参数分组方式为"尺寸标注"，单击"确定"按钮，完成参数尺寸的添加，如图 3.3-76 所示。

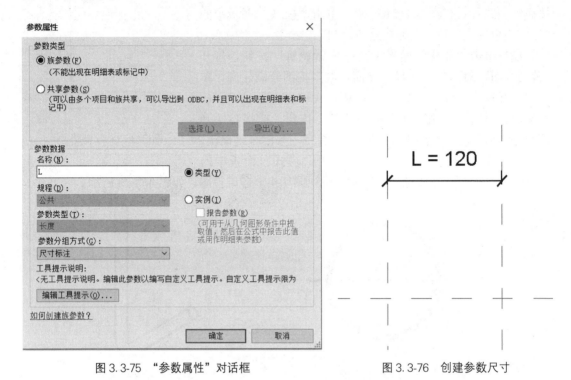

图 3.3-75　"参数属性"对话框　　　　　　　　　图 3.3-76　创建参数尺寸

（4）单击"创建"选项卡"形状"面板中的"放样"按钮 ⟳，打开"修改｜放样"选项卡，单击"放样"面板中的"绘制路径"按钮 ⟳，打开"修改｜放样→绘制路径"选项卡，利用"线"按钮 ✎，绘制路径，单击"创建或删除长度或对齐约束"图标 ☐，将路径的端点及线段与参照平面锁定，如图 3.3-77 所示。单击"模式"面板中的"完成编辑模式"按钮 ✔，完成路径绘制。

（5）单击"放样"面板中的"编辑轮廓"按钮 ▤，"转到视图"对话框，选择"立面图：右"视图绘制轮廓，单击"打开视图"按钮，切换至右视图。

（6）单击"绘制"面板中的"圆"按钮，在参照平面的交点处绘制半径分别为 10 和 16 的圆，如图 3.3-78 所示。

（7）单击"修改"选项卡"测量"面板中的"对齐尺寸标注"按钮 ✎（快捷键：DI），标注最大圆的直径尺寸，然后选取尺寸，打开"修改｜尺寸标注"选项卡，单击"标签尺寸标注"面板中的"创建参数"按钮 ▤，打开"参数属性"对话框，选择参数类型为"族参数"，输入名称"外径"，设置参数分组方式为"尺寸标注"，单击"确定"按钮。采用相同的方法，创建内径参数尺寸，如图 3.3-79 和图 3.3-80 所示。

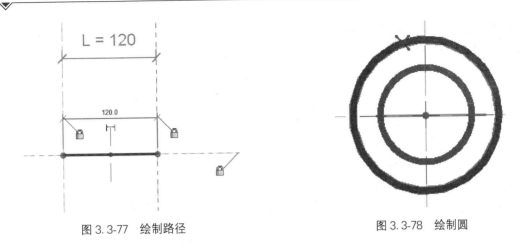

图 3.3-77 绘制路径   图 3.3-78 绘制圆

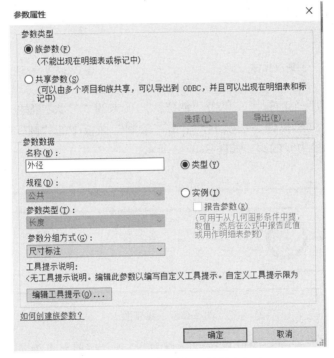

图 3.3-79 "参数属性"对话框（二）

（8）连续单击"模式"面板中的"完成编辑模式"按钮✔，完成放样体的绘制，将视图切换至参照标高视图，如图 3.3-81 所示。

（9）单击"创建"选项卡"基准"面板中的"参照平面"按钮🗔（快捷键：RP），打开"修改│放置 参照平面"选项卡和选项栏，系统默认激活"线"按钮🖉，在竖直参照平面右侧绘制参照平面。

（10）单击"修改"选项卡"测量"面板中的"对齐尺寸标注"按钮🖉（快捷键：DI），标注两参照平面

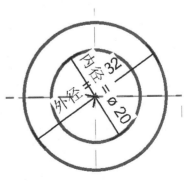

图 3.3-80 创建参数尺寸

之间的尺寸，然后选取参照平面，修改尺寸值为 20，调整参照平面的位置，并将尺寸进行锁定，如图 3.3-82 所示。

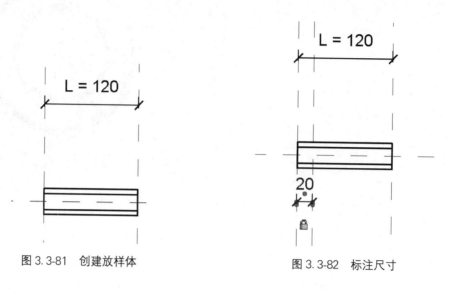

图 3.3-81　创建放样体　　　　　　　　　　图 3.3-82　标注尺寸

（11）将视图切换至前视图。单击"创建"选项卡的"形状"面板中的"拉伸"按钮 ，打开"修改│创建拉伸"选项卡，单击"绘制"面板中的"圆"按钮 ，在参照平面的交点处绘制半径为 6 的圆，如图 3.3-83 所示。

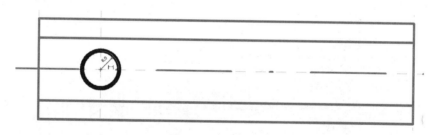

图 3.3-83　绘制圆

（12）在"属性"选项板中设置拉伸终点为 −150，拉伸起点为 150，如图 3.3-84 所示，单击"模式"面板中的"完成编辑模式"按钮 ，完成拉伸模型的绘制，将视图切换至三维视图，如图 3.3-85 所示。

（13）单击"修改"选项卡"属性"面板中的"族类型"按钮 ，打开如图 3.3-86 所示的"族类型"对话框，单击"新建类型"按钮 ，打开"名称"对话框，输入名称"M20 L=120"，如图 3.3-87 所示，单击"确定"按钮，返回"族类型"对话框。单击"新建类型"按钮 ，打开"名称"对话框，输入名称"M20 L=150"，单击"确定"按钮，返回"族类型"对话框，更改"L"为 150，单击"应用"按钮，观察视图中的图形是否随着参数的变化而变化，如果是，则表示参数关联成功；继续创建"M20 L=250"类型，更改"L"为 250，单击"应用"按钮，如图 3.3-88 所示，观察视图中的图形是否随着参数的变化而变化，如果是，则表示参数关联成功，单击"确定"按钮。

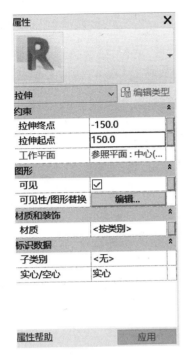

图 3.3-84 "属性"选项板

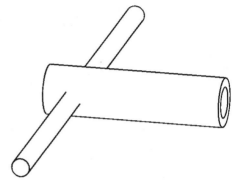

图 3.3-85 拉伸模型

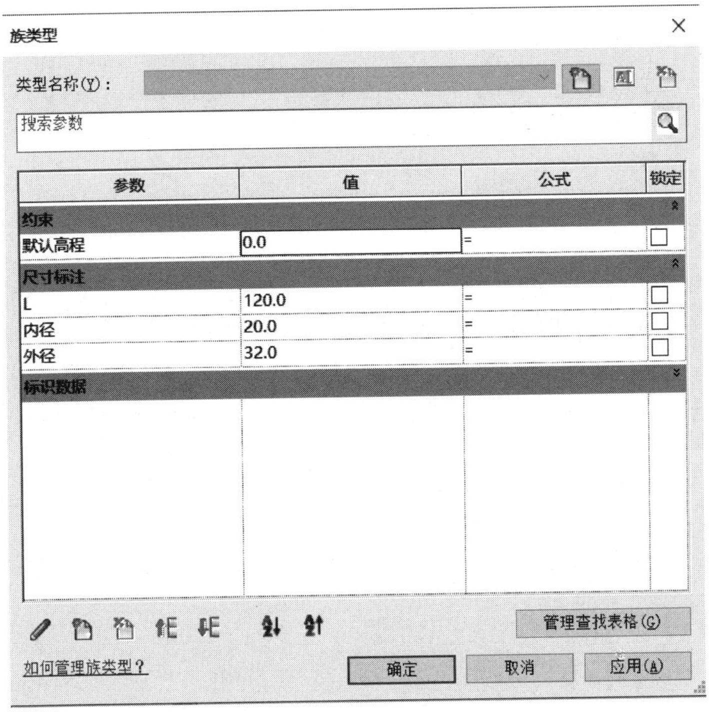

图 3.3-86 "族类型"对话框

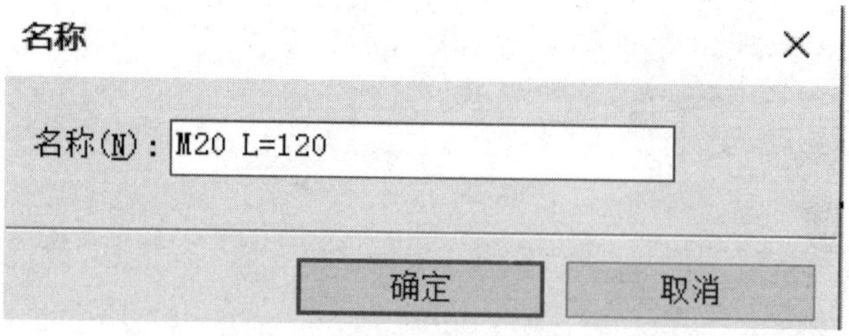

名称　　　　　　　　　　　　　　　　　　✕

名称(N)：M20 L=120

确定　　取消

图 3.3-87　"名称"对话框

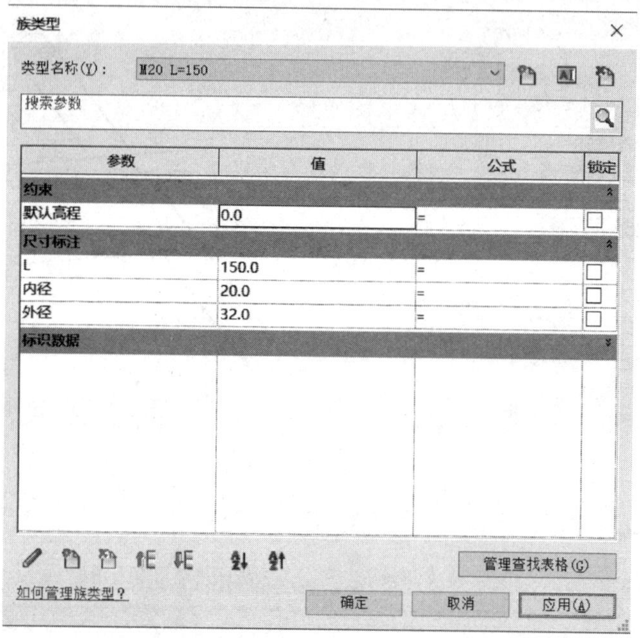

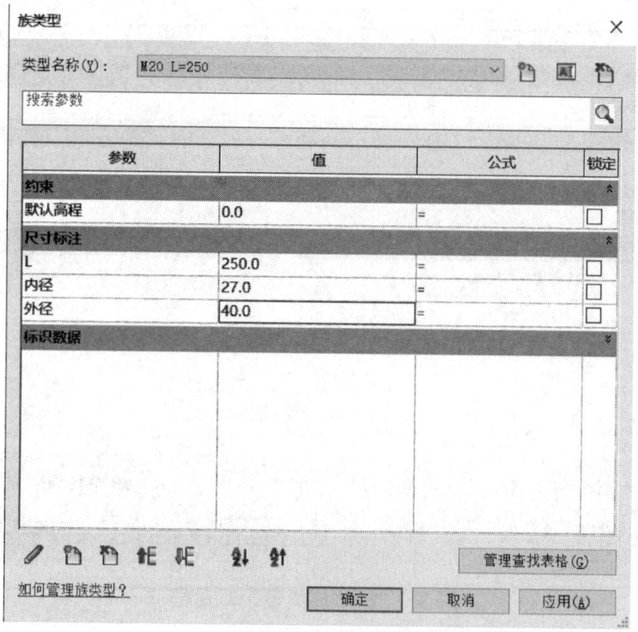

族类型　　　　　　　　　　　　　　　　　　✕

类型名称(Y)：M20 L=150

搜索参数

参数	值	公式	锁定
约束			
默认高程	0.0	=	☐
尺寸标注			
L	150.0	=	☐
内径	20.0	=	☐
外径	32.0	=	☐
标识数据			

管理查找表格(G)

如何管理族类型？　　　　　确定　　取消　　应用(A)

族类型　　　　　　　　　　　　　　　　　　✕

类型名称(Y)：M20 L=250

搜索参数

参数	值	公式	锁定
约束			
默认高程	0.0	=	☐
尺寸标注			
L	250.0	=	☐
内径	27.0	=	☐
外径	40.0	=	☐
标识数据			

管理查找表格(G)

如何管理族类型？　　　　　确定　　取消　　应用(A)

图 3.3-88　新建类型

（14）单击"快速访问"工具栏的"保存"按钮 🔲（快捷键：Ctrl＋S），打开"另存为"对话框，输入名称"预埋螺母"，单击"保存"按钮，保存族文件。

2. 斜撑用垫片

（1）在主视图中单击"族"→"新建"或者单击"文件"→"新建"→"族"命令，打开"新族-选择样板文件"对话框，选择"基于面的公制常规模型.rft"为样板族，单击"打开"按钮进入族编辑器界面。该族样板默认提供预埋件嵌入的墙面。

（2）单击"创建"选项卡"基准"面板中的"参照平面"按钮 ✍️（快捷键：RP），打开"修改｜放置 参照平面"选项卡和选项栏，系统默认激活"线"按钮 ◩，在选项栏中输入偏移值 27.5，捕捉中间的参照平面，从上向下绘制，在其右侧会出现新的参照平面，距离中间参照平面 65；再次捕捉中间的参照平面，从下向上绘制，在其左侧会出现新的参照平面，距离中间参照平面 65。采用相同的方法，绘制距离水平参照平面为 65 的参照平面，如图 3.3-89 所示。

（3）单击"创建"选项卡的"形状"面板中的"拉伸"按钮，打开"修改｜创建拉伸"选项卡，单击"绘制"面板中的"矩形"按钮 ▭，以参照平面为参照，绘制轮廓线，单击"绘制"面板中的"圆"按钮 ◎，在参照平面的交点处绘制半径为 11 的圆，如图 3.3-90 所示。

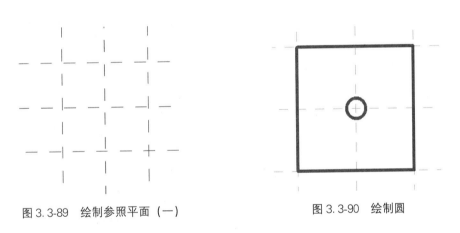

图 3.3-89　绘制参照平面（一）　　　　图 3.3-90　绘制圆

（4）在"属性"选项板中设置拉伸终点为 10，拉伸起点为 0，如图 3.3-91 所示，单击"模式"面板中的"完成编辑模式"按钮 ✔，完成拉伸模型的绘制，将视图切换至三维视图，如图 3.3-92 所示。

（5）将视图切换至参照标高视图。单击"创建"选项卡"基准"面板中的"参照平面"按钮 ✍️（快捷键：RP），打开"修改｜放置 参照平面"选项卡和选项栏，系统默认激活"线"按钮 ◩，绘制参照平面，如图 3.3-93 所示。

（6）单击"创建"选项卡"形状"面板中的"放样"按钮 🔄，打开"修改｜放样"选项卡，单击"放样"面板中的"绘制路径"按钮 ✍️，打开"修改｜放样→绘制路径"选项卡，利用"线"按钮 ◩，绘制路径，如图 3.3-94 所示。单击"模式"面板中的"完成编辑模式"按钮 ✔，完成路径绘制。

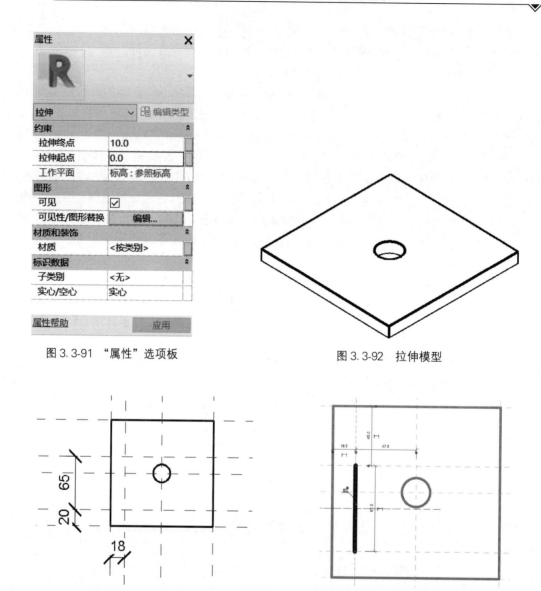

图 3.3-91　"属性"选项板

图 3.3-92　拉伸模型

图 3.3-93　绘制参照平面（二）

图 3.3-94　绘制路径（一）

（7）单击"放样"面板中的"编辑轮廓"按钮，打开如图 3.3-95 所示的"转到视图"对话框，选择"立面：前"视图绘制轮廓，单击"打开视图"按钮，切换至前视图。

（8）单击"创建"选项卡"基准"面板中的"参照平面"按钮（快捷键：RP），打开"修改│放置 参照平面"选项卡和选项栏，系统默认激活"线"按钮，在选项栏中输入偏移值 18，捕捉水平参照平面标高，从左至右绘制参照平面，如图 3.3-96 所示。

（9）单击"绘制"面板中的"圆"按钮，捕捉参照平面的交点为圆心；移动光标同时输入半径 8，按回车键确认，绘制圆，如图 3.3-97 所示。

（10）连续单击"模式"面板中的"完成编辑模式"按钮，将视图切换至三维视图，如图 3.3-98 所示。

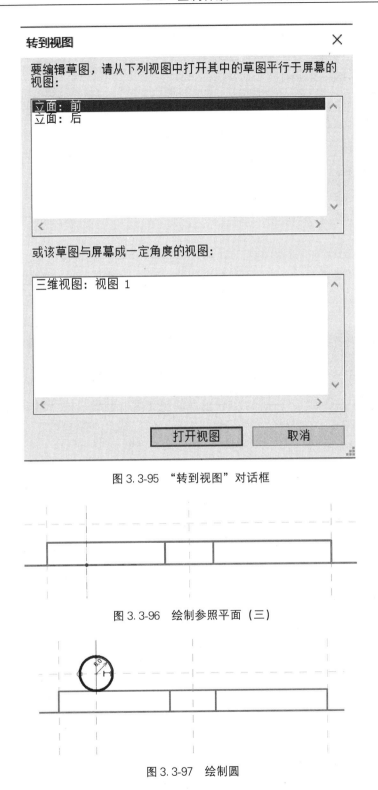

图 3.3-95 "转到视图"对话框

图 3.3-96 绘制参照平面（三）

图 3.3-97 绘制圆

（11）将视图切换至参照标高视图。单击"修改"面板中的"镜像-拾取轴"按钮 ⬚
（快捷键：MM），选取上一步创建的放样体为镜像对象，拾取中间的竖直参照平面为镜像轴，将放样体进行镜像，如图 3.3-99 所示。

图 3.3-98 创建放样

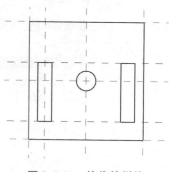

图 3.3-99 镜像放样体

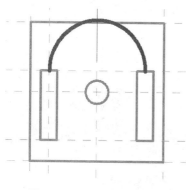

图 3.3-100 绘制路径（二）

（12）单击"创建"选项卡"形状"面板中的"放样"按钮💫，打开"修改 | 放样"选项卡，单击"放样"面板中的"绘制路径"按钮，打开"修改 | 放样→绘制路径"选项卡，利用"起点-终点-半圆弧"按钮，绘制路径，如图 3.3-100 所示。单击"模式"面板中的"完成编辑模式"按钮✔️，完成路径绘制。

（13）单击"放样"面板中的"编辑轮廓"按钮，打开如图 3.3-101 所示的"转到视图"对话框，选择"立面：右"视图绘制轮廓，单击"打开视图"按钮，切换至右视图。

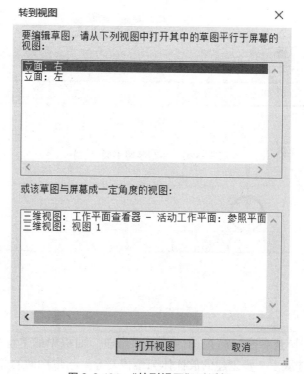

图 3.3-101 "转到视图"对话框

（14）单击"绘制"面板中的"圆"按钮⊘，捕捉参照平面的交点为圆心，移动光标同时输入半径 8，按回车键确认，绘制圆，单击"修改"面板中的"移动"按钮✛，选取绘制的圆为移动对象，然后指定圆心为移动起点，在选项栏中勾选"约束"复选框，向上移动光标，输入移动距离 18，按回车键确认，如图 3.3-102 所示。

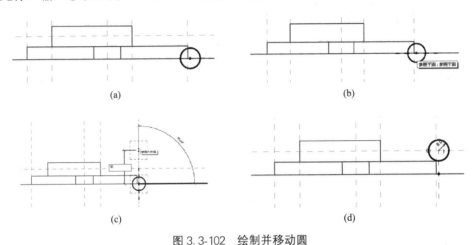

图 3.3-102　绘制并移动圆

（a）绘制圆；（b）指定移动起点；（c）输入移动距离；（d）移动圆

（15）连续单击"模式"面板中的"完成编辑模式"按钮✔，将视图切换至三维视图，如图 3.3-103 所示。

（16）将视图切换至右视图。单击"修改"选项卡"修改"面板指定"旋转"按钮↻（快捷键：RO），选取上一步创建的放样体为旋转对象，单击选项栏中的"地点"按钮，指定放样体的端点为旋转点，水平移动光标后再向上旋转，输入旋转角度 45，按回车键确认，如图 3.3-104 所示。

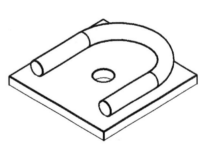

图 3.3-103　创建放样

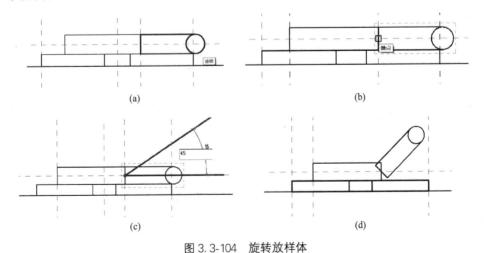

图 3.3-104　旋转放样体

（a）选取放样体；（b）指定旋转点；（c）输入旋转角度；（d）旋转放样体

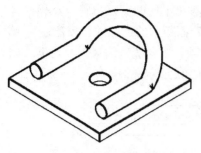

图 3.3-105　连接构件

（17）将视图切换至三维视图。单击"修改"选项卡"几何图形"面板中"连接"按钮下拉列表中的"连接几何图形"按钮，先拾取竖直放样体主体部分，然后选取上一步创建的放样体为连接部分，将构件连接成一体。采用相同的方法，将所有的放样体连接成一体，如图 3.3-105 所示。

（18）单击"快速访问"工具栏的"保存"按钮（快捷键：Ctrl+S），打开"另存为"对话框，输入名称"斜撑用垫片"，单击"保存"按钮，保存族文件。

3. 斜撑杆

（1）在主视图中单击"族"→"新建"或者单击"文件"→"新建"→"族"命令，打开"新族-选择样板文件"对话框，选择"公制常规模型.rft"为样板族，单击"打开"按钮进入族编辑器界面。

（2）单击"创建"选项卡"基准"面板中的"参照平面"按钮（快捷键：RP），打开"修改｜放置 参照平面"选项卡和选项栏，系统默认激活"线"按钮，在选项栏中输入偏移值1200，捕捉中间的参照平面，从上向下绘制，在其右侧会出现新的参照平面，距离中间参照平面1200；再次捕捉中间的参照平面，从下向上绘制，在其左侧会出现新的参照平面，距离中间参照平面1200。采用相同的方法，如图 3.3-106 所示。

（3）单击"修改"选项卡"测量"面板中的"对齐尺寸标注"按钮（快捷键：DI），依次从左至右选取竖直参照平面，拖动尺寸到适当位置，单击放置尺寸，然后单击图标，创建等分尺寸，如图 3.3-107 所示。

图 3.3-106　绘制参照平面　　　　　　　　图 3.3-107　创建等分尺寸

（4）继续标注两参照平面之间的总尺寸，然后选取尺寸，打开"修改｜尺寸标注"选项卡，单击"标签尺寸标注"面板中的"创建参数"按钮，打开"参数属性"对话框，选择参数类型为"族参数"，输入名称"杆长"，设置参数分组方式为"尺寸标注"，如图 3.3-108 所示，单击"确定"按钮，完成参数尺寸的添加，如图 3.3-109 所示。

（5）单击"创建"选项卡"形状"面板中的"放样"按钮，打开"修改｜放样"选项卡，单击"放样"面板中的"绘制路径"按钮，打开"修改｜放样→绘制路径"选项卡，利用"线"按钮，分别捕捉参照平面的交点作为路径的起点和终点，沿着水平参照标高绘制路径，单击"创建或删除长度或对齐约束"图标，将路径的端点及线段与参照平面锁定，如图 3.3-110 所示。单击"模式"面板中的"完成编辑模式"按钮，完成路径绘制。

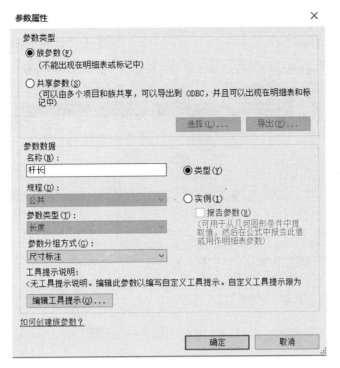

图 3.3-108　"参数属性"对话框

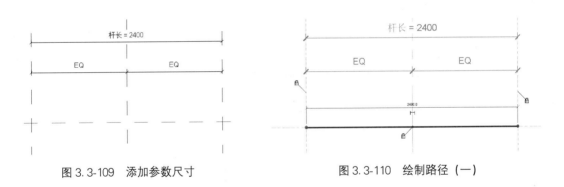

图 3.3-109　添加参数尺寸　　　　　　　　图 3.3-110　绘制路径（一）

（6）单击"放样"面板中的"编辑轮廓"按钮，打开如图 3.3-111 所示的"转到视图"对话框，选择"立面：右"视图绘制轮廓，单击"打开视图"按钮，切换至右视图。

（7）单击"绘制"面板中的"圆"按钮，捕捉参照平面的交点为圆心，移动光标同时输入半径 24，按回车键确认，绘制圆，如图 3.3-112 所示。连续单击"模式"面板中的"完成编辑模式"按钮，将视图切换至三维视图，如图 3.3-113 所示。

（8）将视图切换至参照标高视图。单击"创建"选项卡"形状"面板中的"放样"按钮，打开"修改 | 放样"选项卡，单击"放样"面板中的"绘制路径"按钮，打开"修改 | 放样→绘制路径"选项卡，利用"线"按钮，捕捉杆件左端参照平面的交点作为路径的起点，沿着水平参照标高向左移动光标同时输入长度 100，按回车键确认，单击"创建或删除长度或对齐约束"图标，将路径的端点及线段与参照平面锁定，如图 3.3-114 所示。单击"模式"面板中的"完成编辑模式"按钮，完成路径绘制。

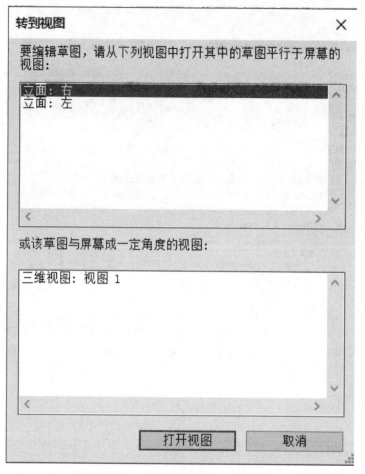

图 3.3-111　"转到视图"对话框

图 3.3-112　绘制参照平面

图 3.3-113　三维视图

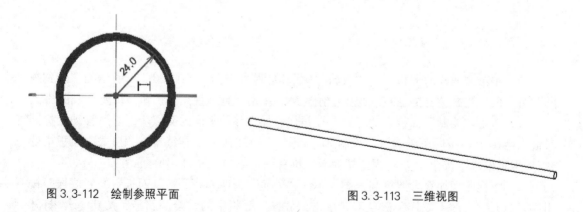

（9）单击"放样"面板中的"编辑轮廓"按钮，打开"转到视图"对话框，选择"立面：右"视图绘制轮廓，单击"打开视图"按钮，切换至右视图。

（10）单击"绘制"面板中的"圆"按钮，捕捉参照平面的交点为圆心，移动光标同时输入半径 19，按回车键确认，绘制圆，如图 3.3-115 所示。连续单击"模式"面板中

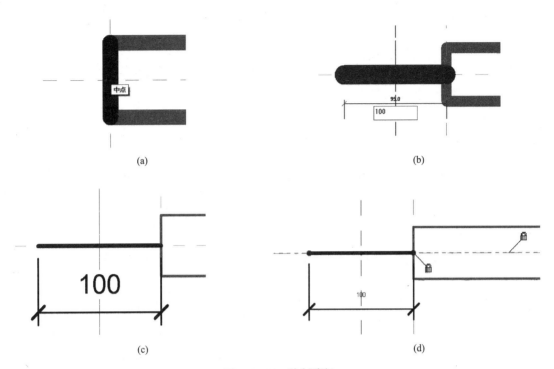

(a)   (b)

(c)   (d)

图 3.3-114   绘制路径

（a）指定起点；（b）输入长度；（c）绘制线段；（d）锁定

的"完成编辑模式"按钮 ✔，将视图切换至三维视图，如图 3.3-116 所示。

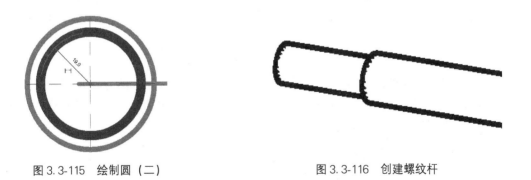

图 3.3-115   绘制圆（二）   图 3.3-116   创建螺纹杆

（11）将视图切换至参照标高视图。选取上一步创建的螺纹杆，单击"修改"选项卡"修改"面板中的"镜像-拾取轴"按钮 ✔（快捷键：MM），拾取中间的竖直参照平面为镜像轴，将左侧螺纹杆进行镜像，如图 3.3-117 所示。

（12）单击"创建"选项卡"形状"面板中的"放样"按钮 ，打开"修改｜放样"选项卡，单击"放样"面板中的"绘制路径"按钮 ，打开"修改｜放样→绘制路径"选项卡，利用"线"按钮 和"起点-终点-半圆弧"按钮 ，绘制路径，如图 3.3-118 所示。单击"模式"面板中的"完成编辑模式"按钮 ，完成路径绘制。

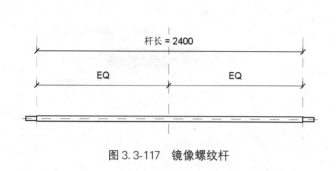

图 3.3-117　镜像螺纹杆

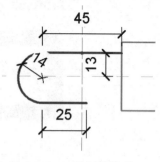

图 3.3-118　绘制路径（三）

（13）单击"放样"面板中的"编辑轮廓"按钮✔，打开"转到视图"对话框，选择"立面：右"视图绘制轮廓，单击"打开视图"按钮，切换至右视图。

（14）单击"绘制"面板中的"圆"按钮，捕捉参照平面的交点为圆心，移动光标同时输入半径 6，按回车键确认，绘制圆，如图 3.3-119 所示。连续单击"模式"面板中的"完成编辑模式"按钮，将视图切换至三维视图，如图 3.3-120 所示。

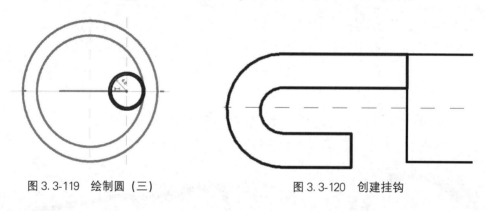

图 3.3-119　绘制圆（三）

图 3.3-120　创建挂钩

（15）选取上一步创建的挂钩，单击"修改"选项卡"修改"面板中的"镜像-拾取轴"按钮（快捷键：MM），拾取中间的竖直参照平面为镜像轴，将左侧挂钩进行镜像，如图 3.3-121 所示。

图 3.3-121　镜像挂钩（一）

（16）选取镜像后的右侧挂钩，单击"修改"选项卡"修改"面板中的"镜像-拾取轴"按钮（快捷键：MM），在选项栏中取消勾选"复制"复选框，拾取水平参照平面为镜像轴，将挂钩进行镜像，如图 3.3-122 所示。

（17）单击"创建"选项卡"形状"面板中的"放样"按钮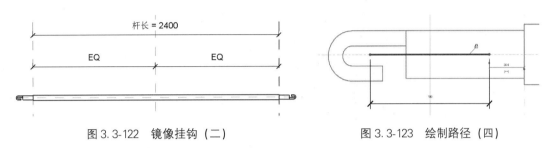，打开"修改｜放样"选项卡，单击"放样"面板中的"绘制路径"按钮，打开"修改｜放样→绘制路径"选项卡，利用"线"按钮，绘制路径，如图 3.3-123 所示。单击"模式"面板中的"完成编辑模式"按钮，完成路径绘制。

图 3.3-122 镜像挂钩（二）

图 3.3-123 绘制路径（四）

（18）单击"放样"面板中的"编辑轮廓"按钮，打开"转到视图"对话框，选择"立面：右"视图绘制轮廓，单击"打开视图"按钮，切换至右视图。

（19）单击"绘制"面板中的"圆"按钮，捕捉参照平面的交点为圆心，分别绘制半径为 19 和 26 的圆，如图 3.3-124 所示。连续单击"模式"面板中的"完成编辑模式"按钮，将视图切换至三维视图，如图 3.3-125 所示。

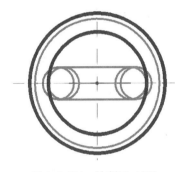

图 3.3-124 绘制圆（四）

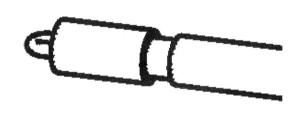

图 3.3-125 创建螺纹套筒

（20）将视图切换至参照标高视图。单击"创建"选项卡的"形状"面板中的"拉伸"按钮，打开"修改｜创建拉伸"选项卡，单击"绘制"面板中的"圆"按钮，绘制半径为 5 的圆，如图 3.3-126 所示。

（21）在"属性"选项板中设置拉伸终点为 70，拉伸起点为—70，如图 3-3-127 所示，单击"模式"面板中的"完成编辑模式"按钮，完成拉伸模型的创建，将视图切换至三维视图，如图 3.3-128 所示。

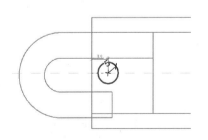

图 3.3-126 绘制圆

（22）将视图切换至参照标高视图。选取上一步创建的套筒和拉伸体，单击"修改"选项卡"修改"面板中的"镜像-拾取轴"按钮（快捷键：MM），拾取中间的竖直参照平面为镜像轴，将左侧套筒和拉伸体进行镜像，如图 3.3-129 所示。

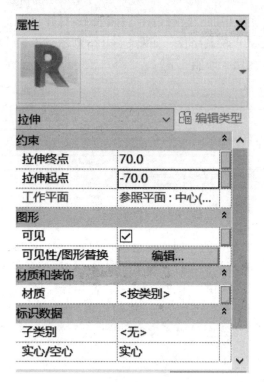

图 3.3-127 "属性"选项板

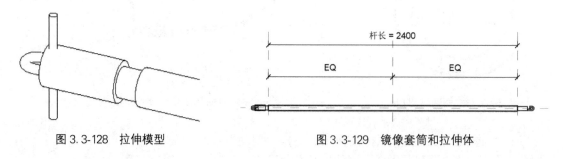

图 3.3-128 拉伸模型

图 3.3-129 镜像套筒和拉伸体

（23）单击"修改"选项卡"几何图形"面板中"连接"按钮下拉列表中的"连接几何图形"按钮，先拾取左侧螺纹套筒为主体部分，然后选取左侧拉伸体为连接部分，将构件连接成一体，将视图切换至三维视图，如图 3.3-130 所示。采用相同的方法，将右侧的套筒和拉伸体连接成一体。

（24）将视图切换至参照标高视图。单击"创建"选项卡"形状"面板中的"放样"按钮，打开"修改 | 放样"选项卡，单击"放样"面板中的"绘制路径"按钮，打开"修改 | 放样→绘制路径"选项卡，单击"绘制"面板中的"矩形"按钮，绘制路径，如图 3.3-131 所示。单击"模式"面板中的"完成编辑模式"按钮，完成路径绘制。

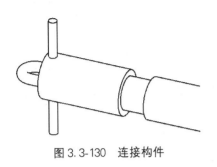

图 3.3-130 连接构件

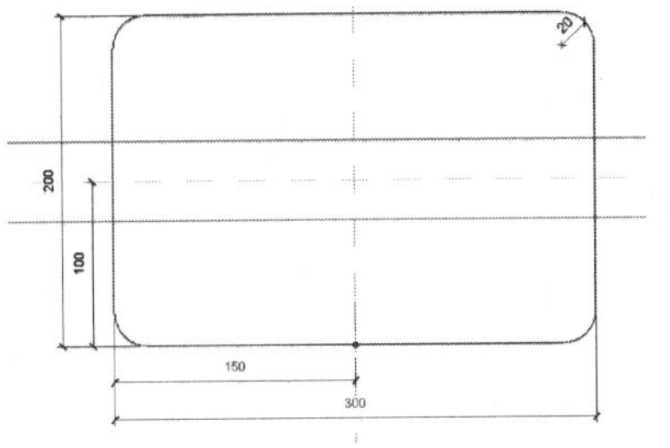

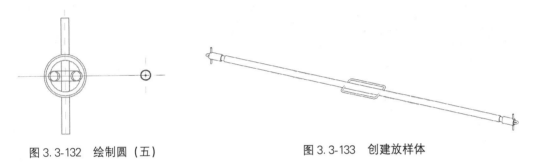

图 3.3-131 绘制路径（五）

（25）单击"放样"面板中的"编辑轮廓"按钮，打开"转到视图"对话框，选择"立面：右"视图绘制轮廓，单击"打开视图"按钮，切换至右视图。

（26）单击"绘制"面板中的"圆"按钮，捕捉参照平面的交点为圆心，绘制半径为 6 的圆，如图 3.3-132 所示。连续单击"模式"面板中的"完成编辑模式"按钮，将视图切换至三维视图，如图 3.3-133 所示。

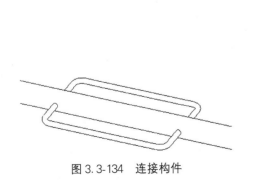

图 3.3-132 绘制圆（五）

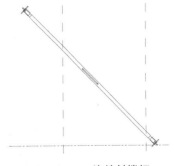

图 3.3-133 创建放样体

（27）单击"修改"选项卡"几何图形"面板中"连接"按钮下拉列表中的"连接几何图形"按钮，先拾取拉杆主体部分，然后选取上一步创建的放样体为连接部分，将构件连接成一体，如图 3.3-134 所示。

（28）将视图切换至前视图。单击"修改"选项卡"修改"面板中的"旋转"按钮（快捷键：RO），从左向右选取整个斜撑杆为旋转对象，单击选项栏中的"地点"按钮，指定斜撑杆右端端点为旋转点，水平移动光标后再向上旋转，输入旋转角度 45，按回车键确认，如图 3.3-135 所示。

图 3.3-134 连接构件

图 3.3-135 旋转斜撑杆

3.4 预制混凝土构件

预制混凝土构件是实现主体结构预制的基础。本工程预制体系为装配整体式混凝土框架结构，预制构件包括柱、梁、楼板、楼梯、外墙。

3.4.1 结构柱

1. 创建结构柱主体

（1）在主视图中单击"族"→"新建"或者单击"文件"→"新建"→"族"命令，打开"新族-选择样板文件"对话框，选择"公制结构柱.rft"为样板族，如图 3.4-1 所示，单击"打开"按钮进入族编辑器界面，如图 3.4-2 所示。

图 3.4-1 "新族-选择样板文件"对话框

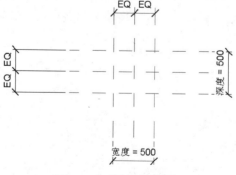

图 3.4-2 族编辑器界面

（2）单击"修改"选项卡"属性"面板中的"族类型"按钮，打开如图 3.4-3 所示的"族类型"对话框，单击"新建类型"按钮，打开"名称"对话框，输入名称

"900mm×900mm"，如图 3.4-4 所示，单击"确定"按钮，返回"族类型"对话框。选取"深度"栏，单击"编辑参数"按钮，打开"参数属性"对话框，输入名称"a"，其他采用默认设置，如图 3.4-4 所示，单击"确定"按钮，返回"族类型"对话框，更改值为900，采用相同的方法，选取"宽度"栏，输入名称"b"，更改值为900，单击"应用"按钮，观察视图中的图形是否随着参数的变化而变化，如果是，则表示参数关联成功，单击"确定"按钮，完成类型的创建。

图 3.4-3　"族类型"对话框

图 3.4-4　"名称"对话框

（3）单击"创建"选项卡的"形状"面板中的"拉伸"按钮，打开"修改｜创建拉伸"选项卡，单击"绘制"面板中的"矩形"按钮，以参照平面为参照，绘制轮廓线，单击"创建或删除长度或对齐约束"图标，将轮廓线与参照平面锁定，如图 3.4-5所示。

（4）在"属性"选项板的材质栏中单击，显示按钮并单击，打开"材质浏览器"对话框，单击"主视图"→"AEC"材质→"混凝土"节点，在列表中选择"混凝土，预

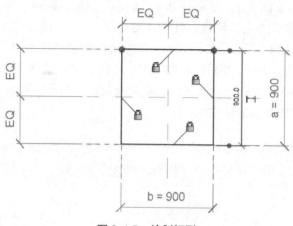

图 3.4-5　绘制矩形

制"材质，单击"将材质添加到文档中"按钮 ▲，将其添加到项目材质列表中。在该材质上单击鼠标右键，在弹出的快捷菜单中选择"复制"选项，然后将复制后的"混凝土，预制"重命名为"预制混凝土"，继续在预制混凝土材质上单击鼠标右键，在弹出的快捷菜单中选择"添加到"→"收藏夹"选项，将"预制混凝土"材质添加到收藏夹，其他采用默认设置，如图 3.4-6 所示。

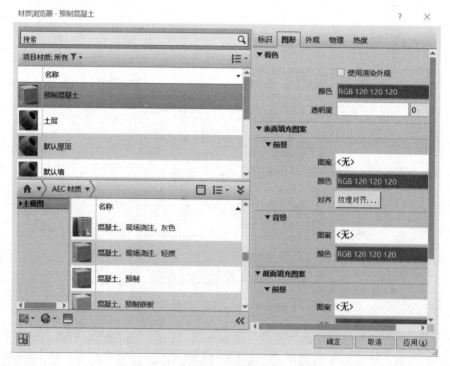

图 3.4-6　创建"预制混凝土"材质

（5）采用默认的拉伸参数，单击"模式"面板中的"完成编辑模式"按钮 ✔，完成拉伸模型的创建，将视图切换至前视图，如图 3.4-7 所示。

（6）双击"高于参照标高"下面的"4000"使其处于编辑状态，输入新的数值 3900，回车键确认,参照标高根据新的数值调整位置,如图 3.4-8 所示。

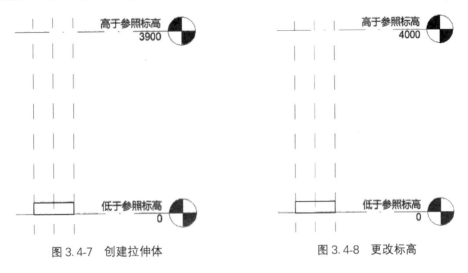

图 3.4-7 创建拉伸体   图 3.4-8 更改标高

(7)单击"创建"选项卡"基准"面板中的"参照平面"按钮 ▱(快捷键:RP),打开"修改丨放置 参照平面"选项卡和选项栏,系统默认激活"线"按钮 ▱,在距离高于参照标高线 900 的位置绘制参照平面;单击"修改"选项卡"测量"面板中的"对齐尺寸标注"按钮 ✐,标注参照标高线和参照平面之间的尺寸并将其锁定,如图 3.4-9 所示。

(8)单击"修改"选项卡"修改"面板指定"对齐"按钮(快捷键:AL),先拾取上一步绘制的参照平面,然后拾取拉伸体的上端面,单击"创建或删除长度或对齐约束"图标 ☐,将拉伸体上端面与参照平面锁定,如图 3.4-10 所示。

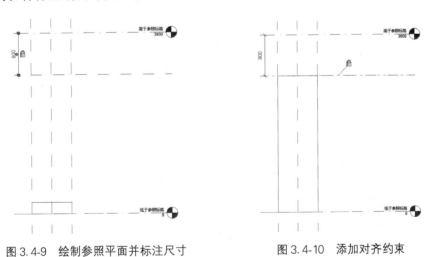

图 3.4-9 绘制参照平面并标注尺寸   图 3.4-10 添加对齐约束

(9)将视图切换至低于参照平面标高。单击"创建"选项卡的"形状"面板中的"拉伸"按钮 ▱,打开"修改丨创建拉伸"选项卡,单击"绘制"面板中的"矩形"按钮 ▢,以参照平面为参照,绘制轮廓线,单击"创建或删除长度或对齐约束"图标 ☐,将轮廓线与参照平面锁定,如图 3.4-11 所示。

(10)在"属性"选项板的材质栏中单击,显示按钮 ▦ 并单击,打开"材质浏览器"

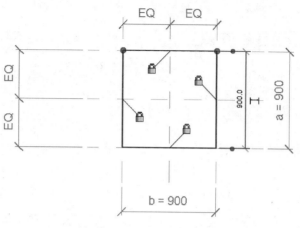

图 3.4-11　绘制矩形

对话框，单击"主视图"→"AEC"材质→"混凝土"节点，在列表中选择"混凝土，现场浇注-C30"材质，单击"将材质添加到文档中"按钮⬆️，将其添加到项目材质列表中。在该材质上单击鼠标右键，在弹出的快捷菜单中选择"复制"选项，然后将复制后的"混凝土，现场浇注"重命名为"现场浇注混凝土"，切换到"外观"选项卡，如图 3.4-12所示。

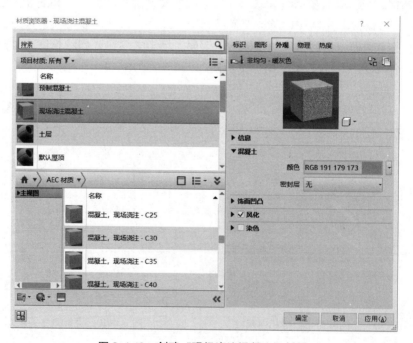

图 3.4-12　创建"现场浇注混凝土"材质

（11）在"混凝土"节点中单击"颜色"栏，打开"颜色"对话框，设置红、绿、蓝值为（30，30，30），然后单击"添加"按钮，将其添加到自定义颜色并选中，如图 3.4-13所示，单击"确定"按钮，返回"材质浏览器"对话框。

（12）切换至"图形"选项卡，勾选"使用渲染外观"复选框，在"表面填充图

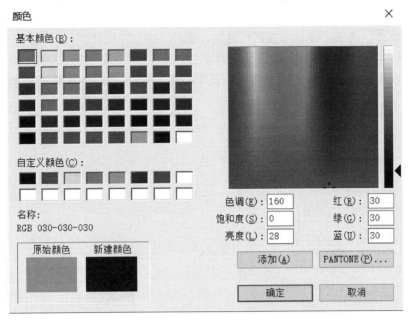

图 3.4-13　"颜色"对话框

案"→"前景"节点中单击"图案"栏，打开"填充样式"对话框，选择"实体填充"图案，如图 3.4-14 所示，单击"确定"按钮，返回"材质浏览器"对话框，继续单击"颜色"栏，打开"颜色"对话框，设置颜色为 RGB 100 100 100，单击"确定"按钮，返回"材质浏览器"对话框。

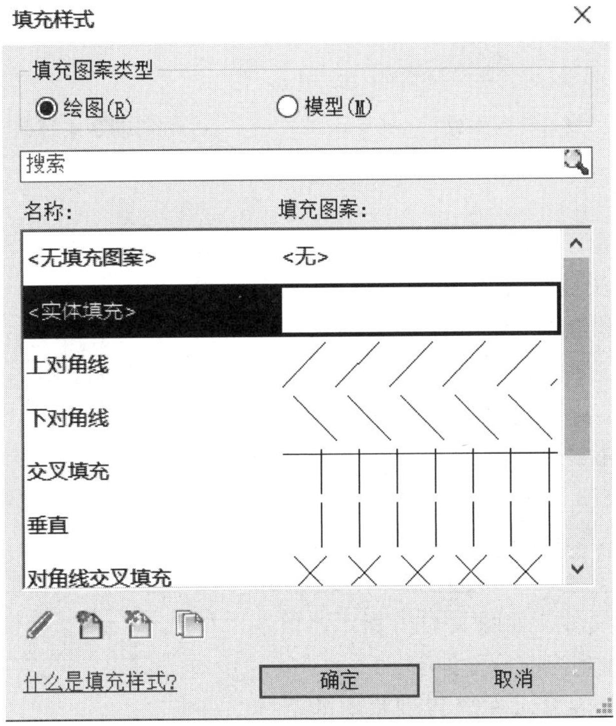

图 3.4-14　"填充样式"对话框

（13）在"现场浇注混凝土"材质上单击鼠标右键，弹出快捷菜单，选择"添加到"→"收藏夹"选项，将其添加到收藏夹，单击"确定"按钮。

（14）在"属性"选项板中设置拉伸起点为 3000，拉伸终点为 3900，如图 3.4-15 所示，单击"模式"面板中的"完成编辑模式"按钮✔，完成拉伸模型的创建，将视图切换至前视图，如图 3.4-16 所示。

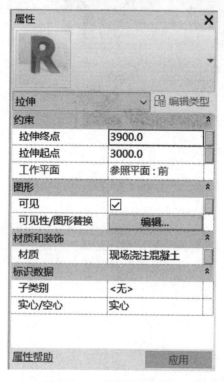

图 3.4-15 "属性"选项板

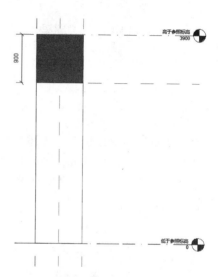

图 3.4-16 创建拉伸体

2. 插入预埋件

（1）单击"创建"选项卡"基准"面板中的"参照平面"按钮🗲（快捷键：RP），打开"修改|放置参照平面"选项卡和选项栏，系统默认激活"线"按钮📐，在距离低于参照标高线 2000 的位置绘制参照平面；单击"修改"选项卡"测量"面板中的"对齐尺寸标注"按钮📏，标注参照标高线和参照平面之间的尺寸并将其锁定，如图 3.4-17 所示。

（2）单击"插入"选项卡"从库中载入"面板中的"载入族"按钮，打开"载入族"对话框，选择"预埋螺母.rfa"族文件，如图 3.4-18 所示，单击"打开"按钮，将其载入到当前族文件中。

（3）载入的族文件显示在项目浏览器的"族"→"常规模型"节点下，将视图切换至低于参照标高视

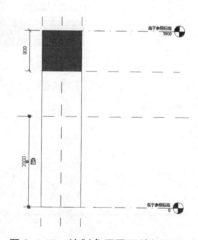

图 3.4-17 绘制参照平面并标注尺寸

图 3.4-18 "载入族"对话框

图，选择"预埋螺母"节点下的"M20 L＝120"，将其拖拽到水平参照平面上，使端面与柱面重合，单击鼠标将其放置，如图 3.4-19 所示。

（4）单击"修改"选项卡"修改"面板指定"对齐"按钮（快捷键：AL），先拾取水平参照平面，然后拾取预埋螺母中心，单击"创建或删除长度或对齐约束"图标 🔓，将预埋螺母与参照平面锁定，如图 3.4-20 所示。采用相同的方法，添加预埋螺母右端面与右侧竖直参照平面的对齐关系。

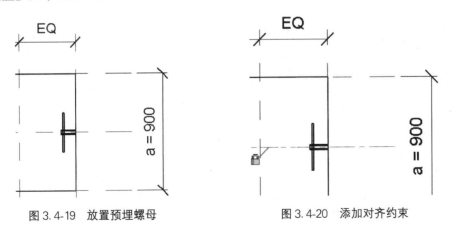

图 3.4-19 放置预埋螺母　　　图 3.4-20 添加对齐约束

（5）将视图切换至前视图。选取预埋螺母，单击"修改"面板中的"移动"按钮（快捷键：MV），选取预埋螺母上任意一点为移动起点，在选项栏中勾选"约束"复选框，向上移动光标并输入 2000，按回车键确认，单击"修改"选项卡"修改"面板指定"对齐"按钮（快捷键：AL），先拾取水平参照平面，然后拾取预埋螺母中心，单击"创建或删除长度或对齐约束"图标 🔓，将预埋螺母与参照平面锁定，如图 3.4-21 所示。采用相同的方法，在另一侧插入预埋螺母。

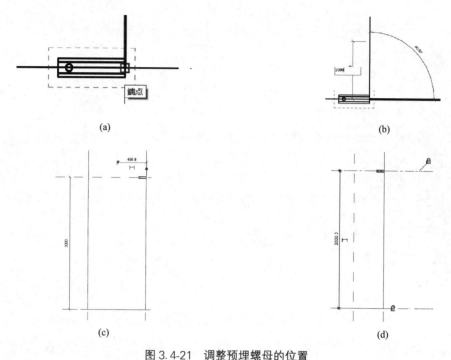

(a)　　　　　　　　　　　　(b)

(c)　　　　　　　　　　　　(d)

图 3.4-21　调整预埋螺母的位置

（a）指定起点；（b）输入移动距离；（c）添加对齐约束；（d）锁定

（6）将视图切换至低于参照标高视图。单击"创建"选项卡"控件"面板中的"控件"按钮，打开如图 3.4-22 所示的"修改｜放置 控制点"选项卡，分别单击"控制点类型"面板中的"双向垂直"按钮和"双向水平"按钮，将其放置在视图中适当位置，如图 3.4-23 所示。

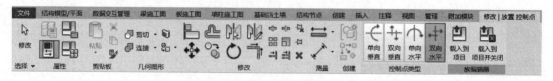

图 3.4-22　选项卡

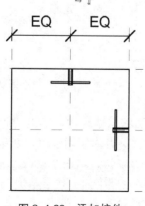

图 3.4-23　添加控件

（7）单击"修改"选项卡"属性"面板中的"族类型"按钮 ，打开如图 3.4-24 所示的"族类型"对话框，单击"新建类型"按钮 ，打开"名称"对话框，输入名称"1000mm×1000mm"，如图 3.4-25 所示，单击"确定"按钮，返回"族类型"对话框。更改"a 和 b"为 1000，单击"应用"按钮，观察视图中的图形是否随着参数的变化而变化，如果是，则表示参数关联成功，单击"确定"按钮，完成类型的创建，如图 3.4-26所示。

图 3.4-24 "族类型"对话框

图 3.4-25 "名称"对话框

（8）单击"快速访问"工具栏的"保存"按钮 （快捷键：Ctrl＋S），打开"另存为"对话框，输入名称"预制结构柱"，单击"保存"按钮，保存族文件。

3.4.2 预制叠合梁

预制叠合梁是由预制梁和现浇钢筋混凝土层叠合而成的梁，预制梁既是结构梁的组成部分，又是现浇钢筋混凝土层的永久性模板。预制叠合梁整体刚度更好，而且最大限度节

图 3.4-26　新建"1000mm×1000mm"类型

约了传统木模的使用，改良了梁支模的施工工艺，缩短了施工周期，改善了施工环境，提高了施工的质量和精度。

（1）在主视图中单击"族"→"打开"或者单击"文件"→"打开"→"族"命令，打开"打开"对话框，选择"China"→"结构"→"框架"→"混凝土"文件夹中的"混凝土-矩形梁.rfa"，如图 3.4-27 所示，单击"打开"按钮，打开"混凝土-矩形梁.rfa"族文件。

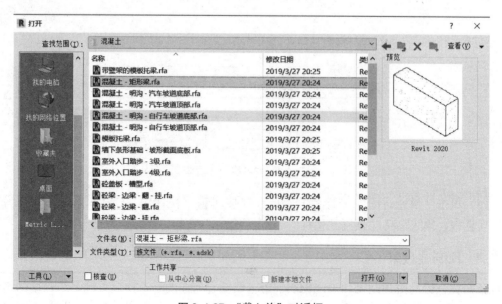

图 3.4-27　"载入族"对话框

（2）单击"修改"选项卡"属性"面板中的"族类型"按钮⊞，打开"族类型"对话框，在类型名称下拉列表中选择"300mm×600mm"类型，单击"删除类型"按钮，将其删除；单击"重命名"按钮，打开"名称"对话框，输入名称"350mm×900mm"，单击"确定"按钮，返回"族类型"对话框。更改"b"为350，"h"为900，如图3.4-28所示，单击"确定"按钮，将视图切换至右视图，更改后的梁如图3.4-29所示。

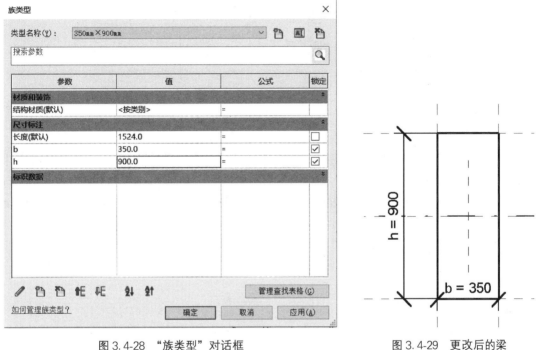

图3.4-28 "族类型"对话框   图3.4-29 更改后的梁

（3）选取视图中最上端的水平参照平面，单击"修改"面板中的"复制"按钮（快捷键：CO），选取参照平面上任意一点为复制起点，在选项栏中勾选"约束"复选框和"多个"复选框，向下移动光标并输入130，按回车键确认，继续向下移动光标并输入50，按回车键确认，如图3.4-30所示。

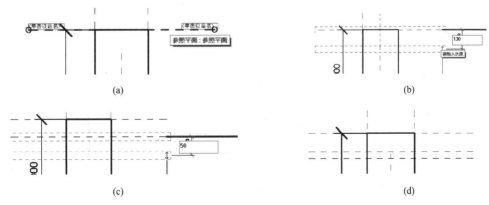

图3.4-30 复制参照平面

（a）选取参照平面；（b）输入复制距离；（c）继续输入复制距离；（d）完成复制

（4）单击"修改"选项卡"测量"面板中的"对齐尺寸标注"按钮 ✐，标注参照标高线和参照平面之间的尺寸并将其锁定，如图 3.4-31 所示。

（5）利用"复制""镜像-拾取轴"和"对齐尺寸标注"命令，绘制竖直参照平面并标注尺寸，如图 3.4-32 所示。

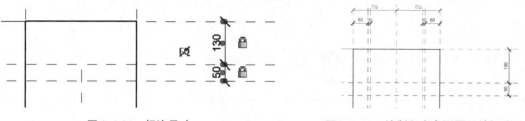

图 3.4-31　标注尺寸　　　　　　　　　　图 3.4-32　绘制竖直参照平面并标注尺寸

（6）双击梁主体，打开"修改｜放样"选项卡，单击"放样"面板中的"选择轮廓"按钮 ✍，然后在"轮廓"下拉列表中选择"按草图"，单击"编辑轮廓"按钮 ✍，打开"修改｜放样→编辑轮廓"选项卡，系统默认激活"线"按钮 ✐，取消"链"复选框的勾选，根据参照平面绘制轮廓，单击"创建或删除长度或对齐约束"图标 ✍，将轮廓线段与参照平面锁定，如图 3.4-33 所示。

（7）点击"属性"选项板材质栏右侧的"关联族参数"按钮 ⚌，打开"关联族参数"对话框，选择"无"，如图 3.4-34 所示，单击"确定"按钮，取消材质关联。

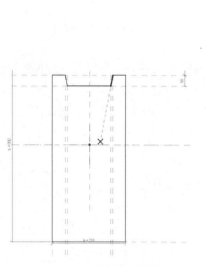

图 3.4-33　绘制截面轮廓

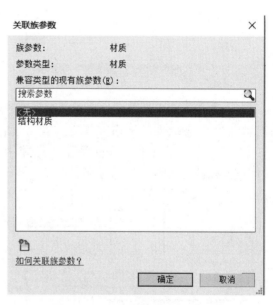

图 3.4-34　"关联族参数"对话框

（8）在"属性"选项板的材质栏中单击，显示按钮 ⋯ 并单击，打开"材质浏览器"对话框，单击"主视图"→"收藏夹"节点，在列表中选择"预制混凝土"材质，单击"将材质添加到文档中"按钮 ⬆，将其添加到项目材质列表中，如图 3.4-35 所示，点击"确定"按钮。

（9）连续单击"模式"面板中的"完成编辑模式"按钮 ✔，完成梁的绘制，将视图切换至三维视图，如图 3.4-36 所示。

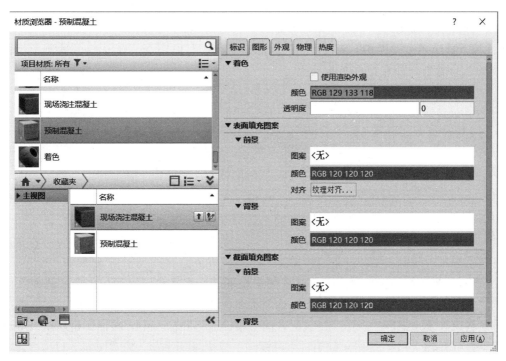

图 3.4-35 "材质浏览器"对话框

（10）将视图切换至参照标高视图。单击"创建"选项卡"形状"面板中的"放样"按钮 ，打开"修改｜放样"选项卡，单击"放样"面板中的"绘制路径"按钮 ，打开"修改｜放样→绘制路径"选项卡，利用"线"按钮 ，绘制路径，单击"创建或删除长度或对齐约束"图标 ，将路径的端点及线段与参照平面锁定，如图 3.4-37 所示。单击"模式"面板中的"完成编辑模式"按钮 ✔，完成路径绘制。

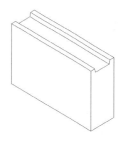

图 3.4-36 预制梁

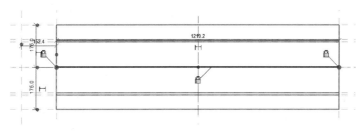

图 3.4-37 绘制路径

（11）单击"放样"面板中的"编辑轮廓"按钮 ，打开"转到视图"对话框，选择"立面：右"视图绘制轮廓，单击"打开视图"按钮，切换至右视图。

（12）系统默认激活"线"按钮 ，根据参照平面绘制轮廓，单击"创建或删除长度或对齐约束"图标 🔒，将轮廓线段与参照平面锁定，如图 3.4-38 所示。

（13）在"属性"选项板的材质栏中单击，显示按钮▦并单击，打开"材质浏览器"对话框，单击"主视图"→"收藏夹"节点，在列表中选择"现场浇注混凝土"材质，单击"将材质添加到文档中"按钮▲，将其添加到项目材质列表中。

（14）连续单击"模式"面板中的"完成编辑模式"按钮✔，完成梁的绘制，将视图切换至三维视图，如图 3.4-39 所示。

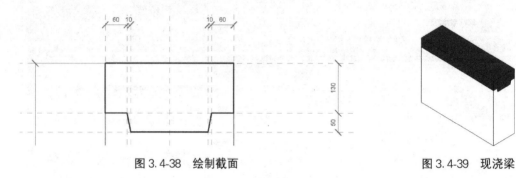

图 3.4-38　绘制截面　　　　　　　　　　　图 3.4-39　现浇梁

（15）将视图切换至右视图。选取视图中最下端的水平参照平面，单击"修改"面板中的"复制"按钮🗐（快捷键：CO），选取参照平面上任意一点为复制起点，在选项栏中勾选"约束"复选框和"多个"复选框，向上移动光标并输入 60，按回车键确认，继续向上移动光标并输入 15，按回车键确认，继续向上复制参照平面，距离分别为 170、15，采用相同的方法，分别将左右两侧的竖直参照平面向中间进行复制，距离分别为 50 和 15，如图 3.4-40 所示。

（16）单击"修改"选项卡"测量"面板中的"对齐尺寸标注"按钮▦（快捷键：DI），标注参照平面之间的尺寸，如图 3.4-41 所示。将尺寸为 15、50 和 60 的尺寸锁定。

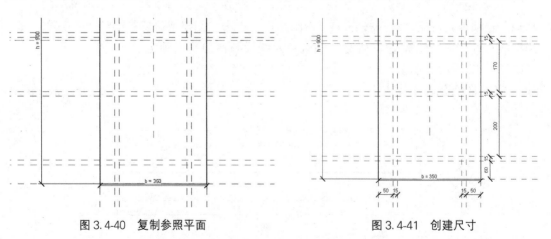

图 3.4-40　复制参照平面　　　　　　　　　图 3.4-41　创建尺寸

（17）选取尺寸值为 200 的尺寸，打开"修改│尺寸标注"选项卡，单击"标签尺寸标注"面板中的"创建参数"按钮🏷，打开"参数属性"对话框，选择参数类型为"族参数"，输入名称"槽高"，设置参数分组方式为"尺寸标注"，如图 3.4-42 所示，单击"确定"按钮，完成参数尺寸的添加，采用相同的方法，添加槽间距尺寸，如图 3.4-43

所示。

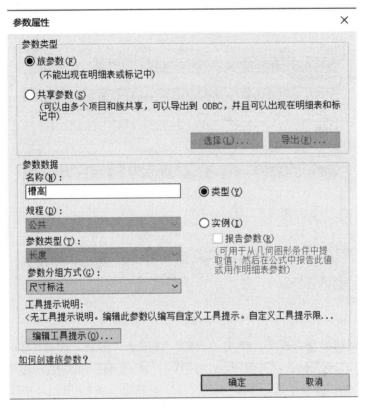

图 3.4-42 "参数属性"对话框

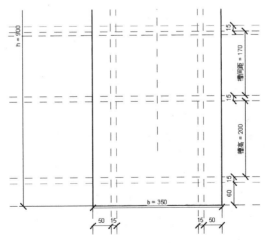

图 3.4-43 添加参数尺寸

（18）单击"修改"选项卡"属性"面板中的"族类型"按钮，打开如图 3.4-44 所示的"族类型"对话框，在"槽间距"栏中输入公式"槽高-30mm"，单击"确定"按钮。

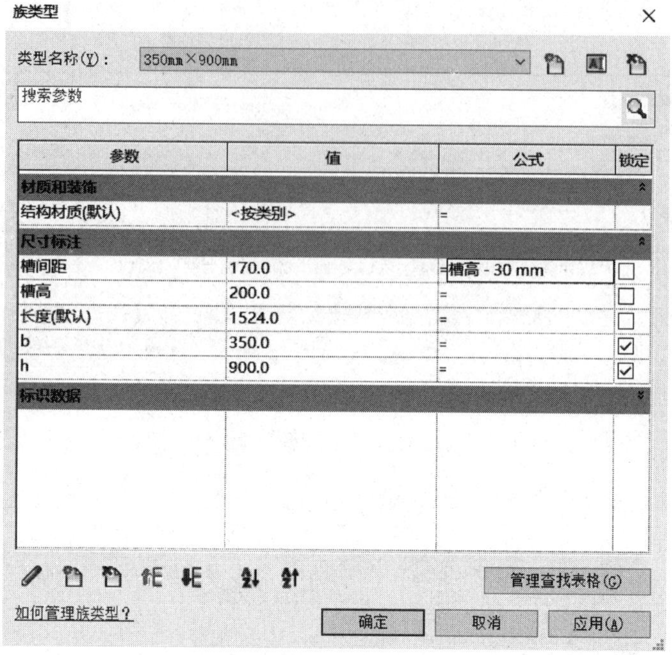

图 3.4-44 "族类型"对话框

（19）将视图切换至右视图。单击"创建"选项卡"形状"面板中的"空心形状"按钮下拉列表中的"空心融合"按钮，打开"工作平面"对话框，选择"名称"选项，在下拉列表中选择"参照平面：中心（左/右）"，如图 3.4-45 所示，单击"确定"按钮，打开如图 3.4-46 所示的"修改 | 创建空心融合底部边界"选项卡，单击"绘制"面板中"矩形"按钮，绘制底部边界，单击"创建或删除长度或对齐约束"图标，将边界与参照平面锁定，如图 3.4-47 所示。

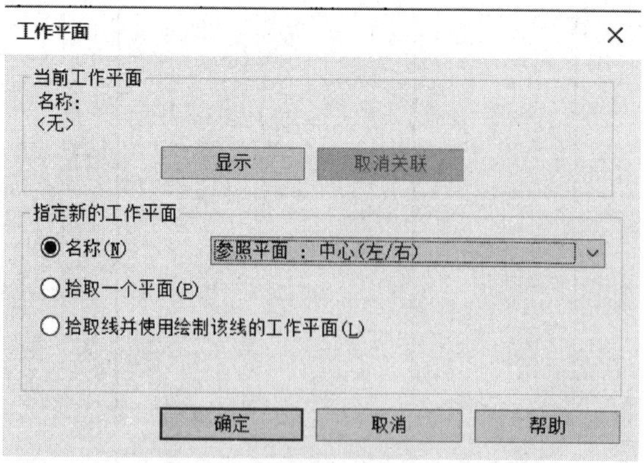

图 3.4-45 "工作平面"对话框

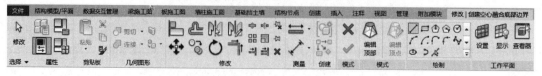

图 3.4-46 "修改 | 创建空心融合底部边界"选项卡

（20）单击"模式"面板中"编辑顶部"按钮 ，打开"修改｜创建空心融合顶部边界"选项卡，单击"绘制"面板中"矩形"按钮 ，绘制顶部边界，单击"创建或删除长度或对齐约束"图标 ，将边界与参照平面锁定，如图3.4-48所示。

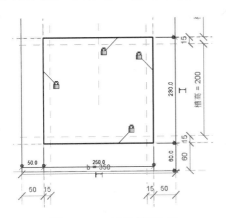

图3.4-47 创建底部边界

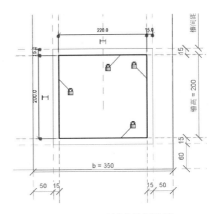

图3.4-48 绘制顶部边界

（21）在"属性"选项板中设置第一端点为0，第二端点为30，如图3.4-49所示，单击"模式"面板中的"完成编辑模式"按钮 ，完成剪力槽的绘制，将视图切换至前视图，如图3.4-50所示。

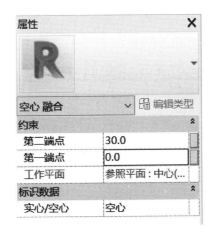

图3.4-49 "属性"选项板

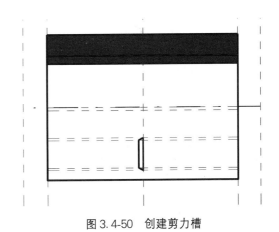

图3.4-50 创建剪力槽

（22）单击"创建"选项卡"基准"面板中的"参照平面"按钮 （快捷键：RP），在适当的位置绘制竖直参照平面，单击"修改"选项卡"测量"面板中的"对齐尺寸标注"按钮 ，先标注参照平面之间的尺寸，然后选取参照平面修改尺寸值，调整参照平面的位置，最后将尺寸锁定，如图3.4-51所示。

（23）单击"修改"选项卡"修改"面板指定"对齐"按钮 （快捷键：AL），先拾取左侧与梁端部重合的参照平面，然后拾取融合体左侧端面，单击"创建或删除长度或对齐约束"图标 ，将融合体左侧端面与参照平面锁定，连续拾取竖直参照平面和融合体右侧端面，添加对齐约束，如图3.4-52所示。

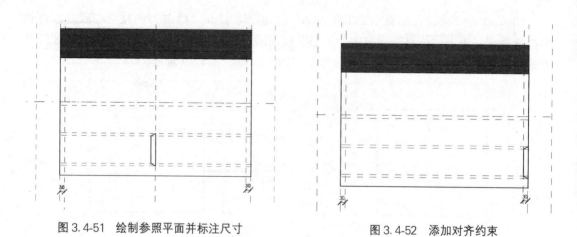

图 3.4-51　绘制参照平面并标注尺寸　　　　图 3.4-52　添加对齐约束

（24）将视图切换至右视图。选取剪力槽和水平参照平面，单击"修改"面板中的"复制"按钮 （快捷键：CO），将其向上复制，复制距离为 370，然后利用"对齐"命令，添加参照平面和复制后剪力槽边线的对齐关系，如图 3.4-53 所示。

（25）将视图切换至前视图。选取左侧两个剪力槽，单击"修改"选项卡"修改"面板中的"镜像-拾取轴"按钮 （快捷键：MM），拾取中间的竖直参照平面为镜像轴，将剪力槽进行镜像，然后利用"对齐"命令，添加参照平面和镜像后剪力槽端面的对齐关系，拖动剪力槽造型操纵柄至参照平面，然后锁定，如图 3.4-54 所示。

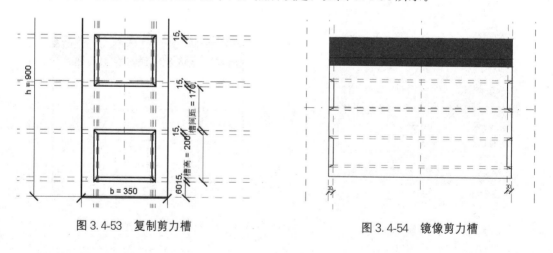

图 3.4-53　复制剪力槽　　　　　　　　图 3.4-54　镜像剪力槽

（26）单击"文件"→"另存为"→"族"命令，打开"另存为"对话框，输入名称"叠合梁"，单击"保存"按钮，保存族文件。

3.4.3　预制梯段

预制楼梯厚度为 170mm，为全预制装配式楼梯，预制楼梯宽度宜与楼梯间宽度适当留出 20～30mm 的可调缝，以便于楼梯的装配。

（1）在主视图中单击"族"→"新建"或者单击"文件"→"新建"→"族"命令，打开"新族-选择样板文件"对话框，选择"基于面的公制常规模型 .rft"为样板族，单击

"打开"按钮进入族编辑器界面。该族样板默认提供预埋件嵌入的墙面。

（2）将视图切换至右视图。单击"创建"选项卡的"形状"面板中的"拉伸"按钮，打开"修改｜创建拉伸"选项卡，利用"线"按钮和"复制"按钮，绘制梯段截面，如图 3.4-55 所示，其中每级台阶宽度为 260，每级台阶高度为 162.5。

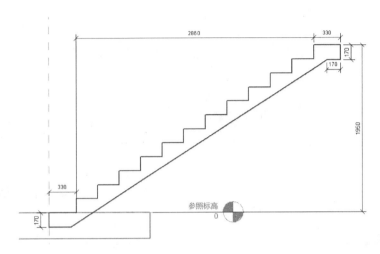

图 3.4-55　绘制梯段截面

（3）在"属性"选项板中设置拉伸终点为 1255，拉伸起点为 0，如图 3.4-56 所示，单击"模式"面板中的"完成编辑模式"按钮，完成拉伸模型的创建，将视图切换至三维视图，如图 3.4-57 所示。

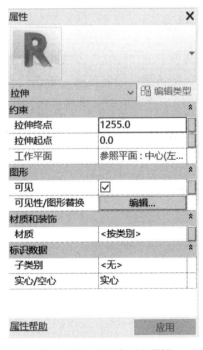

图 3.4-56　"属性"选项板

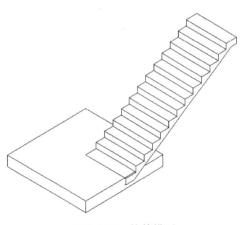

图 3.4-57　拉伸模型

（4）在"属性"选项板的材质栏中单击，显示按钮■并单击，打开"材质浏览器"对话框，单击"主视图"→"收藏夹"节点，在列表中选择"预制混凝土"材质，单击"将材质添加到文档中"按钮■，将其添加到项目材质列表中。如图 3.4-58 所示，点击"确定"按钮。

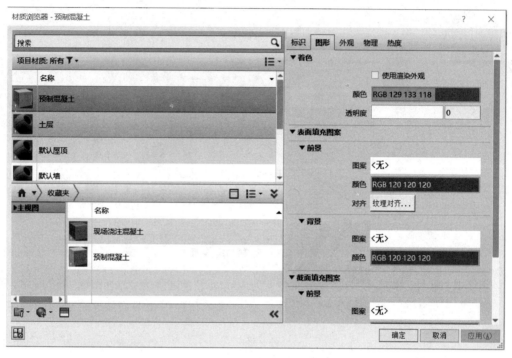

图 3.4-58　"材质浏览器"对话框

（5）将视图切换至参照标高视图。单击"创建"选项卡的"形状"面板中的"拉伸"按钮■，打开"修改｜创建拉伸"选项卡，利用"线"按钮■，绘制截面，单击"修改"选项卡"修改"面板指定"对齐"按钮■（快捷键：AL），先拾取竖直参照平面，然后拾取矩形右侧竖线，单击"创建或删除长度或对齐约束"图标■，将竖直线段与竖直参照平面锁定，如图 3.4-59 所示。

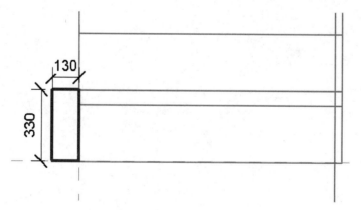

图 3.4-59　绘制拉伸截面

（6）在"属性"选项板中设置拉伸终点为 170，拉伸起点为 0，如图 3.4-60 所示，单击"模式"面板中的"完成编辑模式"按钮 ✔，完成拉伸模型的创建，将视图切换至三维视图，如图 3.4-61 所示。

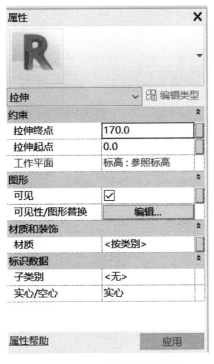

图 3.4-60　"属性"选项板

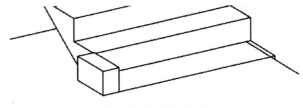

图 3.4-61　拉伸模型

（7）将视图切换至右视图。单击"创建"选项卡"基准"面板中的"参照平面"按钮 ✎（快捷键：RP），打开"修改 | 放置 参照平面"选项卡和选项栏，系统默认激活"线"按钮 ✎，捕捉右侧端点绘制竖直参照平面，如图 3.4-62 所示。

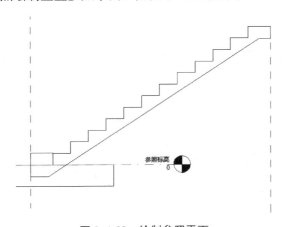

图 3.4-62　绘制参照平面

（8）选取拉伸体，单击"修改"面板中的"移动"按钮 ✥，捕捉拉伸体右端点为移动起点，将其移动到上一步绘制的竖直参照平面处，如图 3.4-63 所示。

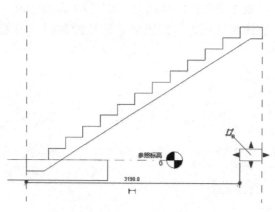

图 3.4-63　移动拉伸体

（9）单击"修改"选项卡"修改"面板指定"对齐"按钮▉▏（快捷键：AL），先选取楼梯上端面，然后选取拉伸体上端面；选取楼梯最上端台阶的下端面，然后选取拉伸体下端面，添加对齐约束，将视图切换至三维视图，如图 3.4-64 所示。

（10）单击"修改"选项卡"几何图形"面板中"连接"按钮▉下拉列表中的"连接几何图形"按钮▉，先拾取主体部分，然后选取拉伸体为连接部分，将构件连接成一体，如图 3.4-65 所示。

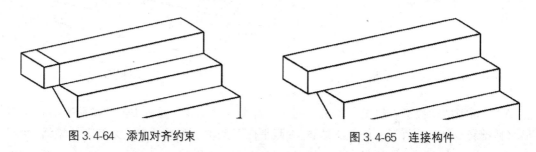

图 3.4-64　添加对齐约束　　　　　　　　　　图 3.4-65　连接构件

（11）将视图切换至参照标高视图。单击"创建"选项卡"形状"面板中的"空心形状"按钮▉下拉列表中的"空心拉伸"按钮▉，打开"修改｜创建拉伸"选项卡，单击"绘制"面板中的"圆"按钮▉，绘制半径为 35 的圆，如图 3.4-66 所示。

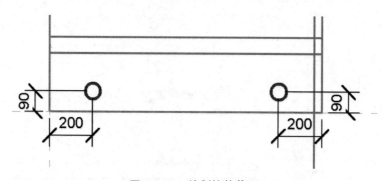

图 3.4-66　绘制拉伸截面

（12）在"属性"选项板中设置拉伸终点为 0，拉伸起点为－170，如图 3.4-67 所示，单击"模式"面板中的"完成编辑模式"按钮✔，完成孔的创建，将视图切换至三维视图，如图 3.4-68 所示。

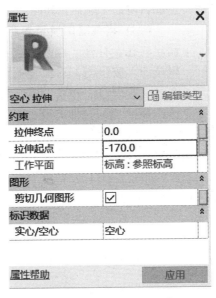

图 3.4-67　"属性"选项板

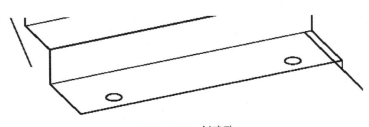

图 3.4-68　创建孔

（13）将视图切换至右视图。选取上一步创建的孔对象，指定孔上任意一点为基点，水平向右移动光标，然后输入 3340，按回车键确认，完成孔的复制，如图 3.4-69 所示。

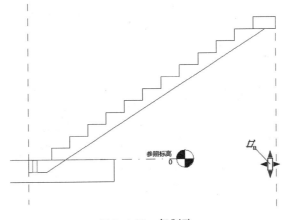

图 3.4-69　复制孔

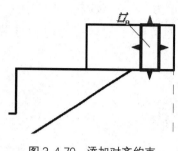

图 3.4-70　添加对齐约束

（14）单击"修改"选项卡"修改"面板指定"对齐"按钮（快捷键：AL），先拾取楼梯上端面，然后拾取孔上端面；选取孔，拖动孔的下端控制点至楼梯最上端台阶的下端面，如图 3.4-70 所示。

（15）将视图切换至参照标高视图。选取步骤（11）创建的孔，打开"修改 | 空心拉伸"选项卡中单击"编辑拉伸"按钮，对拉伸截面进行编辑，选取圆，将其半径更改为 30，单击"模式"面板中的"完成编辑模式"按钮，完成拉伸编辑。

（16）单击"创建"选项卡"形状"面板中的"空心形状"按钮下拉列表中的"空心融合"按钮，打开"修改 | 创建空心融合底部边界"选项卡，单击"绘制"面板中的"圆"按钮，绘制半径为 40 的圆，如图 3.4-71 所示。

图 3.4-71　绘制底部边界

（17）单击"模式"面板中"编辑顶部"按钮，打开"修改 | 创建空心融合顶部边界"选项卡，单击"绘制"面板中的"圆"按钮，绘制与底部边界圆心重合的圆，半径为 45，如图 3.4-72 所示。

（18）在"属性"选项板中设置第一端点为—50，第二端点为 0，如图 3.4-73 所示，单击"模式"面板中的"完成编辑模式"按钮，完成孔的绘制，将视图切换至前视图，如图 3.4-74 所示。

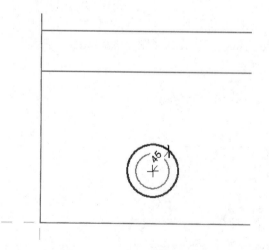

图 3.4-72　绘制顶部边界

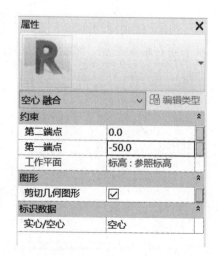

图 3.4-73　"属性"选项板

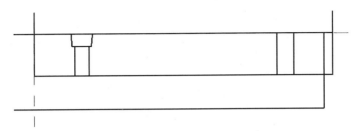

图 3.4-74　创建孔

（19）选取上一步创建的孔，单击"修改"面板中的"复制"按钮 （快捷键：CO），取孔上任意一点作为基点，水平移动光标，输入 855，按回车键确认，完成复制，如图 3.4-75 所示。

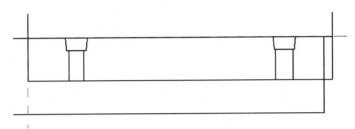

图 3.4-75　复制孔

3.4.4　预制梯梁

布置预制梯梁的具体绘制步骤如下。

（1）在主视图中单击"族"→"新建"或者单击"文件"→"新建"→"族"命令，打开"新族-选择样板文件"对话框，选择"公制结构框架-梁和支撑.rft"为样板族，如图 3.4-76 所示。单击"打开"按钮进入族编辑器界面，如图 3.4-77 所示。

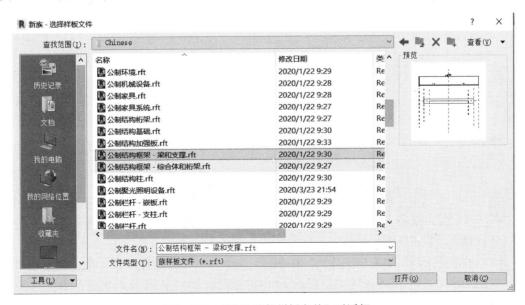

图 3.4-76　"新族-选择样板文件"对话框

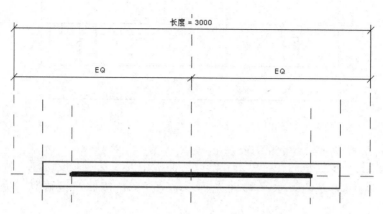

图 3.4-77　族编辑器界面

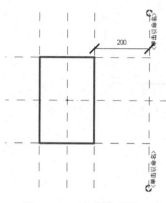

图 3.4-78　复制参照平面

（2）将视图切换至右视图。双击拉伸体，打开"修改｜编辑拉伸"选项卡，对拉伸截面进行编辑。

（3）选取右侧竖直参照平面，单击"修改"面板中的"复制"按钮 （快捷键：CO），在选项栏中勾选"约束"复选框，选取参照平面上任意一点为复制起点，向右移动光标，输入尺寸值 200，按回车键确认，复制参照平面，如图 3.4-78 所示。

（4）选取下端的水平参照平面，双击临时尺寸，更改尺寸值为 210，调整下端水平参照平面位置；选取上端的水平参照平面，双击临时尺寸，更改尺寸值为 400，调整上端水平参照平面位置，如图 3.4-79 所示。

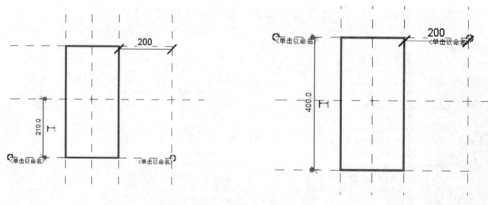

图 3.4-79　调整水平参照平面位置

（5）选取竖直线段，拖动控制点至中间的水平参照平面，然后选取水平线段，拖动控制点至右侧竖直参照平面，如图 3.4-80 所示。

（6）单击"绘制"面板中的"线"按钮 ，沿着参照平面绘制线段，在绘制过程中单击"创建或删除长度或对齐约束"图标 ，将线段与参照平面进行锁定，如图 3.4-81 所示。

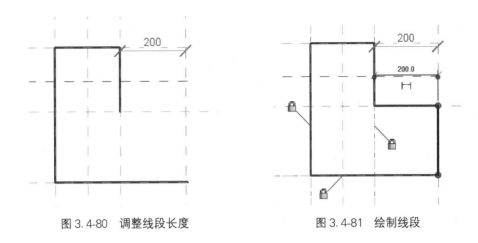

图 3.4-80 调整线段长度   图 3.4-81 绘制线段

（7）在"属性"选项板的材质栏中单击，显示按钮▦并单击，打开"材质浏览器"对话框，单击"主视图"→"收藏夹"节点，在列表中选择"预制混凝土"材质，单击"将材质添加到文档中"按钮▲，将其添加到项目材质列表中。如图 3.4-82 所示，点击"确定"按钮。

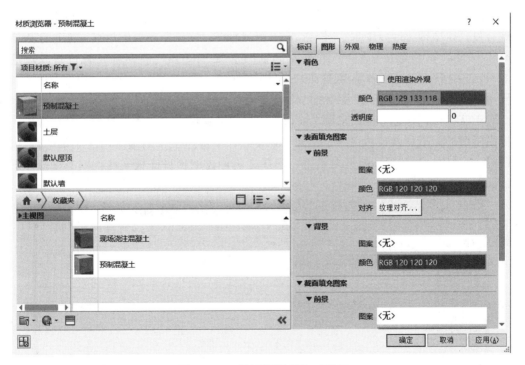

图 3.4-82 "材质浏览器"对话框

（8）单击"模式"面板中的"完成编辑模式"按钮✔，完成拉伸体的编辑，将视图切换至三维视图，如图 3.4-83 所示。

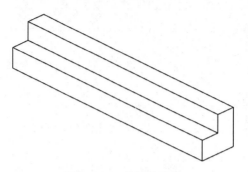

图 3.4-83   编辑拉伸体

3.5   应用实例

一栋完整的建筑结构往往包括承重与非承重两大部分。因此，在构建 BIM 土建模型过程中，需要创建承重受力的结构构件以及用作分隔围护的建筑构件。本节通过创建一栋商业住宅标准层的 Revit 模型，介绍利用 Revit 进行建筑结构综合建模的方法和步骤。

3.5.1   项目创建

该商业住宅标准层平面包括两个单元，共四个户型，且左右户型互为镜像关系。由于该项目为三板结构，部分楼板及内隔墙采用预制构件。创建该项目的步骤：项目样板文件定制-楼层标高确定-链接 CAD 平面图-绘制轴网-创建预制叠合楼板-添加后浇带及现浇层楼板-创建梁构件-创建剪力墙-创建砌块墙-创建飘窗、阳台、设备平台等构件-添加门窗、栏杆-添加楼梯-创建建筑面层-完善细节。

对于该项目，在进行正式建模之前，首先自定义项目样板，添加多种预制构件类，以此提高模型的标准化及建模效率。启动 Revit 后，单击左上角的【应用程序菜单】，选择【打开】｜【项目】选项，打开对话框，选择之前创建的项目样板文件，单击【打开】按钮，如图 3.5-1 所示。

图 3.5-1   打开项目对话框

3.5.2 楼层标高绘制

本项目为高层住宅建筑，层高为 3.0m，且建筑层标高高于结构层标高 100mm。在软件界面左侧的项目浏览器中，打开一南立面图，然后在【建筑】选项卡的【基准】面板中选择【标高】选项，并在工作窗口中绘制如图 3.5-2 所示的标高线。

图 3.5-2 楼层标高绘制

为了绘制墙体更为直观方便，在项目浏览器的【建筑】│【楼层平面】下再复制两个平面视图，具体做法为：右击【建筑 1】，选择【复制视图】│【复制】，将新创建的两个视图分别命名为"结构 1"和"结构 2"。在创建的各个楼层平面中，点击属性栏的【视图范围】选项，进入视图范围对话框调整剖切面及视图深度，各楼层平面的视图范围如图 3.5-3 所示。

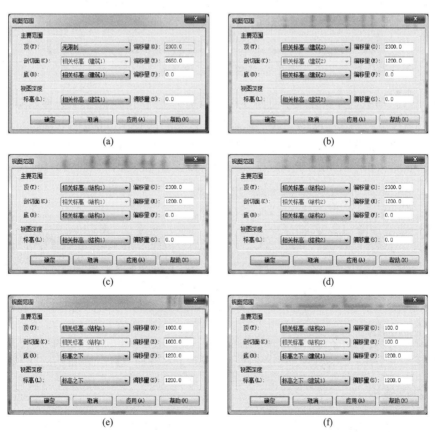

图 3.5-3 各楼层平面的视图范围

(a)【建筑】│【楼层平面】│【建筑 1】; (b)【建筑】│【楼层平面】│【建筑 2】; (c)【建筑】│【楼层平面】│【结构 1】; (d)【建筑】│【楼层平面】│【结构 2】; (e)【结构】│【结构平面】│【结构 1】; (f)【结构】│【结构平面】│【结构 2】

3.5.3　链接 CAD 平面图

单击选项卡【插入】｜【链接 CAD】，进入【链接 CAD 格式】对话框。在对话框下方，将【颜色】选项设置为"黑白"，将【导入单位】设置为"毫米"。同时根据所选图纸类型，将【放置于】选项设置为对应的建筑或结构楼层平面。设置完成后，点击【打开】，如图 3.5-4 所示。

图 3.5-4　链接 CAD 格式对话框

选中导入的图纸，在属性栏中点击【编辑类型】，确认尺寸标注中的导入单位为毫米，比例系数为 1.000。导入的图纸在选中状态下，会自动跳转到【修改】选项卡，点击【修改】面板中的锁定按钮，以防在建模过程中出现意料之外的移动。为了进一步确保底图不被选中，在软件界面右下角选中锁定图元按钮。图元锁定的操作如图 3.5-5 所示。

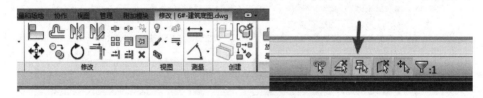

图 3.5-5　图元锁定的操作界面

3.5.4　绘制轴网

根据导入的底图，绘制轴网。单击选项卡【建筑】｜【轴网】绘制如图 3.5-6 所示的轴网。

3.5.5　创建楼板

将视图调整到结构平面的结构 1，进行楼板绘制。本项目部分楼板采用预制板，其由预制叠合层及现浇层构成。本节首先介绍预制叠合层楼板的绘制：以边跨楼板为例，点击【结构】选项卡，【结构】面板中的【楼板】｜【楼板：结构】，在左侧属性栏中点击【编辑类型】，通过复制类型创建新的楼板类型"BS-60mm 预制叠合楼板"，并将类型属性中的厚度改为 60mm。而

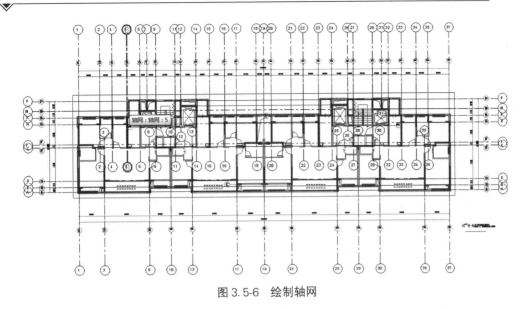

图 3.5-6　绘制轴网

在实例属性中，需要将标高改为"结构 1"，自标高偏移—60mm，这是因为该板块总厚度为 130mm，且板面标高高出结构 1 楼层平面 10mm 所致。具体步骤如图 3.5-7 所示。

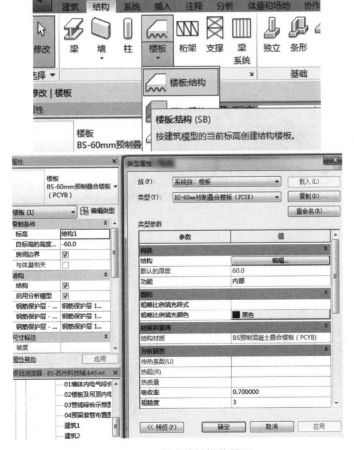

图 3.5-7　创建楼板操作界面

绘制完成后的预制叠合楼板如图 3.5-8 所示。

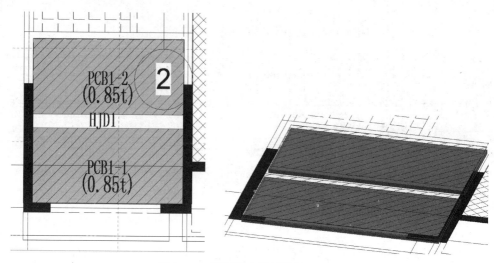

图 3.5-8　预制叠合楼板绘制后图形

预制叠合层绘制完成后，开始进行后浇带和现浇层的绘制：同样选中【楼板】｜【楼板：结构】，通过点击编辑类型，创建新的楼板类型 "BS-60mm 叠合板后浇段（≤300）"，设置其厚度和标高与预制板一致，并开始绘制。以同样的方式创建楼板类型 "BS-70mm 现浇楼板"，设置其厚度为 70mm，且自 "结构 1" 标高向上偏移 10mm。绘制完成后的后浇段和现浇层如图 3.5-9 所示。

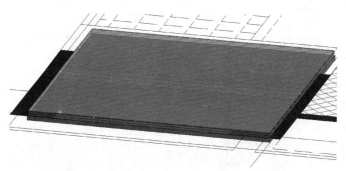

图 3.5-9　BS-70mm 现浇楼板

图 3.5-10 给出了整个楼层平面楼板绘制的示意图。

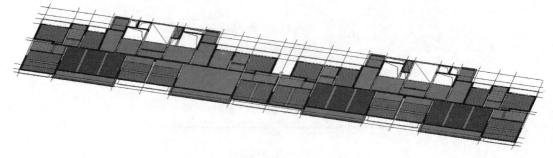

图 3.5-10　整个楼层平面楼板绘制图

3.5.6 创建梁构件

同样在结构平面的结构 1，进行梁的绘制。取横轴 D 与纵轴 3～8 轴相交处的梁为例，打开选项卡【结构】｜【梁】，点击属性栏的编辑类型，创建一个新的矩形梁类型"200×500"，修改其宽高分别为 200mm 和 500mm，并按照结构梁配筋图设置其高度位置，参照标高为"结构 1"，Z 轴偏移值为 0。具体步骤如图 3.5-11 所示。

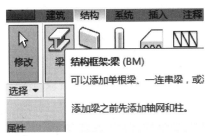

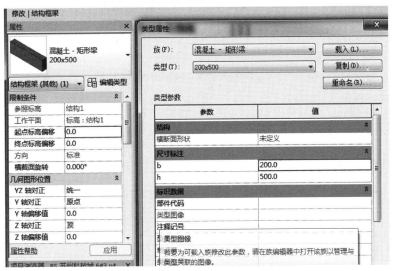

图 3.5-11 创建梁构件操作界面

绘制完成后的现浇梁如图 3.5-12 所示。整个楼层平面梁构件如图 3.5-13 所示。

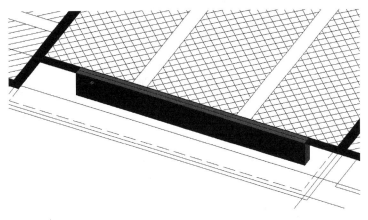

图 3.5-12 现浇梁构件图

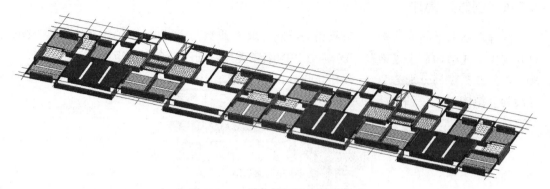

图 3.5-13　整个楼层平面梁构件图

在绘制完楼层平面的楼板与梁之后，可以选中所有的构件，点击【修改】选项卡中的【复制】，然后点击【粘贴】中的【与选定标高对齐】，在弹出的对话框中选择【结构 2】，完成梁与板的楼层复制。这么做的目的是防止后期绘制隔墙时忽略梁板从而造成隔墙高度不对，具体操作步骤见图 3.5-14。

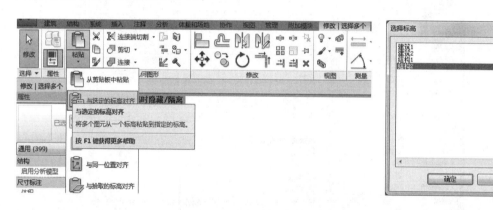

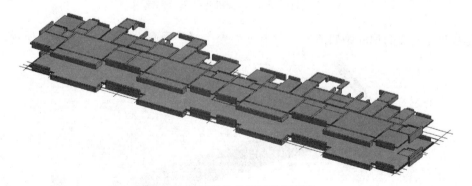

图 3.5-14　梁板构件复制后的图形

3.5.7　创建剪力墙

将视图切换到建筑楼层平面的结构 1，进行现浇剪力墙的绘制。以 1 轴—剪力墙为例，打开选项卡【结构】｜【墙】｜【墙结构】，在属性面板中单击【编辑类型】，复制名为"BS-200mm 现浇剪力墙"的类型，点击结构参数的"编辑"，修改墙厚为 200mm，点击"确定"，再点击"确定"，关闭类型属性对话框。将底部限制条件设置为"结构 1"，底部偏移—120mm，顶部约束为"直到标高：结构 2"，顶部偏移为 0。具体步骤如图 3.5-15 所示。

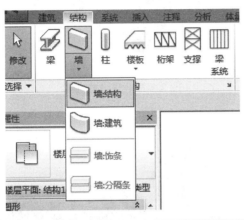

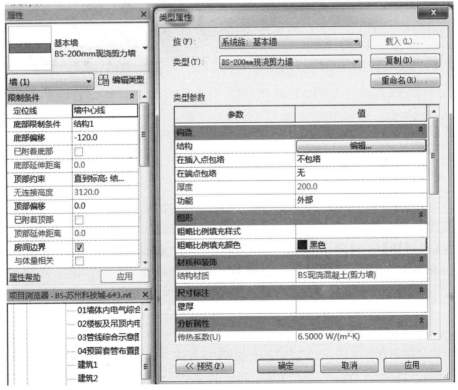

图 3.5-15 创建剪力墙界面

绘制完成后的现浇剪力墙如图 3.5-16 所示，整个楼层平面剪力墙绘制完成后的图形如图 3.5-17 所示。

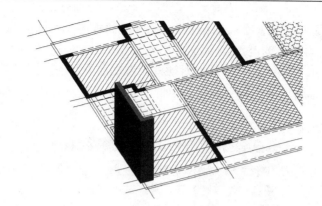

图 3.5-16　现浇剪力墙

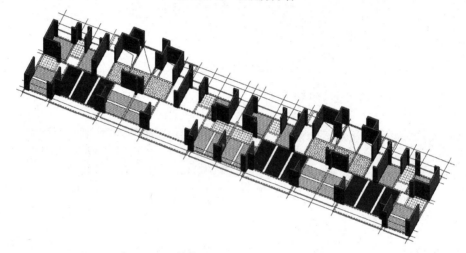

图 3.5-17　整个楼层平面剪力墙绘制后的图形

3.5.8　创建装配式内隔墙、砌体墙

在与剪力墙的同一视图中，绘制预制内隔墙与砌体墙。本项目的内隔墙多为预制ALC内隔墙，以边跨卫生间与卧室的隔墙为例，介绍预制内隔墙的创建步骤。单击选项卡【建筑】|【墙】|【墙：建筑】，在属性栏中单击"编辑类型"，复制一个新的墙类型"BS-100mm 预制内隔墙（ALC）"，在结构选项中单击编辑，将墙厚设置为 100mm，点击"确定"。此外，由于该墙体顶部和底部都存在梁，因此在属性栏中需要将底部限制条件设置为"结构 1"，底部偏移为 0，顶部约束为"直到标高：结构 2"，顶部偏移为—400mm。具体操作步骤如图 3.5-18 所示。

砌体墙又称非预制隔墙，在本项目中包括砌体外墙与砌体内墙。砌体墙的创建与预制内隔墙类似，只是将复制的类型名改变，如"BS-200mm 普通砌体"。同时，为了更为明显地区分这几种墙体，可以为构件类型添加新的材质，具体做法为：在类型属性对话框的结构选项中单击"编辑"，进入编辑部件对话框，单击"外部边"的材质这一列，打开材质浏览器，新建材质，如图 3.5-19 所示。

绘制完成后的预制内隔墙、砌体内墙与砌体外墙如图 3.5-20 所示。图 3.5-21 给出了整个楼层平面隔墙绘制完成后的图形。

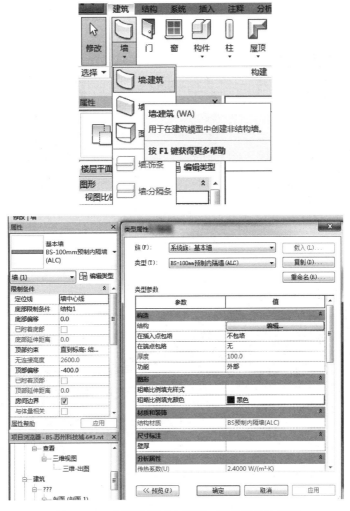

图 3.5-18 创建装配式内隔墙、砌体墙操作界面

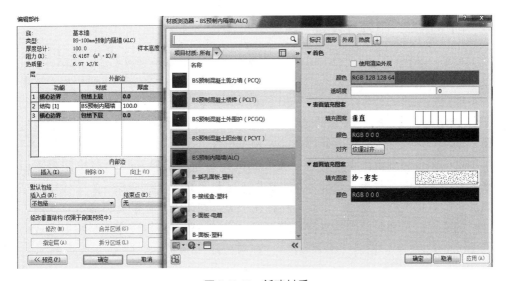

图 3.5-19 新建材质

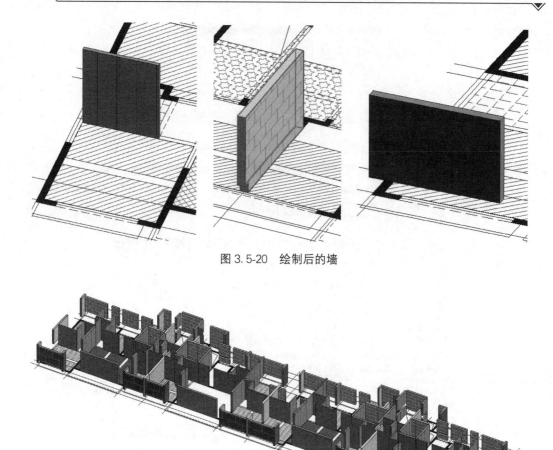

图 3.5-20　绘制后的墙

图 3.5-21　整个楼层平面隔墙绘制完成后的图形

3.5.9　创建飘窗、阳台及设备平台

对于飘窗，从图 3.5-22 所示的结构详图可以看出，其截面较为复杂。在 Revit 中，可以通过楼板边加公制轮廓族的方式创建，也可以通过将截面拆分成一块块小板，逐个进行绘制。本项目采用第二种方法，对照结构图纸，根据 3.5.5 节楼板的绘制方法，绘制出如图 3.5-22 所示的飘窗。值得注意的是，在图 3.5-22 中的窗体处放置了一片外墙，这是因为门窗的创建必须依赖墙体，因此墙体需要预先布置。

本项目的阳台为开敞阳台，通过上文介绍的梁板绘制方法可以绘制出阳台平面。此外，在阳台的外边缘需要布置栏杆。单击选项卡【建筑】｜【栏杆扶手】｜【绘制路径】，通过属性栏的编辑类型，复制一个新的栏杆扶手类，并设置下方的类型参数。同时，还要将属性栏的底部标高和底部偏移进行合理设置，使栏杆置于板构件之上。绘制完成的阳台模型如图 3.5-23 所示，设备平台的绘制过程与开敞阳台类似，绘制完成后的示意图见图 3.5-24。

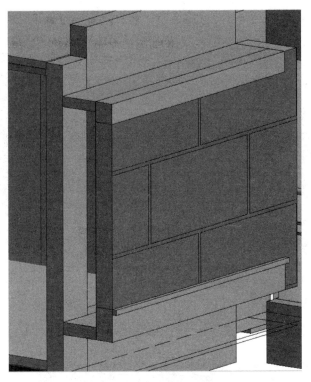

图 3.5-22 飘窗绘制

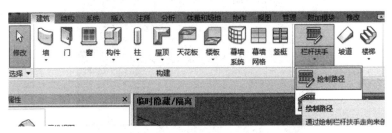

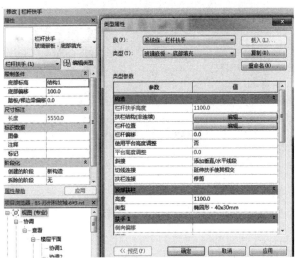

图 3.5-23 阳台模型

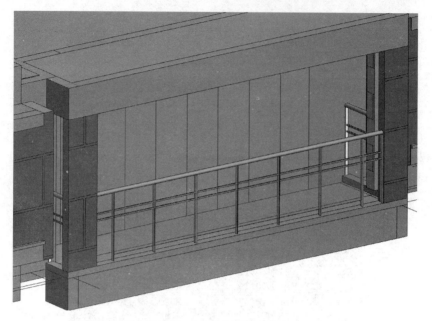

图 3.5-23　阳台模型（续）

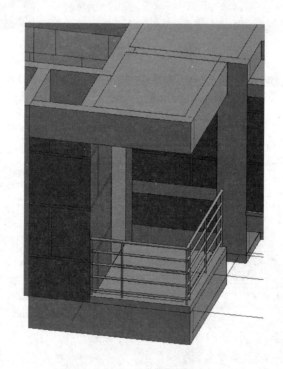

图 3.5-24　绘制后阳台模型图

3.5.10　创建门窗

由于门窗依赖于墙体，因此可在与隔墙绘制的同一视图（建筑楼层平面的结构 1）中绘制门窗，具体操作如图 3.5-25 所示。单击选项卡【建筑】︱【窗】，在属性栏单击编辑类型，通过复制创建新的窗体类型，并通过修改类型参数设置窗体的尺寸大小以及放置高度。关于门的绘制与窗体类似。

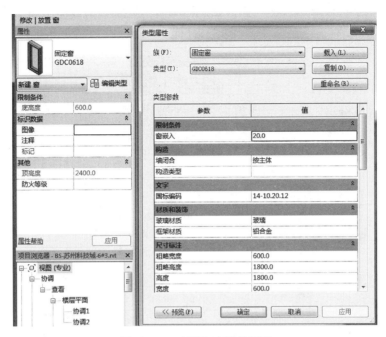

图 3.5-25 创建门窗操作界面

绘制完成的门窗如图 3.5-26 所示。

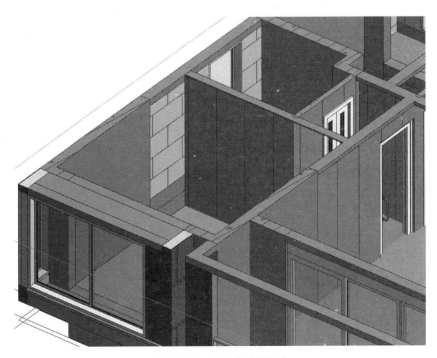

图 3.5-26 绘制完成的门窗

3.5.11   创建楼梯

楼梯的创建无具体视图要求。在创建楼梯之前,首先利用参照平面绘制辅助线,如图 3.5-27 所示。

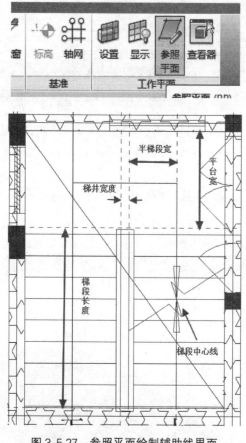

图 3.5-27   参照平面绘制辅助线界面

通过辅助线确定楼梯的梯段长度、梯段宽度、梯井宽度以及平台宽度之后,单击选项卡【建筑】|【楼梯】|【楼梯(按构件)】,进入楼梯绘制界面。单击属性栏的编辑类型,进入类型属性对话框。在本项目中,需要将最小梯段宽度设置为 1200mm,并复制一个新的梯段类型(整体梯段),将下侧表面设为平滑式,结构深度为 100mm。同时,复制一个新的平台类型(100mm 厚度),将平台整体厚度设置为 100mm。除此之外,还需要在属性栏将所需梯面数设置为 18,实际踏板深度设置为 260mm,并且对于顶底标高都需要向上抬高 50mm。具体操作如图 3.5-28 所示。

设置完成后,在选项卡【修改|创建楼梯】的【构件】面板中,点击【梯段】|【直梯】进行绘制,如图 3.5-29 所示。绘制完成的楼梯模型如图 3.5-30 所示。

需要注意的是,生成的楼梯模型是不含梯梁的,因此需要手动绘制。常见的解决方式有两种:①直接绘制一根普通梁,模型重合的部分不做处理。②通过单击【视图】|【剖面】,创建一剖面视图。进入视图后,单击【视图】|【剖切面轮廓】,选中平台板,绘制

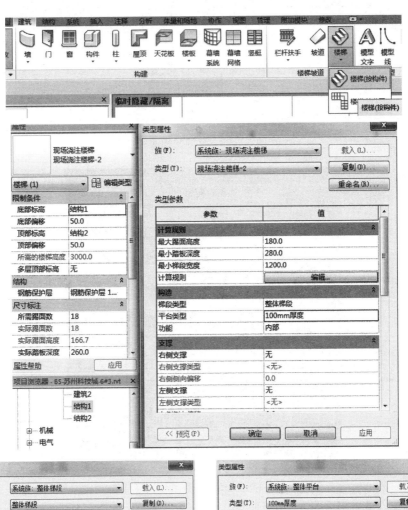

图 3.5-28　楼梯参数设置界面

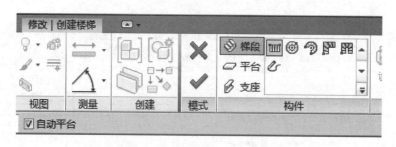

图 3.5-29　创建楼梯面板

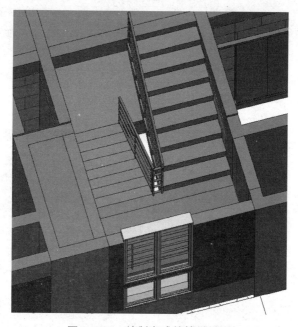

图 3.5-30　绘制完成的楼梯模型

梯梁（注意：轮廓不需要闭合），然后点击完成。但是需要注意的是，这种方式绘制的梯梁在三维视图中是不显示的。其具体操作步骤见图 3.5-31。

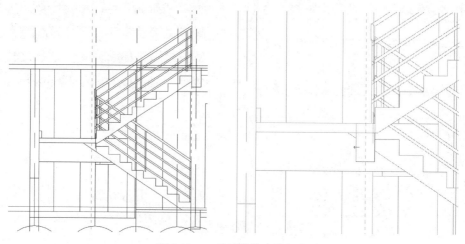

图 3.5-31　具体操作步骤示意

本项目为了能够在三维视图中更为直观地显示，选用第一种建模方式。

3.5.12 创建建筑面层

建筑面层的创建与板类似，通过单击【建筑】|【楼板】|【楼板：建筑】，创建建筑面层类型，修改板厚，调整标高位置进行绘制。

3.5.13 完善细节，绘制完成

完善部分细节后，可以得到图 3.5-32 所示的楼层三维模型。

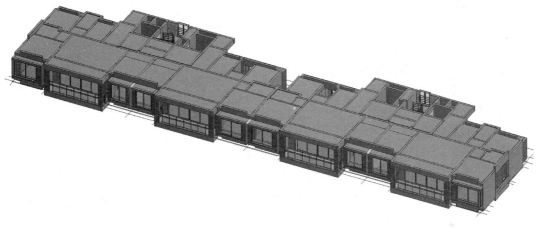

图 3.5-32　楼层三维模型图

本章小结

本章主要介绍了结构族的创建，包括结构基础、结构柱和结构梁；建筑结构模型的创建，包括项目创建标高、绘制轴网、结构柱、框架梁和楼板的创建；此外介绍了实体配筋的方法、结构模型分析、结构设计中的问题分析。

思考与练习题

3-1　在结构柱族编辑器中，选中"在平面视图中显示族的预剪切"表示（　　）。

A. 在项目平面视图中结构柱可以被剪切

B. 在项目平面视图中始终按粗略方式显示柱

C. 项目平面视图的剖切面对于柱的显示有影响

D. 不管项目平面视图剖切面高度如何，柱将使用在族编辑器平面视图中指定的剖切面进行显示

3-2　下面关于梁和梁系统说法正确的是（　　）。

A. 梁是用于承重用途的结构图元

B. 将梁添加到平面视图中时，将底剪裁平面设置为高于当前标高，则梁在该视图中

不可见

C. 绘制方向绘制线，或使用拾取线工具拾取其他绘制线来定义方向时，将删除以前存在的任何方向绘制线

D. 以上说法均正确

3-3　Revit 对于复合结构的墙层，下列描述错误的选项是（　　　）。

A. 可以为复合结构的墙每个层指定一个特定的功能，使此层可以连接到它相应的功能层

B. 结构层具有最高优先级（优先级 1）

C. 结构层具有最低优先级（优先级 5）

D. 当层连接时，如果两个层都具有相同的材质，则接缝会被清除

3-4　建筑柱与结构柱的关系是（　　　）。

A. 建筑柱可以拾取结构柱生成　　　　　B. 结构柱可以拾取建筑柱生成

C. 建筑柱不可以和结构柱同时生成　　　D. 结构柱不可以与建筑柱重合

3-5　关于结构条形基础说法错误的是（　　　）。

A. 条形基础可依附于所有条形构件

B. 条形基础可手动绘制

C. 条形基础长度与附着主体长度固定一致

D. 条形基础可以随主体变化而更新

3-6　将 Revit 项目导出 CAD 格式文件，下列描述错误的选项是（　　　）。

A. 在导出之前限制模型几何图形可以减少要导出的模型几何图形的数量

B. 完全处于剖面框以外的图元不会包含在导出文件中

C. 对于三维视图，不会导出裁剪区域边界

D. 对于三维视图，裁剪区域边界外的图元将不会被导出

3-7　下列关于图案填充的描述，错误的选项是（　　　）。

A. 图案填充可以分为模型填充图案和绘图填充图案

B. 模型填充图案随模型一同缩放比例，因此只要视图比例改变，模型填充图案的比例就会相应改变

C. 绘图填充图案的密度与相关图纸的关系是固定的

D. 绘图填充图案相对于模型保持固定尺寸

3-8　在墙剖面视图中，如果设置视图显示精度为"粗略"，则墙剖面的显示的填充图案为（　　　）。

A. 墙实例属性中"粗略比例填充样式"设置的填充图案

B. 墙类型属性中"粗略比例填充样式"设置的填充图案

C. 墙类型参数中墙材质的"表面填充图案"中设置的填充

D. 墙类型参数中墙材质的"截面填充图案"中设置

3-9　使用过滤器列表按规程过滤类别，其类别类型不包括（　　　）。

A. 建筑　　　　　　B. 机械　　　　　　C. 协调　　　　　　D. 管道

3-10　在设置"图形显示选项"视图样式光线追踪为灰色，则可以判断该视图不可能为（　　　）。

A. 三维视图　　　　　　　　　　　B. 楼层平面视图

C. 天花板视图　　　　　　　　　　　D. 立面视图

3-11　设置轴线类型属性中"非平面视图轴号（默认）"选项为"无"，则表示
（　　）。

A. 在平面视图中不显示轴线　　　　　B. 在平面视图中不显示轴号

C. 在立面视图中不显示轴线　　　　　D. 在立面视图中不显示轴号

3-12　关于"标高视图"，下列说法正确的是（　　）。

A. 删除楼层平面后相应的标高也会跟随删除

B. 修改楼层平面名称，可以选择同步修改标高名称

C. 默认的楼层平面比例为 1∶200

D. 楼层平面的相关标高选项可以修改

3-13　要修改标高的标头，需要使用的族样板名称是什么？（　　）

A. 公制常规模型　　　　　　　　　　B. 公制标高标头

C. 公制常规标记　　　　　　　　　　D. 常规注释

3-14　使用拾取方式绘制轴网时，下列不可以拾取的对象是（　　）。

A. 模型线绘制的圆弧　　　　　　　　B. 符号线绘制的圆弧

C. 玻璃幕墙　　　　　　　　　　　　D. 参照平面

3-15　要在屋顶上创建天窗，并希望在窗统计表中统计该天窗，应该使用哪个族模
板？（　　）。

A. 公制窗　　　　　　　　　　　　　B. 公制天窗

C. 基于面的公制常规模型　　　　　　D. 基于屋顶的公制常规模型

3-16　以下哪种模式不属于视图显示模式？（　　）

A. 线框　　　　B. 隐藏线　　　　C. 着色　　　　D. 渲染

3-17　下面哪项参数不能作为报告参数？（　　）

A. 长度　　　　B. 半径　　　　C. 角度　　　　D. 面积

3-18　关于族参数顺序正确的是（　　）。

A. 新的族参数会按字母顺序升序排列添加到参数列表中创建参数时的选定组

B. 创建或修改族时，现在可以在"族类型"对话框中控制族参数的顺序

C. 使用"排序顺序"按钮（升序和降序）为当前族的参数按字母顺序进行自动排序

D. 以上均正确

3-19　创建族参数时，可以最多添加多少个字符的工具提示说明？（　　）

A. 125　　　　B. 450　　　　C. 250　　　　D. 650

3-20　如果您希望能够选择已经固定到位、无法移动的元素，您可以启用哪个选项？
（　　）

A. 选择固定元素　　　　　　　　　　B. 选择底图元素

C. 按面选择元素　　　　　　　　　　D. 选择时拖动元素

第 4 章　暖通空调设计 BIM 技术应用

本章要点及学习目标

本章要点：
(1) 熟练 Revit MEP 的工作界面和操作方法；
(2) 掌握阀门族和防火阀族的创建；
(3) 掌握水管系统、风管系统以及电气系统创建方法和操作步骤。
学习目标：
(1) 熟练建筑设备族的创建方法；
(2) 应用 Revit MEP 软件熟练绘制给水排水系统、供暖系统、通风系统、空调系统等。

4.1　Revit MEP 的工作界面

Revit 建筑设计软件是一个综合性的应用程序，包括建筑设计、结构设计和 MEP (Mechanical Electrical Plubming) 三个功能。Revit MEP 软件提供了给水排水、暖通和电气三个专业的功能，从 2013 版开始，Revit 将建筑、结构和 MEP 三个功能整合在一起。用户界面的组成如图 4.1-1 所示。

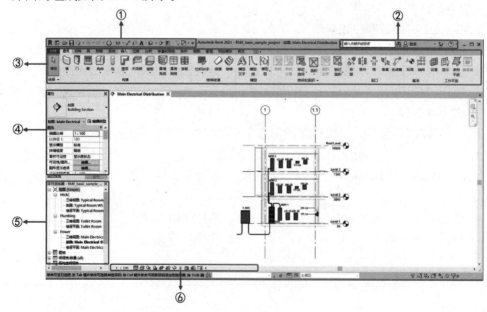

图 4.1-1　MEP 用户界面

图 4.1-1 说明：①快速访问工具栏；②信息中心；③功能区当前选项卡的工具；④"属性"选项板；⑤项目浏览器；⑥视图控制栏。

4.2 创建族

4.2.1 创建阀门族

1. 族样板文件的选择

单击"应用程序菜单" > "新建" > "族"按钮，打开一个"选择样板文件"对话框，选取"自适应公制常规模型"作为族样板文件，如图 4.2-1 所示。

图 4.2-1 "选择样板文件"对话框

2. 族轮廓的绘制

1）锁定参照平面

从项目浏览器中进入到立面的前视图，选择参照平面，使用"修改 | 标高"选项卡下的"锁定"命令将参照平面锁定，如图 4.2-2 所示，可防止参照平面出现意外移动。

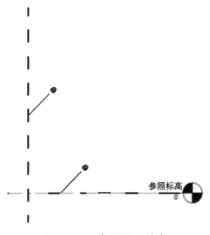

图 4.2-2 参照平面锁定

2）隐藏参照标高

单击"视图"选项卡＞"可见性/图形"按钮，在打开的对话框中选择"注释类别"选项卡，如图 4.2-3 所示，取消勾选"标高"复选框，此时，隐藏族样板文件中的参照标高。

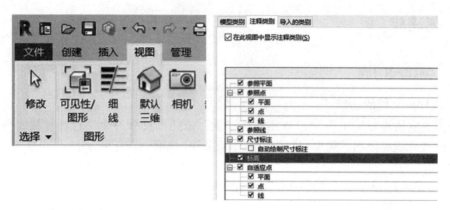

图 4.2-3　"注释类别"选项卡

3）创建形状并添加参数

（1）进入立面的前视图中，在已锁定的参照平面下绘制一条参照平面，如图 4.2-4 所示。

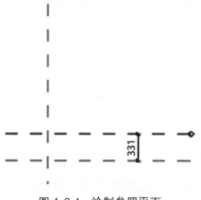

图 4.2-4　绘制参照平面

（2）单击"创建"选项卡＞"形状"＞"拉伸"按钮，进入到立面左或右视图，以两个参照平面的交点为圆心绘制轮廓。完成绘制后，单击"注释"选项卡＞"尺寸标注"＞"径向"按钮对圆进行尺寸标注并添加参数"R 中部柱"，单击"完成拉伸"按钮。进入到立面的前视图，将拉伸的轮廓拖拽至合适的位置，如图 4.2-5 所示。

图 4.2-5　创建形状

（3）单击"创建"选项卡＞"旋转"＞"边界线"按钮，选择"圆心—端点弧"与"直线"线型绘制轮廓，使用"尺寸标注"中的"径向"与"对齐"对轮廓进行标注，并添加实例参数"R上半弧"与"R中心部旋转"，如图4.2-6所示。

（4）选择下半部分的圆弧轮廓。在左侧"属性"对话框中勾选"中心标记可见"复选框，单击"确定"按钮，将圆弧的圆心与参照平面对齐锁定，如图4.2-7所示。

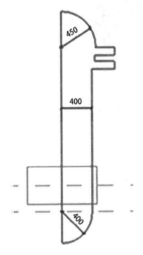

图4.2-6　阀门轮廓绘制

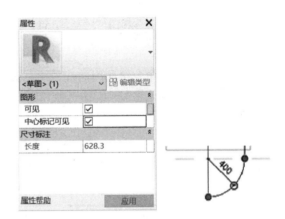

图4.2-7　"属性"对话框

（5）在法兰边缘绘制一条参照平面，将参照平面与两个法兰边缘用"对齐"命令锁定形成关联，使用"尺寸标注"命令标注出阀门的中心参照平面与法兰边的距离，并添加实例参数"R1"，如图4.2-8所示。

（6）使用"绘制"面板下的"轴线"命令绘制旋转的中轴线，如图4.2-9所示，之后单击"完成旋转"按钮。

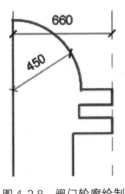

图4.2-8　阀门轮廓绘制

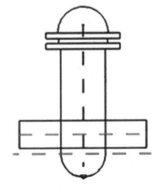

图4.2-9　阀门轮廓绘制

（7）单击"修改"选项卡＞"几何图形"＞"连接"下拉列表＞"连接几何图形"按钮，逐个单击之前绘制的两个轮廓，连接结果如图4.2-10所示。

（8）在视图控制栏将"视觉样式"改为"着色"，查看其视觉效果，如图4.2-11所示。

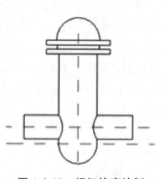

图4.2-10　阀门轮廓绘制

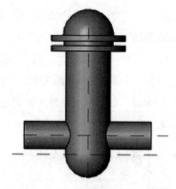

图4.2-11　阀门轮廓绘制三维视图

（9）用"参照平面"命令给阀门的法兰绘制参照平面，对两个参照平面进行尺寸标注并添加实例参数"法兰厚度"，再用"对齐"命令将参照平面与法兰边对齐锁定，如图4.2-12所示。

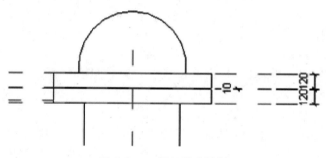

图4.2-12　阀门轮廓绘制

（10）进入"楼层平面"的"参照标高"视图中，单击"创建"选项卡＞"形状"＞"拉伸"按钮绘制一个圆，使用"尺寸标注"下的"径向"命令对圆进行标注并添加一个实例参数"R手柄中心柱"，如图4.2-13所示，添加完成后单击"完成拉伸"按钮。

（11）进入里面的前视图中，对已拉伸的图形进行定位，并将下底边与法兰边锁定形成关联，如图4.2-14所示。

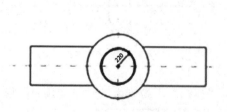

图4.2-13　绘制手柄中心柱

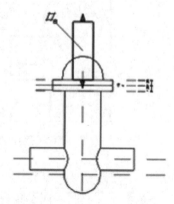

图4.2-14　绘制手柄中心柱

（12）进入"楼层平面"的"参照标高"视图中，单击"创建"选项卡＞"形状"＞"拉伸"按钮绘制一个圆，使用"尺寸标注"下的"径向"命令对圆进行标注并添加一个实例参数"R手柄"，如图 4.2-15 所示，添加完成后单击"完成拉伸"按钮。

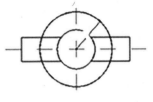

图 4.2-15　绘制手柄中心柱

（13）进入立面的前视图中，拖拽蓝色控制柄将拉伸好的轮廓移到合适的位置，将手柄轮廓的下边缘与手柄中心柱的上边缘锁定，如图 4.2-16 所示。

（14）给手柄添加两条参照平面，对两条参照平面进行尺寸标注并添加一个实例参数"t手柄"，如图 4.2-17 所示。

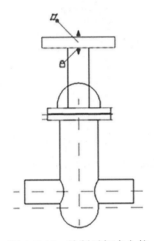

图 4.2-16　绘制手柄中心柱

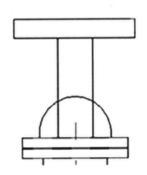

图 4.2-17　绘制手柄中心柱

（15）使用"尺寸标注"命令对手柄上边缘与参照标高上的参照平面进行尺寸标注，选择标注的尺寸，在选项栏的"标签"下拉列表中选择"添加参数"选项，在打开的对话框中添加一个实例参数"H"，如图 4.2-18 所示。

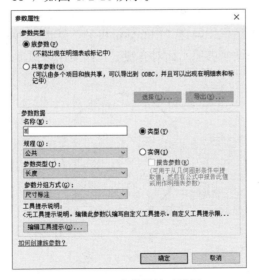

图 4.2-18　参数属性对话框

（16）使用"尺寸标注"命令将法兰的下边缘与参照标高上的参照平面进行尺寸标注并添加实例参数"H 中心部分"，如图 4.2-19 所示。

（17）单击"修改"选项卡＞"几何图形"＞"连接"下拉列表＞"连接几何图形"按钮，逐个选择手柄中心柱与之前用实心旋转绘制的轮廓，连接后的形状如图 4.2-20 所示。

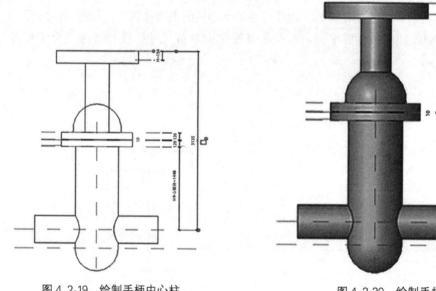

图 4.2-19　绘制手柄中心柱　　　　　　　图 4.2-20　绘制手柄

（18）进入到立面左视图，使用"拉伸"命令绘制轮廓，使用"尺寸标注"对轮廓进行标注并添加实例参数"FR"，选择轮廓，在"属性"对话框中勾选"中心标记可见"复选框，单击"确定"按钮。这时可以看见轮廓的圆心，再使用"对齐"命令将圆心分别与两个参照平面对齐锁定，在对齐的时候可以按"Tab"键在多条线段间切换选择。继续绘制轮廓圆使之与"R 中心柱"大小相同，并进行尺寸标注及添加实例参数"R 中部柱"，选择轮廓，在"属性"对话框中勾选"中心标记可见"复选框，单击"确定"按钮，用同样的方法将轮廓的圆心与两个参照平面对齐锁定，如图 4.2-21 所示。

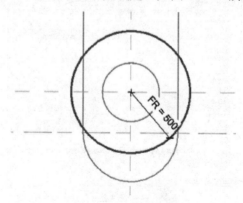

图 4.2-21　绘制法兰

（19）进入到立面前视图中，将拉伸的轮廓拖拽至合适的位置，并将法兰边与线管边锁定，如图 4.2-22 所示。

（20）使用"复制"工具将左边的法兰复制到右边并锁定，如图 4.2-23 所示，其他属性不变。

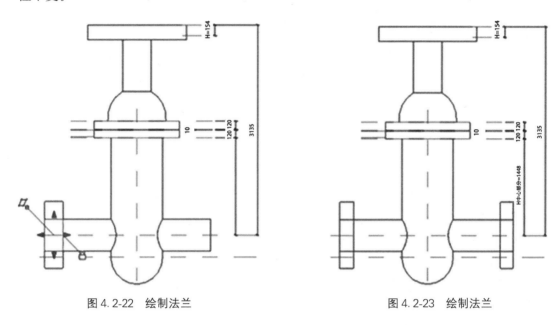

图 4.2-22　绘制法兰　　　　　　　　图 4.2-23　绘制法兰

（21）对两侧的法兰添加两条参照平面进行尺寸标注，对齐锁定参照平面与法兰的外边，添加已有的实例参数"法兰厚度"，如图 4.2-24 所示。

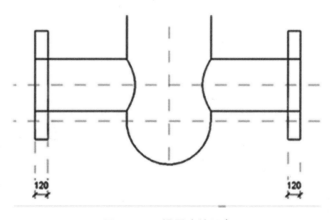

图 4.2-24　设置法兰厚度

（22）对两个法兰间的距离进行尺寸标注，添加实例参数"L"，再对最下面的两条参照平面进行尺寸标注，添加参数"H下部"，如图 4.2-25 所示。

3. 参数值的设定

单击"族属性"面板下的"族类型"按钮，在打开的"族类型"对话框中再单击"添加参数"，参数"名称"为"DN"，设置"规程"为"管道"，"参数类型"为"管道尺

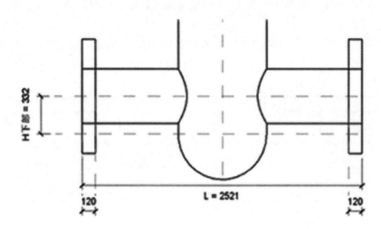

图 4.2-25　设置法兰参数

寸"，"分组方式"为"尺寸标注"，定义值为 600，再对已添加好的参数编辑公式，如图 4.2-26 所示。选择"类型"单选按钮，完成之后单击"确定"按钮。

4. 添加连接件

（1）进入到三维视图中，单击"创建"选项卡＞"连接件"＞"管道连接件"按钮，对阀门两侧的法兰面添加连接件，如图 4.2-27 所示。

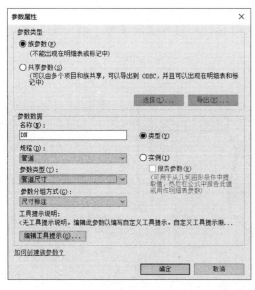

图 4.2-26　参数属性对话框

图 4.2-27　添加连接件

（2）用同样的方法添加与管道连接件相关联的参数，名称为"MN"，设置"规程"为"公共"，"参数类型"为"长度"，"分组方式"为"尺寸标注"，再对已添加好的参数编辑公式为"2＊R中部柱"，如图 4.2-28 所示。

（3）选择管道连接件，在"属性"对话框的"系统分类"下拉列表中选择"管件"选项。单击"尺寸标注"栏下"拉伸起点"栏右边的小按钮，弹出"关联族参数"对话框选

图 4.2-28 族类型对话框

择对应的参数"MN",设置完成后单击"确定"按钮,如图 4.2-29 所示。

5. 族类型参数的选择

单击"族属性"面板下的"类型和参数",打开"族类别和族参数"对话框,在族类别中选择"管路附件",在族参数的"零件类型"中选择"插入",如图 4.2-30 所示。

图 4.2-29 族类型对话框

图 4.2-30 "族类别和族参数"对话框

6. 族载入测试

单击"创建"选项卡>"族编辑器">"载入到项目中"按钮,首先在项目中绘制一根管道,再单击"创建"选项卡>"卫浴和管道">"管路附件"按钮,选择刚刚载入的族，将其添加到项目中，如果阀门大小随着管道的尺寸变化，表明族基本没有问题。为了进一步确认可以再绘制另一根尺寸不同的管道，添加阀门可见其尺寸跟随管径的变化而变化，这时就能确认族可以在项目中使用。

4.2.2　创建防火阀族

1．族样板文件选择

单击"应用程序菜单"＞"新建"＞"族"按钮，打开一个"选择样板文件"对话框，选取"自适应公制常规模型"作为族样板文件，如图 4.2-31 所示。

图 4.2-31　"选择样板文件"对话框

2．族轮廓的绘制

1）锁定参照平面

从项目浏览器中进入到立面的前视图，选择参照标高，单击"修改│标高"选项卡＞"锁定"按钮，将参照平面锁定。

2）隐藏参照标高

单击"视图"选项卡＞"可见性/图形"按钮，在打开的对话框中选择"注释类别"选项卡，取消勾选"标高"复选框，此时，隐藏族样板文件中的参照标高。

3）绘制轮廓

进入到立面的左视图中，单击"创建"选项卡＞"形状"＞"拉伸"按钮绘制矩形线框。

（1）单击"创建"选项卡＞"基准"＞"参照平面"按钮对轮廓添加参照平面，如图 4.2-32 所示。

（2）单击"注释"选项卡＞"尺寸标注"＞"对齐尺寸标注"按钮，对添加好的参照平面进行尺寸标注，并用"EQ"命令平分尺寸，再用"对齐"命令将轮廓边与参照平面对齐锁定，如图 4.2-33 所示。

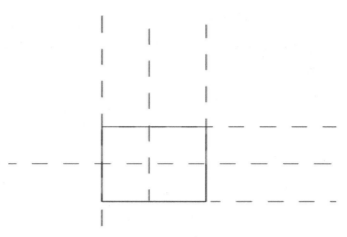

图 4.2-32 添加参照平面

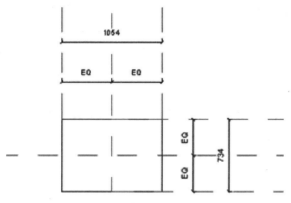

图 4.2-33 参照平面尺寸标注

（3）选择尺寸标注，在选项栏中的"标签"下拉列表中选择"添加参数"选项，打开"参数属性"对话框，在"名称"文本框中输入"风管宽度"，设置"参数分组方式"为"尺寸标注"，如图 4.2-34 所示。

图 4.2-34 "参数属性"对话框

（4）在右边的标注上添加一个实例参数"风管厚度"。单击"完成拉伸"按钮，进入到立面的前视图中，将拉伸好的轮廓拖拽至合适的位置，如图 4.2-35 和图 4.2-36 所示。

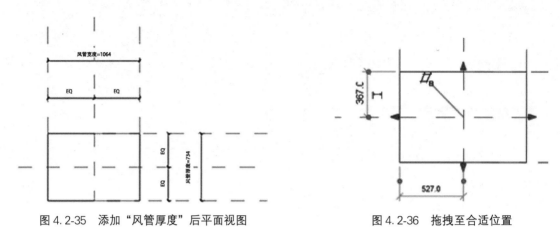

图 4.2-35　添加"风管厚度"后平面视图　　　　　图 4.2-36　拖拽至合适位置

（5）给轮廓的上面添加两条参照平面，使用"尺寸标注"命令对两条参照平面进行标注，接着用"EQ"平分尺寸，并用"对齐"命令将轮廓边与参照平面对齐锁定，如图 4.2-37 所示。

（6）选择尺寸标注，在选项栏中的"标签"下拉列表中选择"添加参数"选项，打开"参数属性"对话框，在"名称"文本框中输入"L"，效果如图 4.2-38 所示。

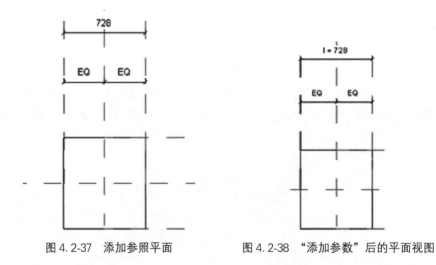

图 4.2-37　添加参照平面　　　　　　图 4.2-38　"添加参数"后的平面视图

（7）单击"创建"选项卡＞"形状"＞"拉伸"按钮绘制矩形线框，如图 4.2-39 所示。

（8）单击"详图"选项卡＞"尺寸标注"＞"对齐"按钮，对轮廓进行尺寸标注，并与"EQ"平分尺寸，选择尺寸标注，在选项栏中的"标签"下拉列表中选择"添加参数"选项，打开"参数属性"对话框，在"名称"文本框中输入"W"，如图 4.2-40 所示。

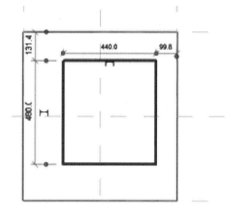

图 4.2-39　绘制矩形线框

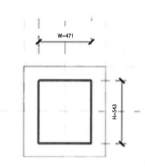

图 4.2-40　"添加参数"后的平面视图

（9）同理，在右边的标注上添加一个实例参数"H"，单击"完成拉伸按钮，进入"楼层平面"中的"参照标高"视图，将拉伸的轮廓拖拽至合适的位置，如图 4.2-41所示。

（10）给这个轮廓添加两个参照平面，使用"对齐"命令将两个轮廓相连的边分别与一个参照平面对齐锁定，如图 4.2-41 所示。

（11）使用"尺寸标注"命令把刚对齐的参照平面与参照标高上的参照平面进行尺寸标注，选择尺寸，在选项栏的"标签"下拉列表中选择"添加参数"选项，打开"参数属性"对话框，在"名称"文本框中输入"L1"，设置"参数分组方式"为"其他"，选择"实例"单选按钮，单击"确定"按钮，如图 4.2-42 所示。

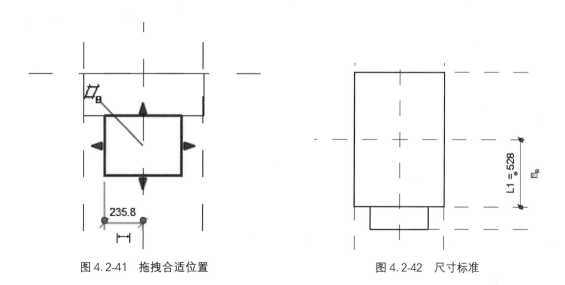

图 4.2-41　拖拽合适位置

图 4.2-42　尺寸标准

（12）单击"族属性"面板下的"类型"，打开"族类型"对话框，在刚刚添加的实例参数"L1"后的公式中填写"风管宽度/2"，如图 4.2-43 所示。

（13）使用"尺寸标注"命令对另外两个参照平面进行尺寸标注，并对标注后的尺寸

图 4.2-43 "族类型"对话框

添加参数,再使用"对齐"命令将最下面的参照平面与轮廓边对齐锁定,如图 4.2-44 和图 4.2-45 所示。

图 4.2-44 "参数属性"对话框

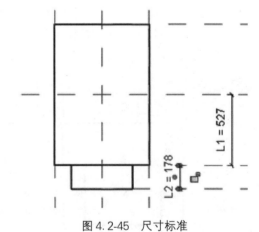

图 4.2-45 尺寸标准

(14)进入到立面视图中的左视图,单击"创建"选项卡>"形状">"拉伸"按钮,绘制图中的轮廓,如图 4.2-46 所示。

(15)单击"注释"选项卡>"尺寸标注"下拉列表>"对齐尺寸标注"按钮,对轮廓进行尺寸标注,并用"EQ"平分标注,如图 4.2-47 所示。

(16)选择标注,在选项栏的"标签"下拉列表中"添加参数"选项,在打开的"参数属性"对话框中添加参数"法兰宽度",如图 4.2-48 所示。

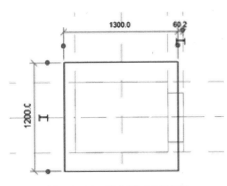

图 4.2-46 绘制防火阀轮廓

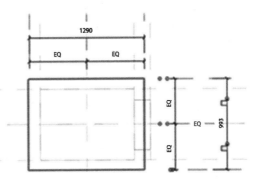

图 4.2-47 轮廓尺寸标注和平分

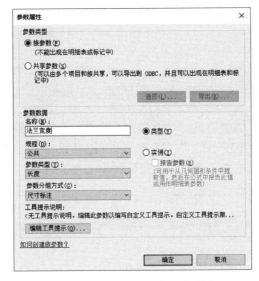

图 4.2-48 "参数属性"对话框

（17）同理，在右边的标注上添加一个参数"法兰厚度"，单击"完成拉伸"按钮，进入到立面的前视图中，将拉伸轮廓拖拽至合适的位置，并将法兰边与风管边锁定，如图 4.2-49 所示。

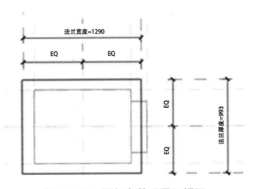

图 4.2-49 添加参数后平面视图

（18）使用“尺寸标注”命令对法兰进行标注，如图 4.2-50 所示。

（19）选择标注，在选项栏的“标签”下拉列表中选择“添加参数”选项，添加参数“法兰高度”，如图 4.2-51 所示。

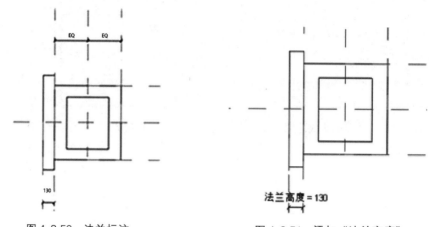

图 4.2-50　法兰标注

图 4.2-51　添加“法兰高度”

3. 参数设置

（1）单击“族属性”面板下的“类型”，打开“族类型”对话框，在“法兰厚度”后的公式中编辑公式“风管厚度＋150”，同理，在“法兰宽度”后的公式中编辑公式“风管宽度＋150”，编辑完成后单击“确定”按钮，如图 4.2-52 所示。

参数	值	公式	锁定
风管宽度	1054.0	=	☐
风管厚度	734.0	=	☐
法兰高度	130.0	=	☐
法兰宽度	1204.0	=风管宽度 + 150 mm	☐
法兰厚度	884.0	=风管厚度 + 150 mm	☐
w	471.0	=	☑
l	734.0	=	☐
L2	178.0	=	☐
L1	527.0	=风管宽度 / 2	☐
L	734.0	=	☐
H	542.9	=	☑

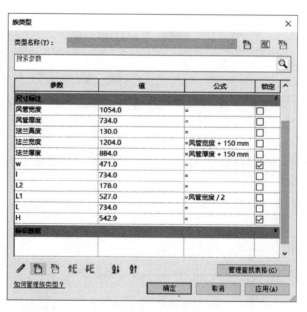

图 4.2-52　“族类型”对话框

（2）选择法兰，单击“修改 | 拉伸”选项卡＞“修改”＞“复制”按钮，选取复制的移动点，在选项栏中取消勾选“约束”复选框，将法兰复制到矩形风管的右边，并将矩形风管与法兰边锁定，如图 4.2-53 所示，复制过去的法兰使其属性保持不变。

4. 添加连接件

（1）进入到三维视图中，单击"创建"选项卡＞"连接件"＞"风管连接件"按钮，选择法兰面，如图 4.2-54 所示。

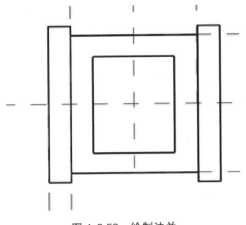

图 4.2-53 绘制法兰

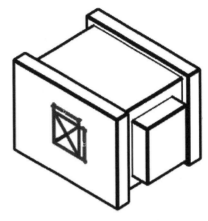

图 4.2-54 法兰面选择

（2）选择连接件，在"属性"对话框的"系统类型"下拉列表中选择"管件"选项，在"尺寸标注"组中将"高度""宽度"与"风管厚度""风管宽度"关联起来。设定好连接件的高度与宽度之后，单击"确定"按钮，如图 4.2-55 所示。

（3）同理，在右边添加风管连接件，设定其高度与宽度，如图 4.2-56 所示。

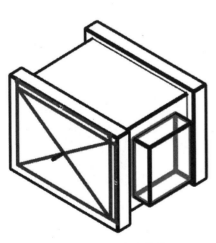

图 4.2-55 选择连接件

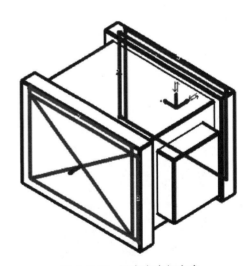

图 4.2-56 设定高度与宽度

5. 族类型参数的选择

选择"族属性"面板下的"类型和参数"，打开"族类型和族参数"对话框，在"族类别"中选择"风管附件"选项，在"族参数"中的"零件类型"下拉列表中选择"阻尼器"选项，然后单击"确定"按钮，如图 4.2-57 所示。

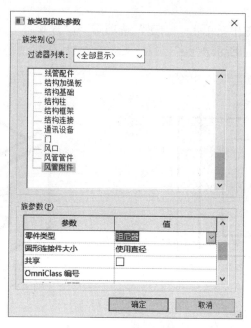

图 4.2-57　"族类型和族参数"对话框

6. 族载入测试

设置好之后可以将其保存为"BIM 矩形防火阀"，也可以直接载入到项目中进行测试。

4.2.3　创建静压箱族

1. 族样板文件选择

单击"应用程序菜单"＞"新建"＞"族"按钮，打开一个"选择样板文件"对话框，选取"自适应公制常规模型"作为族样板文件，如图 4.2-58 所示。

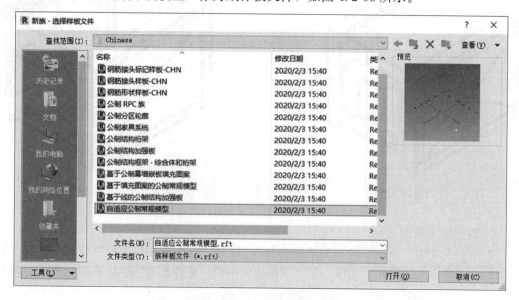

图 4.2-58　选取"自适应公制常规模型"

2. 族轮廓的绘制

1）锁定参照平面

从项目浏览器中进入到立面的前视图，选择参照标高，单击"修改│标高"选项卡>"锁定"按钮，将参照平面锁定。

2）隐藏参照标高

单击"视图"选项卡>"可见性/图形"按钮，在打开的对话框中选择"注释类别"选项卡，取消勾选"标高"复选框，此时，隐藏族样板文件中的参照标高。

3）绘制轮廓

进入到立面的左视图中，单击"创建"选项卡>"形状">"拉伸"按钮绘制矩形线框。

（1）单击"创建"选项卡>"基准">"参照平面"按钮对轮廓添加参照平面，如图 4.2-59 所示。

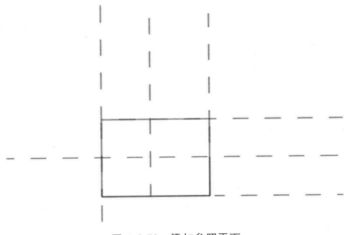

图 4.2-59　添加参照平面

（2）单击"注释"选项卡>"尺寸标注">"对齐尺寸标注"按钮，对添加好的参照平面进行尺寸标注，并用"EQ"命令平分尺寸，再用"对齐"命令将轮廓边与参照平面对齐锁定，如图 4.2-60 所示。

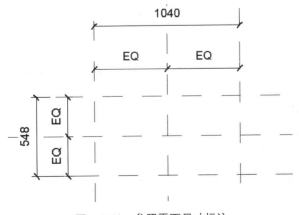

图 4.2-60　参照平面尺寸标注

（3）选择尺寸标注，在选项栏中的"标签"下拉列表中选择"添加参数"选项，打开"参数属性"对话框，在"名称"文本框中输入"静压箱长度"，设置"参数分组方式"为"尺寸标注"，如图 4.2-61 所示。

（4）在右边的标注上添加一个实例参数"静压箱宽度"。单击"完成拉伸"按钮，进入到立面的前视图中，将拉伸好的轮廓拖拽至合适的位置，如图 4.2-62 和图 4.2-63 所示。

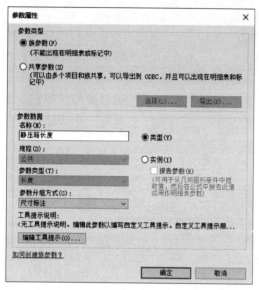

图 4.2-61　"参数属性"对话框

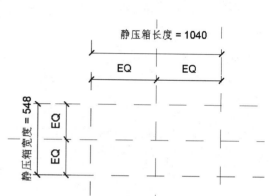

图 4.2-62　添加"静压箱宽度"后平面视图

（5）单击"创建"选项卡＞"形状"＞"拉伸"按钮绘制矩形线框，如图 4.2-64 所示。

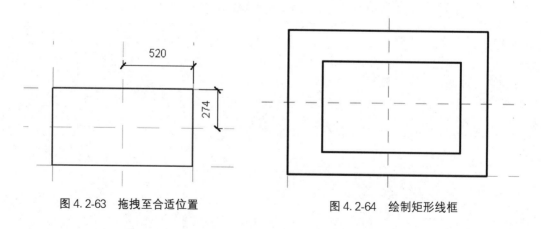

图 4.2-63　拖拽至合适位置　　　　　图 4.2-64　绘制矩形线框

（6）使用"尺寸标注"命令把刚对齐的参照平面与参照标高上的参照平面进行尺寸标注，选择尺寸，在选项栏的"标签"下拉列表中选择"添加参数"选项，打开"参数属性"对话框，在"名称"文本框中输入"风管 2"，设置"参数分组方式"为"其他"，选择"实例"单选按钮，单击"确定"按钮，如图 4.2-65 所示。

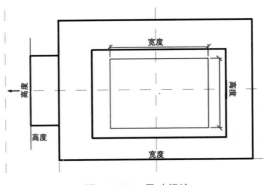

图 4.2-65 尺寸标注

（7）单击"族属性"面板下的"类型"，打开"族类型"对话框，在刚刚添加的实例参数"风管 2"后的公式中填写"静压箱宽度/2"，如图 4.2-66 所示。

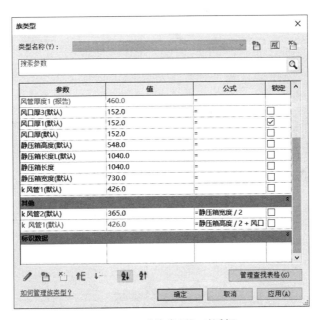

图 4.2-66 "族类型"对话框

3. 参数设置

（1）单击"族属性"面板下的"类型"，打开"族类型"对话框，在"风管 1"后的公式中编辑公式"静压箱高度/2+风口"，同理，在"风管 3"后的公式中编辑公式"静压箱长度/2"，编辑完成后单击"确定"按钮，如图 4.2-67 所示。

（2）选择风管，单击"修改｜拉伸"选项卡＞"修改"＞"复制"按钮，选取复制的移动点，在选项栏中取消勾选"约束"复选框，将风管复制到静压箱的下侧，并将静压箱与风管锁定，如图 4.2-68 所示，复制过去的风管使其属性保持不变。

4. 添加连接件

（1）进入到三维视图中，单击"创建"选项卡＞"连接件"＞"风管连接件"按钮，选择法兰面，如图 4.2-69 所示。

（2）选择连接件，在"属性"对话框的"系统类型"下拉列表中选择"管件"选项，

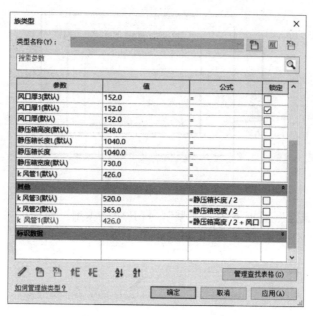

图 4.2-67　"族类型"对话框

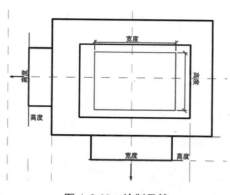

图 4.2-68　绘制风管

在"尺寸标注"组中将"静压箱长度""静压箱高度"与"风管厚度""风管宽度"关联起来。设定好连接件的高度与宽度之后,单击"确定"按钮,如图 4.2-70 所示。

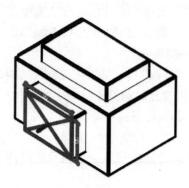

图 4.2-69　法兰面选择

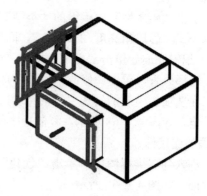

图 4.2-70　选择连接件

（3）同理，在右边添加风管连接件，设定其高度与宽度，如图 4.2-71 所示。

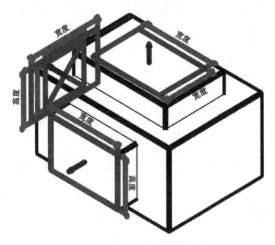

图 4.2-71 设定高度和宽度

5. 族类型参数的选择

选择"族属性"面板下的"类型和参数"，打开"族类型和族参数"对话框，在"族类别"中选择"风管附件"选项，在"族参数"中的"零件类型"下拉列表中选择"附着到"选项，然后单击"确定"按钮，如图 4.2-72 所示。

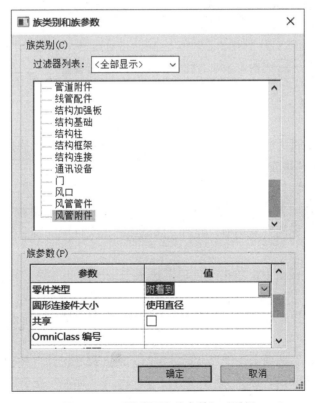

图 4.2-72 "族类型和族参数"对话框

6. 族载入测试

设置好之后可以将其保存为"BIM 静压箱族",也可以直接载入到项目中进行测试。

4.2.4　创建空调机组族

1. 族样板文件选择

单击"应用程序菜单">"新建">"族"按钮,打开一个"选择样板文件"对话框,选取"自适应公制常规模型"作为族样板文件,如图 4.2-73 所示。

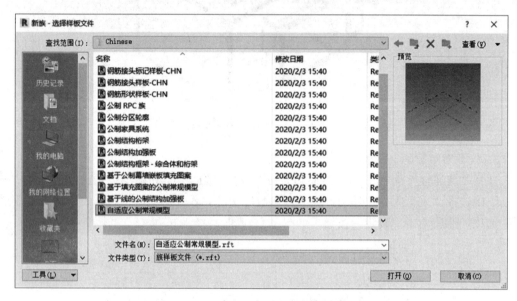

图 4.2-73　选取"自适应公制常规模型"

2. 族轮廓的绘制

1)锁定参照平面

从项目浏览器中进入到立面的前视图,选择参照标高,单击"修改 | 标高"选项卡>"锁定"按钮,将参照平面锁定。

2)隐藏参照标高

单击"视图"选项卡>"可见性/图形"按钮,在打开的对话框中选择"注释类别"选项卡,取消勾选"标高"复选框,此时,隐藏族样板文件中的参照标高。

3)绘制轮廓

进入到立面的左视图中,单击"创建"选项卡>"形状">"拉伸"按钮绘制矩形线框。

(1)单击"创建"选项卡>"基准">"参照平面"按钮对轮廓添加参照平面,如图 4.2-74 所示。

(2)单击"注释"选项卡>"尺寸标注">"对齐尺寸标注"按钮,对添加好的参照平面进行尺寸标注,并用"EQ"命令平分尺寸,再用"对齐"命令将轮廓边与参照平面对齐锁定,如图 4.2-75 所示。

(3)选择尺寸标注,在选项栏中的"标签"下拉列表中选择"添加参数"选项,打开

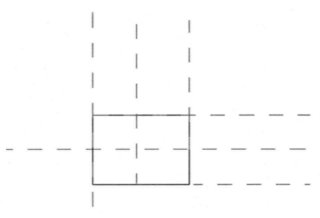

图 4.2-74　添加参照平面

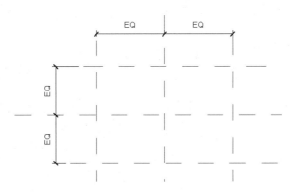

图 4.2-75　参照平面尺寸标注

"参数属性"对话框,在"名称"文本框中输入"空调箱长度",设置"参数分组方式"为"尺寸标注",如图 4.2-76 所示。

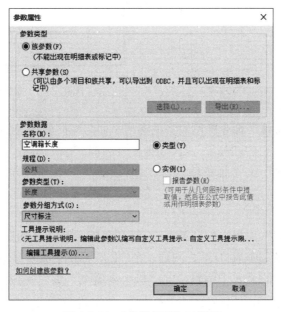

图 4.2-76　"参数属性"对话框

（4）在左边的标注上添加一个实例参数"空调箱宽度"。单击"完成拉伸"按钮，进入到立面的前视图中，将拉伸好的轮廓拖拽至合适的位置，如图 4.2-77 和图 4.2-78 所示。

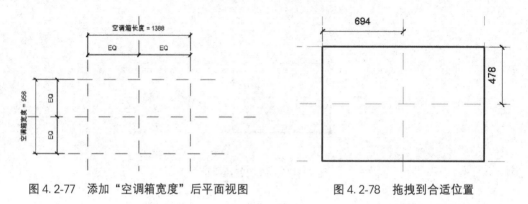

图 4.2-77　添加"空调箱宽度"后平面视图　　　　图 4.2-78　拖拽到合适位置

（5）给轮廓的上面添加两条参照平面，使用"尺寸标注"命令对两条参照平面进行标注，接着用"EQ"平分尺寸，并用"对齐"命令将轮廓边与参照平面对齐锁定，如图 4.2-79 所示。

（6）单击"创建"选项卡＞"形状"＞"拉伸"按钮绘制矩形线框，如图 4.2-80 所示。

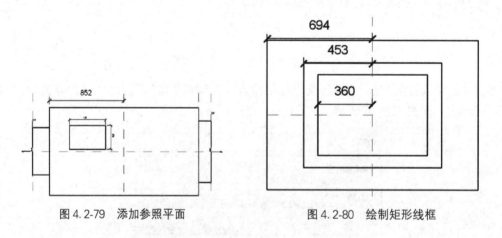

图 4.2-79　添加参照平面　　　　　　图 4.2-80　绘制矩形线框

（7）使用"尺寸标注"命令把刚对齐的参照平面与参照标高上的参照平面进行尺寸标注，选择尺寸，在选项栏的"标签"下拉列表中选择"添加参数"选项，打开"参数属性"对话框，在"名称"文本框中输入"L2"，设置"参数分组方式"为"其他"，选择"实例"单选按钮，单击"确定"按钮，L3 同理，如图 4.2-81 所示。

3. 参数设置

（1）单击"族属性"面板下的"类型"，打开"族类型"对话框，在"L1"后的公式中编辑公式"机组长度/2＋风口厚"，同理，在"L2"后的公式中编辑公式"机组宽度/2＋风口厚 1"，在"L"后的公式中编辑公式"机组高度/2"编辑完成后单击"确定"按钮，如图 4.2-82 所示。

（2）选择风管，单击"修改 | 拉伸"选项卡＞"修改"＞"复制"按钮，选取复制的

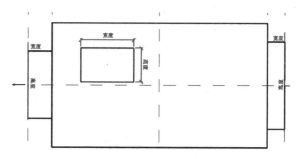

图 4.2-81 尺寸标注

图 4.2-82 "族类型"对话框

移动点,在选项栏中取消勾选"约束"复选框,将风管复制到机箱右侧,并将机箱与风管锁定,如图 4.2-83 所示,复制过去的风管使其属性保持不变。

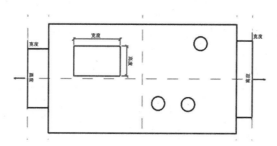

图 4.2-83 绘制风管

4. 添加连接件

(1) 进入到三维视图中,单击"创建"选项卡>"连接件">"风管连接件"按钮,选择法兰面,如图 4.2-84 所示。

（2）选择连接件，在"属性"对话框的"系统类型"下拉列表中选择"管件"选项，在"尺寸标注"组中将"机组长度""机组宽度"与"风管厚度""风管宽度"关联起来。设定好连接件的高度与宽度之后，单击"确定"按钮，如图 4.2-85 所示。

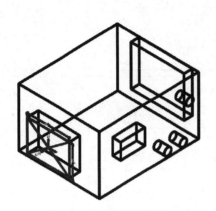

图 4.2-84　法兰面选择

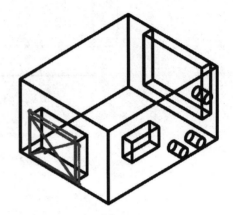

图 4.2-85　选择连接件

（3）同理，在右边添加风管连接件，设定其高度与宽度，如图 4.2-86 所示。

（4）同理，在后边添加风管连接件，设定其高度与宽度，如图 4.2-87 所示。

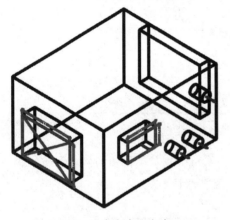

图 4.2-86　设定高度和宽度（一）

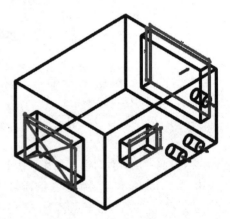

图 4.2-87　设定高度和宽度（二）

5. 族类型参数的选择

选择"族属性"面板下的"类型和参数"，打开"族类型和族参数"对话框，在"族类别"中选择"风管附件"选项，在"族参数"中的"零件类型"下拉列表中选择"附着到"选项，然后单击"确定"按钮，如图 4.2-88 所示。

6. 族载入测试

设置好之后可以将其保存为"BIM 空调机组族"，也可以直接载入到项目中进行测试。

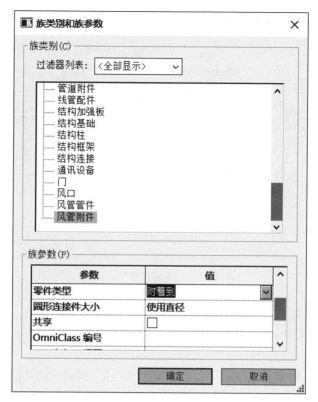

图 4.2-88 "族类型和族参数"对话框

4.3 水管系统的创建

4.3.1 管道设计参数设置

1. 管道尺寸设置

在 Revit MEP 2021 中,通过"机械设置"中的"尺寸"选项设置当前项目文件中的管道尺寸信息。打开"机械设置"对话框可以通过三种方式:①单击"管理"选项卡>"设置">"MEP 设置">"机械设置"按钮;②单击"系统"选项卡>"机械"按钮;③直接键入 MS(机械设置快捷键)。

1)添加/删除管道尺寸

打开"机械设置"对话框后选择"管段尺寸"选项,右侧面板会显示可在当前项目中使用的管道尺寸列表。在 Revit MEP 2021 中,管道尺寸可以通过"管段"进行设置,"粗糙度"用于管道的水力计算。

图 4.3-1 显示了热熔对接的不锈钢 10s 的管道的公称直径、ID(管道内径)和 OD(管道外径)。

单击"新建尺寸"或"删除尺寸"按钮可以添加或删除管道尺寸。新建管道的公称直径和现有列表中管道的公称直径不允许重复。如果在绘图区域已经绘制了某尺寸的管道,

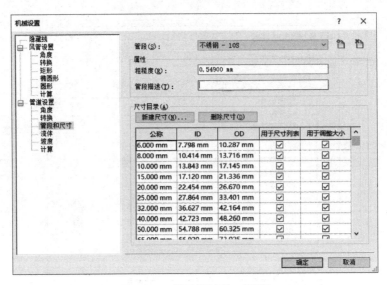

图 4.3-1　"机械设置"对话框

该尺寸在"机械设置"尺寸列表中将不能删除，需要先删除项目中的管道，才能删除"机械设置"尺寸列表中的尺寸。

2）尺寸应用

通过勾选"用于尺寸列表"和"用于调整大小"复选框来调节管道尺寸在项目中的应用。如果勾选一段管道尺寸的"用于尺寸列表"，该尺寸可以被管道布局编辑器和"修改 | 放置管道"中管道"直径"下拉列表调用，在绘制管道时可以直接在选项栏的"直径"下拉列表中选择尺寸，如图 4.3-2 所示。如果勾选某一管道的"用于调整大小"，该尺寸可以应用于"调整风管/管道大小"功能。

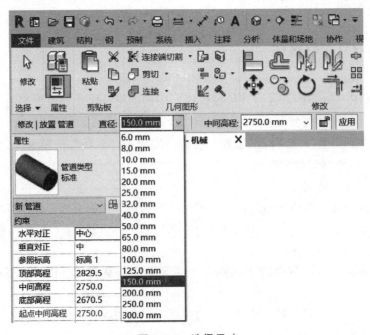

图 4.3-2　选择尺寸

2. 管道类型设置

这里主要是指管道和软管的族类型。管道和软管都属于系统族，无法自行创建，但可以创建、修改和删除族类型。

（1）单击"系统"选项卡＞"卫浴和管道"＞"管道"按钮，通过绘图区域左侧的"属性"对话框选择和编辑管道类型，如图 4.3-3 所示。Revit MEP 2021 提供的"Plumbing-DefaultCHSCHS"项目样板文件中默认配置了两种管道类型："PVC-U"和"标准"管道类型。

（2）单击"编辑类型"按钮，打开管道"类型属性"对话框，对管道类型进行设置，如图 4.3-4 所示，在"属性"栏中，"机械"列表下定义的是和管道属性相关的参数，与"机械设置"对话框中"尺寸"中的参数相对应。其中，"连接类型"对应"连接"，"类别"对应"明细表｜类型"。

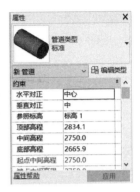

图 4.3-3　属性面板

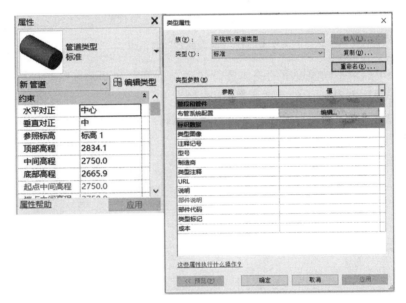

图 4.3-4　"类型属性"对话框

（3）通过在"管件"列表中配置各类型管件族，可以指定绘制管道时自动添加到管路中的管件，管件类型可以在绘制管道时自动添加到管道中的有弯头、T 形三通、接头、四通、过渡件、活接头和法兰。如果"管件"不能在列表中选取，则需要手动添加到管道系统中，如 Y 形三通、斜四通等。同时，也可用相似方法来定义软管类型。

（4）单击"系统"选项卡＞"卫浴和管道"＞"软管"按钮，在"属性"对话框中单击"编辑类型"按钮，打开软管"类型属性"对话框，如图 4.3-5 所示。和管道设置不同的是，在软管的类型属性中可编辑其"粗糙度"。

3. 流体设计参数

在 Revit MEP 2021 中，除了能定义管道的各种设计参数外，还可以对管道中流体的设计参数进行设置，提供管道水力计算依据。在"机械设置"对话框中，选择"流体"，

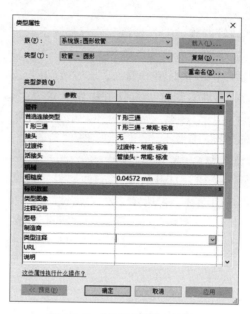

图 4.3-5 "类型属性"对话框

通过右侧面板可以对不同温度下的流体进行"动态粘度"和"密度"的设置，如图 4.3-6 所示。Revit MEP 2021 输入的有"水""丙二醇"和"乙二醇"3 种流体。可通过"新建温度"和"删除温度"按钮对流体设计参数进行编辑。

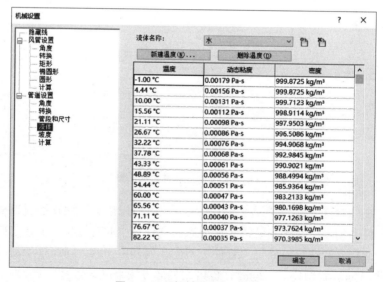

图 4.3-6 "机械设置"对话框

4.3.2 管道绘制

1. 选择管道类型

在"属性"对话框中选择所需要绘制的管道类型，如图 4.3-7 所示。

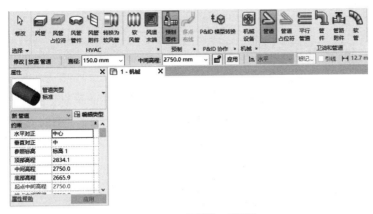

图 4.3-7　"属性"对话框

2. 选择管道尺寸

在"修改｜放置管道"选项栏的"直径"下拉列表中，选择在"机械设置"中设定的管道尺寸，也可以直接输入欲绘制的管道尺寸，如果在下拉列表中没有该尺寸，系统将从列表中自动选择和输入最接近的管道尺寸。

3. 指定管道中间高程

默认"中间高程"是指管道中心线相对于当前平面标高的距离。重新定义管道"对正"方式后，"中间高程"指定的距离含义将发生变化。在"中间高程"下拉列表中可以选择项目中已经用到的管道中间高程，也可以直接输入自定义的中间高程数值，默认单位为毫米。

4. 指定管道起点和终点

将鼠标指针移至绘图区域，单击一点即可指定管道起点，移动至终点位置再次单击，这样即可完成一段管道的绘制。可以继续移动鼠标指针绘制下一管段，管道将根据管路布局自动添加在"类型属性"对话框中预设好的管件。绘制完成后，按 Esc 键，或者单击鼠标右键，在弹出的快捷菜单中选择"取消"命令，退出管道绘制。

5. 管道对齐

1）绘制管道

在平面视图和三维视图中绘制管道，可以通过"修改｜放置管道"选项卡下"放置工具"中的"对正"按钮指定管道的对齐方式。打开"对正设置"对话框，如图 4.3-8 所示。

（1）水平对正：用来指定当前视图下相邻两端管道之间的水平对齐方式。"水平对正"方式有"中心""左"和"右"3 种形式。"水平对正"后效果还与绘制管道的方向有关，如果自左向右绘制管道，选择不同"水平对正"方式的绘制。

（2）水平偏移：用于指定管道绘制起始点位置与实际管道绘制位置之间的偏移距离。该功能多用于指定管道和墙体等参考图元之间的水平偏移距离。

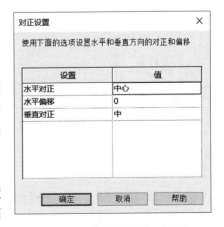

图 4.3-8　"对正设置"对话框

比如，设置"水平偏移"值为 500mm 后，捕捉墙体中心线绘制宽度为 100mm 的管段，这样实际绘制位置是按照"水平偏移"值偏移墙体中心线的位置。同时，该距离还与"水平对齐"方式及绘制管道方向有关，如果自左向右绘制管道，3 种不同的水平对正方式下管道中心线到墙中心线的距离标注不同。

（3）垂直对正：用来指定当前视图下相邻两段管道之间的垂直对齐方式。"垂直对正"方式有"中""底""顶" 3 种形式。"垂直对正"的设置会影响"中间高程"。当默认中间高程为 100mm 时，绘制公称管径为 100mm 的管道，设置不同的"垂直对正"方式，绘制完成后的管道中间高程（即管中心标高）会发生变化。

2）编辑管道

管道绘制完成后，每个视图中都可以使用"对正"命令修改管道的对齐方式。选中需要修改的管段，单击功能区中的"对正"按钮，进入"对正编辑器"，根据需要选择相应的对齐方式和对齐方向，单击"完成"按钮，如图 4.3-9 所示。

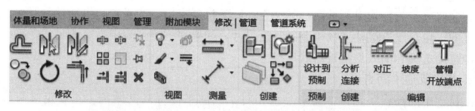

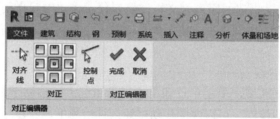

图 4.3-9　"对正编辑器"

3）自动连接

在"修改 | 放置管道"选项卡中的"自动连接"按钮用于某一段管道开始或结束时自动捕捉相交管道，并添加管件完成连接，如图 4.3-10 所示。默认情况下，这一选项是激活的。当激活"自动连接"时，在两管段相交位置自动生成四通；如果不激活，则不生成管件。

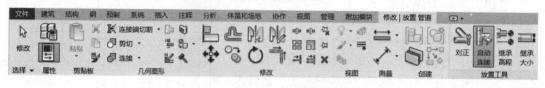

图 4.3-10　"修改 | 放置管道"选项卡

4）坡度设置

在 Revit MEP 2021 中，可以在绘制管道的同时指定坡度，也可以在管道绘制结束后再对管道坡度进行编辑。

（1）绘制坡度

在"修改｜放置管道"选项卡＞"带坡度管道"面板上可以直接指定管道坡度，如图4.3-11所示。

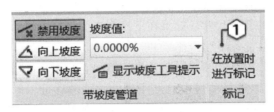

图 4.3-11　管道坡度设置选项

通过单击"向上坡度"按钮修改向上坡度数值，或单击"向下坡度"按钮修改向下坡度数值。图 4.3-12 显示了当偏移量为 100mm，坡度为 0.8000%、200mm 管道应用正、负坡度后所绘制的不同管道。

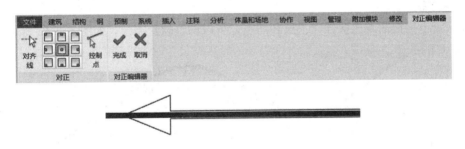

图 4.3-12　绘制管道坡度

（2）编辑管道坡度

① 选中某管段，单击并修改其起点和终点标高来获得管道坡度，如图 4.3-13 所示。当管段上的坡度符号出现时，也可以单击该符号修改坡度值。

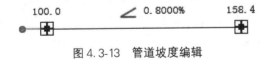

图 4.3-13　管道坡度编辑

② 选中某管段，单击功能区中"修改｜管道"选项卡中的"坡度"，激活"坡度编辑器"选项卡，如图 4.3-14 所示。在"坡度编辑器"选项栏中输入相应的坡度值，单击 按钮可调整坡度方向。同样，如果输入负的坡度值，将反转当前选择的坡度方向。

图 4.3-14　"坡度编辑器"选项栏

6. 软管绘制

在平面视图和三维视图中，可按照以下步骤来绘制软管：

（1）选择软管类型。在软管"属性"对话框中选择需要绘制的软管类型。

（2）选择软管管径。在"修改｜放置软管"选项栏的"直径"下拉列表中选择软管尺寸，或者直接输入需要的软管尺寸，如果在下拉列表中没有该尺寸，系统将输入与该尺寸最接近的软管尺寸。

（3）指定软管偏移。默认"偏移量"是指软管中心线相对于当前平面标高的距离。在"偏移量"下拉列表中可以选择项目中已经用到的软管偏移量，也可以直接输入自定义的偏移量数值，默认单位为毫米。

（4）指定软管起点和终点。在绘图区域中，单击指定软管的起点，沿着软管的路径在每个拐点处单击鼠标，最后在软管终点按"Esc"键，或者单击鼠标右键，在弹出的快捷菜单中选择"取消"命令。如果软管的终点是连接到某一管道或某一设备的管道连接件，可以直接单击所要连接的连接件，以结束软管的绘制。

7. 修改软管

在软管上拖拽两端连接件，顶点和切点，可以调整软管路径，如图 4.3-15 所示。

图 4.3-15　软管编辑

：连接件，允许重新定位软管的端点。通过连接件可以将软管与另一构件的管道连接起来，也可以断开与该管道连接件的连接。

：顶点，允许修改软管的拐点。在软管上单击鼠标右键，在弹出的快捷菜单中选择"插入顶点"或"删除顶点"命令可插入或删除顶点。使用顶点可在平面视图中以水平方向修改软管的形状，在剖面视图或立面视图中以垂直方向修改软管的形状。

：切点，允许调整软管首个和末个拐点处的连接方向。

8. 设备接管

设备的管道连接件可以连接管道和软管。连接管道和软管的方法类似，本节将以浴盆管道连接件连接管道为例，介绍设备连管的 3 种方法。

（1）单击浴盆，用鼠标右键单击其冷水管道连接件，在弹出的快捷菜单中选择"绘制管道"命令。在连接件上绘制管道时，按空格键，可自动根据连接件的尺寸和高程调整绘制管道的尺寸和高程，如图 4.3-16 所示。

（2）直接拖动已绘制的管道到相应的浴盆管道连接件上，管道将自动捕捉浴盆上的管道连接件，完成连接，如图 4.3-17 所示。

① 单击"布局"选项卡＞"连接到"按钮，为浴盆连接管道，可以便捷地完成设备连管。

② 将浴盆放置到视图中指定的位置，并绘制与软件连接的冷水管。选中浴盆，并单

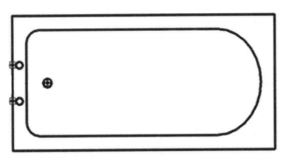

图 4.3-16　绘制管道

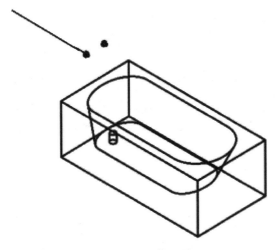

图 4.3-17　完成连接

击"布局"选项卡>"连接到"按钮。选择冷水连接件，单击已绘制的管道。至此，完成连管。

9. 管道的隔热层

Revit MEP 2021 可以为管道管路添加相应的隔热层。进入绘制管道模式后，单击"修改｜管道"选项卡>"管道隔热层">"添加隔热层"按钮，输入隔热层的类型和所需的厚度，将视觉样式设置为"线框"时，则可清晰地看到隔热层，如图 4.3-18 所示。

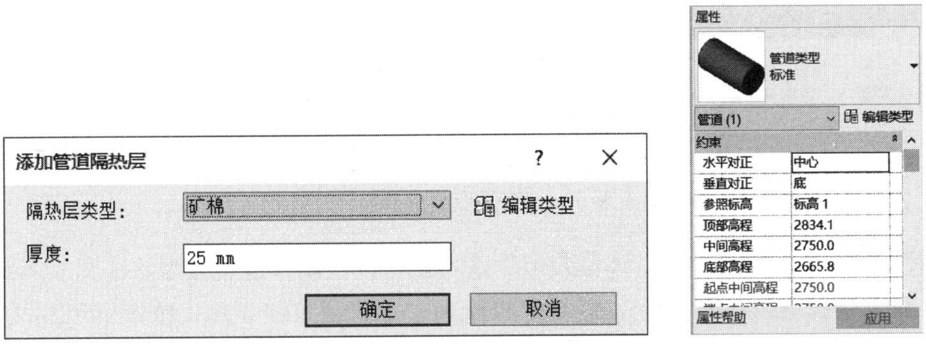

图 4.3-18　"添加隔热层"对话框

4.3.3　管道显示

在 Revit MEP 2021 中，可以通过一些方式来控制管道的显示，以满足不同的设计和出图的需要。

1. 视图详细程度

Revit MEP 2021 有 3 种视图详细程度：粗略、中等和精细。在粗略和中等详细程度下，管道默认为单线显示，在精细视图下，管道默认为双线显示。在创建管件和管路附件等相关族的时候，应注意配合管道显示特性，尽量使管件和管路附件在粗略和中等详细程度下单线显示，精细视图下双线显示，确保管路看起来协调一致。

2. 可视性/图形替换

单击"视图"选项卡＞"图形"＞"可见性/图形替换"按钮，或者通过 VG 或 VV 快捷键打开当前视图的"可见性/图形替换"对话框。

1）模型类型

在"模型类别"选项卡中可以设置管道可见性，既可以根据整个管道族类别来控制，也可以根据管道族的子类别来控制，可通过勾选来控制它的可见性。如图 4.3-19 所示，该设置表示管道族中的隔热层子类别不可见，其他子类别都可见。

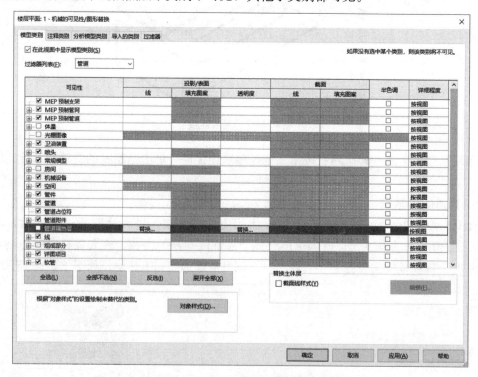

图 4.3-19　"可见性/图形替换"对话框

"模型类别"选项卡中的"详细程度"选项还可以控制管道族在当前视图显示的详细程度。默认情况下为"按视图"，遵守"粗略和中等管道单线显示，精细管道双线显示"的原则。也可以设置为"粗略""中等"或"精细"，这时管道的显示将不依据当前视图详细程度的变化而变化，而始终依据所选择的详细程度。

2）过滤器

在 Revit MEP 2021 的视图中，如需要对于当前视图上的管道、管件和管路附件等依据某些原则进行隐藏或区别显示，可以通过"过滤器"功能来完成。

单击"编辑/新建"按钮，打开"过滤器"对话框，如图 4.3-20 所示，"过滤器"的族类别可以选择一个或多个，同时可以勾选"隐藏未选择类别"复选框，"过滤条件"可以使用系统自带的参数，也可以使用创建项目参数或者共享参数。

图 4.3-20　"过滤器"对话框

3. 管道图例

在平面视图中，可以根据管道的某一参数对管道进行着色，帮助用户分析系统。

1）创建管道图例

单击"分析"选项卡＞"颜色填充"＞"管道图例"按钮，将图例拖拽至绘图区域，单击鼠标确定绘制位置后，选择颜色方案，如"管道颜色填充-尺寸"，Revit MEP 将根据不同管道尺寸给当前视图中的管道配色。

2）编辑管道图例

选中已添加的管道图例，单击"修改｜管道颜色填充图例"选项卡＞"方案"＞"编辑方案"按钮，打开"编辑颜色方案"对话框。在"颜色"下拉列表中选择相应的参数，这些参数值都可以作为管道配色依据。

"编辑颜色方案"对话框右上角有"按值""按范围"和"编辑格式"选项，它们的意义分别如下：

（1）按值：按照所选参数的数值来作为管道颜色方案条目。

（2）按范围：对于所选参数设定一定的范围来作为颜色方案条目。

（3）编辑格式：可以定义范围数值的单位。

4. 隐藏线

除了上述控制管道的显示方法，这里介绍一下隐藏线的运用，打开"机械设置"对话框，如图 4.3-21 所示，左侧"隐藏线"是用于设置图元之间交叉、发生遮挡关系时的显示。

展开"隐藏线"选项其右侧面板中各参数的意义如下：

（1）绘制 MEP 隐藏线：绘制 MEP 隐藏线是指将按照"隐藏线"选项所指定的线样式和间隙来绘制管道。

（2）线样式：指在勾选"绘制 MEP 隐藏线"的情况下，遮挡线的样式。

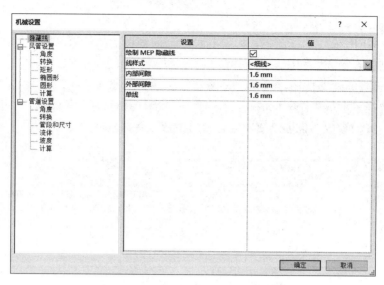

图 4.3-21 "机械设置"对话框

（3）内部间隙、外部间隙、单线：这 3 个选项用来控制在非"细线"模式下隐藏线的间隙，允许输入数值的范围为 0.0～19.1。"内部间隙"指定在交叉段内部出现的线的间隙。"外部间隙"指定在交叉段外部出现的线的间隙。"内部间隙"和"外部间隙"控制双线管道/风管的显示。在管道/风管显示为单线的情况下，没有"内部间隙"这个概念，因此"单线"用来设置单线模式下的外部间隙。

5. 注释比例

在管件、管路附件、风管管件、风管附件、电缆桥架配件这几类族的类型属性中都有"使用注释比例"这个设置，这一设置用来控制上述几类族在平面视图中的单线显示。

除此之外，在"机械设置"对话框中也能对项目中的"使用注释比例"进行设置，如图 4.3-22 所示。默认状态为勾选。如果取消勾选，则后续绘制的相关族将不再使用注释比例，但之前已经出现的相关族不会被更改。

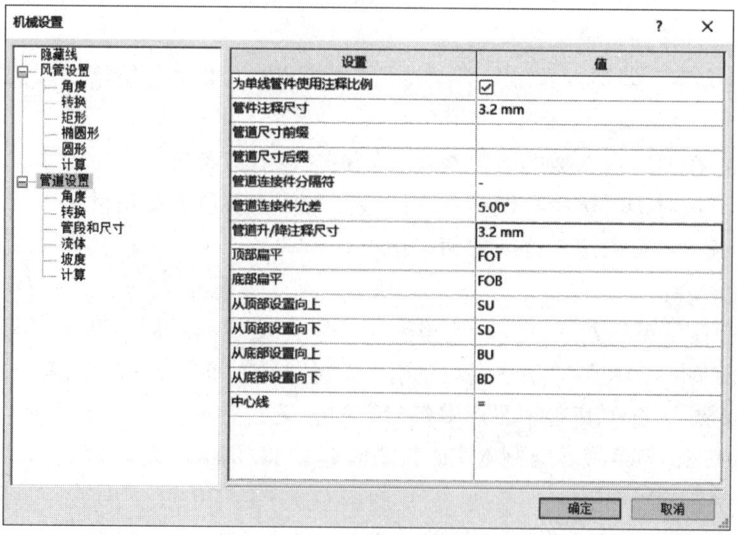

图 4.3-22 "机械设置"对话框

4.3.4 管道标注

管道的标注在设计过程中是不可或缺的。本节将介绍在 Revit MEP 2021 中如何进行管道的各种标注，其中包括尺寸标注、编号标注、标高标注和坡度标注 4 类。管道尺寸和管道编号是通过注释符号族来标注的，在平、立、剖中均可使用。而管道标高和坡度则是通过尺寸标注系统族来标注的，在平、立、剖和三维视图均可使用。

1. 尺寸标注

1）基本操作

Revit MEP 2021 中自带的管道注释符号族"M 管道尺寸标记"可以用来进行管道尺寸标注，有以下两种方式。

（1）管道绘制的同时进行标注。进入绘制管道模式后，单击"修改｜放置管道"选项卡＞"标记"＞"在放置时进行标记"按钮，绘制出的管道将会自动完成管径标注，如图 4.3-23 所示。

图 4.3-23　管径标注

（2）管道绘制后再进行管径标注。单击"注释"选项卡＞"标记"面板下拉列表＞"载入的标记"按钮，就能查看到当前项目文件中加载的所有的标记族。某个族类别下排在第一位的标记族为默认的标记族。当单击"按类别标记"按钮后，Revit MEP 2021 将默认使用"M 管道尺寸标记"。

（3）单击"注释"选项卡＞"标记"＞"按类别标记"按钮，将鼠标指针移至视图窗口的管道上，如图 4.3-24 所示。上下移动鼠标可以选择标注出现在管道上方还是下方，确定注释位置单击完成标注。

图 4.3-24　管道尺寸标记

2）标记修改

在 Revit MEP 2021 中，为用户提供了以下功能方便修改标记，如图 4.3-25 所示。

（1）"水平""竖直"可以控制标记放置的方式。

（2）可以通过勾选"引线"复选框，确认引线是否可见。勾选"引线"复选框即引线，可选择引线为"附着端点"或是"自由端点"。"附着端点"表示引线的一个端点固定在被标记图元上，"自由端点"表示引线两个端点都不固定，可进行调整。

图 4.3-25　修改标记选项卡

3）尺寸注释符号族修改

因为在 Revit MEP 2021 中自带的管道注释符号族"M 管道尺寸标记"和国内常用的管道标注有些不同，故可以按照以下步骤进行修改。

（1）在族编辑器中打开"M 管道尺寸标记.rfa"。

（2）选中已设置的标签"尺寸"，在"修改标签"选项卡中单击"编辑标签"。

（3）删除已选标签参数"尺寸"。

（4）添加新的标签参数"直径"，并在"前缀"列中输入"DN"。

（5）将修改后的族重新加载到项目环境中。

（6）单击"管理"选项卡＞"设置"＞"项目单位"按钮，选择"管道"规程下的"管道尺寸"选项，将"单位符号"设置为"无"。

（7）按照前面介绍的方法进行管道尺寸标注，如图 4.3-26 所示。

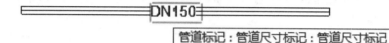

图 4.3-26　管道尺寸标注

2. 标高标注

单击"注释"选项卡＞"尺寸标注"＞"高程点"按钮来标注管道标高，如图 4.3-27 所示。

打开高程点族的"类型属性"对话框，在"类型"下拉列表中可以选择相应的高程点符合族，如图 4.3-28 所示。

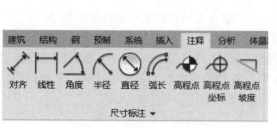

图 4.3-27　"注释"选项卡

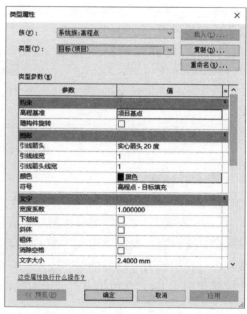

图 4.3-28　"类型属性"对话框

（1）引线箭头：可根据需要选择各种引线端点样式。

（2）符号：这里将出现所有高程点符号族，选择刚载入的新建族即可。

（3）文字与符号的偏移量：为默认情况下文字和"符号"左端点之间的距离，正值表明文字在"符号"左端点的左侧；负值则表明文字在"符号"左端点的右侧。

（4）文字位置：控制文字和引线的相对位置。

（5）高程指示器/顶部指示器/底部指示器：允许添加一些文字、字母等，用来提示出现的标高是顶部标高还是底部标高。

（6）作为前缀/后缀的高程指示器：确认添加的文集、字母等在标高中出现的形式是前缀还是后缀。

① 平面视图中管道标高

平面视图中的管道标高注释需在精细模式下进行（在单线模式下不能进行标高标注）。一个直径为 100mm、偏移量为 2000mm 的管道的平面视图上的标高标注如图 4.3-29 所示。

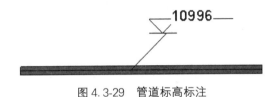

图 4.3-29　管道标高标注

② 立面视图中管道标高

和平面视图不同，立面视图中在管道单线即粗略、中等的视图情况下也可以进行标高标注，但此时仅能标注管道中心标高。而对于倾斜管道的管道标高，斜管上的标高值将随着鼠标指针在管道中心线上的移动而实时更新变化。如果在立面视图上标注管顶或者管底标高，则需要将鼠标指针移动到管道端部，捕捉端点，才能标注管顶或管底标高，如图 4.3-30 所示。

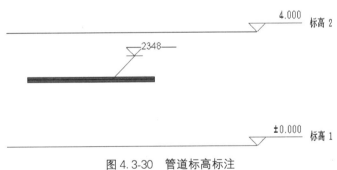

图 4.3-30　管道标高标注

当对管道截面进行管道标注时，为了方便捕捉，建议关闭"可见性/图形替换"对话框中管道的两个子类别"升""降"，如图 4.3-31 所示。

3. 坡度标注

在 Revit MEP 2021 中，单击"注释"选项卡＞"尺寸标注"＞"高程点坡度"按钮来标注管道坡度，如图 4.3-32 所示。

进入"系统族：高程点坡度"可以看到控制坡度标注的一系列参数。高程点坡度标注与之前介绍的高程标注非常类似，此处就不再一一赘述。可能需要修改的是"单位格式"，设置成管道标注时习惯的百分比格式，如图 4.3-33 所示。

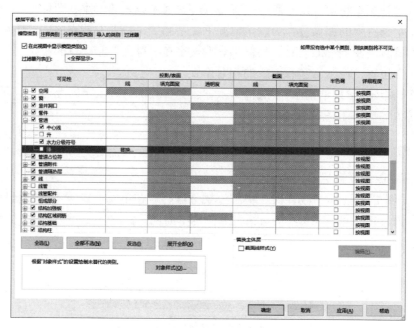

图 4.3-31　"可见性/图形替换"对话框

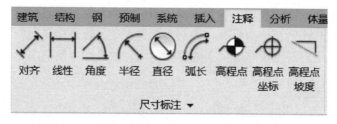

图 4.3-32　"注释"选项卡

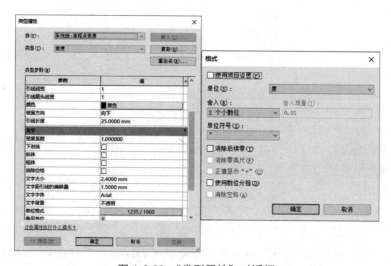

图 4.3-33　"类型属性"对话框

选中任一坡度标注，会出现"修改｜高程点坡度"选项栏。其中，"相对参照的偏移"表示坡度标注线和管道外侧的偏移距离。"坡度表示"选项仅在立面视图中可选，有"箭头"和"三角形"两种坡度表示方式，如图 4.3-34 所示。

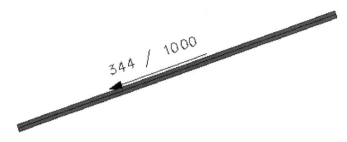

图 4.3-34　坡度标注

4.3.5　管道系统创建

1. 绘制水系统

1）水管干管的绘制

（1）在"类型属性"对话框中通过复制创建两个新的水管类型 ZP2L（C）-12，这样方便之后给管道添加颜色。

（2）单击"系统"选项卡＞"卫浴和管道"＞"管道"按钮，或使用快捷键 PI，在自动弹出的"修改｜放置管道"上下文选项卡中输入或选择需要的管径（本案例中所有管道管径均为 100mm），修改偏移量为该管道的标高（本案例中管道标高距梁底部 200mm，故设为 2895mm），在绘图区域中绘制水管，首先选择系统末端的水管，在起始位置单击鼠标，拖拽光标到需要转折的位置并单击鼠标，再继续沿着底图线条拖拽光标，直到该管道结束的位置再次单击鼠标，然后按"Esc"键退出绘制，再选择另一条管道用相同的方法进行绘制。在管道转折处会自动生成弯头。

（3）在绘制过程中，如需改变管道管径，在绘制模式下修改管径即可。

（4）管道绘制完毕后，使用"对齐"命令（快捷键 AL）将管道中心线与底图相应位置对齐。

2）水管立管的绘制

单击"管道"按钮，或使用快捷键 PI，输入管道的管径、标高值，绘制一段管道，然后输入变高程后的标高值。继续绘制管道，在变高程的地方会自动生成一段管道的立管，如图 4.3-35 所示。

3）坡度水管的绘制

选择管道后，设置坡度值，即可绘制，如图 4.3-36 所示。

4）管道三通、四通、弯头的绘制

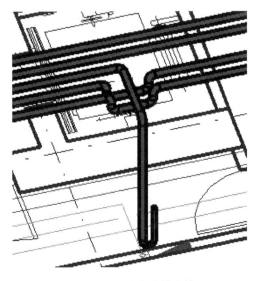

图 4.3-35　绘制水管立管

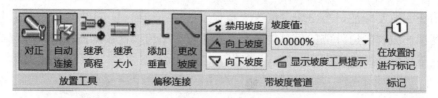

图 4.3-36   设置水管坡度值界面

（1）管道弯头的绘制

在绘制一条管道后，改变方向绘制第二条管道，在改变方向的地方会自动形成弯头，如图 4.3-37 所示。

（2）管道三通的绘制

单击"管道"按钮，输入管径与标高值，绘制主管，再输入支管的管径与标高值，将鼠标指针移动到主管道合适位置的中心处，单击确认支管的起点，再次单击确认支管的终点，在主管与支管的连接处会自动生成三通。先在支管终点单击，再拖拽光标至与之交叉的管道的中心线处，单击鼠标也可以生成三通，如图 4.3-38 所示。

图 4.3-37   绘制管道弯头   图 4.3-38   绘制管道三通

（3）管道四通的绘制

① 方法一：绘制完成三通后，选择三通，单击三通处的加号，三通会变成四通，然后，单击"管道"按钮，移动鼠标指针到四通连接处，出现捕捉的时候，单击确认起点，再次单击确认终点，即可完成管道绘制。同理，单击减号可以将四通转换为三通，如图 4.3-39 所示。

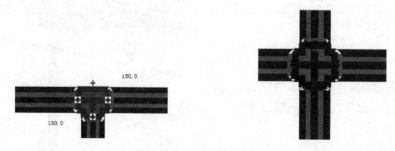

图 4.3-39   绘制管道四通

② 方法二：先绘制一条水管，再绘制与之相交叉的另一条水管，两条水管的标高一致，第二条水管横贯第一条水管，可以自动生成四通，如图 4.3-40 所示。

图 4.3-40　绘制管道四通

2. 添加水系统阀门

1）添加水平水管阀门

单击"系统"选项卡>"卫浴和管道">"管路附件"按钮，或使用快捷键 PA，软件自动弹出"修改|放置管路附件"上下文选项卡。

在"修改图元类型"下拉列表中选择所需的阀门。将鼠标指针移动至风管中心线处，捕捉到中心线时（中心线高亮显示），单击即可完成阀门的添加，如图 4.3-41 所示。

图 4.3-41　添加水管阀门

2）添加立管阀门

（1）进入三维视图，单击"修改"选项卡>"修改">"拆分"按钮，在绘图区域中立管的合适位置单击鼠标，该位置处将出现一个活接头，这是因为在管道的"类型属性"对话框中有该项设置，如图 4.3-42 所示。

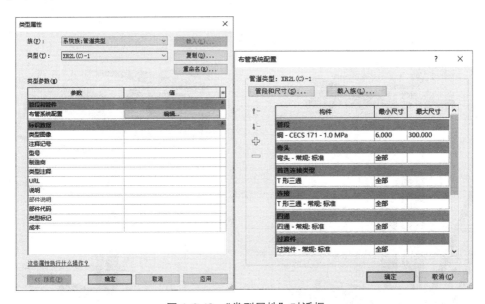

图 4.3-42　"类型属性"对话框

（2）选择活接头，发现在类型选择器中并没有需要的阀门种类，因为活接头的族类型为"管件"，阀门的族类型为"管路附件"，为了将活接头替换为阀门，需要将活接头的族类型修改为阀门的族类型，即"管路附件"按钮。选择活接头，单击"修改|管件"选项

图 4.3-43　添加立管阀门

卡＞"模式"＞"编辑族"按钮，进入族编辑模式。

（3）单击"创建"选项卡＞"属性"＞"族类别和族参数"按钮，在打开的对话框中选择"管路附件"，设置零件类型为"标准"，单击"确定"按钮，并将该族载入项目中，替换原有族类型和参数。

（4）选择活接头，在类型选择器中找到需要的阀门（若项目中没有，则需要自行载入系统族库中的闸阀），即可替换原来的活接头，其他阀门也可以按照这种方法添加。需要注意的是，必须保证活接头和阀门的族类别相同才可以进行替换，如图 4.3-43 所示。

3. 连接消防箱

消防箱的连接都与水管接头相连，以案例中的消防箱为例，按照下列步骤完成消防箱和水管的连接。

（1）载入消防箱项目用族。单击"插入"选项卡＞"从库中载入"＞"载入族"按钮，选择光盘中的消火栓项目用族文件，单击"打开"按钮，将该族载入项目中。

（2）放置消防箱项目用族。单击"系统"选项卡＞"机械"＞"机械设备"按钮，在类型选择器中选择消防箱，将消火栓放置在视图中的合适位置单击鼠标，即可将消火栓添加到项目中，如图 4.3-44 所示。

（3）绘制水管。选择消火栓，用鼠标右键单击水管接口，在弹出的快捷菜单中选择"绘制管道"命令，即可绘制管道。与消火栓相连的管道和主管道有一定的标高差异，可用竖直管道将其连接起来，如图 4.3-45 所示。

【注意】图中管道颜色的改变原理同风管系统颜色的改变，即通过过滤器进行设置。

（4）根据 CAD 图纸，将消火栓与干管相连，效果如图 4.3-46 所示。

图 4.3-44　放置消防箱族

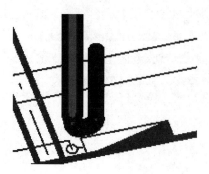

图 4.3-45　绘制水管

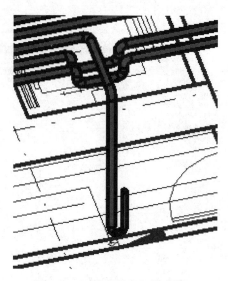

图 4.3-46　消火栓与干管连接图

4.3.6 水管系统的碰撞检查与修改

当绘制水管过程中发现有管道发生碰撞时，需要及时进行修改，以减少设计、施工中出现的错误，提高工作效率。

1. 修改同一标高水管间的碰撞

当同一标高水管间发生碰撞时，如图 4.3-47 所示，可以按照以下步骤进行修改。

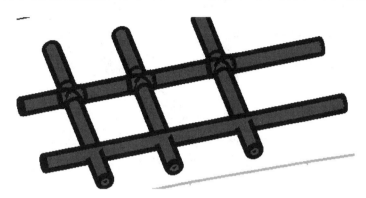

图 4.3-47 水管间的碰撞图

（1）单击"修改"上下文选项卡＞"编辑"＞"拆分"按钮，或使用快捷键 SL，在发生碰撞的管道两侧单击，如图 4.3-48 所示。

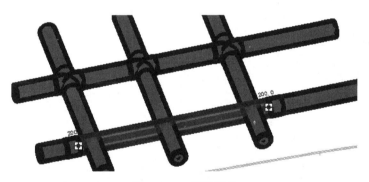

图 4.3-48 管道拆分

（2）选择中间的管道，按"Delete"键删除该管道。

（3）单击"管道"按钮，或使用快捷键 PI，将鼠标移动到管道缺口处，出现捕捉时单击，输入修改后的标高，移至另一个管道缺口处，单击即可完成管道碰撞的修改，如图 4.3-49 所示。

2. 修改水管系统与其他专业管线间的碰撞

水管与其他专业管线的碰撞修改必须要依据一定的修改原则，具体如下：

（1）电线桥架等管线在最上面，风管在中间，水管在最下方。

（2）满足所有管线、设备的净空高度的要求，即管道高距离梁底部 200mm。

（3）在满足设计要求、美观要求的前提下尽可能节约空间。

（4）当重力管道与其他类型的管道发生碰撞时，应修改、调整其他类型的管道，即将

图 4.3-49　管道编辑

管道偏移 200mm。

（5）其他优化管线的原则参考各个专业的设计规范。

4.4　风管系统的创建

4.4.1　风管设计功能

1. 风管参数设置

在绘制风管系统前，先设置风管设计参数：风管类型、风管尺寸及设置（添加/删除）风管尺寸、其他设置。

1）风管类型设置方法

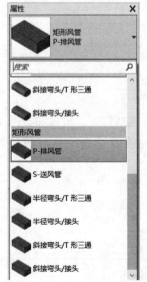

图 4.4-1　"属性"对话框

单击功能区中的"系统"选项卡＞"风管"按钮，通过绘图区域左侧的"属性"对话框选择和编辑风管类型，如图 4.4-1 所示。Revit MEP 2021 提供的"Mechanical-Default CHSCS.rte"和"Systems-Default CHSCHS.rte"项目样板文件中都默认配置了矩形风管、圆形风管及椭圆形风管，默认的风管类型与风管连接方式有关。

单击"编辑类型"按钮，打开"类型属性"对话框，可对风管类型进行配置，如图 4.4-2 所示。

单击"复制"按钮，可以在已有风管类型基础模板上添加新的风管类型。

通过在"管件"列表中配置各类型风管管件族，可以指定绘制风管时自动添加到风管管路中的管件。通过编辑"标识数据"中的参数为风管添加标注。

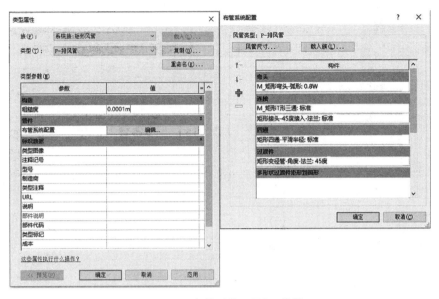

图 4.4-2 "布管系统配置"对话框

2）风管尺寸设置

在 Revit MEP 中，通过"机械设置"对话框编辑当前项目文件中的风管尺寸信息。单击功能区中"管理"选项卡＞"MEP 设置"下拉列表＞"机械设置"按钮，如图 4.4-3 所示。

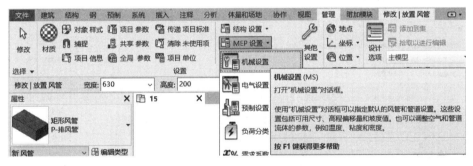

图 4.4-3 "机械设置"对话框

3）设置风管尺寸

打开"机械设置"对话框后，单击"矩形"＞"椭圆形"＞"圆形"按钮可以分别定义对应形状的风管尺寸。单击"新建尺寸"或者"删除尺寸"按钮可以添加或删除风管的尺寸。软件不允许重复添加列表中已有的风管尺寸。如果在绘图区域已经绘制了某尺寸的风管，该尺寸在"机械设置"尺寸列表中将不能删除，需要先删除项目中的风管，才能删除"机械设置"尺寸。列表中的尺寸如图 4.4-4 所示。

2．风管显示设置

1）视图详细程度

Revit MEP 2021 的视图可以设置 3 种详细程度：粗略、中等和精细。在粗略程度下，风管默认为单线显示；在中等和精细程度下，风管默认为双线显示。

图 4.4-4 "机械设置"对话框

2）可见性/图形替换

单击功能区中的"视图"选项卡＞"可见性/图形替换"按钮，或者通过快捷键 VG 或 VV 打开当前视图的"可见性/图形替换"对话框。在"模型类别"选项卡中可以设置风管的可见性。设置"风管"族类别可以整体控制风管的可见性，还可以分别设置风管族的子类别，如衬层、隔热层等分别控制不同子类别的可见性。如图 4.4-5 所示的设置表示风管族中所有子类别都可见。

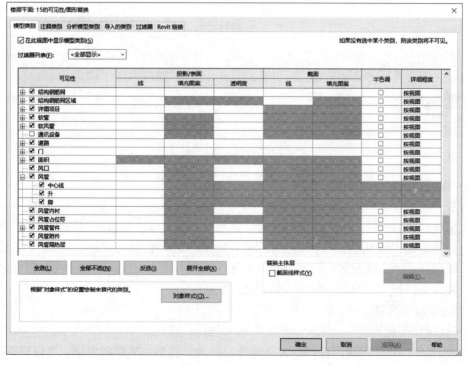

图 4.4-5 "可见性/图形替换"对话框

3）隐藏线

单击"机械"按钮右侧的箭头，在打开的"机械设置"对话框中，"隐藏线"用来设置图元之间交叉、发生遮挡关系时的显示，如图 4.4-6 所示。

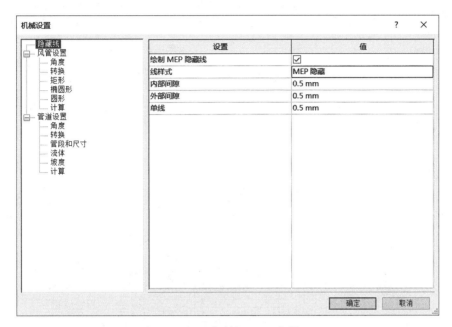

图 4.4-6　"机械设置"对话框

3. 风管绘制方法

1）基本操作

在平、立、剖视图和三维视图中均可绘制风管。风管绘制可以单击系统"选项卡" > "风管"按钮或使用快捷键 DT，按照以下步骤绘制风管：

（1）选择风管类型。在风管"属性"对话框中选择需要绘制的风管类型。

（2）选择风管尺寸。在风管"修改|放置风管"选项栏的"宽度"或"高度"下拉列表中选择风管尺寸。

（3）指定风管偏移。默认"偏移量"是指风管中心线相对于当前平面标高的距离。在"偏移量"下拉列表中可以选择项目中已经用到的风管偏移量，也可以直接输入自定义的偏移量值，默认单位为毫米。

（4）指定风管起点和终点。将鼠标指针移至绘图区域，单击鼠标指定风管起点，移动至终点位置再次单击，完成一段风管的绘制。可以继续移动鼠标绘制下一管段，风管将根据管路布局自动添加"类型属性"对话框中预先设置好的风管管件。绘制完成后，按【Esc】键，或者单击鼠标右键，在弹出的快捷菜单中选择"取消"命令，退出风管绘制命令。

2）绘制风管

在平面视图和三维视图中绘制风管时，可以通过"修改|放置风管"选项卡中的"对正"工具指定风管的对齐方式。单击"对正"按钮，打开"对正设置"对话框，如图 4.4-7 所示。

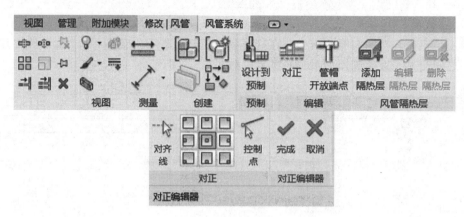

图 4.4-7　"对正设置"对话框

3）编辑风管

风管绘制完成后，在任意视图中可以使用"对正"命令修改风管的对齐方式。选中需要修改的管段，单击功能区中的"对正"按钮，如图 4.4-8 所示。进入"对正编辑器"界面，选择需要的对齐方式和对齐方向，单击"完成"按钮。

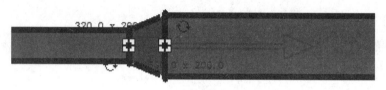

图 4.4-8　风管编辑

4）自动连接

激活"风管"命令后，"修改｜放置风管"选项卡中的"自动连接"用于某一段风管管路开始或者结束时自动捕捉相交风管，并添加风管管件完成连接。默认情况下，这一选项是激活的。如绘制两段不同高程的正交风管，将自动添加风管管件完成连接，如图 4.4-9 所示。

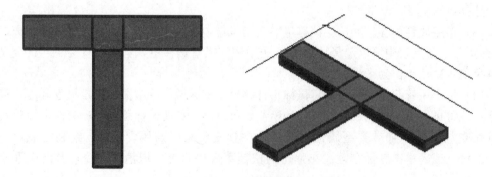

图 4.4-9　风管自动连接

4. 风管管件的使用

1）放置风管管件

（1）自动添加。绘制某一类型风管时，通过风管"类型属性"对话框中"管件"指定的风管管件，可以根据风管自动布局加载到风管管路中。目前一些类型的管件可以在"类型属性"对话框中指定弯头、T形三通、接头、四通、过渡件（变径）、多形状过渡件矩形到圆形（天圆地方）、多形状过渡件椭圆形到圆形（天圆地方）、活接头。用户可根据需要选择相应的风管管件族。

（2）手动添加。在"类型属性"对话框中的"管件"列表中无法指定的管件类型，如Y形三通、斜T形三通、斜四通、多个端口（对应非规则管件），使用时需要手动插入到风管中或者将管件放置到所需位置后手动绘制风管。

2）编辑管件

在绘图区域中单击某一管件，管件周围会显示一组管件控制柄，可用于修改管件尺寸、调整管件方向和进行管件升级或降级，如图4.4-10所示。

3）风管附件放置

单击"系统"选项卡＞"风管附件"按钮，在"属性"对话框中选择需要插入的风管附件到风管中，如图4.4-11所示。

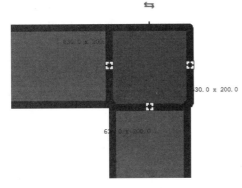

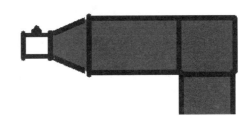

图 4.4-10　管件编辑　　　　　　　　　　　图 4.4-11　风管附件放置

5. 绘制软风管

1）选择软风管类型

单击"系统"选项卡＞"软风管"按钮，在软风管"属性"对话框中选择需要绘制的风管类型。目前，Revit MEP 2021 提供了一种矩形软管和一种圆形软管，如图 4.4-12 所示。

2）选择软风管尺寸

矩形软管在"修改｜放置软风管"选项卡的"宽度"或"高度"下拉列表中选择在"机械设置"中设定的风管尺寸。圆形风管在"修改｜放置软风管"选项卡的"直径"下拉菜单中选择直径大小。如果在下拉列表中没有需要的尺寸，可以直接在"高度""宽度""直径"中输入需要绘制的尺寸。

3）指定软风管偏移量

"偏移量"是指软风管中心线相对于当前平面标高的距离。在"偏移量"下拉列表中，可以选择项目中已经用到的软风管/风管偏移量，也可以直接输入自定义的偏移量数值，默认单

图 4.4-12　"属性"对话框

位为毫米。

4）指定软风管起点和终点

在绘图区域，单击指定软风管的起点，沿着软风管的路径在每个拐点单击鼠标，最后在软风管终点按【Esc】键，或者单击鼠标右键，在弹出的快捷菜单中选择"取消"命令。

5）修改软风管

在软风管上拖拽两端连接件、顶点和切点，可以调整软风管路径，如图 4.4-13 所示。

图 4.4-13　修改软风管

6. 软风管样式

软风管"属性"对话框中的"软管样式"共提供了 8 种软风管样式，通过选取不同的样式可以改变软风管在平面视图中的显示。部分矩形软风管样式如图 4.4-14 所示。

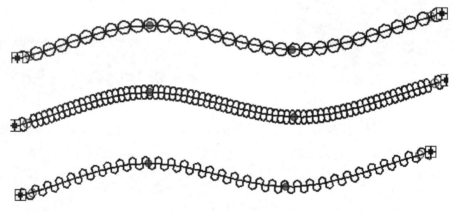

图 4.4-14　软风管样式

7. 设备连接管

设备的风管连接件可以连接风管和软风管。介绍设备连接管的 3 种方法如下：

（1）单击所选设备，用鼠标右键单击设备的风管连接件，在弹出的快捷菜单中选择"绘制风管"命令。

（2）直接拖动已绘制的风管到相应设备的风管连接件，风管将自动捕捉设备上的风管连接件来完成连接，如图 4.4-15 所示。

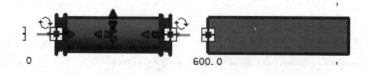

图 4.4-15　设备与风管连接

（3）使用"连接到"功能为设备连接风管。单击需要连接的设备，单击"修改/机械设备"选项卡＞"连接到"按钮，如果设备包含一个以上的连接件，将打开"选择连接件"对话框，选择需要连接风管的连接件，单击"确定"按钮，然后单击该连接所有连接到的风管，完成设备与风管的自动连接，如图 4.4-16 所示。

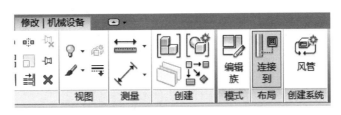

图 4.4-16　"选择连接件"对话框

8. 添加风管的隔热层和衬层

Revit MEP 可以为风管管路添加隔热层和衬层，分别编辑风管和风管管件的属性，输入所需要的隔热层和衬层。

4.4.2　风管系统创建

1. 风管颜色的设置

一个完整的空调风系统包括送风系统、回风系统、新风系统、排风系统等。为了区分不同的系统，可以在 Revit MEP 样板文件中设置不同系列的风管颜色，使不同系统的风管在项目中显示不同的颜色，以便于系统的区分和风系统概念的理解。

风管颜色的设置是为了在视觉上区分系统风管和各种附件，因此应在每个需要区分系统的视图中分别设置。以上面所建系统为例，进入楼层平面 15 视图，直接输入快捷键"VV"或"VG"，进入"可见性/图形替换"对话框，打开"过滤器"选项卡，如图 4.4-17 所示。

如果系统自带的过滤器中没有所需系统，则可以自定义，具体步骤如下：

（1）单击"楼层平面：可见性/图形替换"对话框中的"添加"按钮，打开"添加过滤器"对话框，单击"编辑/新建"按钮，打开"过滤器"对话框，单击"新建"按钮，打开"过滤器名称"对话框，将名称定义为"S-送风"，如图 4.4-18 所示。

（2）设置过滤条件。在"类别"区域中勾选"管道"复选框，在"过滤器规则"中选择"系统名称""等于""S-送风管"选项，如图 4.4-19 所示，完成后单击"确定"按钮。

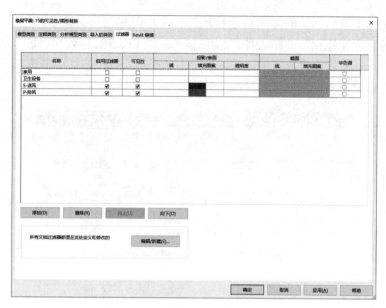

图 4.4-17　"可见性/图形替换"对话框

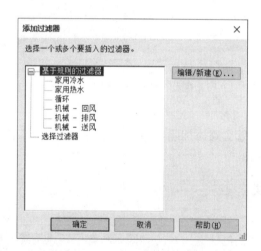

图 4.4-18　"添加过滤器"对话框

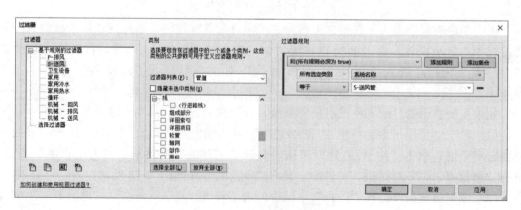

图 4.4-19　"过滤器"对话框

（3）使用相同的方法再创建一个"P-排风"的过滤条件，如图4.4-20所示，完成后单击"确定"按钮。

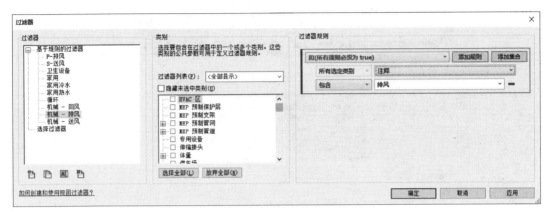

图4.4-20 "过滤器"对话框

（4）在"添加过滤器"对话框中选择"S-送风""P-排风"，单击"确定"按钮，如图4.4-21所示，"S-送风""P-排风"则添加到了过滤器中。

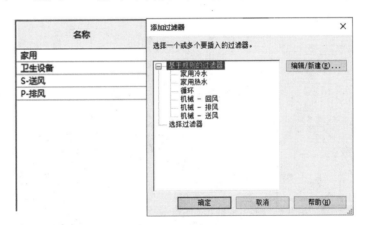

图4.4-21 "添加过滤器"对话框

如图4.4-22所示，过滤器中增加了"S-送风""P-排风"。勾选的选项待设置完成后会被着色，此时风管和风管管件会被着色，未勾选的风管附件和风管末端则不会被着色，如有需要，也可着色。单击"投影/表面"下的"填充图案"，按如图4.4-22所示进行设置，设置完成后单击两次"确定"按钮。

单击"确定"按钮，回到平面视图，显示如图4.4-23所示。

同样，修改P-排风系统的颜色，如图4.4-24所示。

三维视图如有着色需要，需重新设置（设置方法同平面），在平面视图中设置的过滤器不会在三维视图中起作用，如图4.4-25所示。

2. 绘制风管

1）风管属性的设置

（1）单击"系统"选项卡＞"风管"按钮，或使用快捷键"DT"，进入风管绘制

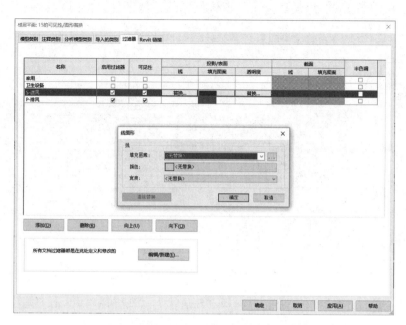

图 4.4-22 "可见性/图形替换"对话框

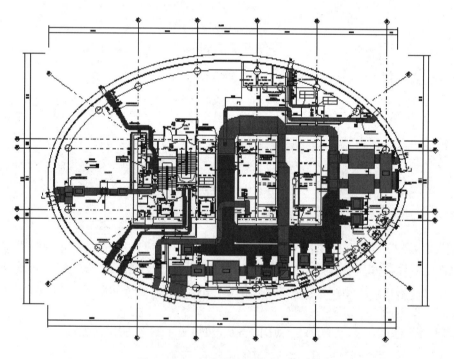

图 4.4-23 创建风管后的平面视图

界面。

（2）单击"属性"对话框中的"编辑类型"按钮，打开"类型属性"对话框，在"类型"下拉列表中有 4 种可供选择的管道类型，分别为半径弯头/T 形三通、半径弯头/接头、斜接弯头/T 形三通和斜接弯头/接头，如图 4.4-26 所示。

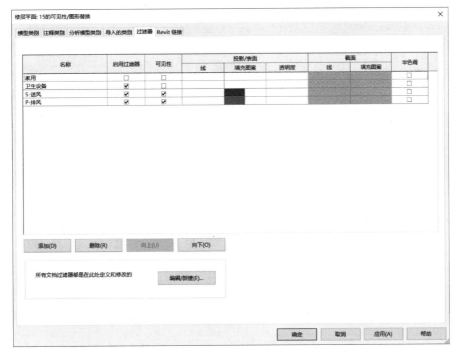

图 4.4-24 "可见性/图形替换"对话框

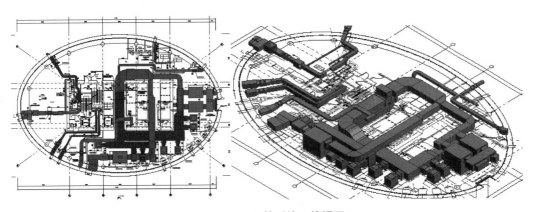

图 4.4-25 风管系统三维视图

（3）选择"风管"工具，或输入快捷键 DT，修改风管的尺寸值、标高值，绘制一段风管，然后输入变高程后的标高值；继续绘制风管，在变高程的地方就会自动生成一段风管的立管。如图 4.4-27 所示是立管的两种形式。

2）绘制风管

（1）首先来创建送风系统的主风管。单击"系统"选项卡＞"HVAC"＞"风管"按钮，在"属性"对话框中单击"编辑类型"按钮，打开"类型属性"对话框。单击"复制"按钮，弹出"名称"对话框，输入"S-送风管"，单击"确定"按钮，如图 4.4-28 所示。

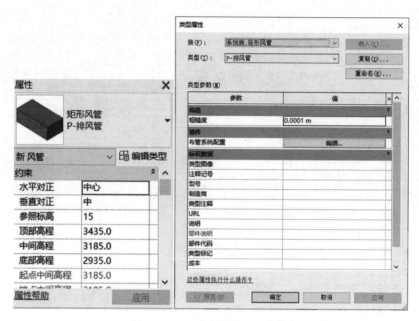

图 4.4-26　"类型属性"对话框

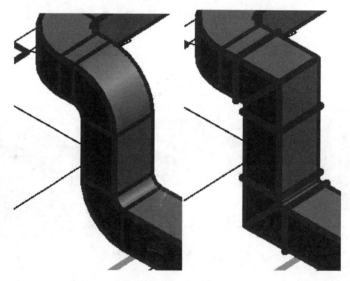

图 4.4-27　立管形式

（2）设置风管的参数。修改管件类型如图 4.4-29 所示，如果在下拉列表中没有所需类型的管件，可以从族库中导入。

（3）绘制左侧楼梯间左边的送风风管。根据 CAD 底图，在选项栏中设置风管的宽度为 630，高度为 400，偏移量为 3185，如图 4.4-30 所示。

（4）绘制如图 4.4-31 所示的一段风管，风管的绘制需要单击两次，第一次单击确认风管的起点，第二次单击确认风管的终点。绘制完毕后单击"修改"选项卡＞"编辑"＞"对齐"按钮，将绘制的风管与底图位置对齐并锁定。

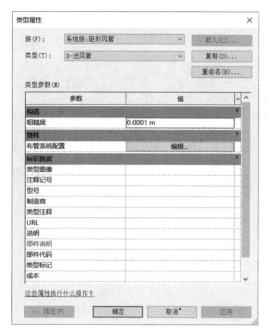

图 4.4-28 "类型属性"对话框

图 4.4-29 "布管系统配置"对话框

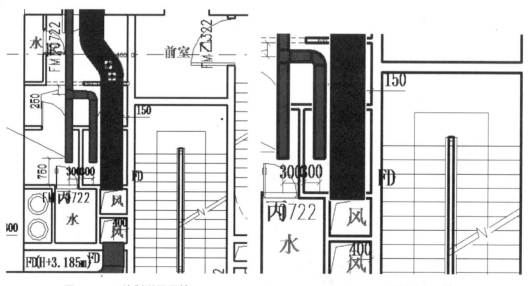

图 4.4-30 绘制送风风管　　　　　　图 4.4-31 绘制送风风管

（5）选择绘制的风管，在末端下方块上单击鼠标右键，在弹出的快捷菜单中选择"绘制风管"命令，继续绘制下一段风管，连续绘制后面的管段，在转折处系统会根据设置自动生成弯头，绘制完毕后单击"修改"选项卡＞"编辑"＞"对齐"按钮，将绘制的风管与底图位置对齐并锁定。

4.4.3　添加并连接主要设备

1. 添加风机

1) 载入风机族

单击"插入"选项卡＞"从库中载入"＞"载入族"按钮，选择光盘中的风机族文件，单击"打开"按钮，将该族载入项目中。

2) 放置风机

风机放置方法是直接添加到绘制好的风管上，所以先绘制好风管再添加风机。按 CAD 底图路径绘制风管，设置风管的宽度为 1000，高度为 800，偏移为 3185，如图 4.4-32 所示。将风管连接到已经绘制好的排风管上，系统自动生成连接。

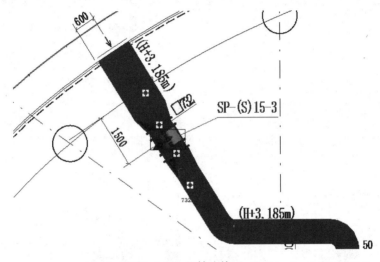

图 4.4-32　风管连接（一）

（1）单击"系统"选项卡＞"机械"＞"机械设备"按钮，在右侧的类型选择器中选择排风机，在"属性"对话框中修改排风机尺寸"R：366"，然后在绘图区域排风机所在位置处单击鼠标，即可将风机添加到项目中，如图 4.4-33 所示。因为案例中风机两边的风管尺寸不同，如果风机放置在靠较细的风管一端，系统会提示错误。所以在放置时，可以暂时不按照 CAD 底图的位置放置，后面再进行调整即可。

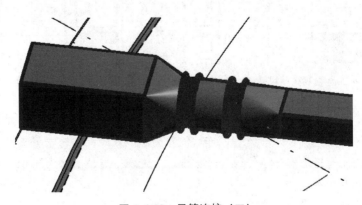

图 4.4-33　风管连接（二）

（2）添加完风机，将视图样式更换为"线框"模式，需注意，添加的风机与绘制的CAD底图不能重合。此时，需要修改风机与较细的风管的连接。选择风机与较细风管间系统自动生成的连接件并删除。

（3）使用"对齐"命令将风机与CAD底图的风机对齐，选择将与风机连接的风管，拖动其端点至风机中心，系统自动生成连接。在拖动时，如果系统不能自动捕捉到风机的中点，可按住【Tab】键辅助选择。

（4）添加风机与风管连接后的平面视图如图4.4-34所示。

2. 添加消声静压箱

（1）在本项目中的消声静压箱有两种，单击"插入"选项卡＞"从库中载入"＞"载入族"按钮，选择光盘中的"消声静压箱""消声静压箱（两风口）""消声静压箱（三风口）"。"消声静压箱（两风口）"与添加风机的方式类似，先绘制风管，再插入静压箱，静压箱两端会自动连接到风管；"消声静压箱"和"消声静压箱（三风口）"也可以通过先放置好静压箱，再从静压箱的连接口绘制风管与原风管连接。

（2）复制一个新的矩形风管，命名为"P排风管"，设置类型属性如图4.4-35所示。

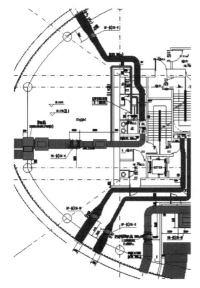

图4.4-34　风机与风管连接后的平面视图

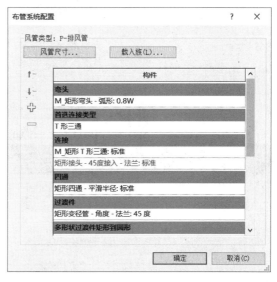

图4.4-35　设置类型属性

排风管的绘制如图4.4-36所示。

（3）首先添加"消声静压箱（两风口）"，单击"系统"选项卡＞"机械设备"按钮，在类型选择器中选择"消声静压箱（两风口）"选项，在"属性"对话框中设置设备和风口的尺寸（设置"长度：1500""宽度：1000""风口1宽度：600""风口1高度：600""风口2宽度：600""风口2高度：600"），放置在所示的位置。使用"对齐"命令，使之与CAD对齐，如图4.4-37所示。

（4）使用相同的方法插入另一个静压箱，设置尺寸分别为"长度：1500""宽度：1400""风口1宽度：1000""风口1高度：500""风口2宽度：1000""风口2高度：500"，如图4.4-38所示。

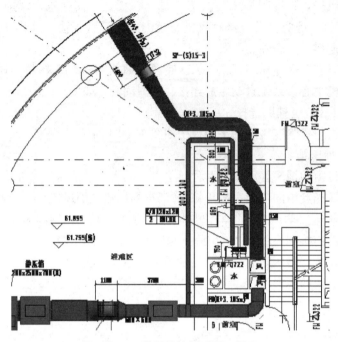

图 4.4-36　排风管绘制后平面视图

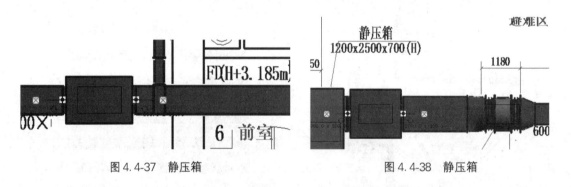

图 4.4-37　静压箱　　　　　　　　图 4.4-38　静压箱

　　（5）单击"系统"选项卡＞"机械设备"按钮，在类型选择器中选择"消声静压箱（三风口）"选项，首先需设置静压箱的偏移量，在"属性"对话框中修改偏移量为 2285，放置在 CAD 底图所示的位置并对齐，如图 4.4-39 所示。

　　选择上述插入的静压箱，单击右侧的按钮，绘制风管连接"消声静压箱（两风口）"，如图 4.4-40 所示。

　　按照上述方法绘制静压箱的其他连接管，如图 4.4-41 所示。

　　按照上述添加风机的方式添加该段管中的风机，R 为 475，如图 4.4-42 所示。

　　3. 添加空调机组

　　机组的添加方式与添加消声静压箱的方式相同，需要首先放置好机组，再与风管连接。首先绘制与风机相连的送风管，单击"风管"按钮，选择"S-送风管"选项，设置风管按 CAD 底图所示，偏移量为"200"，在属性栏设置"垂直偏移：底"，绘制的风管如图 4.4-43 所示。

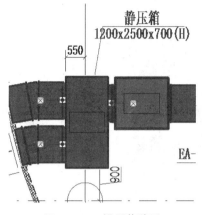

图 4.4-39 设置偏移量

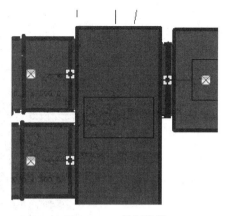

图 4.4-40 绘制连接

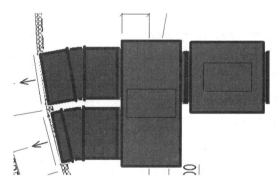

图 4.4-41 绘制其他连接管

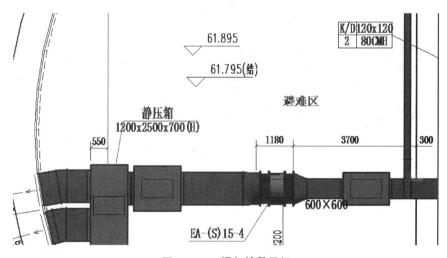

图 4.4-42 添加管段风机

使用"风管"工具继续绘制送风管，设置风管尺寸为"2500×1300"，偏移量为"200"，垂直对正为"底"，绘制风管，放置在 CAD 底图所示的交叉处，修改风管偏移量为"1500"，继续绘制风管，如图 4.4-44 所示，使用"对齐"命令对齐。

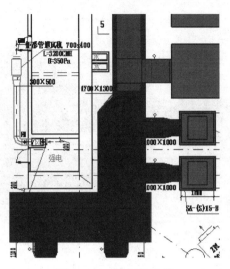

图 4.4-43　绘制的风管

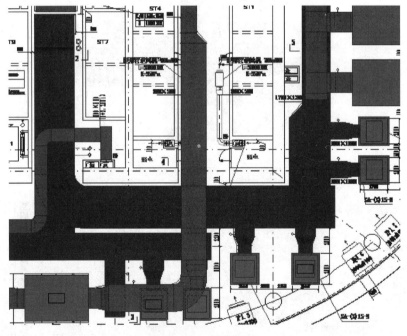

图 4.4-44　绘制风管

　　然后绘制排风管，按 CAD 底图设置尺寸，偏移量为"3185"，垂直偏移为"顶"，绘制排风管如图 4.4-45 所示。

　　4. 放置空调机组

　　（1）单击"插入"选项卡＞"从库中载入"＞"载入族"按钮，选择光盘中的"空调机组"导入到项目中。

　　（2）单击"系统"选项卡＞"机械设备"按钮，选择类型"空调机组 1"，在"属性"对话框中设置偏移量为"200"，放置在图 4.4-46 所示的位置，将有两个连接口的一侧靠近风管，按空格键可变换机组的方向。

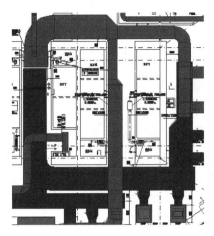

图 4.4-45 绘制排风管

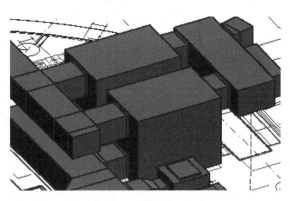

图 4.4-46 放置空调机组

5. 连接风管与机组

（1）选择机组，单击机组左侧连接口前的按钮，选择第一个连接件，选择类型"P-排风管"，绘制风管至排风管，系统自动生成连接，如图 4.4-47 所示。

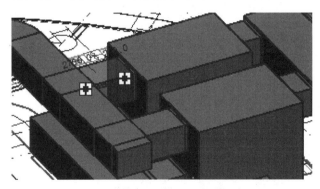

图 4.4-47 风管与机组连接

（2）选择机组，单击机组左侧连接口前的按钮，选择类型"S-送风管"，绘制风管至送风管，系统自动生成连接，如图 4.4-48 所示。

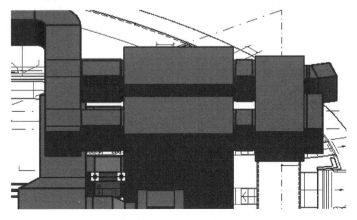

图 4.4-48 风管与机组连接

使用相同的方法添加其他的连接风管，如图 4.4-49 所示。

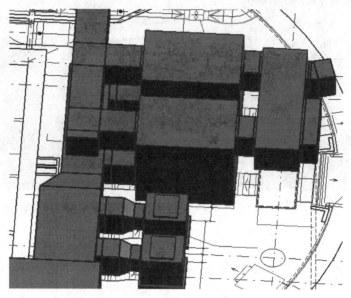

图 4.4-49　风管与机组连接

6. 连接机组与静压箱

（1）单击"系统"选项卡＞"机械设备"按钮，选择"消音静压箱"选项，设置其偏移量为 2100，放置在 CAD 所示的位置，如图 4.4-50 所示。

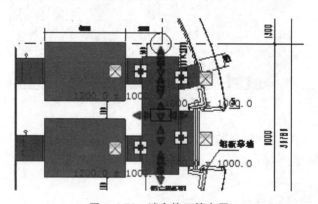

图 4.4-50　消音静压箱布置

（2）选择静压箱，单击按钮，绘制风管至机组连接口，选择"P-排风管"，如图 4.4-51 所示。

（3）绘制其他连接口，如图 4.4-52 所示。

7. 添加风机箱

单击"插入"选项卡＞"从库中载入"＞"载入族"按钮，选择光盘中的"风机箱"导入到项目中。单击"系统"选项卡＞"机械设备"按钮，选择类型为"风机箱"，放置在图 4.4-53 所示的位置，将有一个连接口的一侧靠近风管，按空格键可变换机组的方向。

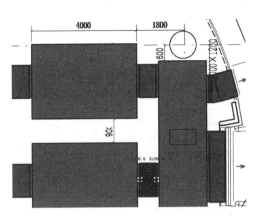

图 4.4-51　"P-排风管"选择

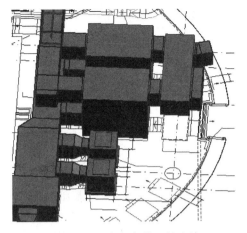

图 4.4-52　机组与静压箱连接

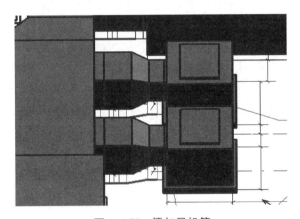

图 4.4-53　添加风机箱

8. 连接风机箱

（1）选择风机箱，用鼠标右键单击图标，在弹出的快捷菜单中选择"绘制风管"命令，选择"S-送风管"选项，绘制风管至送风管道，先绘制一小段 $800×630$ 的管道，再修改管道尺寸为 $1000×1000$，如图 4.4-54 所示。

（2）按照上述方法连接另一台风机，如图 4.4-55 所示。

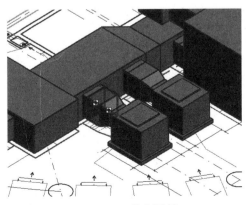

图 4.4-54　绘制风管

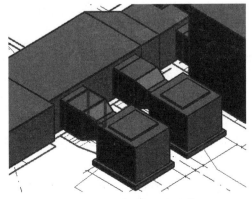

图 4.4-55　风管与风机连接

（3）项目中所涉及的风管及主要设备的绘制和添加方式都已介绍完毕，读者可根据上述方法添加设备。按照 CAD 底图完成风管项目，如图 4.4-56 所示。

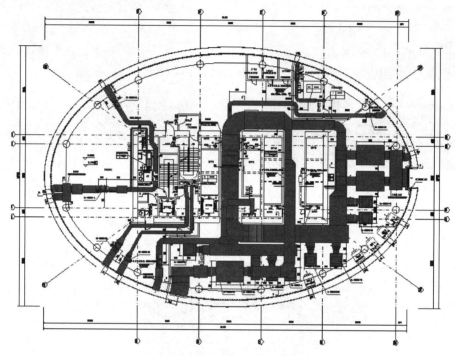

图 4.4-56　绘制系统平面视图

4.5　电气系统的创建

4.5.1　电缆桥架与线管

电缆桥架与线管的敷设是电气布线的重要部分。Revit MEP 2021 具有电缆桥架和线管布置的功能。

1. 电缆桥架

Revit MEP 2021 提供了两种不同的电缆桥架形式："带配件的电缆桥架"和"无配件的电缆桥架"。"无配件的电缆桥架"适用于设计中不明显区分配件的情况。"带配件的电缆桥架"和"无配件的电缆桥架"是作为两种不同的系统族来实现的，并在这两个系统族下面添加不同的类型。Revit MEP 2021 提供的"Electrical-Default CHSCHS. rte"和"Systems-Default CHSCHS. rte"项目样板文件中配置了默认类型，分别为"带配件的电缆桥架"和"无配件的电缆桥架"。

"带配件的电缆桥架"的默认类型有实体底部电缆桥架、梯级式电缆桥架、槽式电缆桥架。"无配件的电缆桥架"的默认类型有单轨电缆桥架、金属丝网电缆桥架。其中，"梯级式电缆桥架"的形状为"梯形"，其他类型的截面形状为"槽型"。和风管、管道一样，项目实施之前要设置好电缆桥架类型。

1）电缆桥架配件族

Revit MEP 2021 自带的族库中，提供了专为中国用户创建的电缆桥架配件族。如水平弯通，配件族有"托盘式电缆桥架水平弯通.rfa""梯级式电缆桥架水平弯通.rfa""槽式电缆桥架水平弯通.rfa"。

2）电缆桥架的设置

在"电气设置"对话框中定义"电缆桥架设置"。单击"管理"选项卡＞"设置"＞"MEP 设置"下拉列表＞"电气设置"按钮（也可单击"系统"选项卡＞"电气"＞"电气设置"按钮），在"电气设置"对话框左侧展开"电缆桥架设置"，如图 4.5-1 所示。

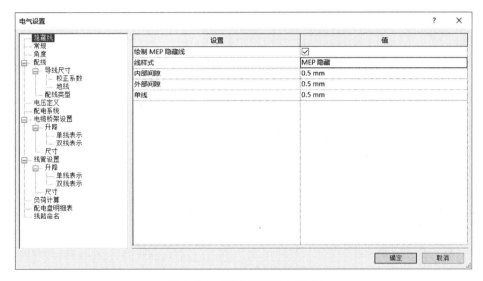

图 4.5-1 "电气设置"对话框

（1）定义设置参数

① 为单线管件使用注释比例：用来控制电缆桥架配件在平面视图中的单线显示。如果勾选该选项，将以"电缆桥架配件注释尺寸"的参数绘制桥架和桥架附件。

【注意】修改该设置时只影响后面绘制的构件，并不会改变修改前已在项目中放置的构件的打印尺寸。

② 电缆桥架配件注释尺寸：指定在单线视图中绘制的电缆桥架配件出图尺寸。该尺寸不因图纸比例变化而变化。

③ 电缆桥架尺寸分隔符：该参数指定用于显示电缆桥架尺寸的符号。例如，如果使用"×"，则宽为 300mm、深度为 100mm 的风管将显示为"300mm×100mm"。

④ 电缆桥架尺寸后缀：指定附加到根据"属性"参数显示的电缆桥架尺寸后面的符号。

⑤ 电缆桥架连接件分隔符：指定在使用两个不同尺寸的连接件时用来分隔信息的符号。

（2）设置"升降"和"尺寸"

展开"电缆桥架设置"选项，设置"升降"和"尺寸"。

① 升降

　　"升降"选项用来控制电缆桥架标高变化时的显示。选择"升降"选项,在右侧面板中可指定电缆桥架升/降注释尺寸的值,如图 4.5-2 所示。该参数用于指定在单线视图中绘制的升/降注释的出图尺寸。该注释尺寸不因图纸比例变化而变化,默认设置为 3.00mm。

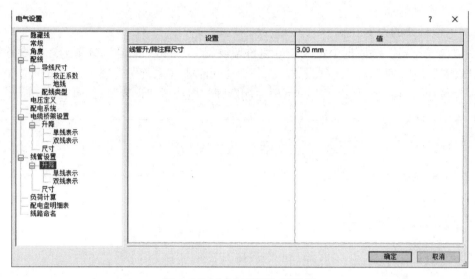

图 4.5-2　"电气设置"对话框

　　在左侧面板中,展开"升降",选择"单线表示"选项,可以在右侧面板中定义在单线图纸中显示的升符号、降符号,单击相应"值"列并单击"确定"按钮,在弹出的"选择符号"对话框中选择相应符号,如图 4.5-3 所示。使用同样的方法设置"双线表示",定义在双线图纸中显示的升符号、降符号。

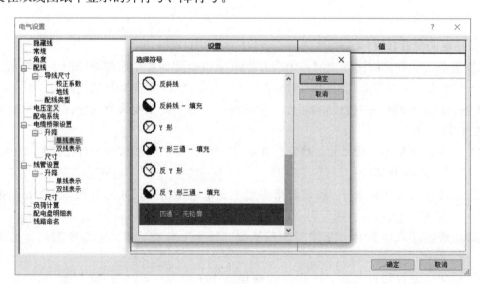

图 4.5-3　"选择符号"对话框

　　② 尺寸

　　选择"尺寸"选项,右侧面板会显示可在项目中使用的电缆桥架尺寸列表,在表中可以编辑当前项目文件中的电缆桥架尺寸,如图 4.5-4 所示。在尺寸列表中,在某个特定尺

图 4.5-4 "电气设置"对话框

寸右侧勾选"用于尺寸列表",表示在整个 Revit MEP 2021 的电缆桥架尺寸列表中显示所选尺寸,如果不勾选,该尺寸将不会出现在下拉列表中,如图 4.5-5 所示。

此外,"电气设置"还有一个公用选项"隐藏线",如图 4.5-6 所示,用于设置图元间交叉、发生遮挡关系时的显示。它与"机械设置"的"隐藏线"是同一设置。

3)绘制电缆桥架

在平面图、立面图、剖面图和三维视图中均可绘制水平、垂直和倾斜的电缆桥架。进入电缆桥架绘制模式的方式,可以单击"系统"选项卡>"电气">"电缆桥架"按钮,或使用快捷键 CT。绘制电缆桥架的步骤如下:

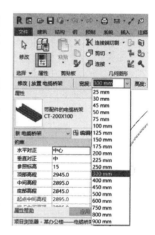

图 4.5-5 不勾选

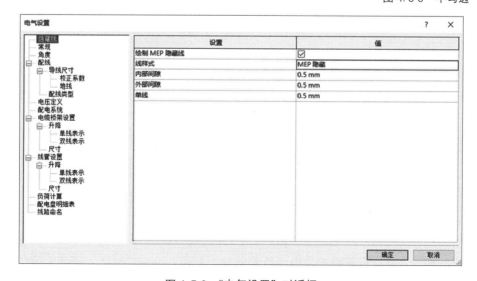

图 4.5-6 "电气设置"对话框

（1）选中电缆桥架类型。在电缆桥架"属性"对话框中选中所需要绘制的电缆桥架类型，如图 4.5-7 所示。

（2）选中电缆桥架尺寸。在"修改｜放置电缆桥架"选项栏的"宽度"下拉列表中选择电缆桥架尺寸，也可以直接输入欲绘制的尺寸。如果在下拉列表中没有该尺寸，系统将自动选中和输入尺寸最接近的尺寸。使用同样的方法设置"高度"。

（3）指定电缆桥架偏移。默认"偏移量"是指电缆桥架中心线相对于当前平面标高的距离。在"偏移量"下拉列表中，可以选择项目中已经用到的偏移量，也可以直接输入自定义的偏移量数值，默认单位为毫米。

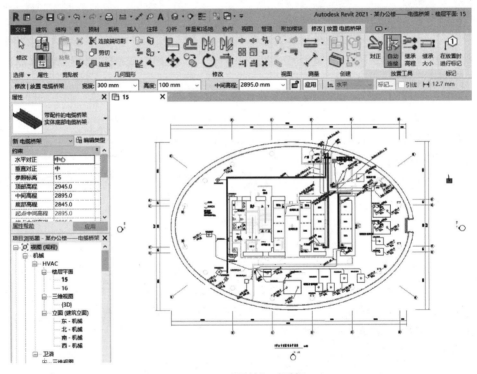

图 4.5-7　"属性"对话框

（4）指定电缆桥架起点和终点。在绘图区域中单击即可指定电缆桥架起点，移动至终点位置再次单击，完成一段电缆桥架的绘制。可继续移动鼠标绘制下一段。在绘制过程中，根据绘制路线，在"类型属性"对话框中预设好的电缆桥架管件将自动添加到电缆桥架中。绘制完成后，按"Esc"键，或者单击鼠标右键，在弹出的快捷菜单中选择"取消"命令退出电缆桥架绘制。垂直电缆桥架可在立面视图或剖面视图中直接绘制，也可以在平面视图中绘制，在选项栏上改变将要绘制的下一段水平桥架的"偏移量"，就能自动连接出一段垂直桥架。

4）电缆桥架对正

在平面视图和三维视图中绘制管道时，可以通过"修改｜放置电缆桥架"选项卡中放置工具对话框的"对正"按钮指定电缆桥架的对齐方式。单击"对正"按钮，弹出"对正设置"对话框，如图 4.5-8 所示。

（1）水平对正：用来指定当前视图下相邻两段管道之间水平对齐方式。"水平对正"方式有"中心""左"和"右"。

（2）水平偏移：用于指定绘制起始点位置与实际绘制位置之间的偏移距离。该功能多用于指定电缆桥架和前面提及的其他参考图元之间的水平偏移距离。比如，设置"水平偏移"值为 500mm 后，捕捉墙体中心线绘制宽度为 100mm 的直段，这样实际绘制位置是按照"水平偏移"值偏移墙体中心线的位置。

（3）垂直对正：用来指定当前视图下相邻段之间垂直对齐方式。"垂直对正"方式有"中""底""顶"。"垂直对正"的设置会影响"偏移量"。

图 4.5-8 "对正设置"对话框

另外，电缆桥架绘制完成后，可以使用"对正"命令修改对齐方式。选中需要修改的电缆桥架，单击功能区的"对正"按钮，进入"对正编辑器"，选中需要的对齐方式和对齐方向，单击"完成"按钮。

5）自动连接

在"修改｜放置电缆桥架"选项卡中有"自动连接"选项，如图 4.5-9 所示。默认情况下，该选项处于选中状态。

图 4.5-9 "自动连接"选项

选中与否决定绘制电缆桥架时是否自动连接到相交电缆桥架上，并生成电缆桥架配件。当选中"自动连接"时，在两直段相交位置自动生成四通；如果不选中，则不生成电缆桥架配件，两种方式如图 4.5-10 所示。

图 4.5-10 电缆桥架连接

6）电缆桥架配件放置和编辑

（1）放置配件。在平面图、立面图、剖面图和三维视图中都可以放置电缆桥架配件。放置电缆桥架配件有两种方法：自动添加和手动添加。

（2）编辑电缆桥架配件。在绘图区域中单击某一桥架配件后，周围会显示一组控制柄，可用于修改尺寸、调整方向和进行升级或降级，如图4.5-11所示。

7）电缆桥架显示

在视图中，电缆桥架模型根据不同的"详细程度"显示，可通过"视图控制栏"的"详细程度"按钮，切换"粗略""中等""精细"3种粗细程度。

2. 线管

1）线管的类型

Revit MEP 2021的线管也提供了两种线管管路形式：无配件的线管和带配件的线管。Revit MEP 2021提供的"Systems-Default CHSCHS.rte"和"Electrical-Default CHSCHS.rte"项目样板文件中为这两种系统族分别默认配置了两种线管类型："刚性非金属线管（RNC Sch 40）"和"刚性非金属线管（RNC Sch 80）"，同时，用户可以自行添加定义线管类型。

添加或编辑线管的类型，可以单击"系统"选项卡＞"线管"按钮，在右侧出现的"属性"对话框中单击"编辑类型"按钮，弹出"类型属性"对话框，如图4.5-12所示。对"管件"中需要的各种配件的族进行载入。

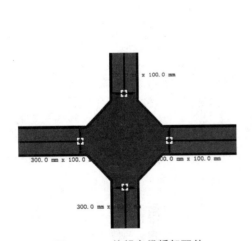

图4.5-11　编辑电缆桥架配件

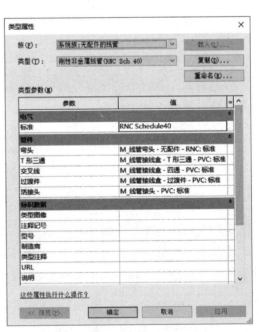

图4.5-12　"类型属性"对话框

2）线管设置

（1）在"电气设置"对话框中定义"电缆桥架设置"。单击"管理"选项卡＞"MEP设置"下拉列表＞"电气设置"按钮，在"电气设置"对话框的左侧面板中展开"线管设置"，如图4.5-13所示。

（2）选择"线管设置"＞"尺寸"选项，如图4.5-14所示，在右侧面板中就可以设置线管尺寸了。

（3）在右侧面板的"标准"下拉列表中，可以选择要编辑的标准；单击"新建尺寸""删除尺寸"按钮可创建或删除当前尺寸列表。

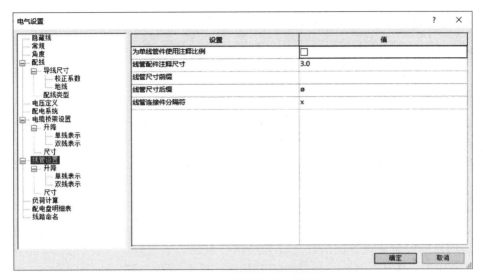

图 4.5-13 "电气设置"对话框

图 4.5-14 "电气设置"对话框

目前 Revit MEP 2021 软件自带的项目模板"Systems-Default CHSCHS. rte"和"E-lectrical-Default CHSCHS. rte"中线管尺寸默认创建了 5 种标准：RNC　Schedule40、RNC　Schedule80、EMT、RMC、IMC。其中，RNC（Rigid Nonmetallic Conduit，非金属刚性线管）包括"规格 40"和"规格 80"PVC 两种尺寸。

然后，在当前尺寸列表中，可以通过新建尺寸、删除尺寸、修改尺寸来编辑尺寸。

3）绘制线管

在平面图、立面图、剖面图和三维视图中均可绘制水平、垂直和倾斜的线管。

（1）基本操作

① 单击"系统"选项卡＞"电气"＞"线管"按钮，如图 4.5-15 所示。

图 4.5-15　"系统"选项卡

② 选择绘图区已布置构件族的电缆桥架连接件，单击鼠标右键，在弹出的快捷菜单中选择"绘制线管"命令，或使用快捷键 CN。

注意：线管也分为"带配件的线管"和"无配件的线管"，绘制时要注意这两者的区别。

（2）"表面连接"绘制线管

"表面连接"是针对线管创建的一个全新功能。通过在族的模型表面添加"表面连接件"，在项目中实现从该表面的任意位置绘制一根或多根线管。以一个变压器为例，如图 4.5-16 所示，在其上表面、左/右表面和后表面都添加了"线管表面连接件"。

用鼠标右键单击某一表面连接件，在弹出的快捷菜单中选择"从面绘制线管"命令，进入编辑界面，可以随意修改线管在这个面上的位置，单击"完成连接"按钮，即可从这个面的某一位置引出线管。使用同样的方法可以从其他面引出多路线管。类似地，还可以在楼层平面中，选择立面方向的"线管表面连接件"选项来绘制线管，如图 4.5-17 所示。

图 4.5-16　"表面连接"绘制线管　　　　图 4.5-17　线管绘制后的三维视图

4）线管显示

Revit MEP 2021 的视图可以通过视图控制栏设置 3 种详细程度：粗略、中等和精细。线管在这 3 种详细程度下的默认显示如下：粗略和中等视图下线管默认为单线显示；精细视图下为双线显示，即线管的实际模型。在创建线管配件等有关族时，应注意配合线管显示特性，确保线管管路显示协调一致。

4.5.2　电气系统的绘制

1. 新建项目

运行 Revit MEP 2021 软件，依次单击"应用程序菜单"＞"打开"＞"项目"按钮，在弹出的"打开"对话框中选择"电气系统模型.rvt"，单击"打开"按钮。

2. 电缆桥架的设置

（1）单击"系统"选项卡＞"电气"＞"电缆桥架"按钮，选择带配件的梯形电缆桥架，创建一个新的电缆桥架，命名为"CT-200X100"，如图 4.5-18 所示。绘制如图 4.5-19 所示的电缆桥架。

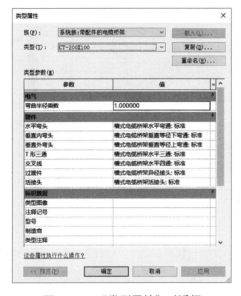

图 4.5-18　"类型属性"对话框

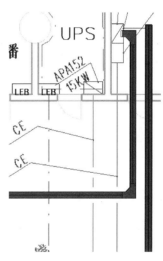

图 4.5-19　电缆桥架

（2）单击"系统"选项卡＞"电气"＞"电缆桥架"按钮，或使用快捷键 CT，在"类型选择器"中选择"电缆桥架"选项，确定类型。

（3）在选项栏中修改电缆桥架的宽度为 300mm，高度为 100mm，偏移量为 2750mm（距离梁底 200mm 处），如图 4.5-20 所示。

图 4.5-20　"系统"选项卡

（4）单击以确定电缆桥架起点位置，再次单击以确定电缆桥架终点位置，弯头处自动生成，此时，完成电缆桥架的绘制，如图 4.5-21 所示。

（5）修改"视图控制栏"中的详细程度为"精细"，"模型图形样式"为"线框"。单击"修改｜电缆桥架"选项卡＞"编辑"＞"对齐"按钮，使电缆桥架的中心线与 CAD

图纸中电缆桥架的中心线对齐，如图 4.5-21 所示。

3. 电缆桥架的绘制

1）电缆桥架弯头的绘制

在电缆桥架弯头的绘制状态下，在弯头处直接改变方向，在改变方向的地方会自动生成弯头，如图 4.5-22 所示。

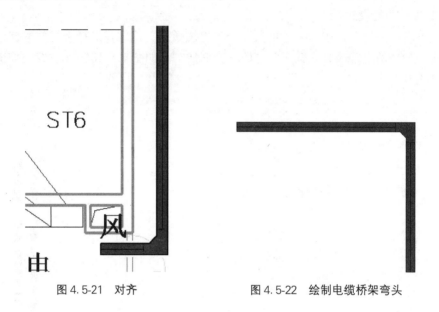

图 4.5-21　对齐　　　　　　　　图 4.5-22　绘制电缆桥架弯头

2）电缆桥架三通的绘制

单击"电缆桥架"按钮，或使用快捷键 CT，输入宽度值与高度值，绘制电缆桥架，把鼠标移动到桥架合适位置的中心处，单击以确认支管起点，再次单击以确认支管的终点，在主管与支管的连接处会自动生成三通，如图 4.5-23 所示。

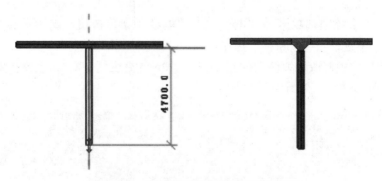

图 4.5-23　电缆桥架三通绘制后平面视图

3）电缆桥架四通的绘制

先绘制一根电缆桥架，再绘制与之相交叉的另一根电缆桥架，两根电缆桥架管的标高一致，第二根电缆桥架横贯第一根电缆桥架，可以自动生成四通，如图 4.5-24 所示。

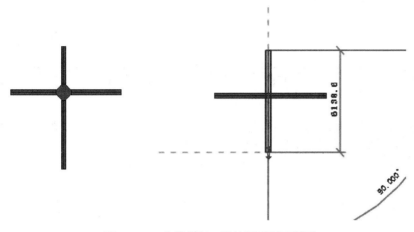

图 4.5-24　电缆桥架四通绘制后平面视图

本章小结

本章介绍 Revit MEP 的工作界面，阀门族和防火阀门族的创建方法和步骤；通过实例介绍了水管系统、通风系统、电气系统的绘制方法和步骤。

思考与练习题

4-1　建筑设备族的创建采取哪些步骤？

4-2　创建设备族时如何选择样本族？

4-3　选择实例应用 Revit MEP 绘制给水排水系统图、通风系统图、空调机房图。

第 5 章　建筑节能设计 BIM 技术应用

本章要点及学习目标

本章要点：

（1）掌握建筑模型的构建，包括：创建轴网、柱子、墙体、门窗、屋顶、划分空间等；

（2）熟练使用节能设计 BECS、能耗计算 BESI、碳排放计算 CEEB 等相关节能软件；

（3）熟练掌握对建筑节能设计、能耗计算、碳排放计算的模拟方法，并能输出相应的节能报告；

学习目标：

（1）能够熟练绘制节能分析建筑模型；

（2）掌握斯维尔软件（节能设计 BECS、能耗计算 BESI、碳排放计算 CEEB）使用方法；

（3）能够对建筑模型进行节能设计、能耗模拟、建筑碳排放模拟计算和分析预测。

5.1　概述

5.1.1　软件环境及软件启动

斯维尔系列软件（节能设计 BECS、能耗计算 BESI、碳排放计算 CEEB 等）构筑在 CAD 平台上，同时需要一些办公软件（主要是 Word 和 Excel）实现规范报表的输出。斯维尔系列软件对硬件环境没有特别的要求，只需满足 CAD 的使用要求即可。

程序安装完成后，将在桌面创建快捷图标，如图 5.1-1 所示，双击运行快捷图标即可启动软件。

图 5.1-1　斯维尔软件桌面快捷图标

5.1.2 用户界面

斯维尔软件基于 CAD 的界面基础进行了必要的扩充，为用户操作提供便利。以 BECS 为例，用户界面如图 5.1-2 所示。

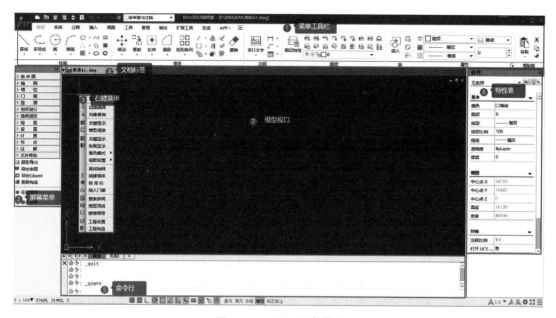

图 5.1-2 BECS 用户界面

1. 菜单工具栏

基于 CAD 基础，放置了一些基础、使用频率高的功能，可直接进行相应操作，如"直线""多段线"命令。不同的菜单下有相应绘制功能，可根据需求选择。

2. 屏幕菜单

屏幕菜单列出了斯维尔软件（此处以节能设计 BECS 软件为例）的主要功能，屏幕菜单采用两级结构，左键单击一级菜单即可展开第二级菜单。二级菜单为真正执行任务的菜单，一级菜单是对二级菜单的分类归纳。当光标移动到菜单项时，CAD 的状态栏会显示菜单功能的简短提示。

3. 右键菜单

右键菜单指在绘图区中单击右键所出现的菜单选项，一些编辑功能会在右键菜单中列出。右键菜单分为两类：一类是空选出现的右键菜单，列出最常用的功能；另一类是选中特定对象的右键菜单，列出针对该对象的相关操作。

4. 文档标签

基于 CAD 的多文档平台，当同时打开多个 DWG 文档时，文档标签会出现在绘图区的上方，用户可以通过点击文档标签快速切换当前文档。

5. 命令行

在命令行中会有分支选择的提示，会生成局部按钮，可以通过点击该按钮或输入键盘上对应的快捷键，即可进入分支选择。

6. 特性表

特性表可显示选中的建筑构件各类性质，同时可结合过滤选择等功能进行批量修改。

7. 模型视口

模型视口可以通过简单地拖放进行操作。将光标移动到视口的 4 个边界或者角点，光标形状变化则可以拖放新建视口。以此方法同样可以改变视口的尺寸大小，通常与延长线重合的视口会一起改变，若不需要改变延长线重合的视口，可以在拖动时按住 Ctrl 或 Shift 键。视口删除也需要通过拖动视口边界使其发生重合，则视口被自动删除。

5.2　新建建筑模型

5.2.1　轴网

轴网由轴线、轴号、尺寸标注三部分构成，主要用于反映建筑物的布局情况及相关建筑结构的定位。轴网绘制通常包含轴网创建、轴网标注及轴号编辑等三个步骤。

1. 创建轴网

点击左侧屏幕菜单处的一级菜单标题【轴网】，点击二级菜单【绘制轴网】，弹出绘制轴网对话框，可选择要绘制的轴网类型：直线轴网、弧线轴网，如图 5.2-1 所示。

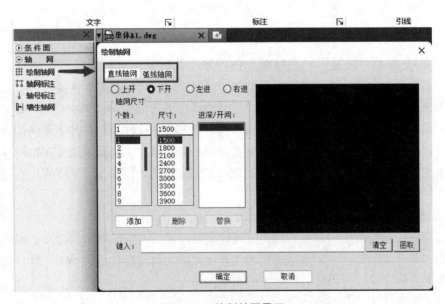

图 5.2-1　绘制轴网界面

1）直线轴网

创建直线正交轴网或者单向轴线，设置开间和进深数据，如图 5.2-2 所示。开间情况直接选择即可。数据输入的方式有两种：第一种是在"键入"栏内输入每个数据，用空格或者逗号隔开；第二种是在"个数"和"尺寸"中输入或从下方数据栏中选择，双击或者点击"添加"按钮完成数据输入，最后回车或者点击"确定"按钮生成，在模型视图选择合适的位置放置生成的轴网。

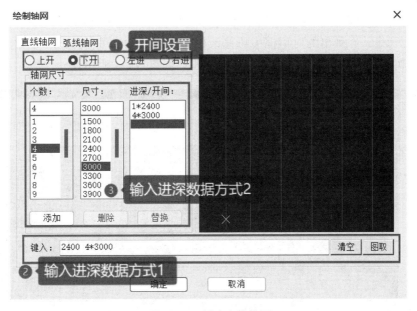

图 5.2-2 创建直线轴网

2）弧线轴网

弧线轴网由一组同心圆弧线和过圆心的辐射线组成，如图 5.2-3 所示。"开间"由旋转方向划分顺序，以角度为单位；"进深"为半径方向上的房间尺寸大小；"起始半径"为最内侧环线的半径；"起始角度"为起始边与 X 正方向的夹角。

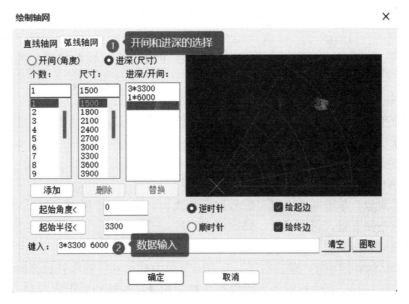

图 5.2-3 弧线轴网创建

2. 轴网标注

对已经生成的轴网,斯维尔软件可自动同时进行轴号标注和尺寸标注两项任务。

1) 轴网标注

轴网标注即整体标注,对起止轴线中的一组平行轴线进行标注。在屏幕菜单中选择【轴网标注】命令,在弹出的对话框中可修改标注方式和轴线编号形式,根据命令栏提示依次选择起始和终止轴线,完成轴号和尺寸标注,如图5.2-4所示。

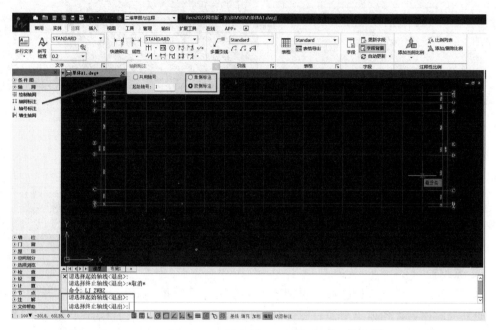

图5.2-4　轴网标注(双侧标注)

其中,"单侧标注"指在轴网取的那一侧标注轴号和尺寸;"双侧标注"指轴网两侧都进行标注;"起始轴号"可按规范要求选用数字、大小写字母、双字母、双字母间隔连字符等方式标注;"共用轴号"是指在标注的起始轴线在前段轴号的基础上继续编号。

2) 轴号标注

在屏幕菜单处点击【轴号标注】命令对单个轴线进行标注,标注的轴号独立存在,不与其他轴号系统发生关联。

3. 轴号编辑

1) 修改编号

选中轴号对象,单击圆圈,可对编号进行修改,如图5.2-5所示。如果要关联修改后续多个编号,按回车键,否则只默认修改单个编号。

2) 添补和删除轴号

选中已经标注好的轴号,单击右键,在右键菜单中进行轴号的添补和删除,如图5.2-6所示。添补轴号针对已有轴号对象,添加一个新的轴号;删除轴号则删除某个轴号,与之关联的所有轴号自动更新。

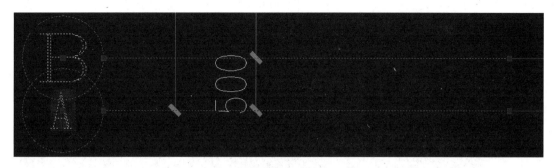

图 5.2-5　修改轴号

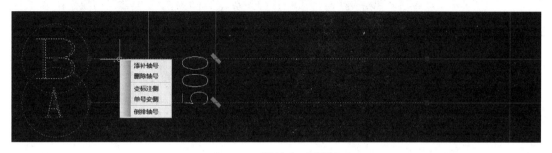

图 5.2-6　添补和删除轴号

5.2.2　柱子

斯维尔软件中支持标准柱、角柱和异型柱的建立。位于外墙的钢筋混凝土柱会引起围护结构的热桥效应，进而影响建筑整体保温性能设置，会在墙体内表面结露，因此在建筑节能中只关注与外墙相接的柱子，柱子的常规截面形式为矩形、圆形、多边形等。

1. 建筑层高

在屏幕菜单的【墙柱】命令下，有两个关于建筑层高的设置命令，分别是【当前层高】和【改高度】，如图 5.2-7 所示。

【当前层高】设置当前的默认层高，在每次创建墙体、柱子时的默认高度就是当前层高。

【改高度】则通过选择需要修改的墙体、柱子，对其高度进行更改。

2. 插入柱子

创建标准柱的步骤为：选择柱子定位方式、设置柱子参数、根据命令行提示进行操作、回车或右键单击结束，如图 5.2-8 所示。

选择屏幕菜单【墙柱】下的【标准柱】命令，弹出标准柱对话框。点选对话框左侧图标确定柱子插入方式，将光标悬浮在图标上，对话框标题栏能显示插入方式的介绍。其中"点选插入"指在屏幕指定位置插入柱子；"沿线插入"选定一根轴线，在其与其他轴线交点插入柱子；"区域插入"指定矩形区域，所有轴线的交点处插入柱子；"替换"替换原来已经插入的柱子。

设置柱子参数，包括柱子的截面类型、截面尺寸、材料等信息。在对话框中首先确定柱子的"形状"，常见的有矩形、圆形、正三角形和正多边形等。根据柱子的形状不同设

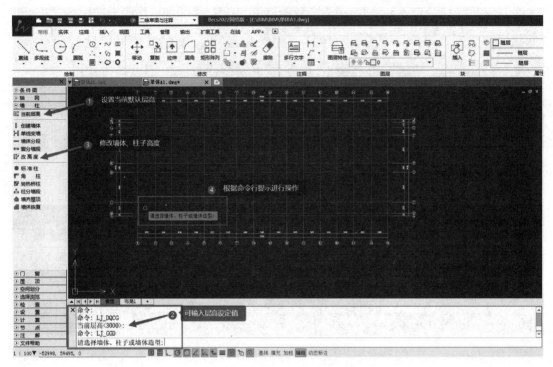

图 5.2-7　建筑层高设定及修改

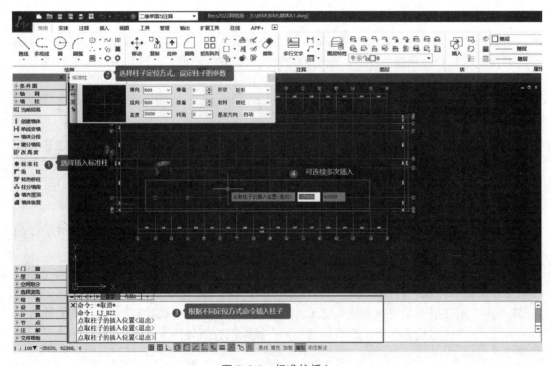

图 5.2-8　标准柱插入

定尺寸参数，如矩形柱子需要确定"横向"和"纵向"；圆形柱子需要确定"直径"，正多边形柱子需要给出外圆的"直径"和"边长"。

柱子的偏移量有"横偏"和"纵偏"，分别代表在 X 轴方向和 Y 轴方向的偏移量，柱子的"转角"是在矩形轴网中以 X 轴为基准。柱子的"材料"有混凝土、金属、钢筋混凝土等。

对话框中提供了柱子预览图，方便用户在设定过程中检查设定参数。参数设置无误后，根据不同定位方式下的命令行命令进行柱子插入操作，插入完成后单击右键或者回车结束。

3. 编辑柱子

编辑柱子主要是修改柱子的参数，如柱子高度、柱子截面和样式等。其中单个柱子修改可选择要修改的对象，单击右键，在右键菜单中使用【对象编辑】命令，或是通过特性表进行修改，如图 5.2-9 所示；批量修改柱子可通过过滤筛选，批量选择要修改的对象，再通过特性表进行修改，如图 5.2-10 所示；替换柱子，重新设置柱子，选择"替换"的定位方式，在图中批量选择原柱子实现替换，此功能只针对标准柱。

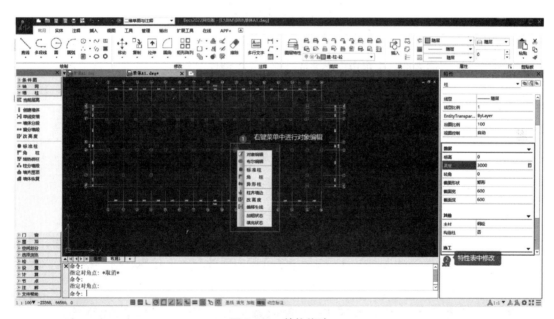

图 5.2-9　单柱修改

5.2.3　墙体

墙体作为主要的围护结构，既是建筑物的主要构造又是门窗载体。因此，墙体在建筑节能中起到至关重要的作用。

1. 墙体基线及墙体表面特性

墙体基线是墙体的定位线，用于代表墙体，通常和轴线对齐。墙体的各类相关判断都是以基线为依据，如墙体的相交，互相交接的墙体需要确保彼此的基线准确交接。墙基线不允许重合，若重合则会判定为墙体重合。

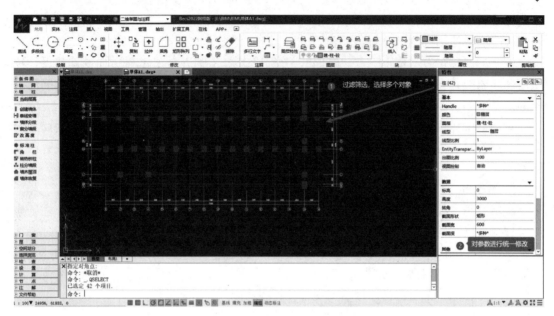

图 5.2-10　批量修改

　　基线通常用来检查墙体交接情况。基线有"单线/双线/三线"选项，如图 5.2-11 所示，一般墙基线位于墙体内部，也可以位于墙体外部。选中墙体对象后，三个夹点就是基线的点。

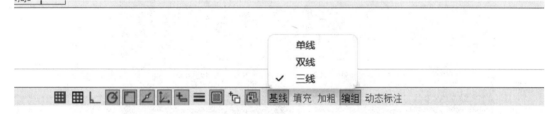

图 5.2-11　墙基线表现方式选择

　　选中墙体时可以看到墙体两侧有两个黄色箭头，如图 5.2-12 所示，它们表达了墙体两侧表面的朝向特性，箭头指向墙外表示该表面朝向室外与大气接触，箭头指向墙内表示该表面朝向室内。

图 5.2-12　墙体表面特性示意图

2. 墙体类型

根据墙体两侧的空间形状，可将墙体分为四种类型。其中外墙为建筑物的外轮廓，与室外空间接触；内墙为建筑内部的分割墙；户墙为住宅建筑中户与户、户与公共区域的分割墙；虚墙用于室内空间的逻辑分割。

3. 创建墙体

墙体可以直接创建或是使用单线转换，墙体参数也可在创建后编辑修改。

1）直接创建墙体

直接创建墙体，点击屏幕菜单【墙柱】下的【创建墙体】，弹出墙体设置对话框，创建墙体是一个浮动对话框，绘制墙体的过程中无需关闭，可连续绘制，墙线相交处自动处理。当绘制墙体的端点与已绘制的其他墙段相遇时，自动结束连续绘制，并开始下一连续绘制过程。

点击左侧图标确定墙体创建方式，可以连续布置、矩形布置、沿轴布置、等分加墙等。"总宽""左宽""右宽"用来指定墙的宽度和基线位置，"高度"的默认取值为当前层高。"材料"指墙体的主材类型，主要体现在建筑的二维表达形式，与具体的墙体构造无关。对话框右侧是创建墙体时的三种定位方式：基线定位/左边定位/右边定位，左边定位和右边定位特别适合描图时描墙边画墙的情况。

确定墙体相关参数后，命令行会有相应的命令提示，如连续布置方式确定直墙起点和下一点；矩形布置方式需要分别确定第一个角点和另一个角点。由此绘制墙体，绘制过程如图 5.2-13 所示。

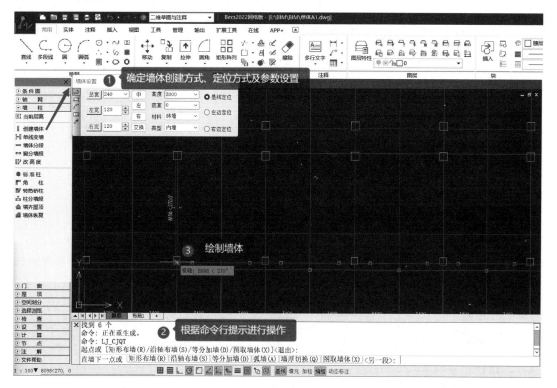

图 5.2-13　墙体绘制

2）单线变墙

单线变墙点击【墙柱】下的【单线变墙】，弹出单线变墙对话框，如图 5.2-14 所示。设定墙体参数同时选择单线变墙的两种方式：轴网生墙、单线变墙。"轴网生墙"是在设计好的轴网上成批生成墙体，不删除原来的轴线，单独的轴线不生成墙体，然后再进行编辑。"轴网变墙"是将 LINE、ARC 绘制的单线转为墙体对象，并删除选中单线，生成墙体的基线与对应的单线相重合。

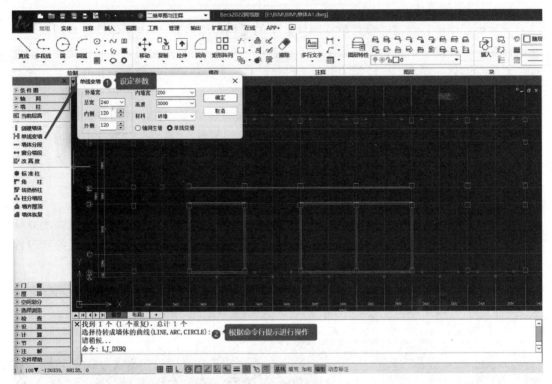

图 5.2-14　单线变墙

5.2.4　门窗

1. 插入门窗

屏幕菜单【门窗】下的【插入门窗】提供多种门窗插入方式。点击【插入门窗】命令，弹出门窗参数对话框，在对话框右下侧选择插入对象，从左到右依次分别是普通门、普通窗、弧窗、矩形门洞。点击门窗二维平面及立面预览图可进入图库进行选择替换。在对话框左下侧选择门窗插入方式，从左到右依次是自由插入、顺序插入、轴线等分插入、墙段等分插入、垛宽定距插入、轴线定距插入、角度插入、智能插入、满墙插入、上层插入、替换。根据插入门窗的尺寸输入相关参数或对参数进行调整，可输入门窗尺寸信息、选择门窗类型、对门窗进行编号或选择自动编号。确定门窗参数后根据命令行提示进行门窗插入操作，门窗插入过程如图 5.2-15 所示。

为提高门窗插入效率，以下介绍门窗的插入方式，如图 5.2-16 所示：

自由插入：在墙段的任意位置插入，通过鼠标点击确定，但不能准确定位。鼠标以墙

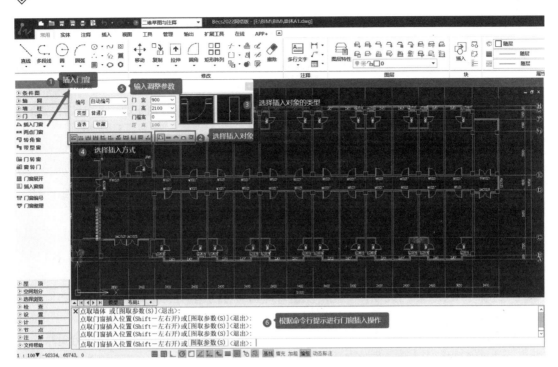

图 5.2-15　门窗插入

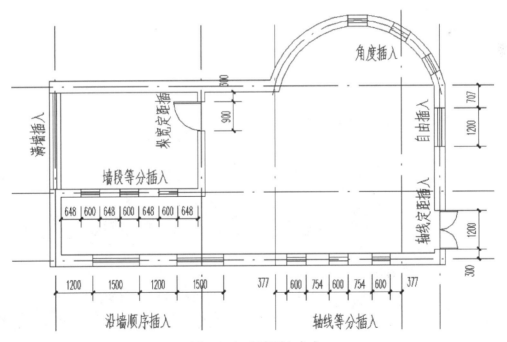

图 5.2-16　门窗插入方式

中线为分界，内外移动控制开启方向，单击一次 Shift 键控制左右开启方向。

顺序插入：以墙端点为起点，按给定距离插入选定的门窗。此后顺着前进方向连续插入，插入过程中可以改变门窗类型和参数。

轴线等分插入：将一个或多个门窗等分插入到两根轴线之间的墙段上。

墙段等分插入：在墙段上等分插入若干门窗。

垛宽定距插入：选取墙边线顶点作为参考位置，快速插入门窗，在对话框中预设垛宽距离。

轴线定距插入：系统自动搜索距离点取位置最近的轴线与墙体的交点，以此作为参考位置快速插入门窗。

角度定位插入：用于弧墙插入门窗，按给定角度插入直线型门窗。

智能插入：将一段墙体分三段，两端段为定距插，中间段为居中插，当鼠标处于两端中段，系统自动判定门开向有横墙一侧，采用墙垛定距和轴（基）线定距两种定距插入方式。

满墙插入：门窗在门窗宽度方向上完全充满一段墙，门窗宽度由系统自动确定。

2. 门窗编辑

1）门窗编号

门窗编号用来标识同类制作工艺的门窗，即同编号的门窗，除了位置不同外，它们的材料、洞口尺寸和三维外观都应当相同。

屏幕菜单【门窗】下的【门窗编号】命令可对门窗进行编号设置，该操作可对单个对象或是批量对象进行编号，新编号可由用户输入或是选择自动编号命令。"自动编号"则是按门窗的洞口的尺寸自动编号，这种规则的编号可以直观显示门窗规格，目前被广泛采用。编号原则是由四位数组成，前两位为宽度后两位为高度，按四舍五入提取。门窗编号操作过程如图 5.2-17 所示。

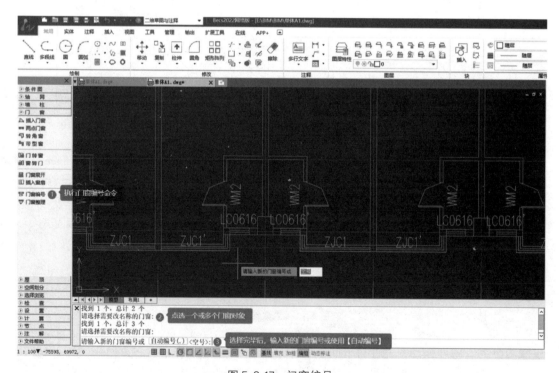

图 5.2-17　门窗编号

2）门窗整理

【门窗整理】包含门窗编辑和检查两项功能，如图 5.2-18 所示。将门窗信息提取到门窗表中，点取列表中的某个门窗，则可进行门窗编辑，在编号行进行修改，该编号下的全部门窗同步被修改。编辑完毕表中的数据被修改后以红色显示，这表明该数据修改过却还未同步至图中，直到点击"应用"后才显示正常。冲突检查将规格尺寸不同，却采用相同编号的同类门窗揪出来，以便修改编号或改尺寸。

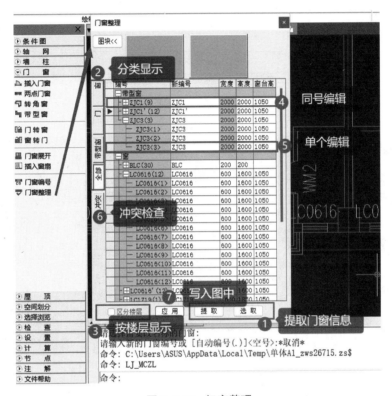

图 5.2-18　门窗整理

3）门窗替换

打开【插入门窗】对话框，如图 5.2-19 所示，将门窗插入方式选择为"替换"，在右侧勾选准备替换的参数项，同时设计新的门窗参数，最后在图中批量选择需要被替换的门窗，完成门窗替换。对于不变的参数去掉勾选项，替换后仍保留原门窗的参数。

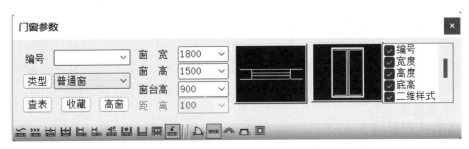

图 5.2-19　门窗替换

5.2.5　屋顶

1. 生成屋顶线

1）搜屋顶线

使用屏幕菜单【屋顶】下的【搜屋顶线】命令搜索建筑的所有墙体并设置外挑距离，会在外墙的外表面生成屋顶平面轮廓线，如图5.2-20所示。该轮廓线为一个闭合PLINE，用于构建屋顶的边界线。屋顶挑出墙体之外的部分对温差传热没有贡献，因此屋顶轮廓线应当与外墙外表面平齐，也就是外挑距离等于零。若有多个封闭区，需要多次操作形成多个轮廓线。

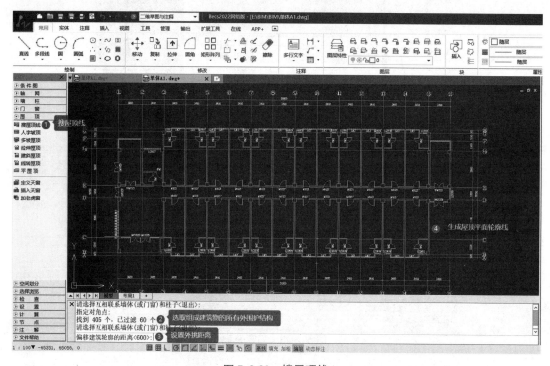

图5.2-20　搜屋顶线

2）线转屋顶

屏幕菜单【屋顶】下的【搜屋顶线】命令可将一系列直线段构成的二维屋顶转成三维屋顶模型，如图5.2-21所示。

2. 屋顶类型

1）平屋顶

通常情况下平屋顶无需建模，系统自动处理，只有一些特殊情况需要建平屋顶。如不同屋顶构造的创建、公共建筑与居住建筑混建、地下室与室外大气相接触的顶板。

2）人字坡顶

屏幕菜单【屋顶】下的【人字坡顶】以闭合的PLINE为屋顶边界，按给定的坡度和指定的屋脊线位置，生成标准人字坡屋顶，如图5.2-22所示。屋脊的标高值默认为0，如果已知屋顶的标高可以直接输入，也可以生成后编辑抬高。

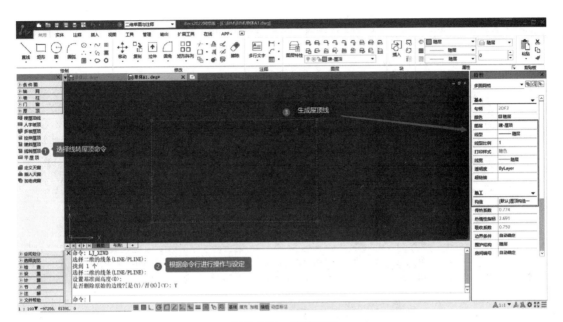

图 5.2-21　线转屋顶

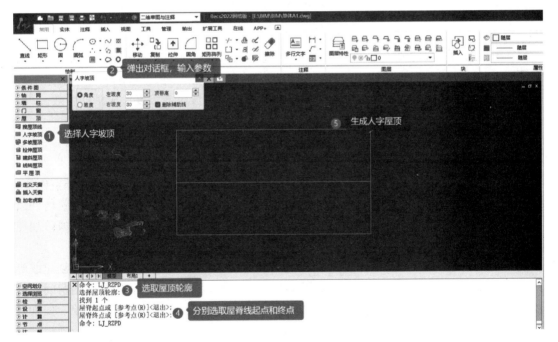

图 5.2-22　人字坡屋顶

3）多坡屋顶

屏幕菜单【屋顶】下的【多坡屋顶】命令将封闭的任意形状 PLINE 线生成指定坡度的坡形屋顶，如图 5.2-23 所示。可采用对象编辑单独修改每个边坡的坡度，以及用限制高度切割顶部为平顶形式。

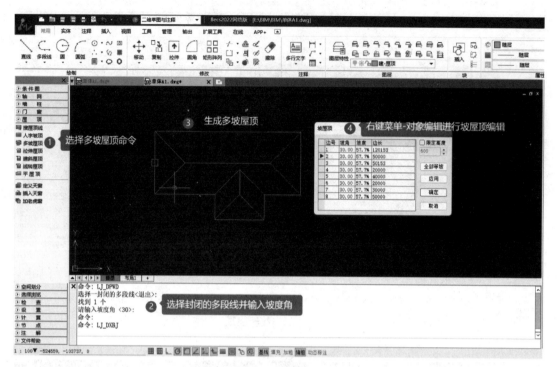

图 5.2-23　多坡屋顶

选中生成的多坡屋面，通过右键菜单下的【对象编辑】命令进入坡屋顶对话框。在坡屋顶编辑对话框中，列出了屋顶边界编号和对应坡面的几何参数，单击表格中的某一边号，图中对应边界中有红色矩形框相应，可修改该坡面的坡脚或坡度，应用即生效。"全部等坡"将所有坡面的坡度统一为当前坡度。

5.2.6　空间划分

斯维尔软件中将常规意义上的房间概念扩展为空间，包含了室内空间、室外空间等，围护结构把各个空间分隔开，每个围护结构通过其两个表面连接不同的空间。建筑物外墙与室外接壤的表面就是外表面。内墙用来分隔室内各个房间的墙。居住建筑中围成户型使某些房间共同属于某个住户，就是户墙。

屏幕菜单【空间划分】下的【搜索房间】命令可快速划分室内、室外空间，创建或更新房间对象和建筑轮廓，即将建筑墙体分为内墙与外墙。点击【搜索房间】弹出房间生成选项对话框，设定房间显示方式及相关生成参数，选取要搜索或更新的房间对象，搜索完成后在图中点选建筑面积标注位置，如图 5.2-24 所示。

其中，房间显示中"显示房间名称""显示房间编号""显示编号＋名称"是指房间对象以房间名、房间编号、编号及名称显示，其中房间名称只是房间的标称，不代表房间的功能；"面积""单位"可选择房间面积的标注形式，显示面积数值或面积加单位；"三维地面""板厚"用以选择房间对象是否具有三维楼板，以及楼板的厚度。生成选项中，用户可自行设置起始编号，选择是否更新已有的房间编号和高度；是否生成建筑轮廓、区分内外墙；"忽略柱子"指房间边界不考虑柱子，而是以墙体的边界；"柱子内部必须用墙来划分房间边界"指当围合房间的墙只搭到柱子边而柱内没有墙体时，系统给柱内添补一段短墙作为房间的边界。

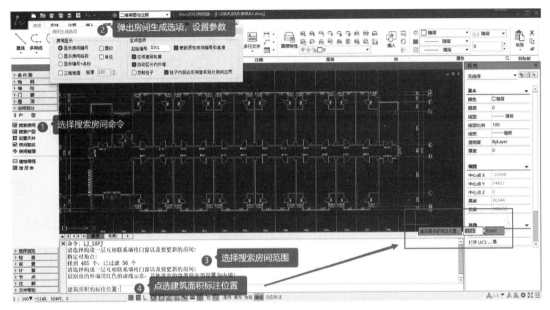

图 5.2-24 搜索房间

5.2.7 楼层组合

1. 建楼层框

屏幕菜单【空间划分】下的【建楼层框】命令用于全部标准层在一个 DWG 文件的模式下，确定楼层范围以及各层之间的对应关系，本质上是一个楼层表。

从外观上看，楼层框是一个矩形框，内有一个对齐点，左下角有层高和层号信息。执行【建楼层框】命令，在整个建筑平面图外侧选择一个角点，拖拽光标，点取对角的另一个角点，确定楼层框的方框范围；接着点取各建筑层上下对齐的参考点，一般使用轴线交点；再输入该楼层框对应的层号及层高，由此生成建筑楼层框，如图 5.2-25 所示。

被楼层框圈在其内的建筑模型，系统认为是一个标准层。楼层框的层高和层号可进行编辑修改，可以选择需要修改的楼层框对象，再用鼠标点击层高或层号，数字呈蓝色被选状态后直接输入新值代替原值；或者使用鼠标插入数字中，类似编辑文本一样修改。楼层框有五个夹点，分别为矩形四个角点和一个对齐点，可通过鼠标拖拽四角上的夹点修改楼层框的包容范围，拖拽对齐点调整对齐的位置。

2. 楼层表

建筑模型是由不同的标准层构成的，楼层表则是指定标准层和自然层之间的对应关系，为系统提供整个建筑的相关数据。屏幕菜单【空间划分】下的【楼层表】命令可弹出建筑楼层设定对话框，如图 5.2-26 所示。一般建议将每个标准层都放置在同一个 DWG 文件中，通过楼层框区分，系统能自动识别，使建筑节能计算操作更加便捷。

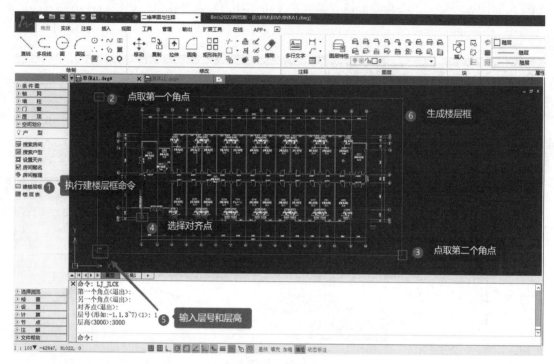

图 5.2-25 建楼层框

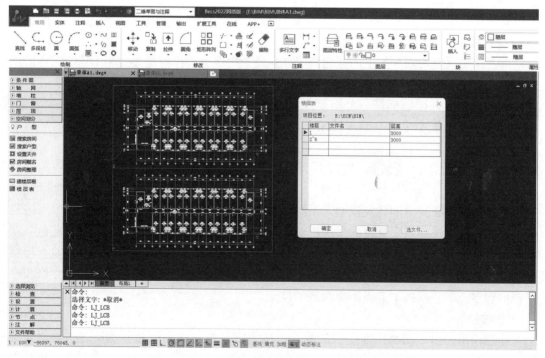

图 5.2-26 楼层表

5.2.8 图形检查

1. 闭合检查

【闭合检查】命令可通过命令行输入 BHJC 执行，本命令用于检查围成建筑空间的墙体是否闭合，通过鼠标在建筑平面图上的一点可以检查建筑轮廓、房间是否闭合，如图 5.2-27 所示。

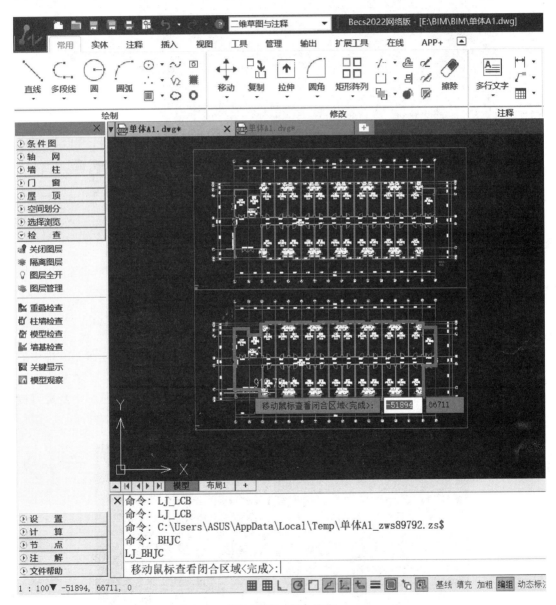

图 5.2-27 闭合检查

2. 重叠检查

屏幕菜单【检查】下的【重叠检查】命令用于检查图中的墙体、柱子、门窗和房间等，可删除或放置标记。执行【重叠检查】命令后如果有重叠对象存在，则弹出检查结果，可逐个点选错误描述，图中会高亮显示并提供可操作的分支命令修正错误，如图 5.2-28 所示。

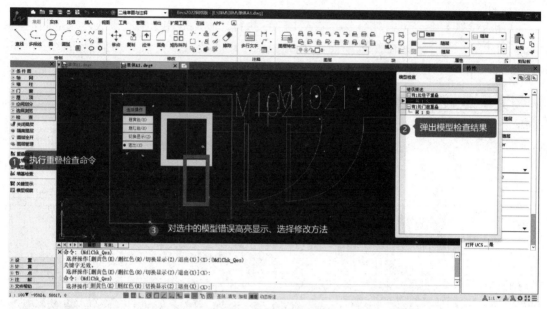

图 5.2-28　重叠检查

命令行的分支命令有："删黄色"即删除重叠处的黄色对象；"删红色"即删除当前重叠处的红色对象；"切换显示"即交换当前重叠处黄色和红色对象的显示方式；"退出"中断操作。

3. 柱墙检查

屏幕菜单【检查】下的【墙柱检查】命令用于检查柱内的墙体连接。斯维尔软件中的房间必须由闭合墙体围成，若有柱子，墙体也要穿过柱子相互连接，以保证墙基线的闭合。一般情况下，柱墙检查可以自动连接修复，如图 5.2-29、图 5.2-30 所示，若是有提示连接位置，需人工判定。

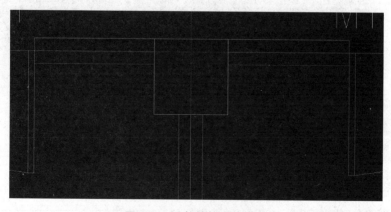

图 5.2-29　柱墙检查前错误

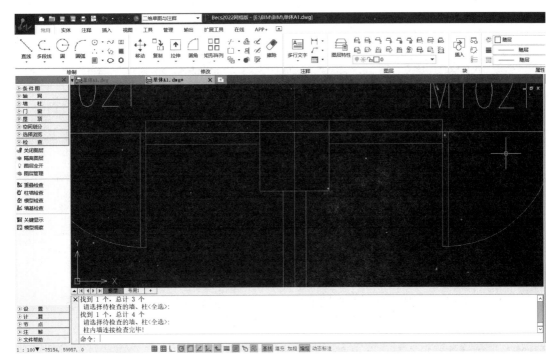

图 5.2-30　柱墙检查自动修复

4. 墙基检查

屏幕菜单【检查】下的【墙基检查】命令用来检查并辅助修改墙体基线的闭合情况，系统能判定清楚地自动闭合，有多种可能的则给出示意线辅助修改。【墙基检查】可以自动连接修复，如图 5.2-31、图 5.2-32 所示。

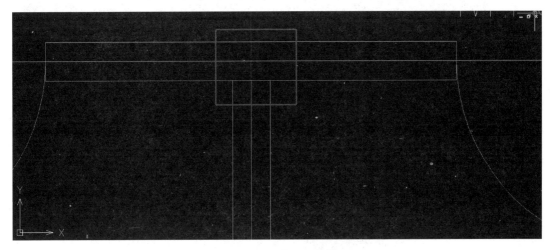

图 5.2-31　墙基检查前错误

5. 模型检查

进行节能分析前需要对建筑模型进行检查，避免错误对分析和计算的影响。屏幕菜单

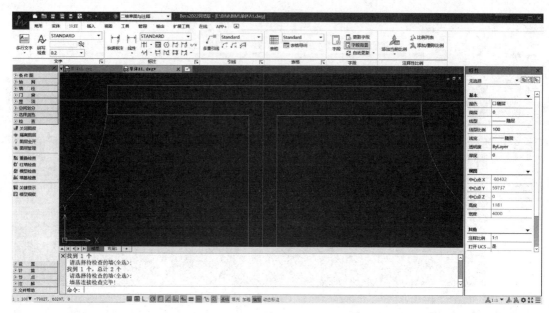

图 5.2-32　墙基检查自动修复

【检查】下的【墙基检查】命令主要包括对超短墙、未编号的门窗、超出墙体的门窗、楼层框层号不连续、重号和断号、与围合墙体之间关系错误的房间对象，如图 5.2-33 所示。

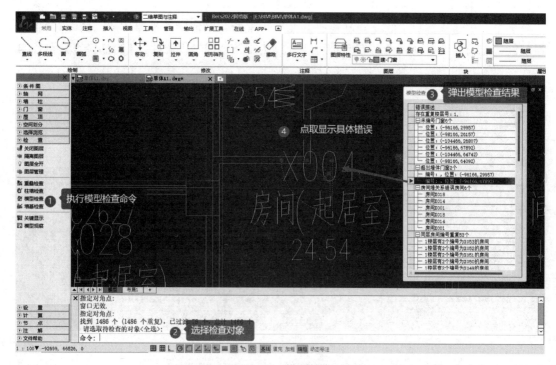

图 5.2-33　模型检查

5.2.9 示例建筑

1. 工程概况

本节通过创建一个完整的新建建筑模型，介绍使用斯维尔软件建模模块建模的方法和步骤，快速建成一个用于后续节能设计、能耗计算、碳排放计算的建筑模型。

某公寓建筑是 6 层砖混结构，满足建筑的功能要求，建筑平面图如图 5.2-34 所示。创建该项目的步骤：绘制轴网-添加结构柱-绘制墙体-添加门窗-屋顶建模-空间划分-楼层设置-模型检查-模型观察。

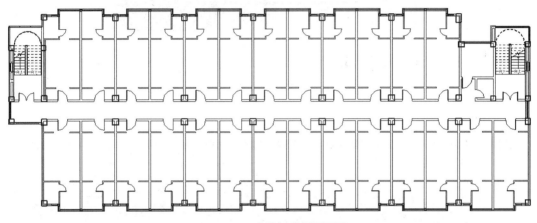

图 5.2-34 建筑标准层平面图

启动斯维尔软件后，即可开始新建模型。单击左上角的【保存】，选择合适的保存路径，将模型保存至本地电脑，如图 5.2-35 所示。

图 5.2-35 模型保存

2. 绘制轴网

展开屏幕菜单【轴网】，执行【绘制轴网】命令，弹出绘制轴网对话框，选择"直线轴网"进行绘制，输入轴网数据，如图 5.2-36 所示。点击"确定"并点选轴网插入位置，如图 5.2-37 所示。

执行【轴网标注】命令，选择双侧标注，根据命令行提示分别选择起始、终止轴线，完成轴网标注，如图 5.2-38 所示。

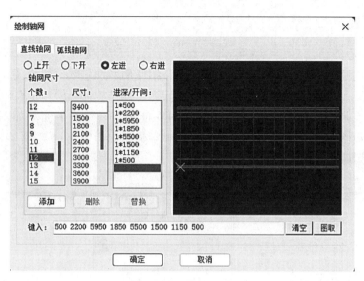

图 5.2-36　绘制轴网

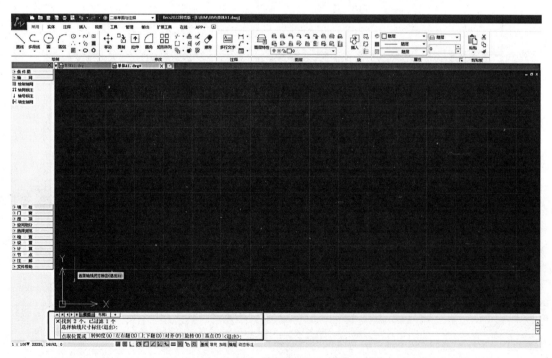

图 5.2-37　点取轴网插入位置

3. 插入柱子

展开屏幕菜单【墙柱】，执行【标准柱】命令，弹出标准柱对话框，选择柱子插入方式，设置柱子参数，点取构造柱子的插入位置，如图 5.2-39 所示。

4. 绘制墙体

执行【创建墙体】命令，弹出墙体设置对话框，设定墙体插入方式及墙体参数，如图 5.2-40 所示。根据命令栏提示操作完成墙体绘制，如图 5.2-41 所示。

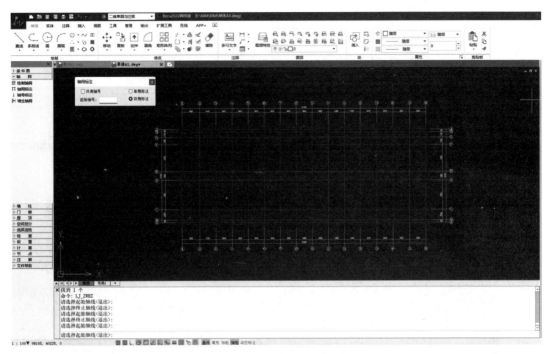

图 5.2-38 轴网标注

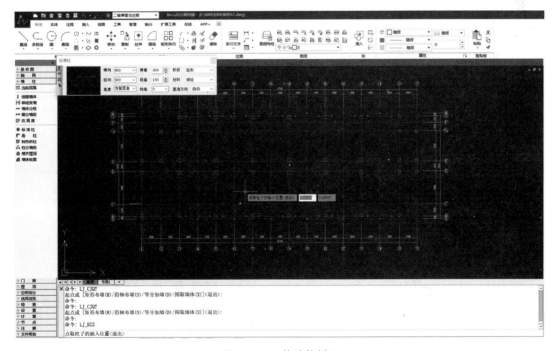

图 5.2-39 构造柱插入

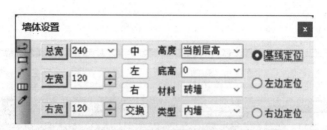

图 5.2-40　绘制墙体参数设置

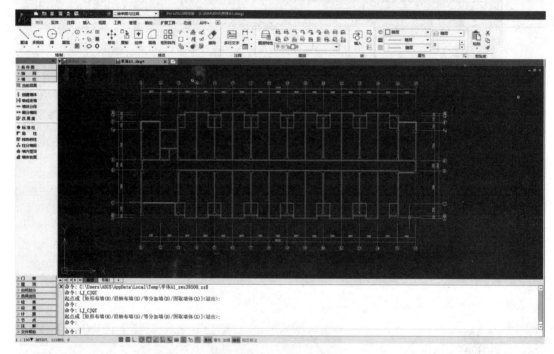

图 5.2-41　墙体绘制

5. 插入门窗

展开屏幕菜单【门窗】，执行【插入门窗】命令，弹出门窗参数，根据建筑图纸所提供的门窗规格与类型，进行门窗插入方式与参数设置，如图 5.2-42 所示，根据命令行操作提示，在已经绘制好的墙体上插入门窗，如图 5.2-43 所示。

图 5.2-42　门窗参数设置

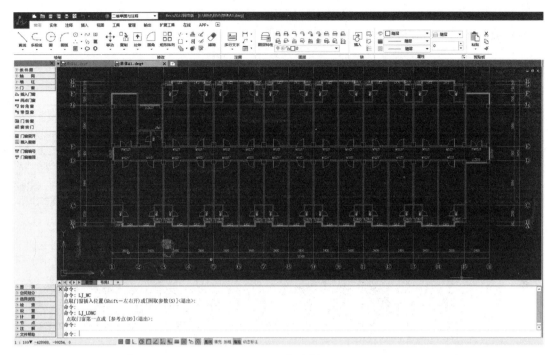

图 5.2-43 门窗插入

6. 绘制屋顶

展开屏幕菜单【屋顶】，执行【搜屋顶线】命令，根据命令行提示选择相互联系的墙体（或门窗）和柱子，再设定屋顶线偏移建筑轮廓的距离，最终在建筑外轮廓处生成蓝色的屋顶轮廓线。该示例建筑有多种屋顶形式，因此需要生成多个轮廓线，如图 5.2-44 所示。

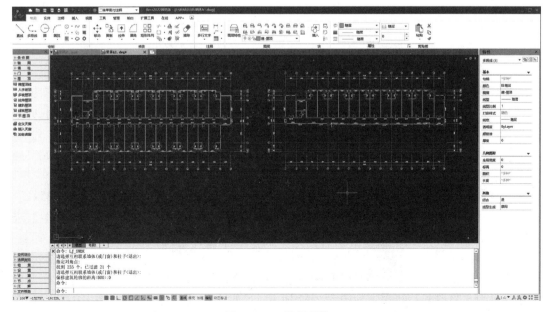

图 5.2-44 搜屋顶线

复制屋顶轮廓线至上一层，根据不同屋面类型，执行【平屋面】【多坡屋面】命令，分别生成平屋面、多坡屋面，如图 5.2-45 所示。

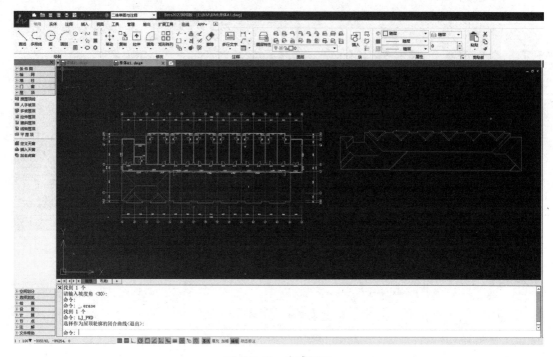

图 5.2-45　生成屋顶

7. 楼层设置

该示例建筑的所有平面图在同一个图形文件中，则使用楼层框，即内部楼层表；如果各个平面图是独立的 DWG 文件，那么使用外部楼层表。点取屏幕菜单命令【空间划分】下的【建楼层框】，根据系统命令提示完成楼层范围、层号和层高的设置等操作，设置好楼层框后如图 5.2-46 所示。同时建筑所有楼层信息可通过【楼层表】命令进行查看，如图 5.2-47 所示。

8. 空间划分

完成围护结构建模工作后，对房间空间进行必要的划分和设置。首先对每层由围护结构围合的闭合区域执行搜索房间，识别出内外墙、生成房间对象以及建筑轮廓。点取屏幕菜单命令【空间划分】下的【搜索房间】，弹出房间生成选项对话框，如图 5.2-48 所示。框选一层相互联系的墙柱门窗以及需要更新的房间，确定建筑面积的标注位置，完成空间划分，如图 5.2-49 所示。

用【局部设置】打开特性表（也可用 Ctrl＋1 打开），选中一个或多个房间，在特性表中可以设定房间的功能，如图 5.2-50 所示。也可以在后续设置中，使用【房间类型】进行扩充设置。

9. 模型检查

在【检查】菜单下，分别对模型执行【重叠检查】【柱墙检查】【墙基检查】【模型检查】等命令，修改模型错误，如图 5.2-51 所示。点取命令【模型观察】，弹出模型观察窗口，如图 5.2-52 所示。

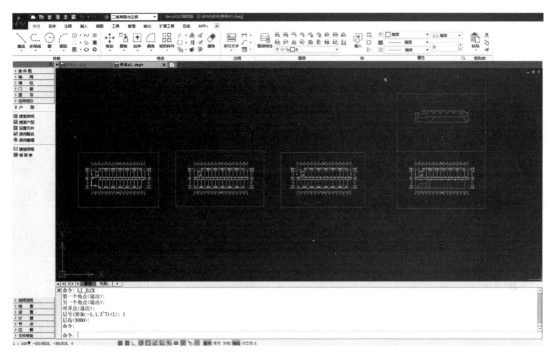

图 5.2-46 建楼层框

图 5.2-47 楼层表

图 5.2-48 房间生成选项

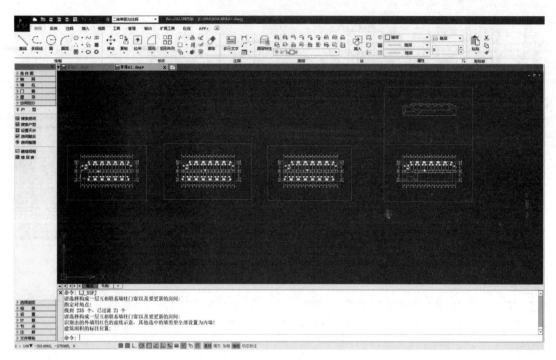

图 5.2-49　搜索房间

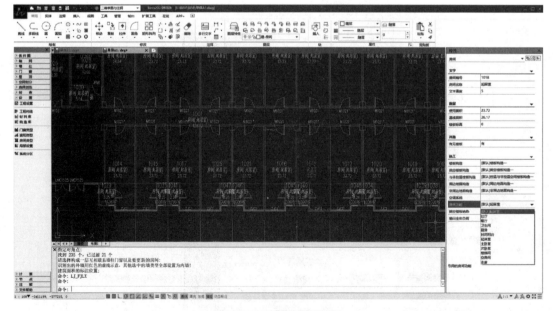

图 5.2-50　房间功能选择

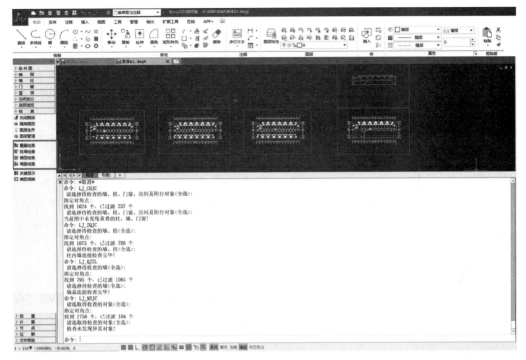

图 5.2-51 模型检查

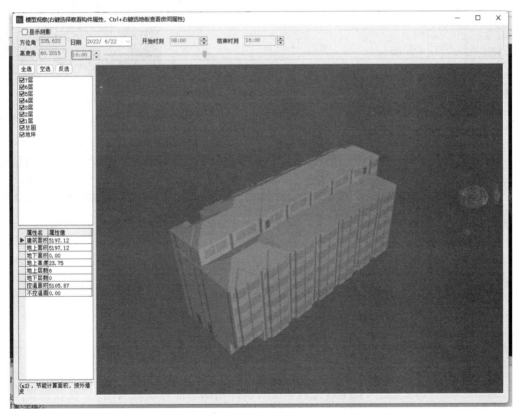

图 5.2-52 模型观察

5.3　建筑节能设计

5.3.1　设置管理

1. 文件组织

斯维尔软件要求将一栋建筑的全部图纸文件放置在一个文件夹下。除了用户的 DWG 文件，软件会产生一些辅助文件，如工程设置、外部楼层表、动态能耗分析文件。

2. 工程设置

节能设计分析结果的准确性，需要用户对当前建筑项目的地理位置（气象数据）、建筑类型、节能标准和能耗种类等计算条件进行准确设置。点取屏幕菜单【设置】下的【工程设置】命令，弹出工程设置对话框，对"工程信息"及"其他设置"进行填写，如图 5.3-1 所示。

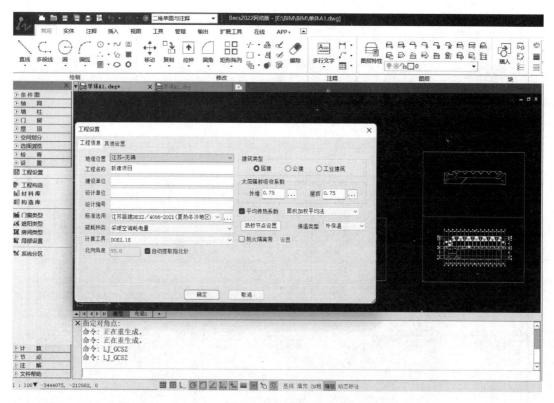

图 5.3-1　工程设置

"工程信息"界面可设置建筑的基本信息，其中"地理位置"是工程所在地，这个选项决定了本工程所在地的气象参数，可点击"更多地点"进行地区列表选择，示例建筑的地理位置为江苏省无锡市；"建筑类型"确定建筑物是居住建筑还是公共建筑；"标准选用"根据工程所在地及建筑类型，选择该工程所采用的节能标准或明细；"能耗种类"决定【能耗计算】命令所用的计算方法，由所选的节能标准确定。同时，系统提供四种外墙热桥计算方法，即简化修正系数法、面积加权平均法、线性传热系数（节点建模法）、线性传热系数（节点查表法）。软件将按标准指定的方法自动匹配计算方法，也可以从下拉列表中选择其他的计算方法。

"其他设置"中设置建筑模型、模型计算和报告输出的一些特殊参数，如图 5.3-2 所示。"楼梯间采暖"中当建筑类型为居住建筑时，设置楼梯间是否供暖，此项为全局设置；"启用环境遮阳"可设置工程是否考虑环境遮阳，当启用环境遮阳后，【环境遮阳】计算的遮阳系数可用于外窗热工的检查。"输出平面简图到计算书"中若设置为"是"，即可将热工模型的平面简图输出到节能报告中。三维轴测图则可通过【三维组合】【模型观察】命令右键保存图片后输出到节能报告。

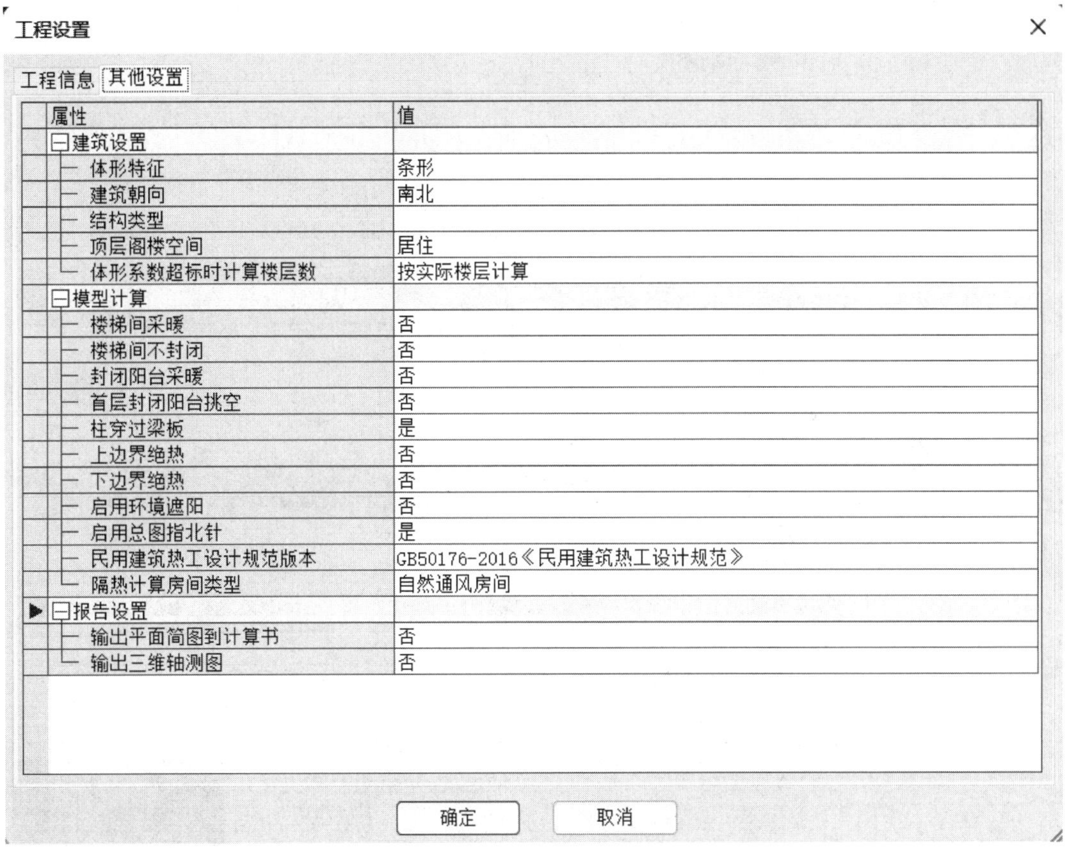

工程设置	✕

工程信息	其他设置

属性	值
☐建筑设置	
— 体形特征	条形
— 建筑朝向	南北
— 结构类型	
— 顶层阁楼空间	居住
— 体形系数超标时计算楼层数	按实际楼层计算
☐模型计算	
— 楼梯间采暖	否
— 楼梯间不封闭	否
— 封闭阳台采暖	否
— 首层封闭阳台挑空	否
— 柱穿过梁板	是
— 上边界绝热	否
— 下边界绝热	否
— 启用环境遮阳	否
— 启用总图指北针	是
— 民用建筑热工设计规范版本	GB50176-2016《民用建筑热工设计规范》
— 隔热计算房间类型	自然通风房间
▶☐报告设置	
— 输出平面简图到计算书	否
— 输出三维轴测图	否

确定	取消

图 5.3-2 其他参数设置

3. 热工设置

建立建筑模型后，还需要进行热工设置，将其变为热工模型，才可进行后续的节能分析，主要包含围护结构、房间功能、遮阳系统和门窗类型的设置。

1）工程构造

工程构造是指建筑围护结构的构成方法，一个构造由单层或若干层一定厚度的材料按一定顺序叠加而成，组成构造的基本元素是建筑材料。斯维尔软件提供全国各地的基本【材料库】，如图 5.3-3 所示，同时结合各地节能细则建立【构造库】，如图 5.3-4 所示。软件执行【工程构造】命令为每个围护结构赋给构造，【工程构造】中的构造可以从【构造库】中选取导入，也可以由用户自定创建。

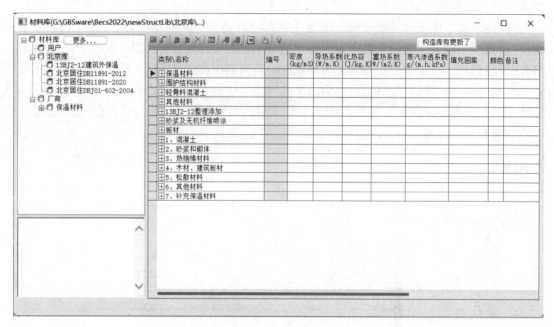

图 5.3-3　材料库

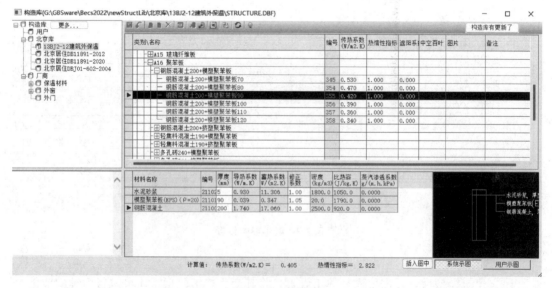

图 5.3-4　构造库

执行【工程构造】命令，弹出工程改造对话框，工程构造用一个表格形式的对话框管理本工程用到的全部构造。每个类别下至少要有一种构造。如果一个类别下有多种构造，则位居第一位者作为默认值赋给模型中对应的围护结构，位居第二位后面的构造需采用【局部设置】赋给围护结构。

工程构造对话框中，"外围护结构""地下围护结构""内围护结构""门""窗"等构造设定分别赋给了当前建筑物对应的围护结构，可依次进行构造设置。"材料"项则是组成这些构造所需的材料以及每种材料的热工参数。构造的编号由系统自动统一编制。指定工程构造，对话框下方表格处线上当前选中构造的材料组成，材料顺序是从上到下或者从外到内。表格右下方图示是根据表格中构造的材料组成绘制而成，表格下方是构造的热工参数计算，如图 5.3-5 所示。

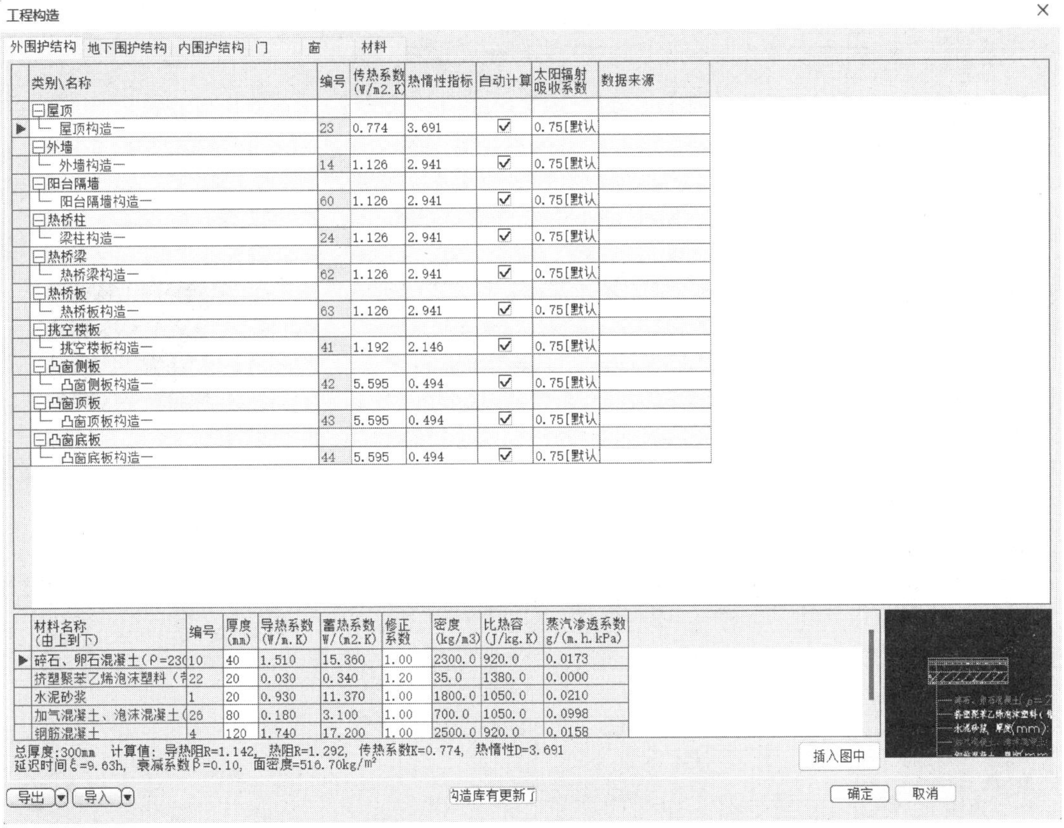

图 5.3-5　工程构造对话框

新建、复制或删除构造，如图 5.3-6 所示，可在已有的构造行上单击右键，在弹出的右键菜单中选择"新建构造"创建空行，然后在新增加的空行内点击"类别＼名称"栏，其末尾会出现一个按钮，点击按钮可以进入系统构造库中选择构造。"复制构造"则拷贝上一行内容，然后可由用户进行编辑。"删除构造"只有本类围护结构下的构造有两个以上时才容许，可以使用右键菜单删除，也可使用"DELETE"键删除。

编辑构造，若需更改构造名称，可直接在"类别＼名称"栏进行修改；若需对构造中的材料进行添加、删除、复制、更换等操作，则选择要编辑的构造行，在对话框下方的表格中右键选择对需要编辑的材料的编辑方式，如图 5.3-7 所示。表格中可直接修改表格中的厚度值、选择修正系数；添加和更换这两项操作会切换至材料页中，选定新材料后，点击"选择"按键完成编辑，如图 5.3-8 所示。

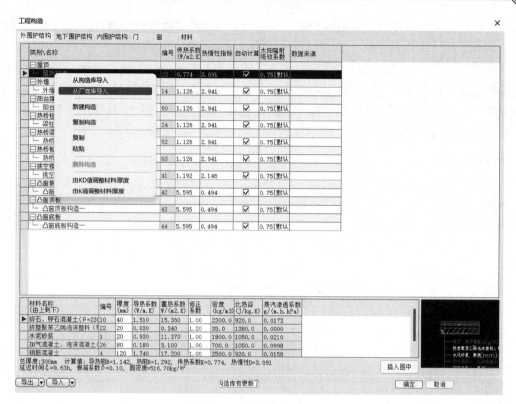

图 5.3-6　新建或复制构造

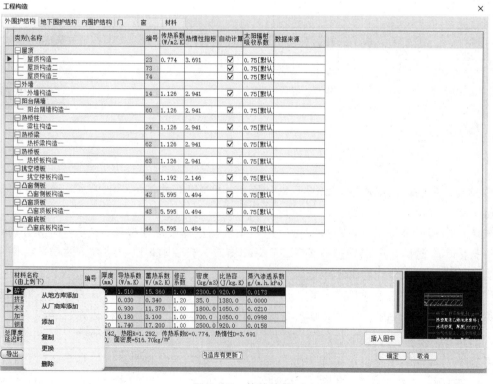

图 5.3-7　构造编辑

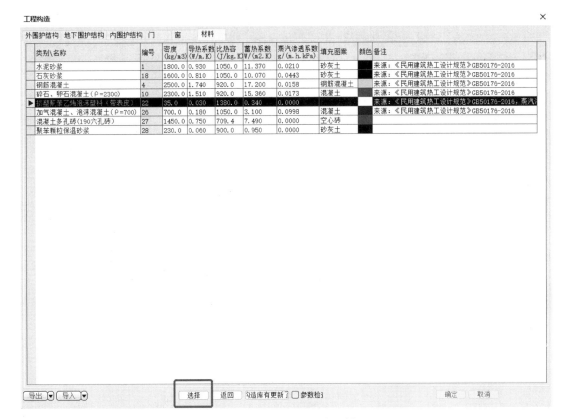

图 5.3-8　添加或更换材料

2）门窗类型

【门窗类型】命令按类型设置、检查和批量修改门窗的热工参数，以门窗编号作为类型的关键字，设置开启比例、玻璃距外墙侧的距离、气密性等级和门窗构造，如图 5.3-9 所示。透光的玻璃幕墙在节能中被当作窗对待。外窗的遮阳由【遮阳类型】设置和管理，因为相同编号的外窗会有不同的遮阳形式。

门窗类型中提供了三种门窗开启面积或有效通风换气面积的设置模式：按开启比例输入、按开启尺寸输入、提取开启信息。点选的同时按住 Crtl 或 Shift 键可进行多个门窗批量处理。

（1）按开启比例输入为软件默认的设置模式，通过在对话框中输入门窗开启比例，软件会自动根据对应外窗面积计算开启面积。选择需要统一编辑的门窗，点击"多行编辑"命令，弹出门窗类型——多行编辑对话框，进行参数设定，如图 5.3-10 所示。

（2）按开启尺寸输入则需要选择输入门窗的开启长度/开启宽度、开启面积/个数，从而得到门窗的开启面积。门窗的开启长度、开启宽度、开启面积等参数可以从门窗大样图中选取。如图 5.3-11 所示，选中要编辑的门窗，点击"开启长度/面积"或"开启宽度/个数"项目列末尾出现灰色的小方框，再根据命令行的提示进行操作。选择闭合 PL 线：其围合而成的区域面积会被识别为门窗的开启面积。"尺寸/绘制"命令则在图中点取两点作为开启长度和宽度或是绘制窗户图形，以其面积作为门窗开启面积。

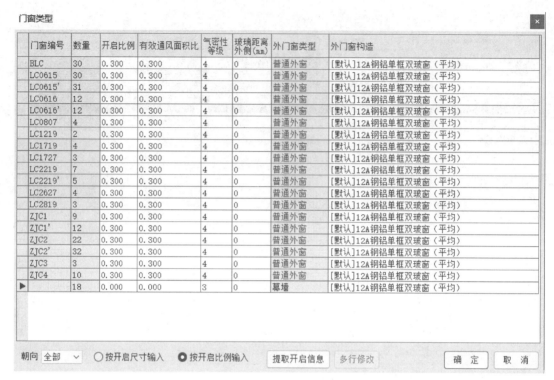

图 5.3-9　门窗类型

图 5.3-10　按开启比例输入

图 5.3-11 按开启尺寸输入

（3）提取开启信息则是根据门窗立面详图中插入的窗扇读取开启信息，用于外窗开启面积的计算。

3）遮阳类型

遮阳措施作为减少夏季能耗的关键，需要在节能设计中进行设置。斯维尔软件提供了平板遮阳、百叶遮阳，活动遮阳等常见外遮阳类型。【遮阳类型】命令用于命名和用户自定义多种遮阳设置，然后赋给外窗，可反复修改，如图 5.3-12 所示。

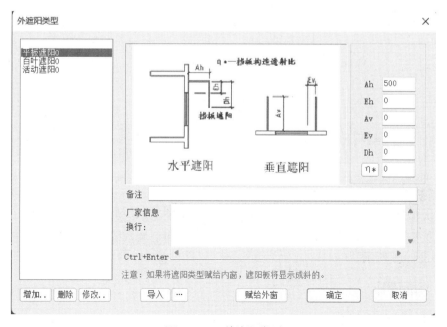

图 5.3-12 外遮阳类型

外遮阳类型需要和计算参数一一对应，参数必须在【遮阳类型】对话框中设置或修改。外遮阳类型可通过赋给外窗或是选择窗户对象，在特性表中可以对外窗的遮阳类型进行修改，如图 5.3-13 所示。

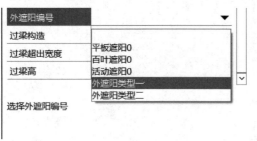

图 5.3-13　特性表中外遮阳选择

4）房间类型

在前面空间划分中，介绍了如何设置房间功能，若系统给定的房间类型无法满足用户需求时，可使用【房间类型】命令进行添加。同时在弹出的房间功能对话框中，还可以对房间参数进行编辑，修改夏冬室温、新风量等参数，如图 5.3-14 所示。设置完成后，可选用"图选赋给""按名赋给"点选用户需要指定的房间，或是采用前面介绍的方法，即在房间对象的特性表中指定给具体的房间。

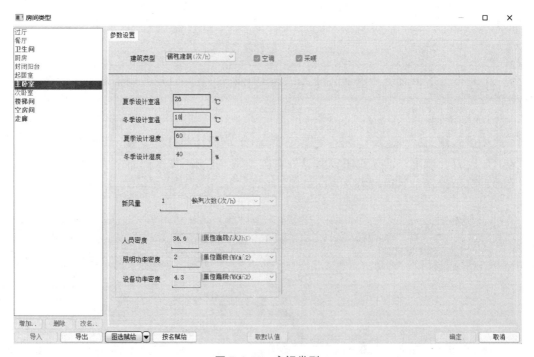

图 5.3-14　房间类型

5）系统类型

一般大型公共建筑会设计多套相互独立的空调系统为不同的空间区域工作，则需要使用【系统类型】命名和设置各个空调系统，使具有相同空调系统的房间处于同一空调系统内，如图 5.3-15 所示。

5.3.2　节能设计

节能设计由斯维尔 BECS 软件完成，可输出分析结果，典型的分析流程如图 5.3-16 所示。

图 5.3-15　系统分区

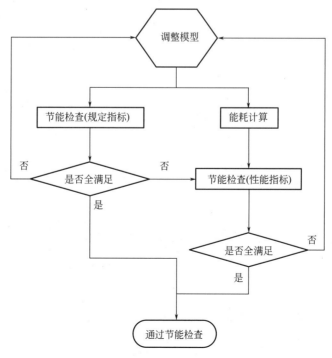

图 5.3-16　节能设计分析流程

1. 数据提取

点取屏幕菜单【计算】下的【数据提取】命令，本命令在建筑模型中按楼层提取详细的建筑数据，包括建筑面积、外侧面积、挑空楼板的面积、屋顶面积等，以及整幢建筑的地上体积、地上高度、外表面积和体形系数等，如图 5.3-17 所示。

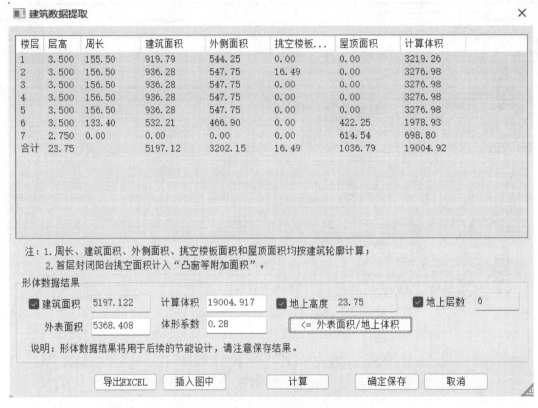

图 5.3-17　建筑数据提取

"体形系数"是建筑外表面积和建筑体积之比，反映建筑形态是否节能的一个重要指标。体形系数越小，意味着同一使用空间下，接触室外大气的面积越小。需要手动修正建筑数据的特殊情况下，"形体数据结果"下的数据可以手动输入变更。如果修改的是外表面积或地上体积，将影响体形系数的大小，请按一次"外表面积/地上体积"按钮更新体形系数。节能分析以最后"确定保存"的数据为准，因此每次重新提取或更改数据都要"确定保存"一次。

BECS 支持复杂的建筑形态，能自动提取数据和进行能耗计算。建筑数据的准确度依赖于建筑模型的真实性。建筑数据表格可以插入图中，也可以输出到 Excel 中，以便后续的编辑和打印。

2. 能耗计算

【能耗计算】命令根据在【工程设置】命令中选择的标准中的评估方法和所选的能耗种类，计算建筑物的能耗，如图 5.3-18 所示。

3. 节能检查

当完成建筑物的工程构造设定和能耗计算后，执行【节能检查】命令，弹出节能检查

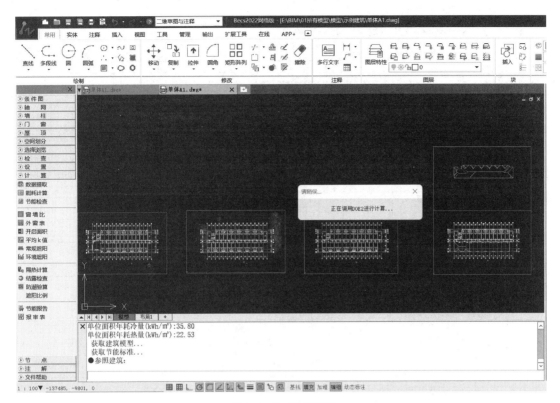

图 5.3-18 能耗计算

对话框，进行节能检查并输出两组检查数据和结论，分别对应规定指标检查和性能指标检查。节能检查中，一些检查项的数据量大或复杂，因此采用了展开检查的方式，即【节能检查】表中给出该项的总体判定，全部的细节数据则打开详表检查，如开间窗墙比、外窗热工、封闭阳台等项，并支持输出结果到 Word 或 Excel 中。很多检查项支持在表格中点取该项自动对准到图中，以便将数据与模型一一对应，为调整设计提供方便。

1）规定指标检查

在对话框下端选取"规定指标"，则是根据工程设置中选用的节能设计标准对建筑物逐条进行规定性指标的检查并给出结论，如图 5.3-19 所示；节能检查输出的表格中列出了检查项、计算值、标准要求、结论和可否性能权衡，其中"可否性能权衡"是表示该项指标是否可以超标，"可"表示可以超标，"不可"表示无论如何不能超标。

2）性能指标检查

在节能检查对话框中，选取"性能指标"则是根据标准中规定的性能权衡判定方式进行检查并给出结论，如图 5.3-20 所示。当"规定指标"的结论满足时，可以判定为节能建筑，若"规定指标"不满足而"性能指标"的结论满足时，也可判定为节能建筑。

4. 分析结果

1）导出报告

完成节能分析后，执行【节能报告】命令，于命令行选择输出报告的类型：规定指标、性能指标，即可输出 Word 格式的《建筑节能计算报告》，如图 5.3-21 所示。报告书内容从模型和计算结果中自动提取数据填入，如建筑概况、工程构造、指标检查、能耗计

检查项	计算值	标准要求	结论	可否性能权衡
体形系数	0.28	s≥0.25且s≤0.40 [建筑体形系数应符合表5.1.1限值的规定	满足	
田窗墙比		各朝向窗墙比应符合5.2.6条的规定	不满足	可
├ 南向	0.39	≤0.50	满足	
├ 北向	0.49	≤0.45	不满足	可
├ 东向	0.20	≤0.45	满足	
└ 西向	0.21	≤0.45	满足	
田屋顶构造	K=0.42; D=4.	K≤0.45[屋面传热系数值、热惰性指标应满足表5.2.1~5.2.4的	满足	
田外墙构造	K=0.65; D=4.	K≤0.80[外墙传热系数、热隋性指标应符合表5.2.1~5.2.4的	满足	
梁柱构造	无	墙体冷桥处传热阻应不小于0.52	不需要	
田凸窗板			不需要	
田挑空楼板构造	K=0.74	K≤0.80[挑空楼板传热系数应符合表5.2.1~5.2.4的规定。]	满足	
分户楼板	无	分户楼板的传热系数符合表5.2.1~5.2.4的规定	不需要	
田分户墙	K=0.84	K≤1.50[分户墙的传热系数应符合表5.2.1~5.2.4规定]	满足	
田楼梯间隔墙	K=0.64	K≤1.50[户墙的传热系数符合表5.2.1~5.2.4规定]	满足	
田外窗热工			不满足	可
├田各朝向外窗传热系		外窗传热系数、遮阳系数应满足表5.2.6-1~5.2.6-4的规定。	不满足	可
│├ 东向传热系数	kE=1.43	kE≤1.80	满足	
│├ 西向传热系数	kW=1.43	kW≤1.80	满足	
│├ 南向传热系数	kS=1.40	kS≤1.80	满足	
│└ 北向传热系数	kN=1.43	kN(无对应限值)	不满足	可
▶└田平均遮阳系数		外窗传热系数、遮阳系数应满足表5.2.6-1~5.2.6-4的规定。	不满足	可
├ 东向夏季综合遮	ScSumE=0.30	ScSumE≤0.30或有全遮蔽外遮阳	满足	
├ 西向夏季综合遮	ScSumW=0.30	ScSumW≤0.30或有全遮蔽外遮阳	满足	
├ 南向夏季综合遮	ScSumS=0.23	ScSumS≤0.25或有全遮蔽外遮阳或阳台进深不小于1.5m	满足	
├ 北向夏季综合遮	ScSumN=0.29	ScSumN(不允许)或有全遮蔽外遮阳	满足	可
├ 东向冬季综合遮	ScWinE=0.60	ScWinE≥0.60	满足	
├ 西向冬季综合遮	ScWinW=0.60	ScWinW≥0.60	满足	
└ 南向冬季综合遮	ScWinS=0.60	ScWinS≥0.60	满足	
通往封闭空间的户门	无	K<=2.0	不需要	
通往非封闭空间或户外	无	K<=1.4	不需要	
田天窗			不需要	
田可开启面积		外窗的可开启面积不应小于窗面积的30%	满足	
田屋顶内表面最高温度		内表面最高温度不超过限值	满足	
田外墙内表面最高温度		内表面温度最高不超过限值	满足	
田结露检查		围护结构内表面温度不应低于室内空气露点温度	满足	
田外窗气密性			满足	
结论			不满足	可

○ 规定指标　　○ 性能指标　　　输出到Excel　　输出到Word　　　输出报告　　　关　闭

图 5.3-19　规定指标检查

算以及结论等。

2）导出审图

屏幕菜单【文件帮助】下的【导出审图】命令可对送审的电子节能文档进行打包压缩，生成审图文件包 *.bdf，如图 5.3-22 所示，审图机构可以用 BECS 的审图版解压打开进行审核。

5.3.3　其他工具

1. 窗墙面积比

在节能设计中，"窗"是指透光围护结构，包括玻璃窗、玻璃门、阳台门的透光部分和玻璃幕墙。透光部分是保温的薄弱环节，也是夏季太阳传热的主要途径，较小的透光比例对建筑节能更加有利；同时建筑设计还要兼顾室内采光的需要，因此也不能过小。

图 5.3-20 性能指标检查

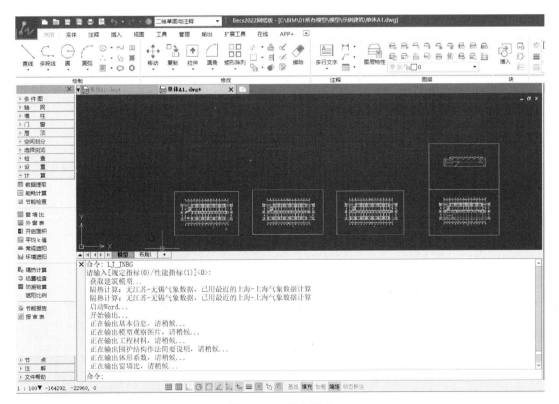

图 5.3-21 报告输出

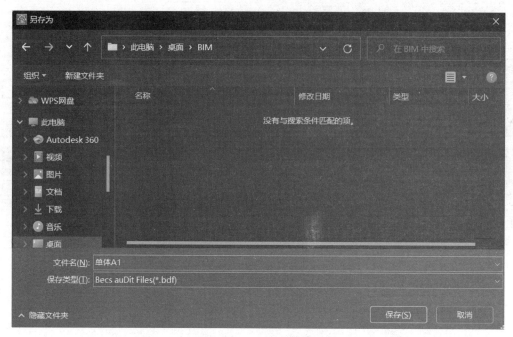

图 5.3-22　导出审图对话框

　　窗墙比是影响建筑能耗的重要指标，使用【窗墙比】命令提取计算建筑模型的窗墙比，如图 5.3-23、图 5.3-24 所示。"平均窗墙比"是东西南北四个朝向的平均窗墙比；"开间窗墙比"是单个房间的窗墙比，也是按东西南北四个朝向计算。

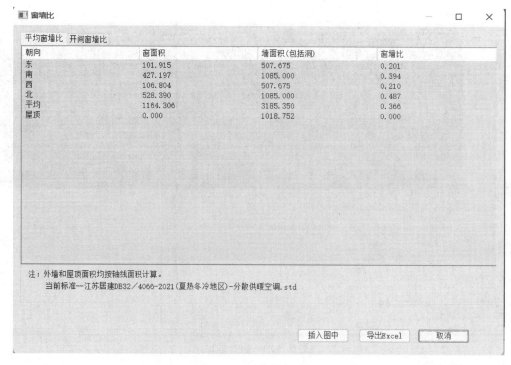

图 5.3-23　平均窗墙比

图 5.3-24 开间窗墙比

2. 外窗表

【外窗表】命令按东西南北四个朝向统计门窗面积，如图 5.3-25 所示。

3. 开启面积

【开启面积】命令会根据【门窗类型】中设置的开启比例，分层统计该层中每个房间门窗的开启面积，并对照工程所在地的规范的要求，给出判定，如图 5.3-26 所示。

4. 平均 K 值

【平均 K 值】为外墙或建筑的 K 值和 D 值计算工具，可以计算某一段外墙的平均传热系数 K 和整栋外墙的平均传热系数 K 和平均热惰性指数 D。此项命令需要在完成建筑节能模型的全部工作后再进行。其中，单段外墙的平均 K 值是在单段外墙上，按墙体和热桥梁柱各个所占面积，采用面积加权平均的方法，计算出单段外墙的平均传热系数 K 值，如图 5.3-27 所示；整栋建筑外墙的平均 K 值和 D 值，则是通过对模型中多种不同构造的外墙和热桥梁柱进行面积加权平均，计算出整栋建筑物的单一朝向或全部外墙的平均传热系数 K 和 D 值，如图 5.3-28 所示。

5. 遮阳系数

【常规遮阳】命令类似于平均 K 值命令，用于计算单个外窗的外遮阳系数，以及整栋建筑外窗的外遮阳和综合遮阳平均遮阳系数，如图 5.3-29、图 5.3-30 所示。

【环境遮阳】命令则采用模拟法计算遮阳系数，考虑建筑自身、周边建筑对外窗的遮阳效果。计算结果保存于图中，可通过外窗属性表查看外窗环境遮阳系数。当【工程设置】中设置了启用环境遮阳，计算值可用于外窗遮阳系数的检查。

■ 外窗表

朝向	编号	尺寸	楼层	数量	单个面积	合计面积
东向 101.92		1.40×3.50	1~6	6	4.90	29.40
	LC0807	0.80×0.70	4~6	3	0.56	1.68
	LC1719	1.65×1.85	1~6	6	3.05	18.32
	ZJC1'[0420]	0.40×2.00	1	6	0.80	4.80
	ZJC1[0420]	0.40×2.00	1	4	0.80	3.20
	ZJC2'[0419]	0.40×1.85	2~5	28	0.74	20.72
	ZJC2[0419]	0.40×1.85	2~6	20	0.74	14.80
	ZJC3[0420]	0.40×2.00	1	2	0.80	1.60
	ZJC4[0419]	0.40×1.85	2~6	10	0.74	7.40
西向 106.80		1.40×3.50	1~6	6	4.90	29.40
	BLC	0.20×0.15	1	30	0.03	0.93
	LC0807	0.80×0.70	4~6	3	0.56	1.68
	LC1727	1.65×2.70	2~6	5	4.46	22.28
	ZJC1'[0420]	0.40×2.00	1	6	0.80	4.80
	ZJC1[0420]	0.40×2.00	1	5	0.80	4.00
	ZJC2'[0419]	0.40×1.85	2~6	30	0.74	22.20
	ZJC2[0419]	0.40×1.85	2~5	20	0.74	14.80
	ZJC3[0420]	0.40×2.00	1	1	0.80	0.80
	ZJC4[0419]	0.40×1.85	2~5	8	0.74	5.92
南向 427.20		0.63×3.50	1	2	2.19	4.38
		1.50×0.60	1	1	0.90	0.90
		1.53×3.50	1	1	5.34	5.34
		1.50×1.00	1	2	1.50	3.00
		1.43×3.50	1	1	4.99	4.99
	LC0615	0.60×1.50	2~5	24	0.90	21.60
	LC0615'	0.60×1.50	2~5	32	0.90	28.80
	LC0616	0.60×1.60	1	6	0.96	5.76
	LC0616'	0.60×1.60	1	6	0.96	5.76
	LC1219	1.20×1.85	6	2	2.22	4.44

插入图中　　关闭

图 5.3-25　外窗表

图 5.3-26　开启面积

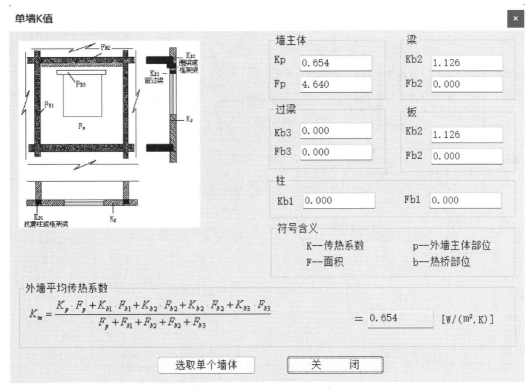

图 5.3-27　单段墙体平均 K 值

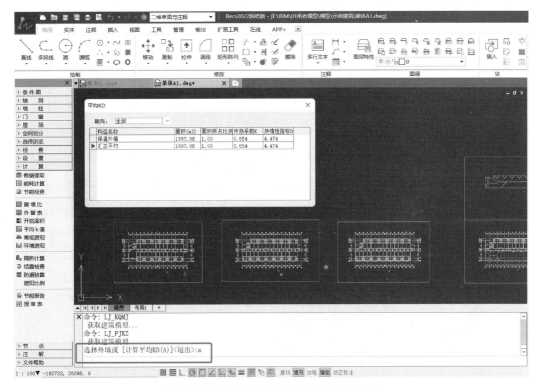

图 5.3-28　建筑整体平均 K 值和 D 值计算

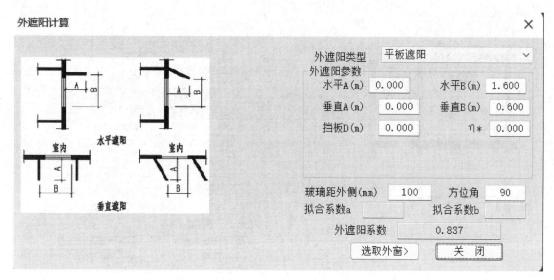

图 5.3-29　计算单个外窗的外遮阳系数

序号	编号	楼层	数量	单个面积	总面积	自遮阳系数	夏季外遮阳系数	冬季外遮阳系数	平均外遮阳系数	夏季综合遮阳系数	冬季综合遮阳系数	平均综合遮阳系数
1		1	2	2.188	4.375	0.620	1.000	1.000	1.000	1.000	0.620	0.620
2		1	1	0.900	0.900	0.620	1.000	1.000	1.000	1.000	0.620	0.620
3		1	1	5.338	5.338	0.620	1.000	1.000	1.000	1.000	0.620	0.620
4		1	2	1.500	3.000	0.620	1.000	1.000	1.000	1.000	0.620	0.620
5		1	1	4.988	4.988	0.620	1.000	1.000	1.000	1.000	0.620	0.620
6	LC0615	2~5	24	0.900	21.600	0.620	0.169	0.844	0.506	0.169	0.523	0.314
7	LC0615'	2~5	32	0.900	28.800	0.620	0.169	0.844	0.506	0.169	0.523	0.314
8	LC0616	1	6	0.960	5.760	0.620	0.169	0.846	0.508	0.169	0.525	0.315
9	LC0616'	1	6	0.960	5.760	0.620	0.169	0.846	0.508	0.169	0.525	0.315
10	LC1219	6	2	2.220	4.440	0.620	0.181	0.903	0.542	0.181	0.560	0.336
11	LC2219	6	7	4.070	28.490	0.620	0.186	0.928	0.557	0.186	0.575	0.345
12	LC2219'	6	5	4.070	20.350	0.620	0.186	0.928	0.557	0.186	0.575	0.345
13	LC2819	2~6	5	5.088	25.438	0.620	0.187	0.934	0.560	0.187	0.579	0.347
14	ZJC1'[21]	1	6	4.200	25.200	0.620	0.200	1.000	0.600	0.200	0.620	0.372
15	ZJC1[21]	1	5	4.200	21.000	0.620	0.200	1.000	0.600	0.200	0.620	0.372
16	ZJC2'[21]	2~5	28	3.885	108.780	0.620	0.200	1.000	0.600	0.200	0.620	0.372
17	ZJC2[21]	2~5	20	3.885	77.700	0.620	0.200	1.000	0.600	0.200	0.620	0.372
18	ZJC3[21]	1	1	4.200	4.200	0.620	0.200	1.000	0.600	0.200	0.620	0.372
19	ZJC4[21]	2~5	8	3.885	31.080	0.620	0.200	1.000	0.600	0.200	0.620	0.372

朝向 两向　平均遮阳系数：0.369　插入图中

图 5.3-30　计算建筑整体的平均遮阳系数

6. 隔热计算

【隔热计算】命令计算建筑物的屋顶和外墙的内表面最高温度，并判断其是否超过温度限值。计算最高温度值不大于温度限值为隔热检查合格。屋顶和外墙结构参数自动提取，根据设置参数和默认的时间步长，自动划分网格。用户可点选需要计算的外围护结构，计算得到内表面最高温度，与限值比较得到检查结论，如图 5.3-31 所示。"节点图"可生成围护结构的节点划分图，"输出报告"则生成具有详细计算过程的 Word 格式隔热检查计算书。

7. 结露检查

【结露检查】命令对所选外墙或屋顶构造进行结露检查，如图 5.3-32 所示。

8. 防潮验算

【防潮验算】命令对外墙和屋顶构造进行防潮验算，并生成冷凝受潮验算计算书，如

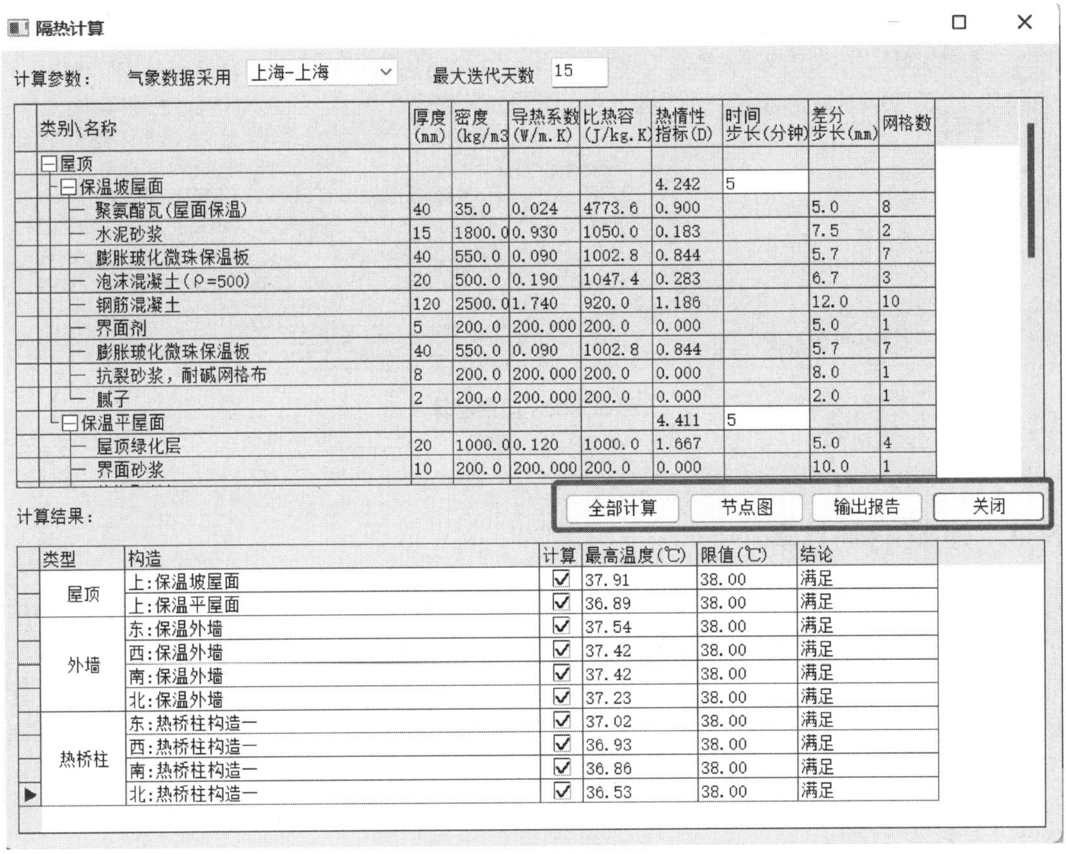

隔热计算

计算参数： 气象数据采用 上海-上海 ∨ 最大迭代天数 15

类别\名称	厚度(mm)	密度(kg/m3)	导热系数(W/m.K)	比热容(J/kg.K)	热惰性指标(D)	时间步长(分钟)	差分步长(mm)	网格数
□屋顶								
└□保温坡屋面					4.242	5		
└ 聚氨酯瓦(屋面保温)	40	35.0	0.024	4773.6	0.900		5.0	8
└ 水泥砂浆	15	1800.0	0.930	1050.0	0.183		7.5	2
└ 膨胀玻化微珠保温板	40	550.0	0.090	1002.8	0.844		5.7	7
└ 泡沫混凝土(ρ=500)	20	500.0	0.190	1047.4	0.283		6.7	3
└ 钢筋混凝土	120	2500.0	1.740	920.0	1.186		12.0	10
└ 界面剂	5	200.0	200.000	200.0	0.000		5.0	1
└ 膨胀玻化微珠保温板	40	550.0	0.090	1002.8	0.844		5.7	7
└ 抗裂砂浆,耐碱网格布	8	200.0	200.000	200.0	0.000		8.0	1
└ 腻子	2	200.0	200.000	200.0	0.000		2.0	1
└□保温平屋面					4.411	5		
└ 屋顶绿化层	20	1000.0	0.120	1000.0	1.667		5.0	4
└ 界面砂浆	10	200.0	200.000	200.0	0.000		10.0	1

计算结果：

[全部计算] [节点图] [输出报告] [关闭]

类型	构造	计算	最高温度(℃)	限值(℃)	结论
屋顶	上:保温坡屋面	☑	37.91	38.00	满足
	上:保温平屋面	☑	36.89	38.00	满足
外墙	东:保温外墙	☑	37.54	38.00	满足
	西:保温外墙	☑	37.42	38.00	满足
	南:保温外墙	☑	37.42	38.00	满足
	北:保温外墙	☑	37.23	38.00	满足
热桥柱	东:热桥柱构造一	☑	37.02	38.00	满足
	西:热桥柱构造一	☑	36.93	38.00	满足
	南:热桥柱构造一	☑	36.86	38.00	满足
	北:热桥柱构造一	☑	36.53	38.00	满足

图 5.3-31 隔热计算

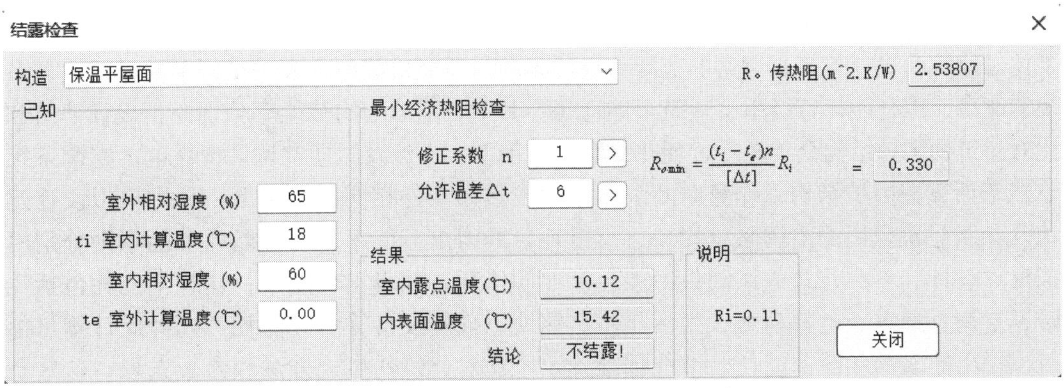

结露检查

构造 保温平屋面 ∨ R₀ 传热阻(m^2.K/W) 2.53807

已知

最小经济热阻检查

修正系数 n [1] >

允许温差 Δt [6] >

$$R_{\varphi min} = \frac{(t_i - t_e)n}{[\Delta t]} R_i = 0.330$$

室外相对湿度(%) [65]

ti 室内计算温度(℃) [18]

室内相对湿度(%) [60]

te 室外计算温度(℃) [0.00]

结果

室内露点温度(℃) [10.12]

内表面温度(℃) [15.42]

结论 [不结露!]

说明

Ri=0.11

[关闭]

图 5.3-32 结露检查

图 5.3-33 所示。计算结果可以"数据表格"或"图形曲线"两种方式表达，以"数据表格"表达时，可以将结果输出到 Excel。以"图形曲线"表达时，可以将结果插入到当前工程中。

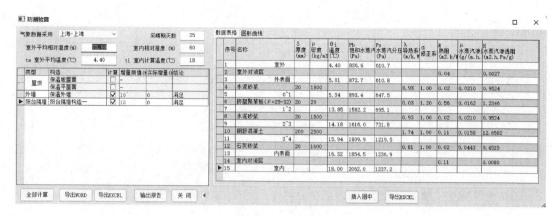

图 5.3-33　防潮验算

5.4　建筑能耗计算

能耗计算 BESI 软件是一个对已知的建筑模型进行能耗计算的工具。节能评估所关注的建筑模型是墙体、门窗和屋顶等围护结构构成的建筑框架以及由此产生的空间划分。BESI 所用的建筑模型与斯维尔建筑 Arch 兼容，这意味着 Arch（或兼容的其他系统）提供的建筑图纸可以避免重新建模，尤其是斯维尔节能设计 BECS 的模型与能耗计算 BESI 完全一样，有条件获取 BECS 的节能设计模型，从而大大节省能耗计算的时间。

5.4.1　设置管理

1. 工程设置

【工程设置】命令就是设定当前建筑项目的地理位置（气象数据）、建筑类型、计算目标、节能标准等计算条件，如图 5.4-1 所示。其中计算目标可下拉选择，目标的不同决定了比对建筑和设计建筑要考察的节能效果的不同。节能目标包含围护结构节能率、空调系统节能率、综合能耗节能率、建筑全能耗等。其中，围护结构节能率分别模拟设计建筑和比对建筑的围护结构全年耗冷、耗热量得出节能率，不涉及暖通空调设备耗电；空调系统节能率计算在围护结构、作息时间表、室内发热等条件相同的情况下，分别模拟设计建筑及参照建筑采用的空调系统设备运行能耗，并得出节能率；综合能耗节能率则分别模拟计算设计和参照建筑的供暖供冷能耗和照明能耗，并得出节能率；建筑全能耗包括供暖、空调、通风、电梯动力、生活热水、照明、插座设备等多种能耗，选择此计算目标可以得出建筑的年全部能耗。节能标准确定了比对建筑的生成方法和参数选取，这些是能效计算的必要条件，需要准确选取。其余工程设置介绍可参考节能设计章节中相关部分。

2. 控温设置

在建筑运行使用中，供暖供冷起止日期可能根据不同地区标准有不同的规定，用户可以根据研究测算或实际项目设计运行需求，选择全年 8760 小时理想供冷供暖，或者使用【控温期】命令自定义建筑供暖供冷的起止日期，如图 5.4-2 所示。

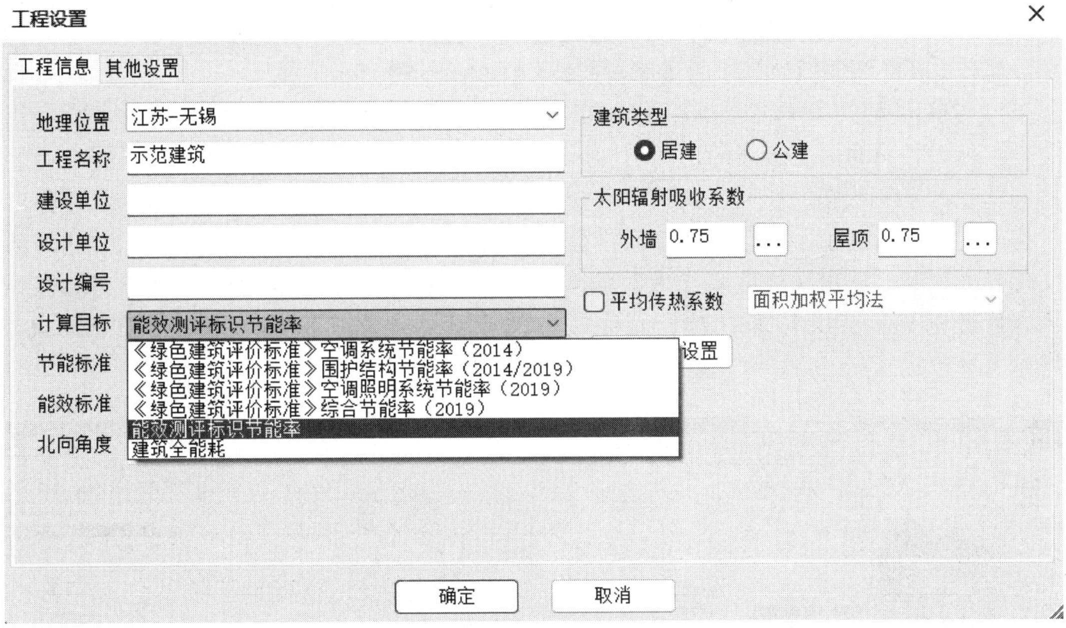

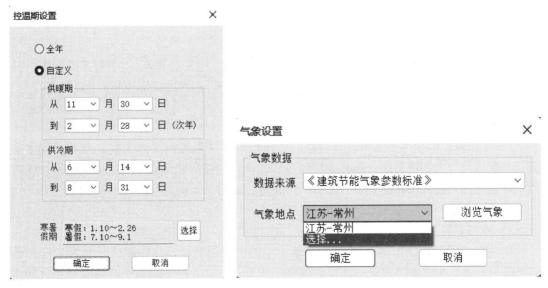

图 5.4-1 能耗计算工程设置

3. 气象参数

BESI 中的年气象资料包含《建筑节能气象参数标准》《中国建筑热环境分析专用气象数据集》《浙江省居住建筑节能设计标准》，不同的典型气象数据会对建筑能耗产生影响。如图 5.4-3 所示，用户可执行【气象参数】命令在气象设置对话框中的"数据来源"处选择气象资料库；在"气象地点"中选择具体的城市；"浏览气象"按键用于展示典型气象年数据。

图 5.4-2 控温期设置   图 5.4-3 气象设置

4. 热工设置

BESI 中的【工程构造】【门窗类型】【遮阳类型】命令在 BECS 相关章节中已进行介绍。此处主要介绍能耗计算中的【房间类型】【内扰浏览】命令。

1）房间类型

工程中相同的热工参数的房间用同一个房间类型来描述。通过房间类型，统一设置房间的室内空气状态、新风、内扰以及相关的时间表。执行【房间类型】命令，在弹出的房间功能对话框中，可以选择房间模板，或是点击"导入"下拉箭头，显示"从外部文件导入"和"从房间类型库导入"两个选项。前者是将导出过的房间类型文件再导入，后者则显示相关国家标准，允许按分类或具体点击房间类型导入，如图 5.4-4 所示。

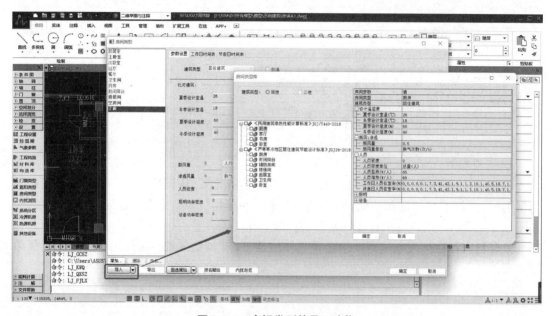

图 5.4-4　房间类型的导入功能

此外，选择左侧的房间类型，进行"参数设置""工作日时间表""节假日时间表"设置，设置完成后，可选用"图选赋给""按名赋给"选择用户需要指定的房间，如图 5.4-5 所示。

2）内扰浏览

【内扰浏览】命令用于浏览统计数据，点击后可以展示该类房间人员、照明、灯光的设计总量以及灯光、照明的全年总电耗和逐时能耗，并提供曲线显示和 Excel 输出，该功能可以辅助用户检查设计的人员、设备、灯光量，如图 5.4-6 所示。

5. 暖通设置

1）系统分区

【系统分区】命令用于编辑、设置建筑中不同的空调系统。软件默认一个没有任何名称的空白系统包括了整个建筑；如果建筑有 2 个及 2 个以上的空调系统，则需增加空调系统，并在"包含房间"中选定不同系统的房间，具有相同空调系统的房间处于同一空调系统内，即划定空调系统分区，如图 5.4-7 所示。各系统包含房间是互斥的，即一个房间不

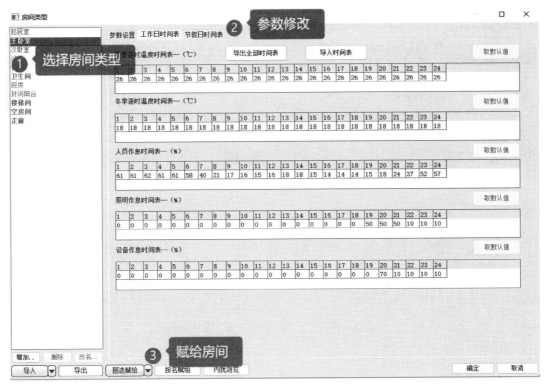

图 5.4-5　房间设置与赋给

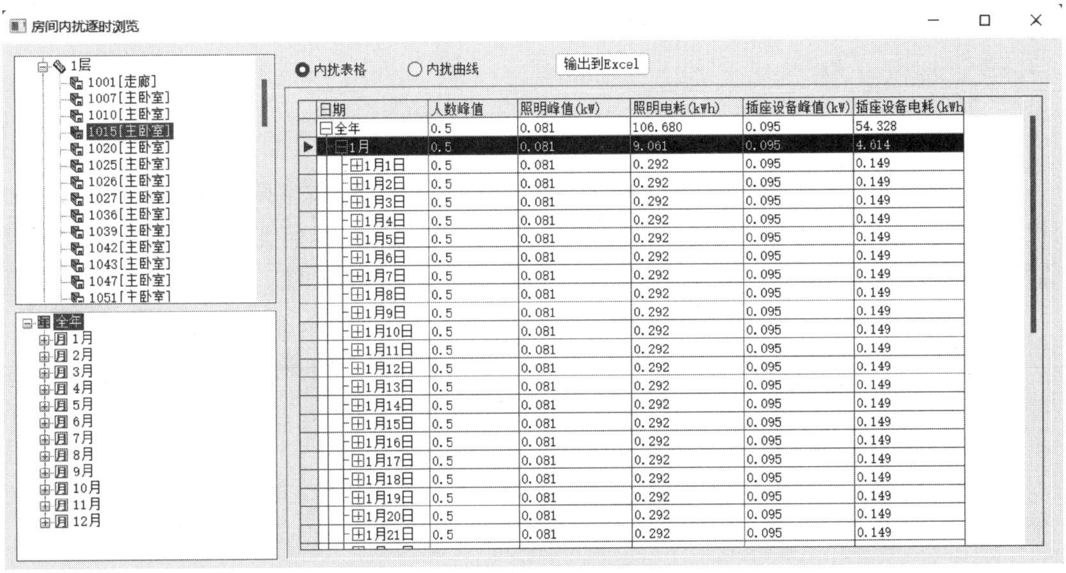

图 5.4-6　内扰浏览

会同时在两个系统里显示。

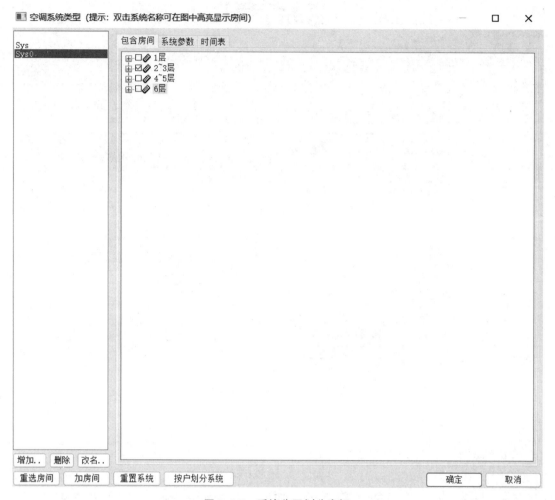

图 5.4-7   系统分区划分房间

　　系统分区后，需对各个系统的参数及时间表设置，方可完成空调系统类型的设置，如图 5.4-8、图 5.4-9 所示。"系统参数"即系统的类型，BESI 目前支持的系统主要包括双管制和四管制风机盘管、多联机系统、全空气定风量和变风量系统、单元式空调器系统等系统，不同系统需要进行各自的参数设置。"时间表"即各个系统的暖通空调开闭计划，分工作日和节假日两种计划，时间表的设定影响到后面能耗的计算结果，且此处的时间表是一个设备侧功能，它决定着某时刻是否存在空调工作。

　　2）冷源机房

　　【冷源机房】命令用于设置设计建筑的中央空调的冷水机组、冷却水泵、冷冻水泵的相关参数，如图 5.4-10 所示。本命令需要确定运行中的几个典型部分负荷工况下的冷机、水泵的电耗，方便程序在后续计算中推算所有工况下的运行功率。冷源机房对话框上半部分为选型界面，需输入冷水机组的额定制冷量、额定 COP，以及台数，程序自动得出额定耗电量。水泵则输入设计流量、扬程、工作效率，程序会计算出水泵的输入功率。对话

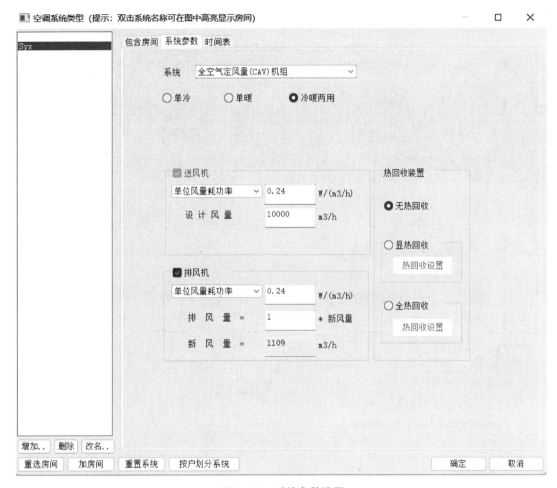

图 5.4-8　系统参数设置

框下半部分为用户可自定义若干个部分负荷率作为典型工况，用户可分别输入各个工况下机组、水泵、冷却塔的运行功率，以便系统根据这些功率折算出对应负荷区间。

若勾选"无集中冷源"，此时意味着建筑不设计集中空调系统，那么应该在【系统分区】命令中设置好多联机、分体空调等内容。

3）热源机房

【热源机房】命令设置设计建筑的热源和供暖水泵的相关参数，可以设置热水锅炉、市政热力、热泵机组 3 种集中的热源或设置无集中热源。无集中热源的时候，则通过房间空调器、多联机（VRF）系统控制室内温度。该命令界面与【冷源机房】类似，如图 5.4-11 所示。

6. 其他设备

【其他设备】命令可设置电梯动力、生活热水、排风机、光伏发电、风力发电等参数，如图 5.4-12～图 5.4-16 所示。

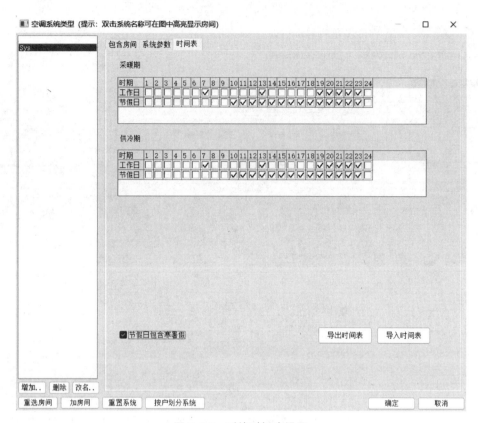

图 5.4-9   系统时间表设置

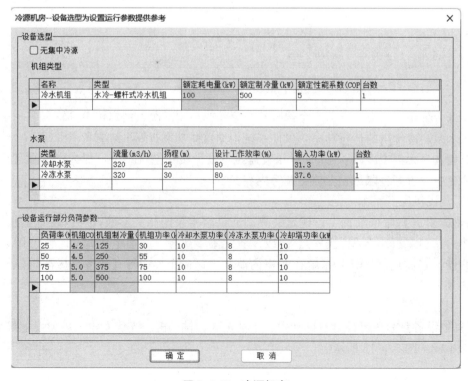

图 5.4-10   冷源机房

热源机房--设备选型为设置运行参数提供参考   ✕

设备选型

○ 锅炉热源   ○ 市政热力   ◉ **热泵机组**   ○ 无集中热源

	名称	类型	额定耗电量(kW)	额定制热量(kW)	额定性能系数(COP)	台数
	热泵机组	空气源热泵	125	500	4	1
▶						

供暖水泵

	类型	流量(m3/h)	扬程(m)	设计工作效率(%)	输入功率(kW)	台数
	单速	320	30	80	37.6	1
▶						

设备运行部分负荷参数

	负荷率(%)	机组COP	机组制热量(kW)	机组功率(kW)	供暖水泵功率(kW)
	25	4.0	125	31.25	8
	50	4.0	250	62.5	8
	75	4.0	375	93.75	8
	100	4.0	500	125	8
▶					

[确定]   [取消]

图 5.4-11 热源机房

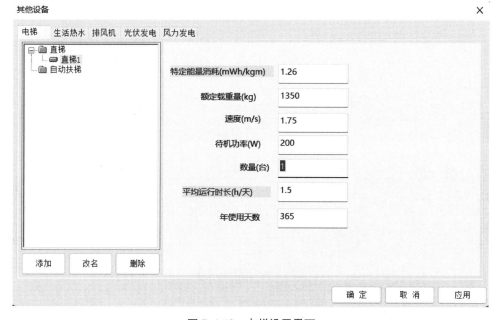

其他设备   ✕

电梯 生活热水 排风机 光伏发电 风力发电

- 📁 直梯
  - 📁 直梯1
  - 📁 自动扶梯

特定能量消耗(mWh/kgm)   1.26

额定载重量(kg)   1350

速度(m/s)   1.75

待机功率(W)   200

数量(台)   1

平均运行时长(h/天)   1.5

年使用天数   365

[添加] [改名] [删除]

[确定] [取消] [应用]

图 5.4-12 电梯设置界面

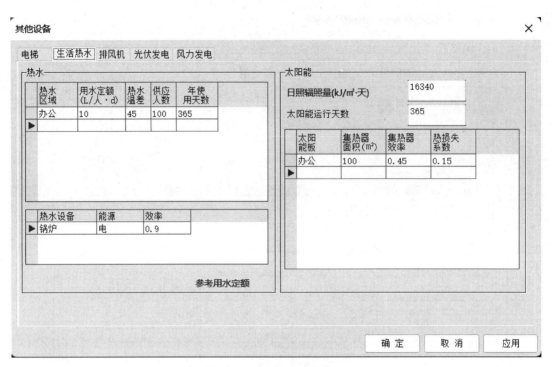

图 5.4-13　生活热水参数设置

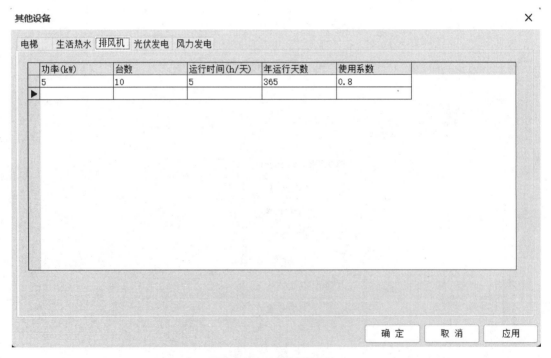

图 5.4-14　机械排风机

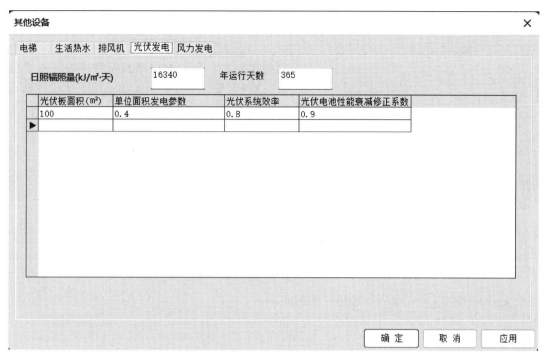

图 5.4-15 光伏发电设置

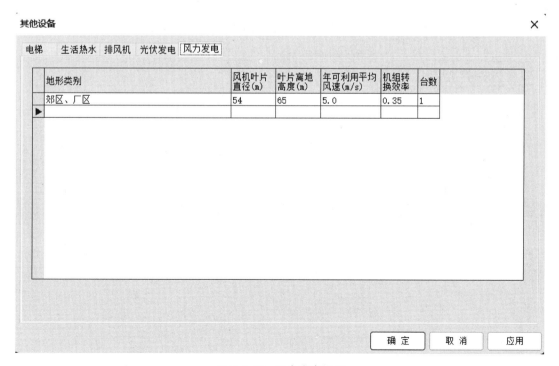

图 5.4-16 风力发电设置

5.4.2　能耗计算

1. 数据提取

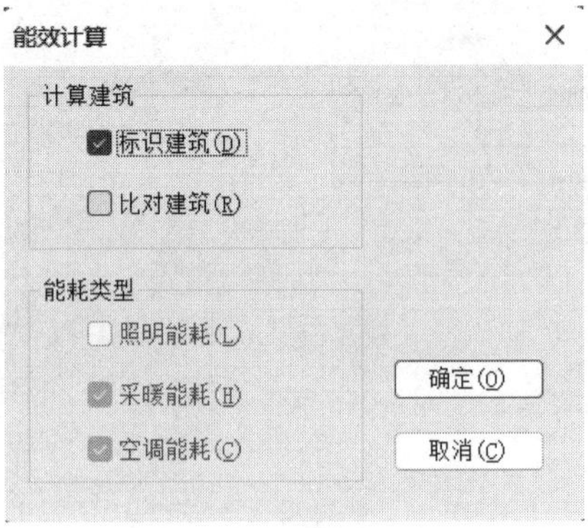

能效计算　　　　　　　　　　×

计算建筑

☑ 标识建筑(D)

☐ 比对建筑(R)

能耗类型

☐ 照明能耗(L)

☑ 采暖能耗(H)　　　　确定(O)

☑ 空调能耗(C)　　　　取消(C)

图 5.4-17　能效计算对话框

【数据提取】命令根据建筑模型中按楼层提取详细的建筑数据，包括建筑面积、地上体积、地上高度、地上层数、外表面积和体形系数等信息。

2. 能耗计算

计算目标、节能标准在【工程设置】命令中进行设定。【能耗计算】命令计算建筑物的能耗并比较节能率。本命令通过计算设计（标识）建筑和比对建筑的能耗构成来进行对比得出相应的节能率，用户可以选择要计算的目标建筑和能耗类型，如图 5.4-17 所示，点击"确定"开始计算，不同计算目标下的计算界面不同，如图 5.4-18、图 5.4-19 所示。后面再通过【能耗报告】输出详细的计算书。

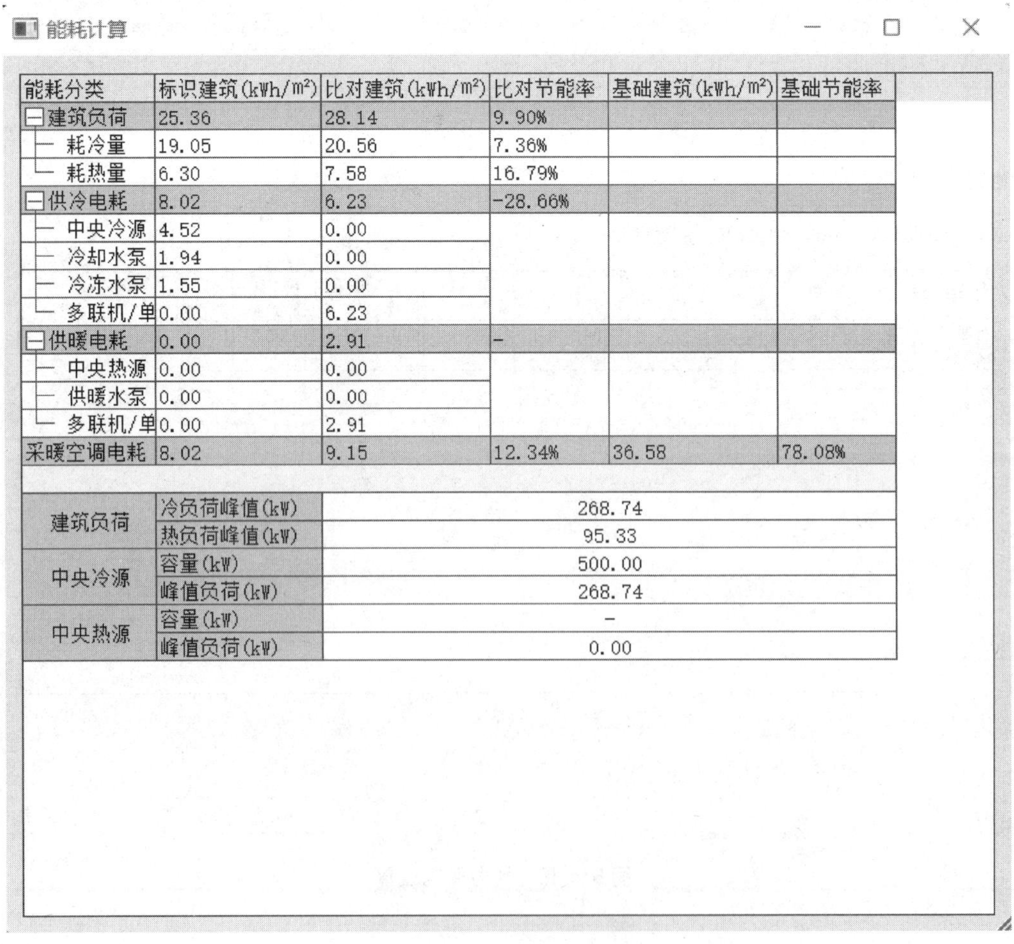

■ 能耗计算　　　　　　　　　　　　　　　　　　　　　　　　　　—　□　×

能耗分类	标识建筑(kWh/m²)	比对建筑(kWh/m²)	比对节能率	基础建筑(kWh/m²)	基础节能率
⊟ 建筑负荷	25.36	28.14	9.90%		
├ 耗冷量	19.05	20.56	7.36%		
└ 耗热量	6.30	7.58	16.79%		
⊟ 供冷电耗	8.02	6.23	-28.66%		
├ 中央冷源	4.52	0.00			
├ 冷却水泵	1.94	0.00			
├ 冷冻水泵	1.55	0.00			
└ 多联机/单	0.00	6.23			
⊟ 供暖电耗	0.00	2.91	—		
├ 中央热源	0.00	0.00			
├ 供暖水泵	0.00	0.00			
└ 多联机/单	0.00	2.91			
采暖空调电耗	8.02	9.15	12.34%	36.58	78.08%

建筑负荷	冷负荷峰值(kW)	268.74
	热负荷峰值(kW)	95.33
中央冷源	容量(kW)	500.00
	峰值负荷(kW)	268.74
中央热源	容量(kW)	—
	峰值负荷(kW)	0.00

图 5.4-18　能耗计算结果

■ 能耗计算   —   □   ✕

能耗分类	设计建筑(kWh/m²)	备注
□建筑负荷	30.77	
├─ 耗冷量	24.91	
└─ 耗热量	5.86	
□热回收	0.00	
├─ 供冷	0.00	
└─ 供暖	0.00	
□供冷电耗(Ec)	11.09	
├─ 中央冷源	5.65	
├─ 冷却水泵	1.94	
├─ 冷冻水泵	1.55	
├─ 冷却塔	1.94	
└─ 多联机/单元式空调	0.00	
□供暖电耗(Eh)	0.00	
├─ 中央热源	0.00	
├─ 供暖水泵	0.00	
└─ 多联机/单元式热泵	0.00	
□空调风机电耗(Ef)	1.63	
├─ 独立新排风	0.00	
├─ 风机盘管	0.00	
├─ 多联机室内机	0.00	
└─ 全空气系统	1.63	
照明电耗	4.06	
插座设备电耗	1.47	
□其他电耗(Eo)	14.47	
├─ 电梯	0.00	
├─ 排风机	14.47	
└─ 生活热水	0.00	扣减太阳能热水之后的值
□可再生能耗(Er)	13.21	
├─ 太阳能热水(Es)	3.72	
├─ 光伏发电(Ep)	9.46	
└─ 风力发电(Ew)	0.03	
建筑总能耗(E1):电耗(kWh/m²)	23.24	E1=Ec+Eh+Ef+Eo-Ep

图 5.4-19 建筑全能耗计算结果

3. 负荷浏览

【负荷浏览】是一个分析性质的功能，从多角度展示建筑的全年逐时负荷数据以及负荷区间分布等特点，用户可以根据需要进行分析、研究，从而优化冷热源的策略。在选择逐时数据类型对话框中选择展示角度，分别是建筑整体、建筑房间、指定系统和中央冷热源，如图 5.4-20 所示。浏览逐时负荷结果，可选择负荷展示方式，包含计算结果表格、负荷曲线、负荷统计及负荷分项，如图 5.4-21 所示。

"计算结果"展示的是全年 8760h 的逐时负荷，左边的树状控制提供了按年、月、日显示结果的方法，表格的内容可以输出到 Excel。"负荷曲线"是很常用的浏览结果的方式，可以按月或日统计耗冷量、耗热量，也可以把逐月的负荷峰值连成折线。"负荷统计"会按照部分负荷区间统计出开机时长。"负荷分项"则是将全年供冷供暖需求根据来源分项归类。

图 5.4-20 结果选择对话框

图 5.4-21 全年负荷计算结果

5.4.3 结果输出

1. 能耗报告

【能耗报告】命令可输出 Word 格式的计算报告书，如图 5.4-22 所示，报告书如实反应设定的计算目标（能效节能率、围护节能率或空调节能率或建筑全能耗）及内容，包括建筑概况、围护结构、能耗计算等部分。

图 5.4-22　能耗报告输出对话框

2. 报表输出

在能耗计算后，【报表输出】命令可以输出能耗计算与标识管理所需要填报的各种表格，如图 5.4-23 所示。

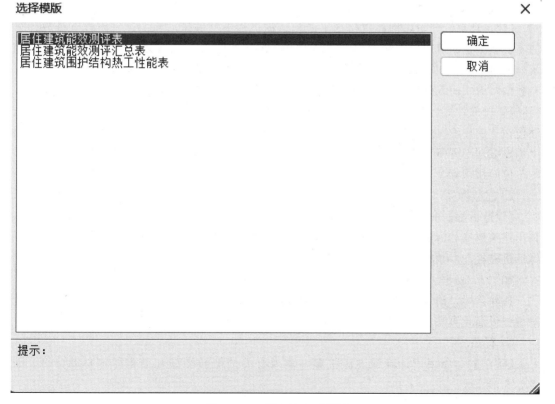

图 5.4-23　报表输出对话框

5.5　建筑碳排放

　　斯维尔建筑碳排放计算软件 CEEB 是进行碳排放计算的工具，所用的建筑模型与斯维尔建筑 Arch 兼容，尤其是斯维尔节能设计 BECS 的模型与 CEEB 完全一样，有条件获取 BECS 的节能设计模型，则可以实现零成本建模，从而节省计算的时间。

5.5.1　设置管理

　　CEEB 中的【工程设置】【控温设定】【热工设置】【暖通设置】命令在 BESI 相关章节中已进行介绍。

　　其中 CEEB 中的【工程设置】，"计算目标"为建筑碳排放计算，还需要注意的是设置建筑寿命，即设计使用年限，默认为 50 年。

　　CEEB 中的【电梯】【生活热水】【排风机】【光伏发电】【风力发电】与 BESI 软件中【其他设备】设置方式一致。

5.5.2　碳排放计算

　　1. 数据提取

　　【数据提取】命令根据建筑模型中按楼层提取详细的建筑数据，包括建筑面积、地上体积、地上高度、地上层数、外表面积和体形系数。

　　2. 建筑耗材

　　【建筑耗材】命令可计算建材在生产和运输过程中的碳排放量。这一阶段碳排放计算的主要数据是建筑主要材料量和各自材料的碳排放因子。点击【建筑耗材】命令，弹出建筑材料对话框，如图 5.5-1 所示。"提取当前模型材料用量"将建筑模型信息里的各类材料数据一键快速统计展示；相应的碳排放因子可通过点选方块弹出因子库，库中包括了《建筑碳排放计算标准》GB/T 51366—2019 附录中给出的材料对应碳排放因子可供选择，还包括"用户库"可由用户输入保存，如图 5.5-2 所示。各类材料的运输方式和运输距离由用户根据工程概预算资料进行输入。"工程指标参考"则是一些实际工程的最主要材料的单位面积指标。

　　3. 建造拆除

　　【建造拆除】命令计算具体建造和拆除施工造成的碳排放。执行【建造拆除】命令，弹出建筑建造和拆除对话框，如图 5.5-3 所示，用户选择和录入各类机械类型和台班，具体的机械耗能参数根据《建筑碳排放计算标准》GB/T 51366—2019 附录内置，由用户选择，如图 5.5-4 所示。

　　拆除阶段，研究表明通常为物化阶段（建造和材料生产运输总和）的 10% 左右，因此软件提供简化算法，大致比例可由用户自行调整。

　　4. 碳汇

　　【碳汇】命令用于计算绿地碳汇量，输入有关的植被类型和面积即可自动计算，如图 5.5-5 所示。

材料	单位	用量	碳排放因子 (kgCO2e/单位)	重量(t)	运输方式	运输距离 (km)	运输碳排放因子 (kgCO2e/t.km)
水泥砂浆	m3	65	735	117	中型汽油货车运输(载重8t)	500	0.115
石灰砂浆	m3	62	0	99	中型汽油货车运输(载重8t)	500	0.115
保温砂浆	m3	67	0	[illegible]	中型汽油货车运输(载重8t)	500	0.115
抗裂砂浆，耐碱网格布	m3	36	0	7	中型汽油货车运输(	[illegible]	[illegible]
挤塑聚苯板(XPS)(墙体)	m3	41	0	1	中型汽油货车运输(载重8t)	500	0.115
钢筋混凝土	m3	559	0	1397	中型汽油货车运输(载重8t)	500	0.115
加气混凝土砌块(墙体)	m3	1523	0	761	中型汽油货车运输(载重8t)	500	0.115
膨胀玻化微珠保温板	m3	184	0	101	中型汽油货车运输(载重8t)	500	0.115
挤塑聚苯板(ρ=25-32)	m3	18	0	1	中型汽油货车运输(载重8t)	500	0.115
界面砂浆	m3	18	0	4	中型汽油货车运输(载重8t)	500	0.115
腻子	m3	1	0	0	中型汽油货车运输(载重8t)	500	0.115
界面剂	m3	4	0	1	中型汽油货车运输(载重8t)	500	0.115
聚氯酯瓦(屋面保温)	m3	28	0	1	中型汽油货车运输(载重8t)	500	0.115
泡沫混凝土(ρ=500)	m3	23	0	11	中型汽油货车运输(载重8t)	500	0.115
面层涂料或面砖	m3	14	0	3	中型汽油货车运输(载重8t)	500	0.115
屋顶绿化层	m3	6	0	6	中型汽油货车运输(载重8t)	500	0.115
粘结砂浆，面砖	m3	55	0	11	中型汽油货车运输(载重8t)	500	0.115
水泥膨胀蛭石	m3	81	0	28	中型汽油货车运输(载重8t)	500	0.115
粉刷石膏保温砂浆	m3	57	0	28	中型汽油货车运输(载重8t)	500	0.115
石油沥青(ρ=1050)	m3	6	0	6	中型汽油货车运输(载重8t)	500	0.115
6Low-E+12空气+6透明-隐框铝合金幕墙(	m2	203	0	0	中型汽油货车运输(载重8t)		0.115
6高透Low-E+12Ar+6（暖边）	m2	879	0	0	中型汽油货车运输(载重8t)		0.115
内门	m2	590	0	0	中型汽油货车运输(载重8t)		0.115

图 5.5-1 建筑材料对话框

材料	单位	碳排放因子 (kgCO2e/单位)
⊟混凝土		
普通硅酸盐水泥(市场平均)	t	735
C30混凝土	m3	295
C50混凝土	m3	385
⊟石灰		
石灰生产(市场平均)	t	1190
消石灰(熟石灰、氢氧化钙)	t	747
天然石膏	t	32.8
⊟砖石		
砂(f=1.6~3.0)	t	2.51
碎石(d=10~30mm)	t	2.18
页岩石	t	5.08
黏土	t	2.69
混凝土砖	m3	336
蒸压粉煤灰砖	m3	341
烧结煤粉灰实心砖	m3	134
页岩实心砖	m3	292
页岩空心砖	m3	204
煤矸石实心砖	m3	22.8
煤矸石空心砖	m3	16
⊞金属材料		
⊞窗		
⊞管材		
⊞板材		
⊞其他		

图 5.5-2 碳排放因子参考值

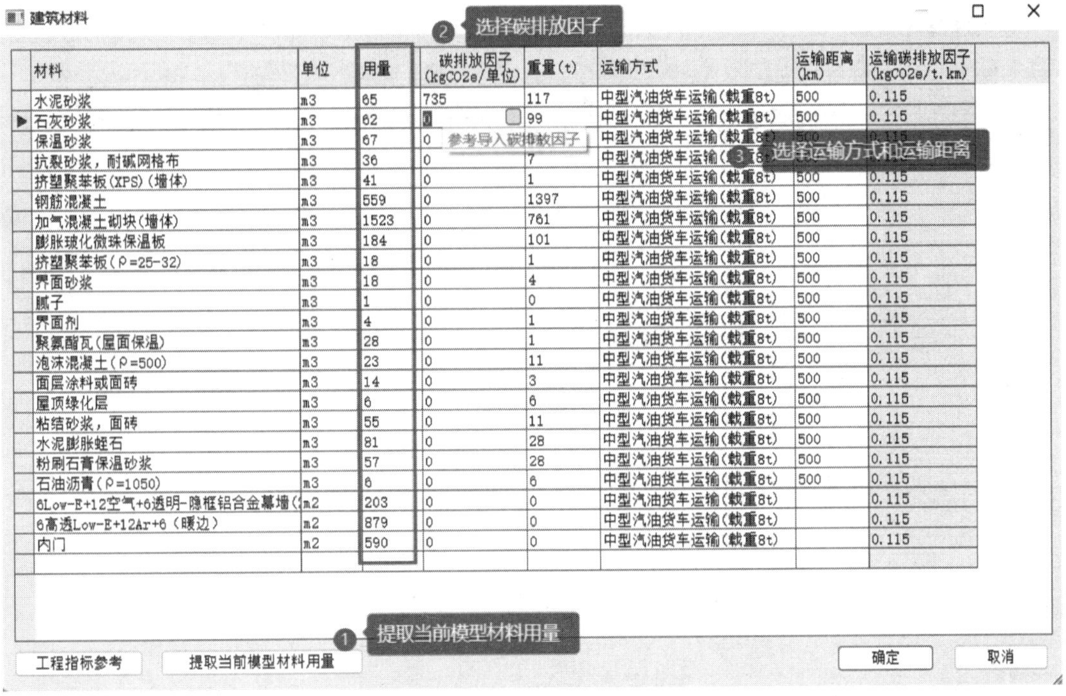

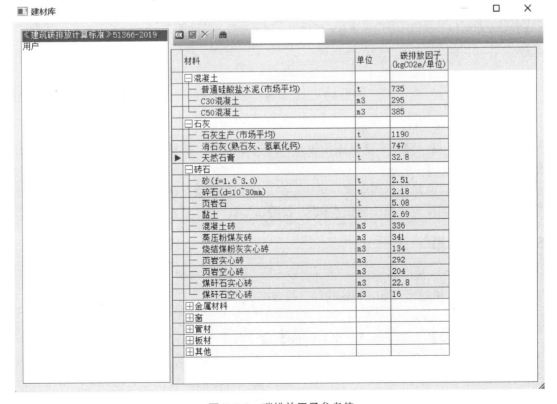

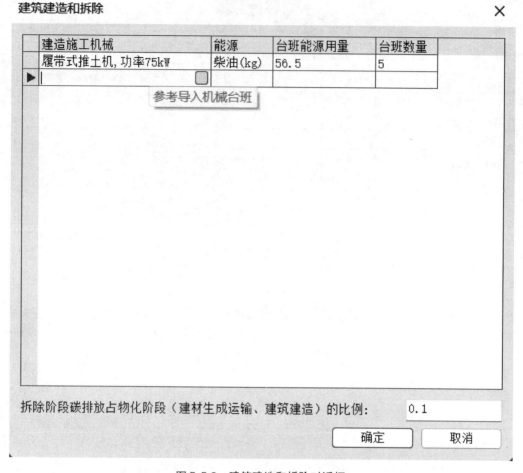

图 5.5-3　建筑建造和拆除对话框

5. 碳排计算

【碳排计算】可一键计算建筑碳排放量，可选择运行、耗材、碳汇、建造拆除等方面进行计算，如图 5.5-6 所示。

计算结果可包含建筑材料生产和运输、建筑建造和拆除、建筑运行、碳汇及全生命周期数据，可勾选切换为"单位面积指标"，如图 5.5-7、图 5.5-8 所示。

5.5.3　结果输出

1. 输出报告

【碳排报告】可输出 Word 格式的计算报告书。

2. 导出接口

在【文件帮助】菜单下的【导出 Gbxml】命令可用于生成 XML 格式的文档，可以导入至 Ecotect、DesignBuilder 等软件进行其他绿色建筑指标的分析，如图 5.5-9 所示；【导出 eQuest】用于生成可以导入 eQuest 软件进行能耗分析的文件。由此可将工程信息和计算结果导出其他格式的文件。

施工机械 ✕

施工机械	能源	台班能源用量
履带式推土机, 功率75kW	柴油(kg)	56.6
履带式推土机, 功率105kW	柴油(kg)	60.8
履带式推土机, 功率135kW	柴油(kg)	66.6
履带式单斗液压挖掘机, 斗容量0	柴油(kg)	33.68
履带式单斗液压挖掘机, 斗容量1	柴油(kg)	63
轮胎式装载机, 斗容量1m3	柴油(kg)	52.73
轮胎式装载机, 斗容量1.5m3	柴油(kg)	58.75
钢轮内燃压路机, 工作质量8t3	柴油(kg)	19.79
钢轮内燃压路机, 工作质量15t3	柴油(kg)	42.95
电动夯实机, 夯击能量250N·m	电(kWh)	16.6
强夯机械, 夯击能量1200kN·m	柴油(kg)	32.75
强夯机械, 夯击能量2000kN·m	柴油(kg)	42.76
强夯机械, 夯击能量3000kN·m	柴油(kg)	55.27
强夯机械, 夯击能量4000kN·m	柴油(kg)	58.22
强夯机械, 夯击能量5000kN·m	柴油(kg)	81.44
锚杆钻孔机, 锚孔直径32mm	柴油(kg)	69.72
履带式柴油打桩机, 冲击质量2.5	柴油(kg)	44.37
履带式柴油打桩机, 冲击质量3.5	柴油(kg)	47.94
履带式柴油打桩机, 冲击质量5t	柴油(kg)	53.93
履带式柴油打桩机, 冲击质量7t	柴油(kg)	57.4
履带式柴油打桩机, 冲击质量8t	柴油(kg)	59.14
轨道式柴油打桩机, 冲击质量3.5	柴油(kg)	56.9
轨道式柴油打桩机, 冲击质量4t	柴油(kg)	61.7
步履式柴油打桩机, 功率60kW	电(kWh)	336.87
振动沉拔桩机, 激振力300kN	柴油(kg)	17.43
振动沉拔桩机, 激振力400kN	柴油(kg)	24.9
静力压桩机, 压力900kN	电(kWh)	91.81
静力压桩机, 压力2000kN	柴油(kg)	77.76
静力压桩机, 压力3000kN	柴油(kg)	85.26
静力压桩机, 压力4000kN	柴油(kg)	96.25

选定 取消

图 5.5-4 施工机械选择

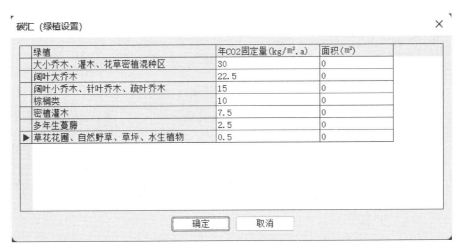

碳汇 (绿植设置) ✕

绿植	年CO2固定量(kg/m².a)	面积(m²)
大小乔木、灌木、花草密植混种区	30	0
阔叶大乔木	22.5	0
阔叶小乔木、针叶乔木、疏叶乔木	15	0
棕榈类	10	0
密植灌木	7.5	0
多年生蔓藤	2.5	0
▶ 草花花圃、自然野草、草坪、水生植物	0.5	0

确定 取消

图 5.5-5 碳汇设置对话框

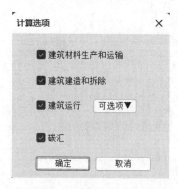

图 5. 5-6　碳排放计算选项

电力消耗类别	耗电(kWh/m²)	CO2排放因子(kgCO2/kWh)	年碳排放量(tCO2/a)	碳排放量(tCO2)
供冷(Ec)	571	0.7035	41.745	2087.263
供暖(Eh)	211	0.7035	15.406	770.301
空调风机(Ef)	241	0.7035	17.588	879.398
照明	197	0.7035	14.414	720.705
插座设备	0	0.7035	0.000	0.000
其他(Eo)	702	0.7035	51.356	2567.776
化石燃料类别	耗热量(kWh/m²)	CO2排放因子(tCO2/TJ)	年碳排放量(tCO2/a)	碳排放量(tCO2)
-(热源机房)	0	-	0.000	0.000
其他类别	消耗量(kg)		年碳排放量(tCO2/a)	碳排放量(tCO2)
制冷剂	0		0.000	0.000
可再生能源(Er)	供电(kWh/m²)	CO2排放因子(kgCO2/kWh)	年碳减排量(tCO2/a)	碳减排量(tCO2)
太阳能热水(Es)	181	0.7035	13.211	660.532
光伏(Ep)	459	0.7035	33.566	1678.298
风力(Ep)	1	0.7035	0.100	4.980
建筑运行碳排放合计			106.843	5342.165

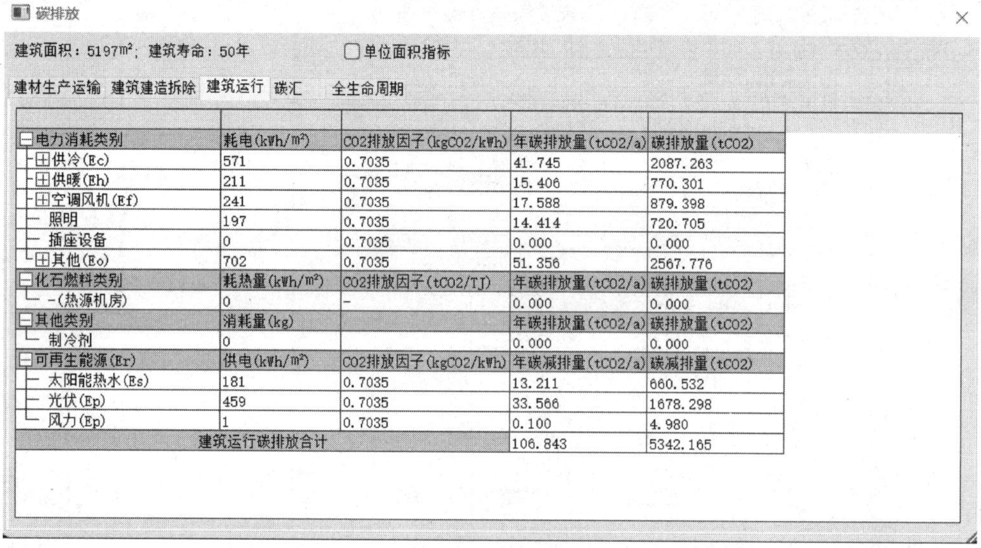

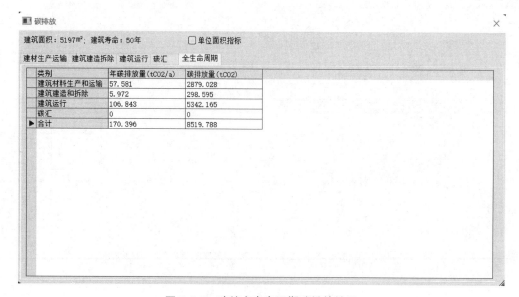

图 5. 5-7　碳排放计算结果对话框

类别	年碳排放量(tCO2/a)	碳排放量(tCO2)
建筑材料生产和运输	57.581	2879.028
建筑建造和拆除	5.972	298.595
建筑运行	106.843	5342.165
碳汇	0	0
合计	170.396	8519.788

图 5. 5-8　建筑全寿命周期碳排放结果

图 5.5-9　导出 Gbxml

本章小结

　　本章介绍了斯维尔软件运行的工作环境、基本的工作界面以及建筑模型的创建，内容包括：创建轴网、柱子、墙体、门窗、屋顶、楼层设置和划分空间等；介绍了建筑模型检查方法。通过实例介绍了建筑模型的创建方法、步骤。

　　基于绿建斯维尔各个软件之间的配套使用优势，本章分别介绍同一建筑模型通过使用相应斯维尔软件进行的节能设计、能耗模拟、碳排放计算过程。斯维尔节能设计软件BECS针对建筑节能系列标准对建筑工程进行节能分析，通过规定性指标检查或性能性权衡评估给出分析结论，输出节能分析报告和报审表。斯维尔能耗计算软件BESI针对国家和地方绿色建筑标准对建筑工程进行各类能耗计算给出相对节能率，输出相关计算报告和测评报表，同时还可以模拟建筑全年运行能耗。建筑碳排放计算软件CEEB依据《建筑碳排放计算标准》GB/T 51366—2019对国内各类民用建筑进行生命全周期的碳排放计算分析，快速计算项目碳排放量与减排量。

思考与练习题

5-1　装配式建筑是指工厂生产的（　　）在现场装配而成的建筑。

A. 预制构件　　　　　　　　　　B. 混凝土

C. 钢结构　　　　　　　　　　　D. 木结构

5-2　建筑工业化的核心是（　　）。

A. 设计标准化　　　　　　　　　B. 设计模数化

C. 构件工厂化　　　　　　　　　D. 施工装配化

5-3　BIM 的特点不包括（　　）。

A. 可视化　　　　　　　　　　　B. 一体化

C. 参数化　　　　　　　　　　　D. 简单化

5-4　基于 BIM 的装配式结构设计的核心是（　　）。

A. 预制构件库　　　　　　　　　B. BIM 模型构建

C. BIM 模型分析与优化　　　　　D. BIM 模型建造

5-5　下列不属于预制构件深化设计内容的是（　　）。

A. 钢筋组装图设计　　　　　　　B. 模具图设计

C. 吊装图设计　　　　　　　　　　　　D. 连接节点设计

5-6　预制装配式建筑中，应用最为广泛的结构体系是（　　　）。

A. 装配式混凝土结构　　　　　　　　　B. 装配式钢结构

C. 装配式竹木结构　　　　　　　　　　D. 装配式砌块结构

5-7　装配式混凝土结构与现浇混凝土结构的显著区别不包括（　　　）。

A. 构件的生产方式

B. 构件的连接方式

C. 适用高度、抗震等级与设计方法

D. 构件拆分设计

5-8　在设计或选择预制构件的连接形式时，应主要考虑（　　　）。

A. 结构和构件的稳定与平衡

B. 建筑使用寿命期内的荷载作用

C. 耐久性

D. 以上全是

5-9　装配式混凝土框架结构的抗震性能通常受下列哪项控制？（　　　）

A. 连接节点　　　　　　　　　　　　　B. 预制梁构件

C. 预制柱构件　　　　　　　　　　　　D. 以上全是

5-10　目前，阻碍装配式混凝土结构应用和推广的根本原因在于（　　　）。

A. 设计规范不完善

B. 设计效率低，设计工作量大

C. 建造成本高

D. 现场施工安装复杂

5-11　下列哪一项不符合族的分类？（　　　）

A. 系统族　　　　　　　　　　　　　　B. 图元族

C. 可载入族　　　　　　　　　　　　　D. 内建族

5-12　BIM 模型的主要应用阶段不包括（　　　）。

A. BIM 模型信息共享阶段

B. 基于 BIM 的预制构件库的创建与应用

C. BIM 模型的分析和优化

D. 经分析与优化的 BIM 模型可用于建造阶段的应用

5-13　下列解释"族"的定义相符的是（　　　）。

A. 单个工程项目数据模型库，包含了项目从开始规划到设计后期施工维护的所有
信息

B. 依据构件的性质对构件进行归类的一类构件集合

C. 整个模型的主体框架和基础

D. 项目的基础，可创建图元等

5-14　下列哪项不是 BIM 技术应用于空间管理具有的优势？（　　　）

A. 实现空间合理分配、规划，提高空间利用率

B. 管理租赁信息，预测利益发展趋势，提高投资回报率

C. 使建筑内设备保持良好的工作状态

D. 分析报表要求

5-15　基于 BIM 的现场装配信息化技术的特点是（　　）。

A. 实现现场装配的信息化应用，提高现场装配效率和管理精度

B. 实现 BIM 信息直接导入加工设备和设备对设计信息的自动化加工

C. 实现工厂生产排产、物料采购、生产控制、构件查询、构件族库等的信息化管理

D. 无需人工二次录入信息

5-16　以下属于 BIM 结构分析软件的是（　　）。

A. Revit　　　　　　B. PKPM　　　　　　C. Archi CAD　　　　D. Ecotect

5-17　下列信息错误的是（　　）。

A. 预制装配式结构可以按照各种结构设计体系来进行设计

B. 所需要入库的预制构件应保证都有体现其特点并具有唯一标识的编码

C. 预制构件入库必须遵循一定的标准

D. 只有经过合理管理的构件库才能发挥巨大的使用价值

5-18　RFID 技术指的是（　　）。

A. 移动终端信息技术

B. 生产虚拟仿真技术

C. 多功能高性能混凝土技术

D. 无线射频识别技术

第6章　工程项目管理 BIM 技术应用

本章要点及学习目标

本章要点：
(1) 熟练 BIM 技术在项目全寿命周期中的应用；
(2) 熟练 BIM 技术在工程施工进度管理中的应用；
(3) 熟练 BIM 技术在工程造价管理中的应用；
学习目标：
(1) 能够熟练 BIM 技术的应用范围；
(2) 了解 BIM 技术的应用价值。

6.1　BIM 技术在项目建设全生命周期中的应用

当前随着建筑业发展的日益加快，工程项目建设正朝着大型化、复杂化、多样化的方向发展。长期困扰建筑业的设计变更多、生产效率低下、项目整体偏离价值低等问题制约了整个行业的进一步发展，主要有以下几点原因：从策划开发、设计、施工到运营，产业链各环节的割裂，参与方和流程集成度不高造成大量的浪费和效率低下；设计及施工内部及相互之间的资源没有充分优化和利用；设计缺乏使用者广泛和深层次的积极参与；创意设计的多样性与创造性不足；信息技术利用不充分等。而转变生产组织方式和信息技术的使用才是改变建筑业现状的有效手段。

以建筑全生命周期数据、信息共享为目标的建筑全生命周期管理，运用现代信息技术，为项目参与方提供了一个以数据为核心的高效率的信息交流平台以及协同工作环境。而 BIM 的出现从真正意义上实现了 BLM 理念，为业主、设计方、施工方、运营商之间建立起沟通的桥梁，为全生命周期的信息资源共享、协同和决策构成坚实的基础。下面围绕BIM 技术，系统地介绍其在建筑全生命周期（策划、设计、施工、运维）中的应用。

6.1.1　BIM 在项目前期策划阶段的应用

1. 概述

项目前期策划是指在建设领域内项目策划人员根据建设项目的总目标要求，从不同的角度出发，通过对建设项目进行系统分析，对建设活动的全过程做预先的考虑和设想，以便在建设活动的时间、空间、结构三维关系中选择最佳的结合点，重组资源和展开项目运作，为保证项目在完成之后获得满意可靠的经济效益、环境效益、社会效益提供科学的依据。

从 1992 年到 2006 年间，美国得克萨斯大学曾做过 5 个项目前期策划的研究。这些研究有 500 多名业界人士和 100 多个组织参加，涉及 200 多个投资项目，总价值约 87 亿美元。研究结果表明，有效的项目前期策划对建设项目的成本、工期及运作有着积极的影响，是项目建设成功的前提。

美国著名的 HOK 建筑师事务所总裁 Patrick MacLeamy 提出过一张具有广泛影响的麦克利米曲线（图 6.1-1），清楚地说明了项目前期策划的重要性以及实施 BIM 对整个项目的积极影响。

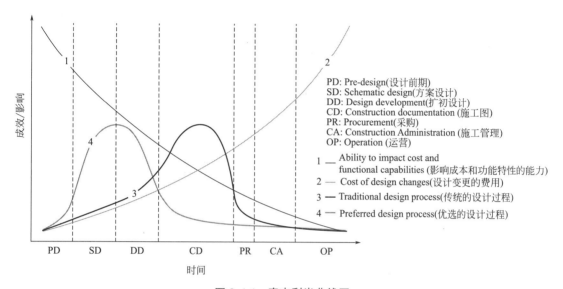

图 6.1-1　麦克利米曲线图

基于上述原因，在项目的前期就应当及早应用 BIM 技术，使项目所有利益相关者能够尽早在一起参与项目的前期策划，使每个参与方都可以及早发现各种问题并做好协调，以保证项目的设计、施工和交付能顺利进行，减少各种浪费和延误。

BIM 技术应用在项目前期的工作有很多，包括现状建模与模型维护、场地分析、成本估算、阶段规划、规划编制、建筑策划等。

现状建模包括根据现有的资料把现状图纸导入到基于 BIM 技术的软件中，创建出场地现状模型，包括道路、建筑物、河流、绿化以及高程的变化起伏，并根据规划条件创建出本地块的用地红线，并生成面积指标。

在现状模型的基础上根据容积率、绿地率、建筑密度等建筑控制条件创建工程的建筑体块各种方案，创建体量模型。做好总图规划、道路交通规划、绿地景观规划、竖向规划以及管线综合规划。然后就可以在现状模型上进行概念设计，建立起建筑物初步的 BIM 模型。

接着要根据项目的经纬度，借助相关的软件采集当地的太阳及气候数据，并基于 BIM 模型数据利用相关的分析软件进行气候分析，对方案进行环境影响评估，包括日照影响、风环境影响、热环境影响、声环境影响等的评估。对有些项目，还需要进行交通影响模拟。

在项目前期的策划阶段，另一个重要的工作就是投资估算。采用 BIM 技术的项目，

　　由于 BIM 技术强大的信息统计功能，在方案阶段，可以获取较为准确的土建工程量，既可以直接计算项目的土建造价，大大提高估算的准确性，又可提供对方案进行补充和修改后所产生的成本变化；可以用于多方案比较，快速得出成本的变化情况，权衡出不同方案的造价优势，为项目决策提供重要而准确的依据。同时这个过程也使设计人员能够及时看到他们设计上的变化对于成本的影响，可以帮助抑制由于项目修改引起的预算超支。

　　由于 BIM 技术在投资估算中是通过计算机自动处理繁琐的数量计算工作，这就大大减轻了造价工程师的计算工作量，造价工程师可以利用省下来的时间从事更具价值的工作，如确定施工方案、评估风险等，这些工作对于编制高质量的预算非常重要。专业的造价工程师能够细致考虑施工中许多节省成本的专业问题，从而编制出精确的成本预算。这些专业知识可以为造价工程师在成本预算中创造真正的价值。

　　阶段性实施规划和设计任务书的编制。设计任务书应当体现出应用 BIM 技术的设计成果，如 BIM 模型、漫游动画、管线碰撞报告、工程量及经济技术指标统计表等。

　　2. 应用案例

　　该住宅区项目是位于我国中部某城市目前在建的一个大型住宅区项目，该项目占地面积 110,689m²，建筑面积 44 万多平方米，容积率 3.33，建筑密度 17.82%。该项目在立项时就有意被打造成一个高档的绿色住宅区。

　　该项目从策划开始就采用 BIM 技术，经过一段紧张的工作，项目设计团队得出了 A、B 两个规划方案（图 6.1-2）。当地的规划部门倾向于采用方案 B。

方案A　　　　　　　　　　　　　　　　　方案B

图 6.1-2　室外风环境模拟效果图

　　项目设计团队觉得应当根据高档的绿色住宅区的定位来决定方案的取舍。于是，他们利用建立好的 BIM 模型，对各种影响环境的参数进行详细的模拟计算，通过数据来决定采取哪一个方案。模拟条件：夏至日，最高温度 33.6℃，风向为夏季主风向东南方，风速 6.94m/s。

　　当进行到室外风环境计算评价时，他们发现，在方案 A 中，夏季风通过目标区域建筑群时风的流动性好，能在区域内形成风带，整个区域通风良好，可减轻区域热岛效应，对于建筑物的通风散热有利，可减少空调使用，从而实现节能环保；而对于方案 B，夏季风通过目标区域建筑群时风的流动性较好，但与方案 A 相比较，风速在区域内形成的风带不明显，对于建筑群的通风散热不够好。

同样的模拟条件下的夏季居住区风环境分析中，方案 A 明显优于方案 B。原因是方案 A 中建筑群的规划对于风的引导产生好的效果，建筑物前后形成了风带通道，利用风的流动将区域的热量带走，对于建筑物的通风散热产生好的效果。而方案 B 的建筑物前后风的流动性不强，使建筑群周围产生的热量不能被风很好地带走，从而使区域的局部温度过高。

通过利用基于 BIM 模型的量化分析，规划部门通过了方案 A 的报批，加快了政府部门的报建流程。

6.1.2 BIM 在项目设计阶段的应用

1. 概述

从 BIM 的发展历史可以知道，BIM 最早的应用就是在建筑设计，然后再扩展到建筑工程的其他阶段。

BIM 在建筑设计的应用范围很广，无论在设计方案论证，还是在设计创作、协同设计、建筑性能分析、结构分析，以及在绿色建筑评估、规范验证、工程量统计等许多方面都有广泛的应用。

BIM 为设计方案的论证带来了很多的便利。由于 BIM 的应用，传统的 2D 设计模式已被 3D 模型所取代，3D 模型所展示的设计效果十分方便评审人员、业主和用户对方案进行评估，甚至可以就当前的方案讨论可施工性的问题、如何削减成本和缩短工期等问题，经过审查最终为修改设计提供可行的方案。由于是用可视化方式进行，可获得来自最终用户和业主的积极反馈，使决策的时间大大减少，促成了共识。

设计方案确定后进入深化设计阶段，BIM 技术继续在后续的建筑设计中发挥作用。由于基于 BIM 的设计软件以 3D 的墙体、门、窗、楼梯等建筑构件作为构成 BIM 模型的基本图形元素。整个设计过程就是不断确定和修改各种建筑构件的参数，全面采用可视化的参数设计方式进行设计，而且 BIM 模型中的构件实现了数据关联、智能互动。所有的数据都集成在 BIM 模型中，其交付的设计成果就是 BIM 模型。至于各种平、立、剖面图纸都可以根据模型生成，各种 3D 效果图、3D 动画也可以同样生成。这就为生成施工图和实现设计可视化提供了方便。由于生成的各种图纸都是来源于同一个建筑模型，因此所有的图纸都是关联的，同时这种关联互动是实时的。在任何视图上对设计作出的任何更改，就等同对模型的修改，都马上可以在其他视图上关联的地方反映出来。这就从根本上避免了不同视图之间出现的不一致现象。

BIM 技术为实现协同设计开辟了广阔的前景，使不同专业甚至是身处异地的设计人员都能够通过网络在同一个 BIM 上展开协同设计，使设计能够协调地进行。

以往应用 2D 绘图软件进行建筑设计，平、立、剖各种视图之间不协调的事情时有发生，即使花了大量人力物力对图纸进行审查仍然不可能把不协调的问题全部改正。有些问题到了施工过程中才能发现，给材料、成本、工期造成了很大的损失。应用 BIM 技术后，通过协同设计和可视化分析就可以及时解决上述设计中的不协调问题，保证施工时能顺利进行。例如，应用 BIM 技术可以检查建筑、结构、设备平面图布置有没有冲突，楼层高度是否适宜；楼梯布置与其他设计布置是否协调，是否碰头。建筑物空调、给水排水等各种管道布置与梁柱位置有没有冲突和碰撞，所留的空间高度、宽度是否恰当，这就避免了使用2D的CAD软件搞建筑设计时容易出现的不同视图、不同专业设计图不一致的现象。

除了做好设计协调之外，BIM模型中包含的建筑构件的各种详细信息，可以为建筑性能分析（节能分析、采光分析、日照分析、通风分析等）提供条件，而且这些分析都是可视化的。这样就为绿色建筑、低碳建筑的设计，乃至建成后进行的绿色建筑评估提供了便利。这是由于BIM模型中包含了用于建筑性能分析的各种数据，同时为各种基于BIM的软件提供了良好的交换数据功能，只要将模型中的数据通过诸如IFC、gbXML等交换格式输入到相关的分析软件中，很快就得到分析的结果，为设计方案的最后确定提供了保证。

BIM模型中信息的完备性也大大简化了设计阶段对工程量的统计工作。模型中每个构件都与BIM模型数据库中的成本信息相关，当设计师对BIM模型中的构件进行变更时，成本估算会实时更新，而设计师可以随时看到更新的估算信息。

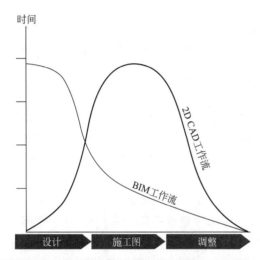

图6.1-3　2D CAD工作流与BIM工作流对比示意图

以前应用CAD软件进行设计，由于绘制施工图的工作量很大，设计师花费了很多的时间和精力在施工图的绘制上，而对于设计方案的推敲势必受到影响。而应用BIM技术进行设计后，设计师能够把主要精力放在核心工作——设计上，而不是图纸的绘制上。只要完成设计构思，确定了BIM模型的最后构成，马上就可以根据模型生成各种施工图，只需要很少的时间。由于BIM模型良好的协调性，在后期需要调整设计的工作量是很小的，从而就可以确保工程的设计质量。图6.1-3为2D CAD工作流与BIM工作流对比示意图。

工程量统计以前是一个通过人工读图、逐项计算的体力活，需要大量的人员和时间。而应用BIM技术，通过计算软件从BIM模型中快速、准确地提取数据，很快就能得到准确的工程量计算结果，能够大幅度地提高工作效率。

2. 应用案例

1) 国家游泳中心

国家游泳中心（"水立方"）是为迎接2008年北京奥运会而兴建的比赛场馆，建筑面积约5万m²，设有1.7万个座席，工程造价约1亿美元。

设计方案是由中国建筑集团有限公司、澳大利亚PTW公司和ARUP公司组成的联合体设计，设计体现出"水立方"的设计理念，融建筑设计与结构设计于一体。

"水立方"的设计灵感来自于肥皂泡泡以及有机细胞天然图案的形成，如何实现建筑师的灵感，结构设计是个关键。结构设计人员采用的建筑结构是3D的维伦蒂尔式空间梁架（Vierendeel space frame），这个空间梁架每边都是175m长，高35m，空间梁架的基本单位是一个由12个五边形和2个六边形所组成的几何细胞，设计的表达以及结构计算都非常复杂。但设计人员借助于 BIM 技术，使他们的设计灵感得以实现。设计师应用 Bentley Structural 和 MicroStation TriForma 制作了一个 3D 细胞阵列，然后根据国家游泳中心的设计形成造型，细胞阵列的切削表面形成这个混合式结构的凸缘，而结构内部则形成网状，在 3D 空间中一直重复，没有留下任何闲置空间（图 6.1-4）。

图 6.1-4　国家游泳中心模型

如果采用传统的 CAD 技术，"水立方"的结构施工图是无法画出来的。"水立方"整个施工图纸中所引用到的所有钢结构的图形都来自于他们采用的基于 BIM 的软件，用切片方式切出来。

由于设计人员应用了 BIM 技术，在较短的时间内完成包含如此复杂的几何图形的设计及相关的文档，他们赢得了美国建筑师学会颁发的"BIM 大奖"。

2）A. O. Smith（中国）水系统有限公司扩建项目

该项目是美国 A. O. Smith 公司在中国南京投资兴建的，总投资 1.5 亿美元，建筑面积 1.8 万 m^2，该工程虽然体量不大，但是管线复杂，除了常规的水、电、暖通管线外，还有水系统的数十条的工艺管道交织，另外美方对工程造价控制严格，不允许有任何的设计变更，并要求设计院提供 BIM 模型。该工程在项目设计过程中利用了 Revit 软件进行了 BIM 设计，各个专业在同一模型中通过局域网服务器进行操作，保证每一位项目设计参与者都能随着项目设计推进动态参与，解决了构件、管道、设备之间的碰撞问题，保证使用净空间满足要求，使现场施工过程中没有出现管道、设备相互碰撞的情况，而且由于设计问题的变更为零，为甲方节省了建造时间及造价；并将 BIM 模型传递给建设方、造价、施工方等单位，如图 6.1-5、图 6.1-6 所示，最终获得了甲方的认可和好评。

图 6.1-5　项目效果图

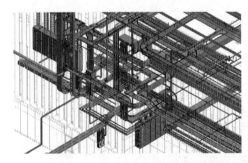 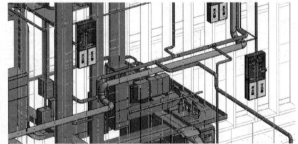

图 6.1-6　管道碰撞检查

6.1.3　BIM 在项目施工阶段的应用

1. 概述

工程建设的施工阶段，是建设项目由规划设计变成现实的关键环节之一。作为贯穿项目建设全生命周期的新技术模式，BIM 技术将彻底改变传统的建筑施工协同管理模式。施工企业建立以 BIM 技术应用为载体的信息化管理体系，能够在提升施工建设水平的同时，确保施工质量、提高经济效益。具体而言，BIM 技术在施工阶段的应用体现在以下几个方面：

1）三维渲染，宣传展示，给人以真实感和直接的视觉冲击。作为二次渲染开发的模型基础，BIM 模型一方面能极大地提高渲染效果的精度与效率，给业主更为直观的展示，进而提升中标率；另一方面，它能形象地展示场地以及大型设备的分布情况、复杂节点的施工方案，从而进行施工顺序的选择、4D 模拟以及施工方案的对比等。

2）快速算量，大幅度提升精度。基于 BIM 建立的 6D（3D 空间＋1D 时间＋2DWBS）

关联数据库的数据粒度可以达到构件级，因此，它能快速提供支撑项目各条线管理所需的数据信息，从而准确地计算工作量，提升施工预算的精度和效率。通过 BIM 模型提取材料用料，进行设备统计，管控造价，预测成本，能够为施工单位项目投标及施工过程中的造价控制提供合理的依据。

3）精确计划，减少浪费。对于施工企业而言，其精细化管理难以实现的根本原因是无法准确又快速地获取用于支持资源计划的海量工程数据，从而导致经验主义的盛行。BIM 的出现正好可以解决这一问题，BIM 本身就具备所有的基础工程数据，这为施工企业作出精确的人才计划提供了有力支撑，并最大限度地减少物流、资源和仓储过程的浪费，为实现消耗控制、限额领料等奠定了技术根基。

4）碰撞检查，减少返工。BIM 最直观的特点在于三维可视化，利用基于 BIM 的三维仿真技术进行施工前的碰撞检查，可以优化工程设计，减少因为施工图出现的错误和漏洞而引起的大量返工现象。施工人员可以利用碰撞优化后的三维管线方案，进行施工交底、施工模拟，提高施工质量，同时也提高了与业主沟通的能力。

5）虚拟施工，有效协同。基于 BIM 的三维可视化模型叠加时间维度可以进行虚拟施工，即：随时随地直观快速地显示出任意阶段的施工进度与工程完成情况，从而实现施工计划与实际进展的实时对比，使施工方、监理方、业主对工程项目的进展情况和存在问题了如指掌。利用 BIM 技术结合实际施工方案、现场视频检测等技术，可以加强各参与方的协作与信息交流的有效性，提升施工过程的安全性，保证建筑物的质量。

2. 基于 BIM 的施工项目管理

相比传统制造行业，建筑行业始终在生产效率方面无法与之匹敌。据不完全统计：在一个工程项目中，有大约 30% 的施工过程需要返工，60% 的劳动力资源被浪费，10% 的材料被剩余。不难推算，在庞大的建筑行业中每年都有数以万亿计的资金流失。基于 BIM 的施工项目管理整合整个工程项目的信息，实现施工管理和控制的信息化、集成化、可视化和智能化，从而有效减少建筑施工过程中的资源浪费。

1）施工资源动态管理——4D 模拟

现今的施工项目管理通过引入大量人工智能、虚拟现实、工程数据库和网络通信等计算机软件集成技术，提供了基于网络环境的 4D 施工资源动态管理，实现了集人力、材料、设备、成本、场地布置、施工计划、进度于一体的 4D 动态集成管理以及施工过程的 4D 可视化仿真过程，为项目管理提供科学、有效的管理手段。

4D 施工现场的管理是将施工场地及设备、设施的 3D 模型与施工进度计划相连接，建立施工场地的 4D 模型，实现施工场地布置的可视化和各种施工设备、设施以及进度的动态管理。简而言之，4D 模拟就是在 BIM 的三维空间模型基础上增加时间维度，通过对建筑物建造工序的仿真模拟，对施工工序的可操作性进行检验，并进行管理和监督。

4D 施工模拟可以有效地加强项目各参与方的沟通与协作，优化施工进度计划，为缩短工期、降低造价提供帮助，其主要特征表现在以下几方面：

3D 施工现场可视化：通过对施工设施及其相关设备进行归类分析，提取出能够反映其空间几何特征的关键属性（包括形状、大小、位置等几何属性以及设备名称、型号、相关技术指标等场地属性），利用该属性信息在图形平台上构造对应的 3D 实体模型，实现对这些模型任意位置和角度的动态显示和切换，进而实现对整个施工现场的 3D 可视化。

3D场地模型与进度计划的双向链接：通过将3D场地模型与进度文件进行关联形成4D模型，可以实现双向数据的交流和反馈，保证施工进度与场地布置在时间和空间上的一致性。双向链接实现了对任意时间、任意场地的施工模拟；当施工进度发生变化时，可以自动对任意指定时间段内场地的空间状况，人力、材料、机械等资源的需求以及工程量进行统计更新，为场地布置提供直观又准确的依据。同时，双向4D模型可以分析各种施工设施之间、材料供给与需求之间、场地布置与施工进度之间等诸多复杂依存关系，这为研究施工资源的"时间-空间-数量"关系，定义这些关系的规则、动态变化规律及其影响施工效率的因素提供了强有力的技术支撑。

4D动态模拟：施工进度计划与3D场地模型相关联生成的4D模型可以呈现场地状况和施工过程的全动态模拟。在图形环境中，通过给定施工对象及确定的时间，即可依照施工进度显示当前的施工状态。这种动态模拟是可逆的，所以它可以形象地反映施工过程中场地的动态变化。如果需要对整个施工过程进行动态追踪，那么通过输入施工资源的各种数据（如材料、机械、劳动力等）以及查询工程量便可实现。同时，通过查询施工设施名称、类型、型号以及计划设置时间等属性，也可以实现施工进度和场地布置的关联，最后形成动态的4D现场管理。

2）施工成本实时监控——5D模拟

建筑工程5D模型是在4D模型的基础上增加成本的维度，按照设置的计算规则，计算BIM 3D模型内随时间变更的所有构件清单工程量，从而代替造价人员在施工过程中繁重的工程量计算工作，实现精细化的预算和项目成本的可视化。

现阶段，建筑工程5D模型的应用主要是体现在工程量计算方面，它是以3D建筑模型为载体，以进度为主线，以成本控制为结果的5D智能算量。在5D施工管理系统中，将设计、成本、进度三部分相互关联，能够进行实时更新，从而减少建筑项目评估预算所花费的时间，显著提高预算的准确性，增强项目施工的可控性。通过5D施工模拟还可以提前发现设计和施工中的问题，保证设计、预算、进度等数据信息的一致性和准确性。

近年来，5D模拟技术已经在许多大型项目公司中应用。5D施工管理解决方案已逐步改变建筑商的工作模式，加强了与分包商、设计师们的合作能力，极大地减少了建筑行业中普遍存在的浪费、低效以及返工现象；不仅大大缩短项目计划的编制与预算时间，而且提高了预算的准确性。总之，5D模拟不仅为工程量的计算提供了便利快捷的方法，而且为建筑全生命周期各阶段的应用起着举足轻重的作用。未来的建筑5D模型将会扩充到建筑行业的全过程，从工程设计招标，到施工变更、竣工结算，甚至到后期的设施管理过程，5D模型将成为未来建筑信息化水平的核心载体，使建筑全生命周期的表现更为具体、更为形象、更为准确。

3. 物联网技术的应用

物联网（Internet of things，IOT）技术，是一种能够实现人与人、人与机器、人与物乃至物与物之间直接沟通的全新网络架构。它利用射频识别（RFID）、传感器、全球定位系统、激光扫描器等信息传感设备，按照约定的协议将物体连接至互联网，以信息交换、通信的方式实现对连接物体的智能化识别、定位、跟踪、监控和管理。物联网一般为无线网，每个人都可以通过电子标签将真实物体与网络进行连接。物联网将实现世界数字化，应用范围十分广泛。物联网的典型应用体现在以下几个方面：①城市管理，如智能交通、智能节能、智能建筑、文物保护、数字博物馆、古树实时监测、数字图书馆、数字档案馆；②数字家庭；③定位导航；④现代物流管理；⑤食品安全管理；⑥零售；⑦数字医疗；⑧防入侵系统。尤其是随着"智慧地球"的推出，物联网备受关注，由此推动了其在建筑领域应用的快速发展。

随着技术的不断进步，物联网在施工阶段也得到了快速发展，各大建筑公司纷纷将其作为核心技术进行深入研究。利用物联网技术可以使施工过程朝着更快、更有效的方向进行，具体表现在：

1) 有利于实现施工作业的系统管理

由于土木工程的产品是固定的，而生产活动是流动的，这就产生了建筑施工中空间布置与时间排列的主要矛盾，那么通过物联网技术快速定位和掌握产品的具体信息，就可以实现对分散土木产品的更有效管理。

2) 有利于提高施工质量

土建施工规模大、工期长，整体施工质量很难得到保证，一旦出现失误，就会造成重大的经济损失。运用物联网技术能够把各种机械、材料、物体通过传感网和局域网进行系统处理和控制，同步监控土建施工的各个分项工程，确保工程质量。物联网技术对土建施工质量的意义主要体现在以下 4 个方面：

(1) 精确定位。

(2) 保证材料质量。材料质量是整个工程质量的保证，只有材料质量达标，工程质量才能符合标准。

(3) 环境控制。影响工程质量的环境因素主要有温度、湿度、水文、气象和地质等，各种环境因素会对工程质量产生复杂多变的影响。

(4) 对受损构件进行修复补救。在施工时将 RFID 标签安装到构件上，可以对各个构件的内部应力、变形、裂缝等变化实时监控。一旦发生异常，可及时进行修复和补救，最大限度地保证施工质量。

3) 有利于保证施工安全

随着建筑业的高速发展，施工事故也频繁发生，造成了重大的经济损失。安全问题贯穿于整个工程建设全过程，影响施工安全的因素错综复杂，技术的不成熟、管理的不规范等都是导致施工安全问题的直接导火索。物联网技术在施工阶段的应用，可以保证现场在有序的动态环境中，对资源进行合理安排和协调，监控各种危险源，从而降低事故的发生，保证施工安全，具体应用在以下 3 个方面：

(1) 生产管理系统化。即通过射频识别技术对人员和车辆的出入进行控制，保证人员和车辆出入安全。通过对人员和机械的网络管理，使之各就其位、各尽其用，防止安全事故的发生。

(2) 安防监控与自动报警。无线传感网络中节点内置的不同传感器，能够对当前状态进行识别，并把非电量信号转变成电信号，向外传递。

(3) 设备监控。即把感应器嵌入到塔吊、电梯、脚手架等机械设备中，通过对其内部应力、振动频率、温度、变形等参量变化的测量和传导，从而对设备进行实时监控，以保证操作人员以及其他相关人员的安全。

4）具有可观的经济效益

提高企业的经济效益不仅意味着盈利的增加和企业竞争力的提高，而且有利于国民经济和社会的发展。利用物联网技术实现对人和机械的系统化管理，可以使施工井井有条，在提高效率的同时缩短工期。此外，利用基于物联网的监控技术，可以从源头上发现建筑构件的错误和缺陷并进行及时补救，从而避免造成更大的经济损失。因此，物联网技术在建筑行业的应用，必将大大提高生产效率，进而提高企业的经济效益。

4. 应用案例

南京市南湖电影院改造工程。该工程由南京市文化投资控股集团投资兴建，南京铭方工程咨询有限公司设计，该工程兴建于 2013 年并于 2016 年 6 月完工。该工程地上八层，地下两层，由于地处老城区，周边房屋拥挤，场地狭小，地下室采用逆作法施工，上部为钢结构，如图 6.1-7 所示。

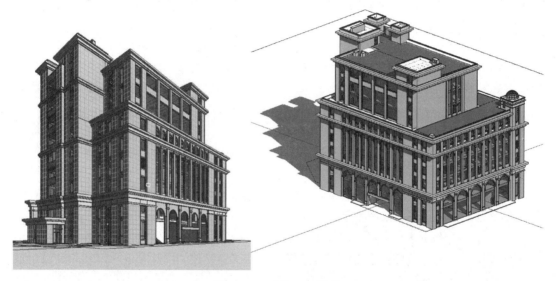

图 6.1-7　建筑 BIM 模型

在整个工程的建设过程中，不但在设计中采用了 BIM 技术，而且在整个建筑施工过程中都采用了 BIM 技术，从而获益匪浅，主要体现在以下 4 个方面：

1）总平管理与绿色施工

项目团队通过 BIM 技术对《施工平面布置图》进行三维深化，完成工地整体布局三维模拟，解决现场施工场地平面布置问题，解决现场场地划分问题，按安全文明施工方案的要求进行修整和装饰；临时施工用水、用电、道路按施工要求标准完成；为使现场使用合理，施工平面布置应有条理，尽量减少占用施工工地，使平面布置紧凑合理，同时做到场地整齐清洁，道路通畅，符合防火安全及文明施工的要求。施工过程中避免多个工种在同一场地、同一区域进行施工而相互牵制、相互干扰。施工现场设专人管理，使各项材料、机具等按 BIM 模型设定的位置堆放。

2）施工进度控制

传统的施工进度控制虽然在现场施工之前由项目部对进度计划进行了详细的讨论和分析，但在具体施工过程中难免存在问题，例如碰撞问题、协调问题等，一旦遇到问题会使进度计划不能得到准确地执行。施工的过程就是伴随着问题的解决而向前推进的,通过 BIM 技术模拟,可以直观地显示计划进度与实际进度的对比,从而得到最优模型,指导施工。

3) 结构深化设计

钢结构专业 BIM 模型对重点部位及复杂部位钢结构节点进行钢结构加工、制作图纸的深化设计。利用 BIM 模型,使用 Tekla Structures 真实模拟进行钢结构深化设计,通过软件自带功能将所有加工详图(布置图、构件图、零件图等)利用三视图原理进行投影、剖面生成深化图纸,图纸上的所有尺寸,包括杆件长度、断面尺寸、杆件相交角度均是在杆件模型上直接投影产生的,通过深化设计产生的加工数据清单,直接导入精密数控加工设备进行加工,保证构件加工的精密性及安装精度。

通过 BIM 技术指导编制专项施工方案,直观对钢结构节点复杂工序进行分析,对节点板及螺栓进行精确定位,对关键复杂的劲性钢结构与钢筋的节点进行放样分析,解决钢筋绑扎顺序问题,指导现场钢筋绑扎施工。将复杂部位简单化、透明化,提前模拟方案编制后的现场施工状态,对现场可能存在的危险源、安全隐患、消防隐患等提前排查,对专项方案的施工工序进行合理排布。

4) 碰撞检查

通过基于 BIM 的协作平台,完成机电安装部分的深化设计,包括综合布管图、综合布线图的深化,成功解决了水、暖、电、通风与空调系统等各专业间管线、设备的碰撞,优化设计方案,为设备及管线预留合理的安装及操作空间,减少占用使用空间。此外在对设计进行碰撞检测时发现了许多建筑设计图与结构设计图不一致的问题;设计图中的钢梁穿越了玻璃幕墙的问题;电梯机房层高不足的问题等。BIM 使这些问题得到及时改正,避免了返工造成的浪费以及工期延误。

由于应用了 BIM 技术,保证了工期,并节约了工程造价,该项目受到了业主的一致好评。

6.1.4　BIM 在项目运营维护阶段的应用

1. 概述

建筑物的运营维护阶段,是建筑物全生命周期中最长的一个阶段,这个阶段的管理工作很重要。由于需要长期运营维护,对运营维护的科学安排能够使运营的质量提高,同时也会有效地降低运营成本,从而对管理工作带来全面的提升。

美国国家标准与技术研究院(National Institute of Standards and Technology, NTST)在 2004 年进行了一次调查研究,目的是预估美国重要的设施行业(如商业建筑、公共设施建筑和工业设施)中的效率损失。研究报告指出:根据访谈和调查回复,在 2002 年不动产行业中每年的互用性成本量化为 158 亿美元。在这些费用中,三分之二是由业主和运营商承担,这些费用的大部分是在设施持续运营和维护中花费的。除了量化的成本,受访者还指出,还有其他显著的效率低下和失去机会的成本相关的互用性问题,超出了我们的分析范围。因此,价值 158 亿美元的成本估算在这项研究中很可能是个保守的数字。

的确,在不少设施管理机构中每天仍然在重复低效率的工作:使用人工计算建筑管理的各种费用;在一大堆纸质文档中寻找有关设备的维护手册;花了很多时间搜索竣工图但是毫无结果。这正是前面说到的因为没有解决互用性问题造成的效率低下。由此可以看出，如何提高设施在运营维护阶段的管理水平，降低运营和维护的成本问题亟须解决。

随着BIM的出现，设施管理者看到了希望的曙光，特别是一些应用BIM进行设施管理的成功案例使管理者们增强了信心。由于BIM中携带了建筑物全生命周期高质量的建筑信息，业主和运营商便可降低由于缺乏操作性而导致的成本损失。

在运营维护阶段BIM可以应用于竣工模型交付；维护计划；建筑系统分析；资产管理；空间管理与分析；防灾计划与灾害应急模拟等方面。

将BIM应用到运营维护阶段后，运营维护管理工作将出现新的面貌。施工方竣工后，应对建筑物进行必要的测试和调整，按照实际情况提交竣工模型。由于从施工方那里接收了用BIM技术建立的竣工模型，运营维护管理方就可以在这个基础上，根据运营维护管理工作的特点，对竣工模型进行充实、完善，然后以BIM模型为基础，建立起运营维护管理系统。

这样，运营维护管理方得到的不只是常规的设计图纸和竣工图纸，还能得到反映建筑物真实状况的BIM模型，模型中包含施工过程记录、材料使用情况、设备的调试记录及状态等与运营维护相关的文档和资料。BIM能将建筑物空间信息、设备信息和其他信息有机地整合起来，结合运营维护管理系统可以充分发挥空间定位和数据记录的优势，合理制定运营、管理、维护计划，尽可能降低运营过程中的突发事件。

BIM可以帮助管理人员进行空间管理，科学地分析建筑物空间现状，合理规划空间的安排确保其充分利用。应用BIM可以处理各种空间变更的请求，合理安排各种应用的需求，并记录空间的使用、出租、退租的情况，还可以在租赁合同到期日前设置到期自动提醒功能，实现空间的全过程管理。

应用BIM可以大大提高各种设施和设备的管理水平。可以通过BIM建立维护工作的历史记录，以便对设施和设备的状态进行跟踪，对一些重要设备的适用状态提前预判，并自动根据维护记录和保养计划提示到期需保养的设施和设备，对故障的设备从派工维修到完工验收、回访等均进行记录，实现过程化管理。此外，BIM模型的信息还可以与停车场管理系统、智能监控系统、安全防护系统等系统进行连接，实行集中后台控制和管理，很容易实现各个系统之间的互联、互通和信息共享，有效地帮助进行更好的运营维护管理。

以上工作都属于资产管理工作，如果基于BIM的资产管理工作与物联网结合起来，将能很好地解决资产的实时监控、实时查询和实时定位问题。

基于BIM模型丰富的信息，可以应用灾害分析模拟软件模拟建筑物可能遭遇的各种灾害发生与发展过程，分析灾害发生的原因，根据分析制定防止灾害发生的措施，以及制定各种人员疏散、救援支持的应急预案。灾害发生后，可以以可视化方式将受灾现场的信息提供给救援人员，让救援人员迅速找到通往灾害现场最合适的路线，采取合理的应对措施，提高救灾的成效。

2. 应用案例

北京奥运会奥运村项目是以住宅项目为主的，共有42栋公寓楼、1万多间客房，奥运村项目在运营管理过程中采用BIM技术，创建面向客户、投资者、管理者、经营者、服务者开发的服务系统。系统围绕着项目运营的经营管理、设备管理和物业管理等主要内容，建立基于BIM模型的操作平台，存储项目从决策、设计、施工到运营过程的全部数据信息。运营管理服务系统的主要功能模块分为经营管理子系统和物业管理子系统,将设备管理归到物业管理子系统内。经营管理子系统,主要作用是为使用者和服务者提供经营性活动的便利。物业管理系统包括设备管理和建筑物整体管理两方面,如图 6.1-8 所示。

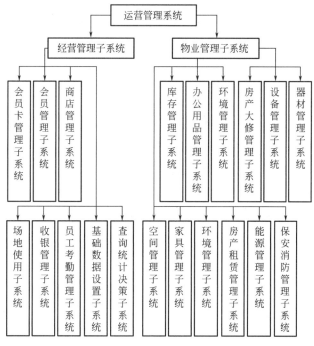

图 6.1-8　奥运村运营管理系统模块

　　奥运村项目利用 BIM 模型,提供信息和模型的结合,不仅将运营前期的建筑信息传递到运营阶段,而且保证了运营阶段新数据的存储和运转。BIM 模型所存储的建筑物信息,不仅包含建筑物的几何信息,而且包含大量的建筑性能信息。如在奥运村项目的经营管理子系统中,场地管理和商店管理的主要建筑数据,包括设计空间的大小、材料和数量等,都是从项目的设计阶段和施工阶段直接获得的;再结合运营阶段的实际运行情况,使项目运营阶段的经营性管理服务的质量和效率得以提升。此外,依靠 BIM 模型的完善数据存储能力,可将奥运村运营阶段的成功经验和难点问题进行记录,将这些信息有效地汇总并借鉴到其他项目中,使奥运村运营物流管理的成功得以复制到更多的项目中,为整个行业运营阶段的管理进行增值。

　　基于 BIM 模型的奥运村项目运营管理系统,利用 BIM 模型可视化和软件便捷输入和输出的特点,实现了便捷的运营服务,服务者不需要特别去参加培训学习 AEC 等软件的操作,也可以轻松利用运营管理系统,这保证了 BIM 的应用不会成为运营服务方的新负担。例如场地管理模块界面,将所有场地的各时段信息直观表达给服务者,服务者可以轻松为使用者选取特约时段、场所的服务。经营管理过程服务难度的降低,使项目可以提供更多的服务人员,运动员及代表被服务的平均次数增多,如保证了运动员及代表在最短时间内完成入住前工作,快速对运动员及代表的需求变化做出及时的响应与反馈,显然,这种高效与服务系统直观便捷的表达、全面的信息存储和动态更新能力密切相关。

　　利用 BIM 模型可以存储并同步建筑物设备信息,在设备管理子系统中,有设备的档

案资料，可以了解各设备可使用年限和性能；设备运行记录，了解设备已运行时间和运行
状态；设备故障记录，对故障设备进行及时的处理并将故障信息进行记录借鉴；设备维护
维修，确定故障设备的及时反馈以及设备的巡视。这些保证了项目运行阶段设备运行维护
管理的全面有序，为维护管理提供合理计划，为设备的预知维修提供帮助。BIM 的精确定
位突发情况、快速处理和提供维护信息，对维护的及时反馈，使项目运营阶段的设备管理
不再是被动性和应急性的。这种设备管理方式提高了管理水平，增加了建筑设备的安全
性，确保了该项目在运行环节的"零投诉"。

采用 BIM 模型的空间规划和物资管理系统，可以随时获取最新的 3D 设计数据，以帮
助协同作业。在数字空间进行模拟现实的物流情况，显著提升庞大物流管理的直观性和可
靠性，使服务者了解庞大的物流管理活动，有效降低了服务者进行物流管理时的操作难
度。将运营过程的数据、建筑规划使用的数据、建筑模型的物理信息在基于 BIM 模型的
数字系统中完美结合，使得奥运村物流管理在物资品种多、数量大、空间单元复杂、空间
单元及资产归属要求绝对准确、物资进出频繁、作业集中度高的情况下，高效、有序和安
全地运行，如图 6.1-9 所示。此外，BIM 模型的数字化性能，减少了重复的手工数据处
理，使得数据错误率下降，数据库可靠性提高。

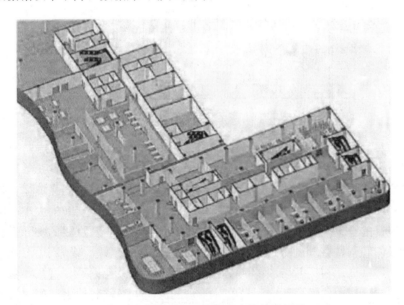

图 6.1-9　基于 BIM 的数字空间物流图像

BIM 模型的关联性构建和自动化统计特性，对维护运营管理信息的一致性和数据统计
的便捷化做出了贡献。如前期设施工具移入时，每个空间单元都有一图一表，使该空间单
元信息从始至终保持一致，统计结果准确可靠，数据的关联同步，让奥运村项目的运营管
理系统从奥运会、残奥会到赛后复原，实现了奥运村资产配置报表无失误的目标。此外，
在 BIM 模型共享协同平台上，将不同建筑性质数据的区别表达，促进了不同管理方各取
所需，相互协作，最终实现高效利用空间。如羽毛球馆与乒乓球场馆需要的器材设备和房
间大小的不同，在数字平台共享需求，合理利用场馆用地，最终给每一位代表团官员和运
动员提供了满意的服务。

6.2　BIM 在工程施工进度管理中的应用

6.2.1　BIM 应用思路分析

将 BIM 技术应用于施工进度管理的思路是在 3D 建筑空间结构模型的基础上引入时间维度,构成含有施工时间元素、可以用于项目进度管理的 4D 建筑施工进度模型,并基于 BIM 技术平台对该模型进行施工过程模拟。当前 BIM 技术条件下,施工过程模拟可以对施工进度、资源配置以及场地布置进行优化,并将模拟过程和优化结果以动画形式在 4D 模拟平台上显示,使 BIM 使用者能够通过观察动画获取信息、修改调整模型,对施工模拟和优化结果进行比选,从而选择最优方案。本章将重点研究讨论 4D 模型对单纯时间条件限制下的施工进度计划与模拟,而不考虑资源及场地限制因素。

鉴于现有 BIM 软件仍主要适应传统分块作业模式,单个软件功能相对单一,故 4D 模型的建立也需要依照软件功能的不同分块进行。4D 模型的建立与模拟步骤可以分解为如下 4 步:

1. 建立 3D 建筑空间结构模型

准确、完整的 3D 建筑空间结构模型是能够准确实现建筑 4D 施工进度模拟的基础。在这一步骤中,整体建筑被分解为无数结构、功能各不相同的建筑构件,并以构件作为建筑模型的基本组成元素,分类别、分层地以类似于搭积木的形式逐步完成 3D 建筑模型的搭建。同时,为每个基本构件附加与之相关的尺寸、材质、内部特征等物理特性,将这些物理特性以参数形式输入,作为对某一特定构件的特性描述。构件和特性参数之间是完全从属的关系,每一特定构件都有一组完全属于自己的特性参数来描述自身特性,每一特性参数也必须指向一个特定的构件才能使该参数成为有效参数。基于对所有构件信息的统计和计算,系统可以自动生成其他有关于建筑模型的非构件信息,如建筑面积等,并作为整个建筑的附加信息单独予以存储。由于是按构件分类分层添加完成建模,因而在 3D 建模完成的同时,使用者已完成对建筑模型施工工序的设置与划分,同时,借助 BIM 技术平台强大的信息储存与计算能力,使用者可以同时由计算机计算得到每一施工工序的工程量统计,这就为下一步施工进度计划的计算排布打下了基础。

2. 完成施工进度计划表

在前一步骤中使用者已经得出整个工程按施工工序分列的工程量统计,参照现行劳动产量定额,即可得出工程施工所需劳动总量。再综合考虑合同约定、现场情况、物资条件、可用劳动力数量和成本限制,借助项目进度管理软件综合计算,就能得出相应工程的初步施工进度计划。这之后就可以进入下一步骤,完成施工进度的模拟与调整。

3. 建立 4D 建筑施工模型

将前两步骤中生成的建筑 3D 空间模型和施工进度计划数据同时导入建筑施工管理软件,并将进度计划中的工序与 3D 模型中的构件实施关联对接,使每一工序都与该工序中完成施工的所有构件建立对应关系,从而完成 4D 建筑施工模型的建立。由于进度计划中已赋予每一工序以特定的施工时间段,而工序又与构件一一对应,因而每一构件都会与特定的施工时间段建立联系,特定构件只被允许在相应工序的特定时间段内完成施工。

4. 4D模型可视化模拟与调试

上述步骤仅在数据形式上使进度计划与3D模型完成了对接,将进度计划数据纳入BIM平台下的建筑信息数据库,在表现形式上却仍然是"3D空间模型+进度计划图"的形式,因此,需要引入专门步骤实现4D模型的可视化模拟。通过基本动画步骤的设置与调试,渲染生成可以综合表现时间变化过程和建筑构件增加过程,即可以根据已有计划模拟建筑施工全过程的4D施工动画。动画形式简洁明了,可以清楚体现特定时间指定构件的完成情况,使用者可以通过观察动画来发现原有施工进度计划中存在的问题,如需调整,使用者也可以在施工管理软件中方便地改动进度计划数据并重新生成动画。在实际施工的同时,使用者也可以在原有进度计划基础上随时记录实际施工进度数据,并与原定施工进度计划相比对,这一对比过程也可以由施工模拟动画来体现。

6.2.2　BIM应用软件选取

前文已分析过,为了实现BIM平台下4D建筑施工模型的建立和模拟,所使用的一组软件应当具备以下功能:建立3D建筑空间模型、制定施工进度计划、建立4D建筑施工模型和完成施工模拟渲染输出。综合考虑现有BIM类及相关软件的主要功能、通用程度、使用难度及获得软件的难易程度,最终选定以下三款软件完成此次4D建筑模型案例:Autodesk Revit、Microsoft Project和Autodesk Navisworks。其中,Autodesk Revit主要用于完成3D建筑空间模型的建模工作,输出".rvt"格式的建筑3D模型文件,并用于计算得出各工序的工作量;Microsoft Project主要承担施工进度计划的编制工作,输出".mpp"格式的施工进度计划表和横道图;Autodesk Navisworks是施工管理类软件,主要用于建立4D建筑施工模型和施工模拟动画输出,同时用于承担施工进度计划的检查修改、实际施工进度的跟踪对比工作。

Autodesk公司开发的Revit和Navisworks两款软件都是专业BIM类软件,Microsoft公司开发的Project软件则是一款适用于多种产业的纯项目管理类软件,并非只针对建筑行业的专业BIM类软件。因此,从严格意义上说,本次针对施工进度的案例模拟并非在纯粹BIM环境下进行,而是借助了非BIM类的其他计算机辅助手段,这主要是由于Project软件使用面广、容易操作且功能丰富,足以应付一般的建筑工程进度计划编制,故暂用Project软件辅助建模。

6.2.3　案例分析

1. 工程概况

某宾馆,建筑高度15.6m,共四层,框架结构,总建筑面积3562m²,层高3.9m,地面以下部分深1.8m,采用钢筋混凝土独立基础,上架基础梁,无地下室,主体结构方面,梁、柱、楼板材质均为钢筋混凝土。该楼一层为接待大厅,有四个出入口进入楼内;二层大部分中空与一楼大厅贯通,部分为会议室;三、四层主要是客房。围护结构方面,一、二层接待大厅以玻璃幕墙为主,三、四层客房以240mm厚砌体墙为主。全楼共两组楼梯,因三、四层有电梯可达且与该宾馆其他建筑相通,故楼梯仅通到二层。

2. 三维建模

该案例三维空间模型的建立过程选用Autodesk Revit软件完成。Revit软件的一大特色是参数化设计方法，主要体现在建筑图元参数化和修改机制参数化。Revit 可以提供随时设置取用的建筑构件图元，包括基础、楼板、墙、梁、柱、门窗和屋面等，并为每一构件设置一系列专属的描述参数，称之为"属性"，每一构件自身的特征，比如尺寸、材质、构件位置等都以属性形式表述。Revit 中，同一类型的建筑构件称为一个"族"，一族内又可以根据构件尺寸、位置等特性的不同设置不同的构件，通过构件参数的不同来体现同族构件的不同细节。Revit 软件预设的系统族往往是在建筑产业应用量较大的通用构件，除此之外，设计师还可以通过自定义族来创建符合自身项目特点的个性化构件，从而灵活地适应建筑师的创新要求，使用者只需在设计建模时输入一次信息，就可以在整个项目实施过程中随时获取这些信息并应用。同时，Revit 还具有强大的可视化功能，使用者既可以通过绘制二维平面图纸的方式完成建筑建模，软件能够自动渲染生成三维可视化建筑模型；也可以直接在三维视图中进行绘制与修改，十分方便简洁。Revit 中二维图纸的绘制过程类似于 CAD，操作简单，也为传统的工程师学习使用 Revit 提供了较大方便。

Autodesk Revit 软件操作界面示意如图 6.2-1 所示。一般而言，软件上部工具栏为软件各功能模块，用于实现 Revit 软件的大部分功能，左侧主要是构件属性面板，用于输入和修改构件参数，以及图纸切换面板，用于切换平面或三维视图。

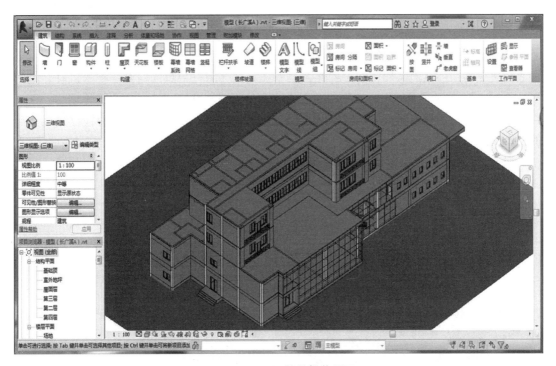

图 6.2-1　Revit 软件操作界面

Revit 中建筑三维模型的建立过程，主要是按照相应的 CAD 图纸，将建筑构件按照类别和标高分组，并按分组顺序将建筑构件逐一添加至建筑模型文件，为每一建筑构件录入相关联的属性参数。在本案例的建模过程中，主要是按照基础层（独立基础、基础层柱、梁）-1～4 各楼层（楼板、柱、梁、墙）-各层门窗及附件的顺序进行。

本案例基础层采用独立基础，埋深 1.8m，基础横截面多为正方形，尺寸从 800mm×800mm 至 4000mm×4000mm 不等，采用 C30 钢筋混凝土浇筑。独立基础及基础层柱、梁建模完成后的三维模型如图 6.2-2 所示。

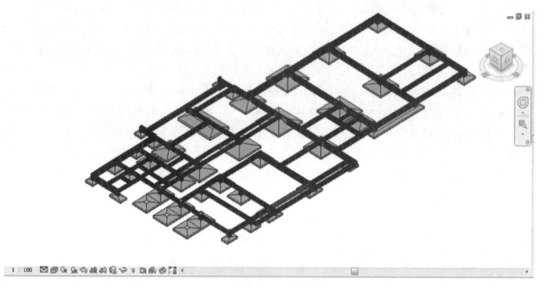

图 6.2-2　独立基础及基础层柱、梁三维模型图

建筑地面以上部分，从第一层起，每层按照楼板-柱-梁-墙的顺序逐类添加建筑构件，选取已建立的构件截面添加钢筋，并在四层全部完成之后统一添加门窗。楼板、柱、梁统一采用 C30 现浇钢筋混凝土，墙则按照图纸要求使用玻璃幕墙或 240 实心砌体墙。一层柱梁（包括二层柱）框架建模完成后的三维图见图 6.2-3，一层封顶（二层楼板已建模）后的三维模型图见图 6.2-4。

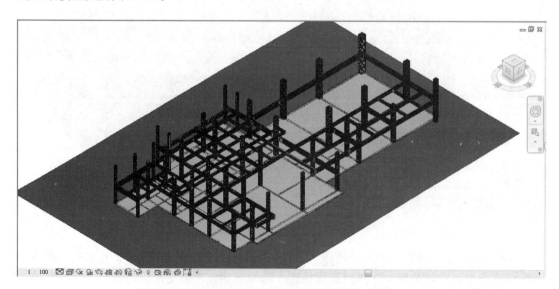

图 6.2-3　一、二层柱、梁框架三维模型图

对建筑物每层按照与以上图示基本相同的顺序添加构件、录入属性，最终建立的建筑

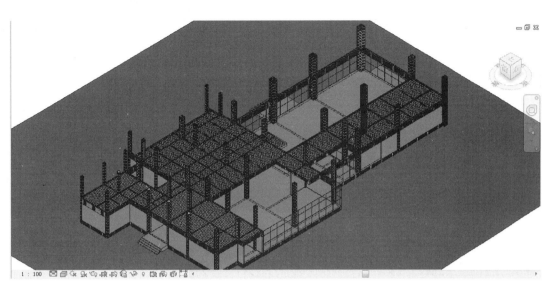

图6.2-4 一层封顶后三维模型图

三维模型及主视图见图6.2-5、图6.2-6。同时，Revit软件可以对基础、柱、梁、钢筋等三维模型自动计算生成构件工程量统计。

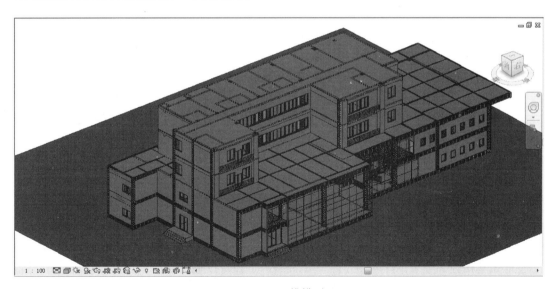

图6.2-5 三维模型图

至此，在Autodesk Revit软件中进行的建筑三维建模全部操作结束，并经统计获取到开展施工进度计划编制所需的全部工程量数据。该工程量数据除用于编制施工进度计划外，亦可用于工程造价的计算，这正是BIM类软件的优势所在，不同专业的工程师无需重复建立多个建筑信息模型，只需从同一个已建成的建筑信息模型中读取自身专业所需要的数据即可。在工程实践中，该三维建模过程可由设计师在建筑、结构和设备设计阶段完成，设计完毕以后各工序的工程量无需另行建模，只需读取设计师完成的模型中的有用数据就能完成工作，大大减少了后续工作中相关工程师的工作量；而设计师直接通过建筑信

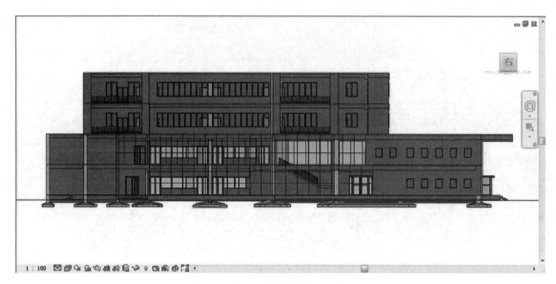

图 6.2-6　建筑模型主视图

息模型将设计意图传达给施工、造价等后续工作工程师，大大降低了建筑设计信息在不同专业中传递的难度，减少了信息传递的错误率。

3. 施工进度计划的制订

施工进度计划的制订工作选用 Microsoft Project 软件完成。Microsoft Project 是一款以进度计划为主要功能的项目管理软件，该软件功能包括编制进度计划，生成网络计划图、分配项目资源、预算项目费用、绘制与输出商务报表等，由于其功能丰富、操作简单、价格低廉、可推广性强，因而在世界范围内得到广泛应用。该软件属于通用型项目管理软件，可应用于许多不同行业，并非只应用于建筑产业的专门化软件，因此针对性较差，只适合于规模不大、设计相对普通的一般建筑工程，并不适用于大型、复杂或独特性较强、缺乏先例的建筑工程。同时，该软件并非专业 BIM 类软件，而是由于技术条件所限暂时作为施工进度计划方面 BIM 类软件的替代。Microsoft Project 程序操作界面展示如图 6.2-7 所示。

应用 Microsoft Project 软件中制订施工计划、生成进度数据及甘特图的具体操作思路是先从 Revit 软件建立的 3D 建筑模型中读取建筑及其各项构件的工程量信息，然后参照建筑整体结构划分施工工序和施工段，并将前述工程量信息与具体施工工序一一对应，查阅相关劳动定额，计算得出各工序所需劳动量并与实际情况相结合，确定施工安排的工人数并计算得出完成各项施工工序所需的时间，最后将施工工序与计算所得的施工时间一一对应，导入 Microsoft Project 软件，设置好各工序间的前后顺序与逻辑关系，由系统自动确定施工进度计划，生成甘特图和".mpp"格式的施工进度数据。值得指出的是，由于含有钢筋布置的 Revit 三维建筑信息模型文件占用内存过于庞大，无法顺利转换成可以被下一步骤中 Navisworks 软件打开并识读的".nwc"格式文件，故本案例的模拟过程中删去了关于钢筋的相关数据，应用 Microsoft Project 软件所制定的施工组织设计中也未考虑各构件钢筋的施工工序与时间，仅重点考虑混凝土构件的施工时间。

表 6.2-1 为该案例各施工工序的工程量和工期，施工工序主要按构件类型和楼层划

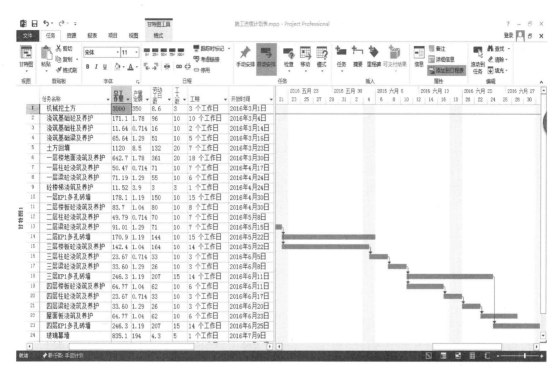

图 6.2-7 Microsoft Project 软件操作界面

分，参考同类型工程实际施工情况制订，工期计算则参考各工序工程量、劳动定额及工程实际情况综合制订。

施工工序及时间计划表 表 6.2-1

分部分项工程名称		单位	数量	产量定额	劳动量/工日	人数(机械数)	所需天数
基础工程	机械挖土方	m³	3000	350	8.57	3	3
	浇筑基础混凝土及养护	m³	171	1.78	96.12	10	10
	浇筑基础柱及养护	m³	11.6	0.714	16.30	10	2
	浇筑基础梁及养护	m³	65.6	1.29	50.88	10	5
	土方回填	m³	1120	8.5	131.76	20	7
一层	楼地面浇筑及养护	m³	643	1.78	361.07	20	18
	浇筑柱混凝土及养护	m³	50.5	0.714	70.69	10	7
	浇筑梁混凝土及养护	m³	71.2	1.29	55.19	10	6
	浇筑混凝土楼梯及养护	m³	11.5	3.9	2.95	3	1
	KP1 多孔砖墙	m³	178	1.19	149.66	10	15
二层	浇筑楼板混凝土及养护	m³	83.7	1.04	80.48	10	8
	浇筑柱混凝土及养护	m³	49.8	0.714	69.73	10	7
	浇筑梁混凝土及养护	m³	91.0	1.29	70.55	10	7
	KP1 多孔砖墙	m³	171	1.19	143.61	10	15

续表

分部分项工程名称		单位	数量	产量定额	劳动量/工日	人数（机械数）	所需天数
三层	浇筑楼板混凝土及养护	m³	142	1.04	136.92	10	14
	浇筑柱混凝土及养护	m³	23.7	0.714	33.15	10	3
	浇筑梁混凝土及养护	m³	33.6	1.29	26.05	10	3
	KP1多孔砖墙	m³	246	1.19	206.97	15	14
四层	浇筑楼板混凝土及养护	m³	64.8	1.04	62.28	10	6
	浇筑柱混凝土及养护	m³	23.7	0.714	33.15	10	3
	浇筑梁混凝土及养护	m³	33.6	1.29	26.05	10	3
	屋面板浇筑及养护	m²	64.7	1.05	62.28	10	6
	KP1多孔砖墙	m³	246	1.19	206.97	15	14
玻璃幕墙		10m²	835	19.4	4.30	5	1
门安装		10m²	281.	4.28	6.57	5	1
窗安装		10m²	401	4.39	9.13	5	2

施工进度计划的制订是按照一般工程正常施工顺序进行，按照从低到高、先主后次、先柱后梁的原则，同时考虑尽量缩短工程总施工时间，能同时进行的工序尽量同时进行，按此原则排定各工序间的前后承接关系，最后制定出施工进度计划，生成".mpp"格式进度文件，并生成施工进度甘特图，如图6.2-8所示。可以看出，本案例施工初步计划是从2016年3月1日开工，至2016年7月12日完工，共历时134天。

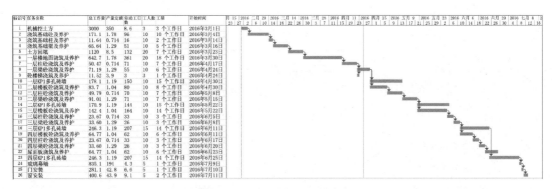

图6.2-8　施工进度计划甘特图

4. 施工过程模拟

选用Autodesk Navisworks软件渲染3D建筑信息模型并完成该案例施工进度模拟。Autodesk Navisworks是一款能够对来自多款不同BIM类应用软件的建筑设计与分析数据开展识读、处理和转换整合工作的软件。它可以将多款由不同BIM软件生成的相关联的建筑信息模型数据进行格式转换并整合为整体的三维项目，方便工程师实时审阅、实施碰撞检查、施工模拟等技术管理工作。Navisworks是目前市场上最符合BIM理念的软件产品，兼容多种数据格式，可以帮助多个相关方将项目作为一个整体来看待，从而对从设计决策、建筑实施、性能预测和规划直至设施管理和运营的各个环节进行优化。Navisworks操作界面如图6.2-9所示。

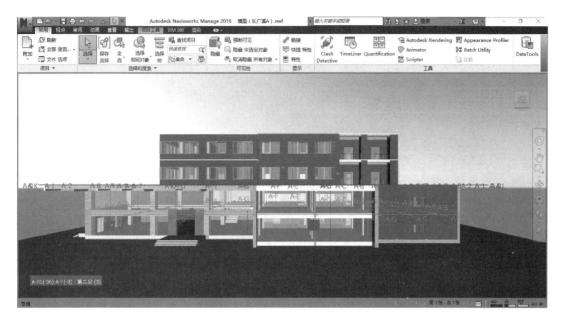

图 6.2-9　Autodesk Navisworks 软件操作界面

在实际操作中，首先将 Revit 中生成的 ".rvt" 格式建筑模型文件导出为 ".nwf" 格式的 Navisworks 缓存文件，使之可以在 Navisworks 中打开，上文已经提过，在此步骤中，限于技术及设备条件，Revit 中创建的构件钢筋未能转换为 ".nwf" 格式。格式转换之后，用 Navisworks 软件的渲染功能对建筑的渲染效果实施优化，Navisworks 自带的文件数据库中有比 Revit 软件中数量更丰富、效果也更生动的材质可供选择，同时，使用者可以在 Navisworks 环境下自主设置建筑所处的地理位置、光照环境，从而使建筑的 3D 模型更加生动逼真。在该案例中，建筑的材质、颜色经过进一步的细化设置，同时，出于操作方便，建筑的地理位置被设置为中国北京，日照时间选择为正午 12：00，完成该建筑的实景化模拟并生成 360°旋转模拟动画视频。实景模拟效果截图如图 6.2-10 所示，建筑主视图如图 6.2-11 所示。

Navisworks 软件除可以制作实景模拟渲染之外，还有碰撞检查、施工模拟等多种功能。Navisworks 软件中的 "TimeLiner"（时间线）工具就是专门用于制作施工模拟的专用功能模块。在 TimeLiner 模块中，用户可以直接导入由 Microsoft Project 创建的 ".mpp" 格式进度文件，也可以自行创建安排进度计划，鉴于 Microsoft Project 软件环境下各施工工序间的前后关系定义更明确，可以帮助使用者自动生成进度计划，而 Navisworks 软件只有对施工进度计划的描述功能，不能辅助用户设置前后工序约束，计算生成进度计划，故本文研究中采取 Microsoft Project 软件辅助制订施工进度计划并直接导入 Navisworks 软件的方式。TimeLiner 模块操作界面见图 6.2-12。

TimeLiner 工具可以根据导入的进度数据自动生成甘特图。进度数据导入后，用户需要手动将每一施工任务与该任务对应的一类构件图元间建立关联，关联完毕后 TimeLiner 就可以自动生成施工进度动画模拟。模拟动画中，施工的日期、正在进行的工作内容、正在施工的工序已完成的百分比、已完成工程占总工程量的百分比、即将开工的工序等都被清晰显示，未建工程和已建成工程按照不同颜色分别显示，清楚表明建筑的建设情况。用

图 6.2-10　案例实景模拟图

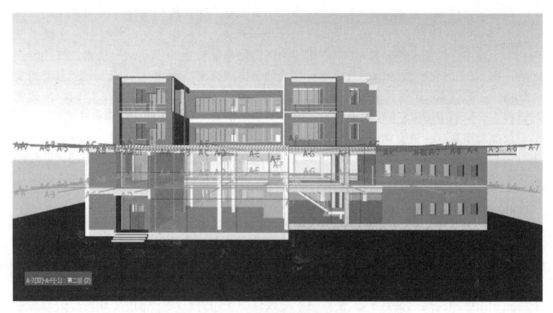

图 6.2-11　案例实景模拟主视图

户也可以根据自己的需要为模拟动画设置指定的动作，如结构柱可以按长度方向生长形式模拟其施工工程，整个建筑施工过程也可以按照 360°环视形式体现。Navisworks 环境下的施工模拟可以输出为".avi"动画形式，使之可以脱离 Navisworks 使用环境来播放。图 6.2-13、图 6.2-14 分别是本案例二层柱施工和全部施工完成时的模拟动画截图。

　　在图 6.2-14 中，绿色半透明的构件表示该构件正在施工中，已按实际颜色显示的构件表示该构件已完工。由视频左上角信息，可以看出，二层柱的施工与一层墙的施工是同

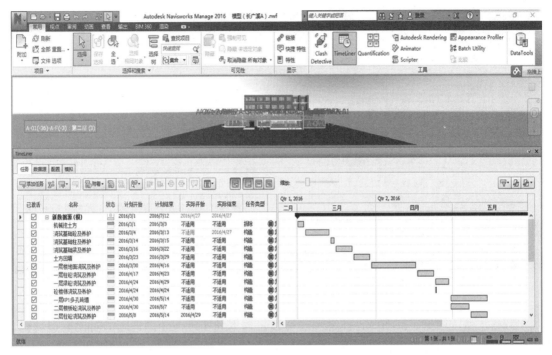

图 6.2-12 Navisworks 中 TimeLiner 模块操作界面

图 6.2-13 二层柱施工模拟示意图

时进行，截图显示的 2016 年 5 月 13 日当天是开工的第 74 天，一层 KP1 多孔砖墙已完成 94%，二层混凝土柱的浇筑与养护已完成 87%，而总工程量则完成了 55%。

由图 6.2-14 信息可以看出，该工程预计于 2016 年 7 月 12 日完工，工程施工共历时 134 天。

在 Navisworks 软件中还可以通过 TimeLiner 工具完成实际施工进度与预计施工进度 的比对，方法是在前述 TimeLiner 操作界面的进度信息及甘特图中直接按对应施工任务叠

图 6.2-14　施工完成模拟示意图

加实际施工进度数据，Navisworks 软件也可以自动生成实际与计划进度的对比模拟动画，由用户手动设置构件显示颜色，用不同颜色区分特定工作任务是早于计划完成还是晚于计划完成，方便工程人员实时跟踪工程实际施工情况并及时予以调整。图 6.2-15 展示了跟踪比对实际进度时 TimeLiner 的操作界面，可以看出，此时施工进度由上下两条横道图表示，上面一条表示对应工序的实际施工时间，下面一条表示计划施工时间，两者间的差异一目了然。图 6.2-16 展示了构件显示颜色的设置面板，用户可以将工作任务分成按时完成、提前完成、延后完成三种情况，并为这三种情况下模拟动画中构件的显示颜色做不同设置，从而方便施工人员区分，如将按时完成的构件设置为绿色，提前完成者设置为黄色，延后完成者设置为红色。至此，本案例的建模和施工模拟工作全部完成。

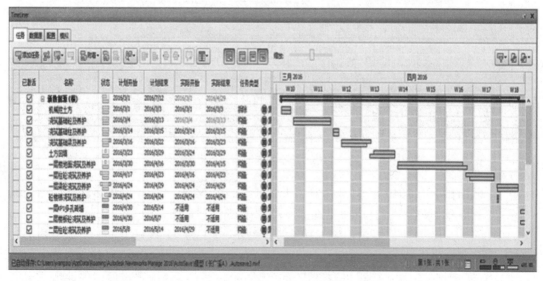

图 6.2-15　TimeLiner 中的进度对比示意图

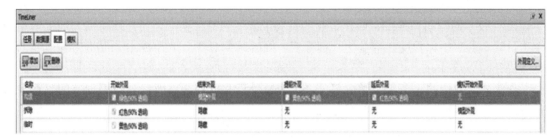

图 6.2-16　进度对比颜色设置示意图

6.3　BIM 技术在工程造价管理和控制中的应用

6.3.1　BIM 在工程造价中的应用价值

1. 我国传统工程计价的不足

随着工程应用领域计算机技术的普及，计算机辅助工程量计算的发展大致可以分为以下四个阶段：表格法，图形法，基于 AutoCAD 的图形法和智能识别电子施工图的图形法。毋庸置疑，表格法是智能化水平最低的一种造价方法，却也是信息交流最基础也最广泛的一种方法。以上几种造价方法都有其可取之处，但是依然存在许多弊端，即使是最先进的智能识别电子施工图的图形法也存在识别率不高、精确度低等不足。

图形法都是在 2D CAD 的基础上对线条、平面图形和字符进行的识别和整合，然后计算工程量和工程造价。但是，2D 图形并不能完全表达出建筑物复杂的空间关系，这决定了图形法无法从根本上解决工程量自动计算的难题，工作效率自然得不到很大的提高。除了计算效率低之外，个体与个体之间的工程量核对，造价人员与设计人员之间的设计变更沟通，审核人员对造价的审核，都因为信息不流畅、规范不统一而变得效率低下。

目前，工程造价计算方式存在很多缺陷，归纳如下：

1）预算人员手工算量，效率比较低；预算人员手工逐条确认影响施工成本的相关信息，速度慢，重复性工作大；影响成本信息的设计变更必须由造价人员手工确认，效率低，速度慢，还可能会有误解和遗漏现象。对预算人员而言成本计算非常繁琐，通常预算人员需要使用标注笔将图纸上的项目进行划分，以实现"利用基数，连续计算；统筹程序，合理安排；一次计算，多次利用；联系实际，灵活运用"。

2）目前市场上存在许多造价软件，但是都是作为一个孤立的阶段，专门为报价而计算，忽略了建设项目的全寿命周期管理。同时，工程造价受造价人员的主观影响很大，缺乏统一的标准。

3）审核其他人的造价或者在其他人工作的基础上进行估价也存在问题，预算人员在造价时有自己的思维习惯和顺序，不利于彼此之间的交流。

为此，怎样创造性地实现造价阶段、设计阶段与工程实施阶段的有机整合，从根本上使信息交流方式由无序变得统一，继而实现高精度的计算是一个非常严峻的研究课题，这对整个工程造价领域具有举足轻重的影响。

2. BIM 在工程造价中的优势

BIM 技术的应用和推广，给建筑业的发展带来了第二次生命，另外还将极大地提升整个项目管理的集中化程度和精益化管理程度，同时减少浪费、节约成本，促进工程效益的整体提升。

作为建筑业中的一个重要组成部分，工程造价行业也将获益匪浅。我国现有的工程造价管理分为初步投资估算、正式投资估算、初步设计总概算、施工图预算、招标投标报价、工程结算和工程决算七大阶段。这七大阶段之间并非连续的全过程造价管理，而是相互孤立，彼此之间的数据不够连续，各阶段、各专业、各环节之间的协同共享存在障碍，所以经常出现预算超概算、决算超预算的现象。BIM 技术可以将建设项目各个阶段及参建各方的信息集成在一个统一的信息模型中，通过这个模型，各参与方可以对建设信息进行协同共享和集成化的管理；对于造价行业，可以使各阶段数据保持流通，实现多方协作，为实现全生命周期造价管理、全要素的造价管理提供了可靠的基础和依据。云造价技术有助于 BIM 的数据存储和积累，为可持续发展奠定基础。其在工程造价中的优势主要体现在以下 5 个方面：

1）提高工程量计算的准确度。传统的计价模式存在区域差异，根据不同地方的计算规则去列式计算工程量，计算工作量大，内容繁琐，容易出错。但是通过运用 BIM 技术，在三维模型的基础上，根据修改好的扣减规则来电算工程量，不但速度提高了，而且精确度也提高了。

2）BIM 数据库的时效性。BIM 实际上是一个三维模型的数据库，除了三维空间信息，还包括设备的物理和功能属性等，当然也可以添加成本信息，而承载这些信息的载体就是可视化的三维模型。数据库中的信息可以随设计的变化而更新，并且这个数据库可以对各个部门的人员公开，来实现各专业数据的共享。

3）BIM 形象的资源计划功能。利用 BIM 数据库的信息集成优势，可以更好地进行项目管理。将数据库中的信息与时间相结合，可以来安排工程预算支出、劳动资源计划、机械使用计划、工程材料资源计划等。

4）成本数据的积累与共享。运用 BIM 技术，工程建设项目的集成数据以电子资料的形式进行储存、可以随时调用，实现了对建筑物的精细化管理。

5）BIM 模拟决策。对设计单位而言，直接利用 BIM 软件进行设计，这样得到的模型就是积累了各种工程设计信息的集成数据库，提取工程量再进一步估算，就可以得到初步设计概算，与投资估算进行对比优化，就可以真正实现限额设计。对于施工单位而言，如果在设计模型中进一步将时间加进去，将工程量编制到进度计划中，从而科学管理进出场人员的数量、钢筋、混凝土等建筑材料的进场数量及预订方式及其机械，包括混凝土搅拌机、钢筋加工机械、发电机等的进出场时间。这样，施工单位就可以进行方案优化了。同时，在 BIM 中，所见即所得，设计方、施工方可以在三维模型中检查，及时发现各种设计失误，极大地减少了工程返工的工程量和费用。

6.3.2　工程造价软件

目前，国内流行着许多造价软件，如广联达、斯维尔、PKPM、神机妙算等。这些造价软件在手算到电算的演变过程中，起到了不可估量的促进作用，加速了建筑业的信息化建设。这些造价软件有的财力雄厚，目光长远，开发属于自己的算量平台和造价软件，比如广联达。有的借鉴国外先进软件，进行二次开发，开发成本小，回报率高，比如斯维尔。

清华斯维尔是基于 AutoCAD 平台的造价软件，包括三大系列：商务标软件（由三维算量、清单计价组成）；技术标系列软件（由标书编制软件、施工平面图软件组成）；还有技术资料软件、材料管理软件、合同管理软件、办公自动化软件、建设监理软件等。

广联达则拥有自主开发的图形平台，主要从事于工程造价整体解决方案。它的系列产品操作流程是由土建算量软件、安装算量软件和钢筋统计软件计算出工程量，通过数字网站询价，然后用清单计价软件进行组价，所有的历史工程通过企业定额生成系统形成企业定额。

新点比目云 5D 算量软件是基于 Revit 平台的造价软件。Revit 本身具备明细表功能，通过明细表筛选所需要的属性信息，然后进行汇总排列，就可以得到所需要的分部分项工程量。但是 Revit 模型中的构件工程量都是"净量"，即没有任何构件的工程量是有交集或者哪一部分是漏算的。这与我们的国标清单工程量还有一定差距。为了使 BIM 设计模型可以发挥其更重要的价值，应该开发一款可以承上启下的软件，即承接设计模型的上游数据，并将其依照清单和定额的要求进行加工，然后传递到成本管理系统和进度管理软件中去，从而增加模型的附加值。新点比目云 5D 就是这样一款对接的软件。

三款软件的对比见表 6.3-1。

国内部分造价软件功能对比　　　　　　　　　　　　　　表 6.3-1

名称	广联达	清华斯维尔	新点比目云 5D 算量
平台	自主开发平台	AutoCAD	Revit
软件安装	最便捷	一般	要求高
安全评价	不主动监测,仅计价软件可检测,云应用	加密;数据维护与恢复功能好,云应用	数据恢复功能强,权限分配明确,云应用
适用性	招标清单自检	计价方式与转换功能	计价方式可选,目前无钢筋算量
数据处理	操作简单,效率高	块操作	可批量修改构件名称,计算速度较慢
可使用性	界面简单,但功能分区不明确	多任务切换功能	功能分区明确
操作流程	建模便捷	定额库下载与更新;审计报表生成	构件转化率极高,5D 进度管理

6.3.3 BIM 技术在工程造价控制中的应用

1. 决策阶段

对于建设单位来说，建立科学的决策机制，使各参与方在项目初期就参与到项目中来，要求项目在勘察阶段、设计阶段、施工阶段充分利用 BIM 的集成化、可视化、模拟性和优化性等特点，高标准、高要求、高效率地完成建设项目，才能达到预期效果和利益。

在项目投资决策过程中，各项技术经济决策对该项目的工程造价有重大影响，利用 BIM 的参数化、构件可运算性、模型可视化、模拟建设的特点，可以根据建立的初步 BIM 模型，直接快速地统计工程量信息，再结合查询到的价格信息或相关估算指标和造价类软件，完成投资估算书的编制。还可以参考 BIM 数据模型，查找和拟建工程项目相似工程的造价信息，获取粗略的工程量数据，结合所掌握的实时的指标型数据，可得到较为准确的投资估算。需要对多个投资方案进行比选的情况下，或者考虑到建设地区和厂址选择、工艺评选、设备选用、建设标准水平等，通过 BIM 能快速准确地得到比对结果，选择经济较优的方案，为之后建设项目的深入和造价控制打好基础。

在鲁班的云功能中是可以查看相似案例的，能查阅数据库中较为准确的基础数据和相应的指标，在鲁班土建中输入模型后在计算工程量的时候甚至会提醒查看相似工程。

此外，BIM 技术的引入，对不可预见费的预估变得准确。传统项目估算中的不可预见费所占的比例相对较高，而由于 BIM 的模型可视化和模拟建设的特点，所以可以有效预见到工程项目建设过程中碰到的风险，在造价工程师经验的基础上，就能使得投资估算更加准确、合理，在真正意义上发挥控制后期造价的作用。

2. 设计阶段

建筑项目若使用 CAD 设计，则需要从多个角度画图才能完成一个项目的设计，而 BIM 可以直接绘制 3D 模型，极大地缩短了设计时间，并且所需的任何平面视图或者剖面图、节点图都可以由该模型生成，准确性高且直观快捷，三维效果非常逼真。在设计类软件方面，Autodesk 公司的 Revit（包括建筑、结构、机电）、Bentley 公司的 Bentley 系列（包括建筑、结构、设备）、Graphisoft 公司的 ArchiCAD 等软件使用比较普遍。图 6.3-1 为 Revit 2015 里经过渲染的某办公楼的建筑模型。

图 6.3-1　某办公楼模型三维效果图

在建设项目中涉及的各个专业包括建筑、结构、给水排水、暖通、电气、通信、机械、消防等设计之间的矛盾冲突非常易出现，而且一旦在设计阶段没有及时发现此类碰撞问题，不仅会使施工更加麻烦导致耽误工期，而且会增加造价。但是通过建立各个专业的BIM设计模型，这些包含了数据信息的模型可以被导入到碰撞检查软件中，开展多专业间的协同工作和数据信息无损传递、共享，建立基于BIM的一体化协同工作平台，还必须要进行各专业之间的碰撞检测还有管线综合碰撞检测，提前发现设计的不合理之处，减少或避免设计错误的发生，有效减少后期的设计变更和因各类碰撞问题而引发的返工，降低因此可能增加的成本。同时，基于BIM的所有信息都能协调一致并且是相互关联的，更加容易修改或变更设计信息。

在Revit中，可以直接进行简单的碰撞检查，在软件中导入MEP模型，或者站在机电设计师角度导入建筑模型都可以，在协作菜单栏下运行碰撞检查即可。如图6.3-2为检查管道管件和楼板之间碰撞的结果，高亮显示部分为冲突之处，楼板此处应该留出足够的孔洞让管道穿行。在Revit里每一个构件都有自己独一无二的ID号，建筑设计师或者机电设计师根据导出的冲突报告（hml格式），在软件中打开BIM模型从管理菜单中可按ID号查询相关构件进行适当修改，修改完成后可再次检查是否有冲突的地方。Autodesk还有一款专业的碰撞检查软件——Autodesk Navisworks Manage，如图6.3-3为其菜单栏，它具有强大的冲突检测功能，可以将各建筑专业的设计师的作品集成到一个模型中，进行全面地协调优化，还可以将三维数据模型与施工进度联系起来。

图6.3-2　碰撞检查

国内鲁班公司的碰撞检测软件是Luban BIM Works，这是一款BIM多专业集成应用平台，可以把建筑、结构、安装等各专业BIM模型进行集成应用，对多专业BIM模型进行空间碰撞检查，还可以生成碰撞检查报告以方便设计人员修改。如图6.3-4为在Luban BIM里对土建和安装管道进行的碰撞检测，此处是框架梁和消防管网的碰撞，点击属性命

图 6.3-3　Autodesk Navisworks Manage 2016 菜单栏

令之后再单击该梁或消防钢管都会出现相应构件的属性对话框。在 Luban BIM 里还可以运行安装和土建的碰撞检查来解决施工现场需要预留孔洞的问题，根据导出的碰撞检查报告来标注需要预留孔洞的标高及大小，就可以很方便地解决预留孔洞的麻烦，也大大减少了后期因没有预留正确的孔洞位置所导致的返工，不会对施工进度和造价控制造成影响。

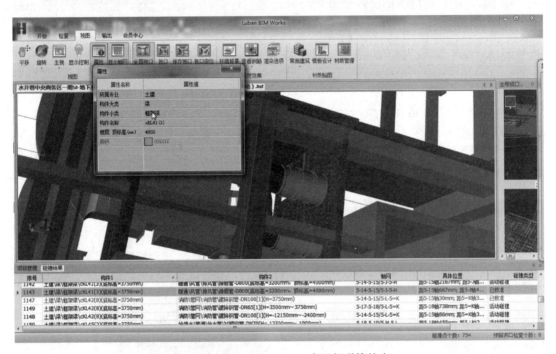

图 6.3-4　Luban BIM Works 中运行碰撞检查

　　目前设计阶段最有效的工程造价管理措施是限额设计，再结合和使用价值工程原理优化设计，进行包括节能、日照、风环境、光环境、声环境、热环境、交通、抗震等在内的建筑性能分析，根据分析结果，使其以最低的总成本实现产品的功能，进行优化设计。通过 BIM 的关联数据库，快速而又准确地获得设计过程中各分部分项工程的工程量，再结合所查询到的准确实时的人、材、机市场价，编制初步工程概算，从而为控制工程造价、达到限额设计的目的提供数据支撑。

　　在施工图设计阶段，随着设计程度的加深，BIM 模型不断完善，所包含的建筑信息逐渐全面，能快速获取详细的汇总工程量信息表，简化了工程量的计算，减少了大量且繁琐的计算工作，从而节约计算造价的时间，把精力放在造价控制上。在鲁班土建中，建立好模型之后，选择需要的清单和定额工程量及计算规则，进行手动套取清单定额或自动套取，直接运行工程量计算命令，软件进入计算，需要等待的时间根据项目难易程度来决定。如图 6.3-5 所示的一幢四层小别墅，在楼板土建中的整体计算时间为 43s，图 6.3-6 是计算完毕时的提醒窗口，点击计算报表可查看工程量计算清单，如图 6.3-7 所示为四层小别墅的清单工程量汇总表，在报表中可自由选择要查看的内容，如计算书、门窗表、建筑面积表等，还可以选择以树状表的形式来查看工程量，这种表相对形象具体地展示了某一项目的工程量的楼层分布情况，如图 6.3-8 所示，展开了砌筑工程的工程量的所有列表，可以看出墙是以轴线来命名的，并对每一条墙都分别列出了计算式。更重要的是不管选择哪一种报表，都可以进行反查。如果对某一处的工程量有疑问，可以选中该构件后点击命令栏的反查按钮，软件会自动锁定原模型中的该构件并且以最简捷的方式显示。在鲁班土建中点击图 6.3-5 中一层 240 砖墙下的 2/D-H 墙（表示该墙位于 2 轴线上，且在 D 与 H 轴线之间）进行反查，图 6.3-9 为反查结果，在软件中 2/D-H 墙会一直处于闪烁的状态，此时虽然有提醒对话框的存在，但是并不会影响其他操作，模型是可移动查看的。

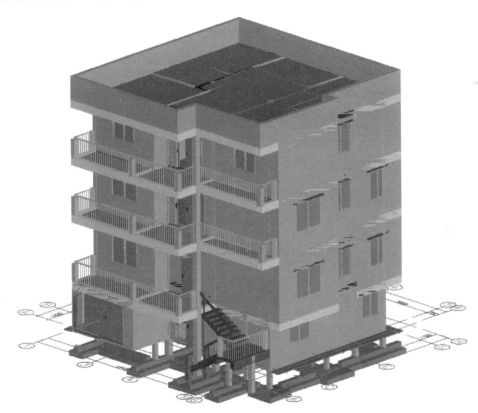

图 6.3-5   别墅 BIM 模型

利用 BIM 模型可以快速地计算工程量，出计算报表，为造价人员节约大量的时间，将更多的精力留在造价控制上，对整个项目的投资或者说工程价格才能整体把握，减少出现造价失控的情况。事实上，造价从业人员的专业素养参差不齐，使用 BIM 算量软件作为工具在一定程度上也减少了造价出错的可能性。

除此之外，将不同的专业模型集成于 BIM 信息共享平台，业主、承包商、设计单位、监理等参与方也都在早期就开始介入到建设项目中来，这样能够提高工程质量和可施工性，对建设项目的造价控制也会更精确和更高效。在鲁班的 Luban PDS（鲁班基础数据分析系统）中上传建设项目的所有算量 BIM 模型并进行共享后，可以通过 Luban BE（鲁班

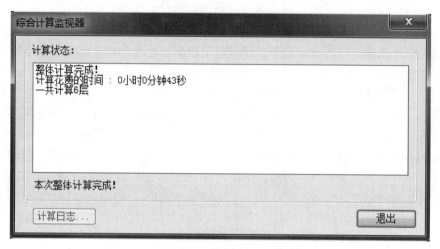

图 6.3-6　模型计算完毕时显示的窗口

序号	项目编码	项目名称	项目特征	计量单位	工程量	金额(元)		备注
						单价	合价	
4	010101003001	挖基础土方	1. 土壤类别:一类土 2. 基础类型:独立基础 3. 弃土运距:5km 4. 挖土深度:1.450 5. 垫层底宽、底面积: :5.760	m³	18.792			
5	010101003001	挖基础土方	1. 土壤类别:一类土 2. 基础类型:独立基础 3. 弃土运距:5km 4. 挖土深度:1.450 5. 垫层底宽、底面积: :7.840	m³	14.036			
A.3 砌筑工程								
6	010304001001	空心砖墙、砌块墙	1. 墙体类型: 2. 墙体厚度:240 3. 勾缝要求: 4. 砂浆强度等级、配合比: M7.5水泥 5. 空心砖、砌块品种、规格、强度等级:	m³	179.494			
A.4 混凝土及钢筋混凝土工程								
7	010401001001	带形基础	1. 混凝土强度等级:C25	m³	22.418			
8	010401002001	独立基础	1. 混凝土强度等级:C30	m³	6.342			
9	010402001001	矩形柱	1. 混凝土强度等级:C30	m³	19.693			
10	010403004001	圈梁	1. 混凝土强度等级:C30 2. 梁截面:240*250	m³	7.530			
11	010403005001	过梁	1. 混凝土强度等级:C30	m³	2.740			
12	010405001001	有梁板	1. 混凝土强度等级:C25	m³	61.379			
13	010405001002	有梁板(梁)	1. 混凝土强度等级:C30	m³	16.047			
14	010406001001	直形楼梯	1. 混凝土强度等级:C30	m²	23.050			
15	010407002001	散水、坡道	1. 垫层材料种类、厚度: 2. 混凝土强度等级:C15	m²	19.153			
B.1 楼地面工程								
16	020105001001	水泥砂浆踢脚线	1. 踢脚线高度:150 2. 底层厚度、砂浆配合比: 3. 面层厚度、砂浆配合比:	m²	10.447			

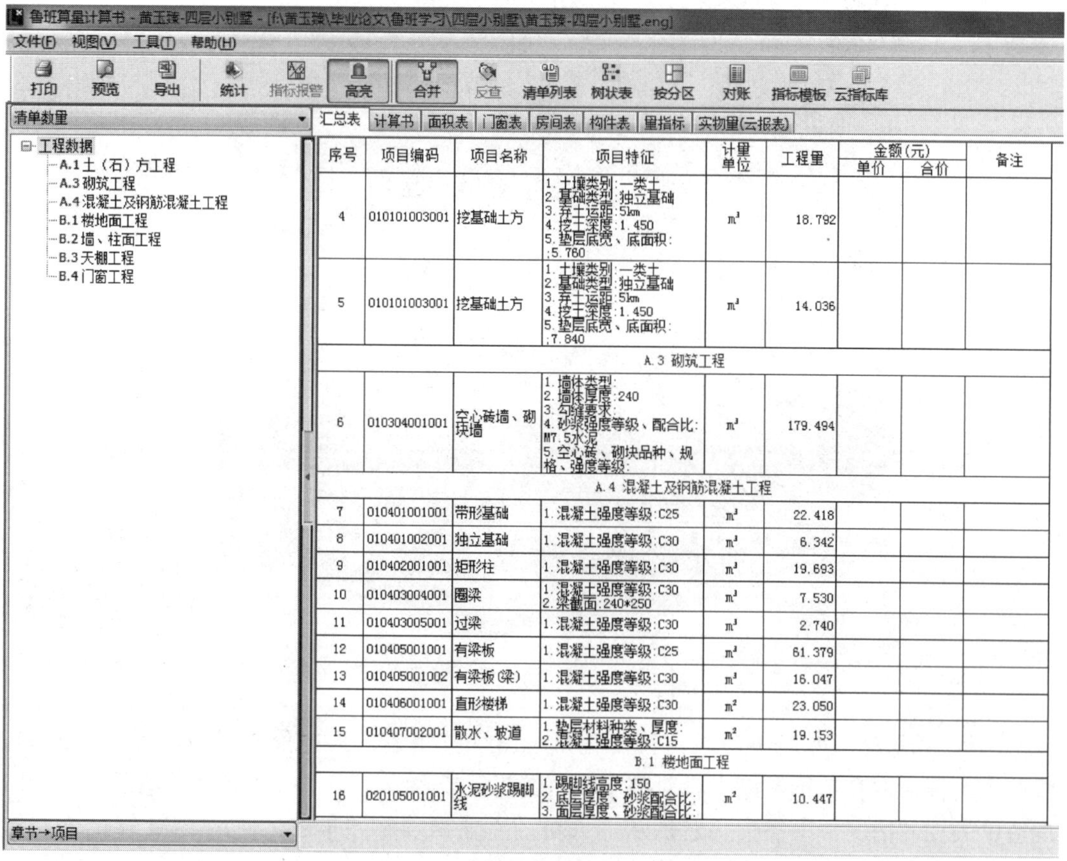

图 6.3-7　别墅清单工程量工程汇总表

BIM 浏览器）对各专业的资料进行统一管理，各专业人员都可以在软件上查看模型信息，最大化地实现了各专业之间的无障碍沟通。

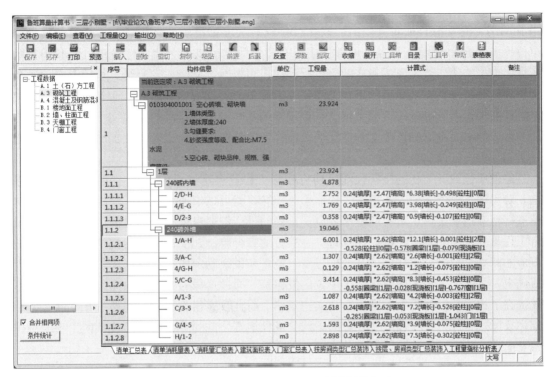

图 6.3-8　四层小别墅 BIM 模型树状计算报表

图 6.3-9　2/D-H 墙的反查结果

3. 招标投标阶段

在招标投标过程中，BIM 能为建设单位和施工单位节省大量的工作。如果设计单位使用 BIM 核心建模软件或者像国内广联达、鲁班的三维算量软件进行建筑设计，那么设计单位提供的 BIM 模型就是完整地囊括了所有建筑数据信息的，这样建设单位或其委托的招标代理机构便能直接通过相应的算量软件快速高效地计算清单工程量，可以有效地避免漏项和计算出错，在工程量的审核方面也轻松许多，不仅节约了时间，而且为投标单位编制投标文件提供了准确的工程量信息，更重要的是减少了对发出的招标文件进行工程量方面的必要的书面澄清和修改这种情况的可能性，以免产生争议或者导致提交投标文件的截止时间延后。

建设单位或其委托的招标代理机构将载有工程量清单信息的 BIM 模型发给拟投标单位，对于施工单位来说，不再需要依靠手工计算，就可以快速对招标单位提供的工程量清单进行精确地核实，更重要的是能为制定正确的投标策略赢得充裕的时间。施工单位在清单工程量的基础上套取定额，计算每一个项目的综合单价，根据实际的技术和经济情况做相应的调整，把措施项目费、其他项目费、规费和税金确定出来，整个建筑安装工程费也就确定了，这个工程价格就是施工单位的投标价。通过这样的方式定出建设项目的造价不仅提高了招标投标过程中的准确性和实施效率，而且政府相关部门还能通过互联网对整个招标投标过程进行管控和监督，有助于减少或杜绝不公、舞弊、腐败等现象的发生，对建筑业的规范化、透明化起着重要的作用。

4. 施工阶段

在施工之前，施工单位必须合理地优化在投标书中就完成的施工组织设计，施工组织设计对在整个建设项目过程中实现文明施工、科学合理的项目管理、是否能够取得良好的经济效益等起着决定性的作用。施工组织计划中最重要的是施工进度计划，由于建筑施工有着生产周期长、综合性强、技术间歇性强、露天作业多、受自然条件影响大、产品单一、工程性质复杂等特点，要想实现顺利的施工作业，就必须优化施工进度计划，将施工过程中容易产生矛盾的地方进行正确合理的处理，才能最大限度地保证施工作业顺利进行。在以往的施工进度管理中，运用数据化进行管理的软件有 Project 等，但都是利用平面图表的形式来表示进度计划，并不具有智能性、动态化的特点。而现在将 BIM 模型与进度计划软件相关联后，利用 BIM 可视化的特点将施工进度进行动态化和可视化展示，在施工前就对施工进度计划进行合理的编制，降低施工组织的难度，将计划细化到局部。

图 6.3-10 是鲁班进度计划软件 Luban SP 中关联 BIM 模型后设置的进度计划表，也可以用甘特图的形式表示，在 Luban SP 中进入进度计划驾驶舱可以查看对整个工程进度计划动态化的模拟，Luban SP 还可以实现进度节点提醒，对实际进度是否与计划进度吻合起到一个监管作用。由于云共享的存在，在鲁班的另一个 BIM 软件 Luban MC 中也有查看施工进度计划的功能，如图 6.3-11 所示，是正在播放的进度计划模拟，红色部分工程表示实际进度落后于计划，绿色部分是先于计划时间完成的。

在施工组织计划中还必须要包括施工现场总平面布置图。施工现场的合理布置和科学管理对加快施工进度、降低工程成本、提高工程质量和保证施工安全有着极其重要的意义。施工现场总平面布置图要结合施工图资料、现场自然条件和施工单位的技术经济条件对垂直运输机械如起重机和外用施工电梯、混凝土搅拌站位置、材料堆放以及运输道路、

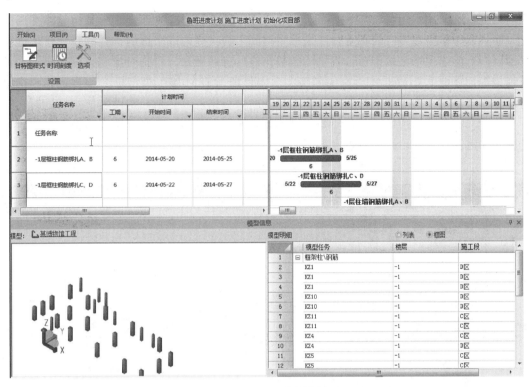

图 6.3-10 Luban SP 进度计划显示图

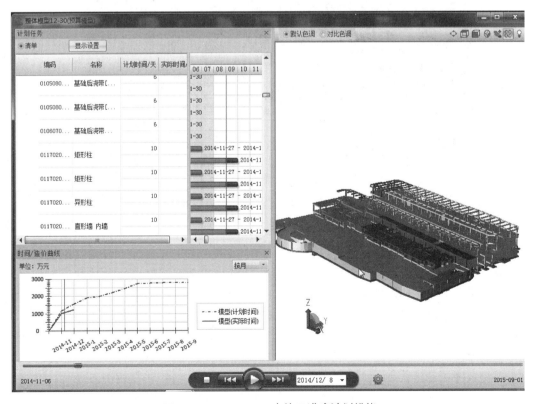

图 6.3-11 Luban MC 中施工进度计划模拟

临时设施、临时用水用电的管网布置等进行综合考虑。总之施工场布不仅要考虑平面布置，而且要考虑竖直方向的布置，这是一个空间工程。诸如广联达的三维场布和鲁班施工都可以进行施工现场虚拟排布，将生活区和作业区合理规划，对临时设施、施工脚手架进行模拟等，如图 6.3-12 是将做好的同济大学体育场馆 BIM 施工模型导入到鲁班施工中进行综合场布。对于施工时间跨度大、施工复杂的项目来说，必须几次周转使用场地时，就要分阶段来布置施工现场，此时使用三维场布软件就会让此项工作显得容易得多，而且基于其三维可视、参数可调的特点也可以快速地出图。

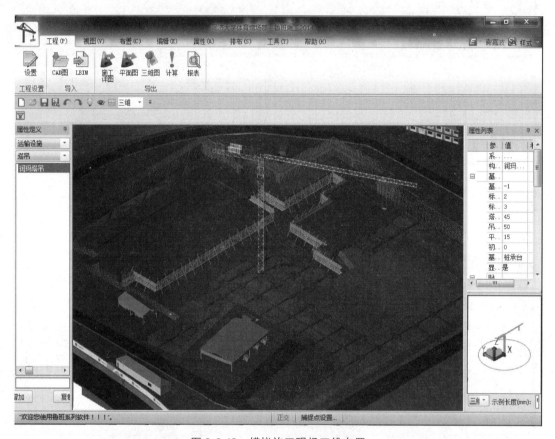

图 6.3-12　模拟施工现场三维布置

在施工中，材料消耗涉及供应、价格和消耗量。对每一个施工阶段的材料消耗量经过准确的计算和判断，如混凝土因为强度等级的不同要分别统计消耗量、砌块又因为尺寸的不同要分别统计消耗量，使用 BIM 模型与相应软件进行关联，可以快速精准地得到材料消耗量，还可以智能地根据需要选择范围，不必经过繁杂的手工计算并且依托于模型也减少了计算出错的可能性，也就避免了材料浪费的问题。在鲁班土建的 BIM 应用中是可以分施工段计算工程量的，在报表中可以简单统计消耗量。图 6.3-13 为鲁班施工软件的砌体排布功能，对不同规格砌体进行编号，并得到相应的统计报表。而实际上，只要通过 Luban PDS 平台将 BIM 模型上传并分享，在鲁班的 Luban MC 中是可以直接进行材料分析的，根据工程进度在软件中选择下一施工阶段需要完成的项目，就可以通过资源分析将混凝土、钢材等材料的需要量统计出来，如图 6.3-14 为某办公楼—1 层钢筋需求量分析结果。

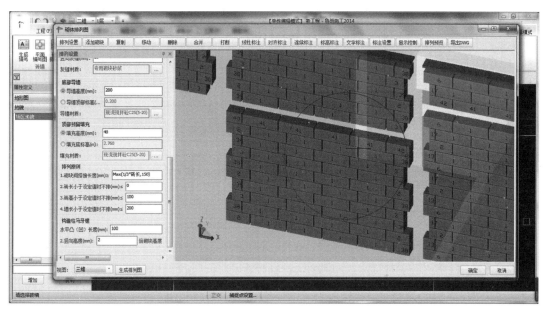

图 6.3-13 鲁班施工软件砌体排布

图 6.3-14 Luban MC 资源分析

　　施工过程中发生的工程变更往往是能够影响工程量和施工进度计划的，改变传统模式下难以进行精细准确的变更管理的情况，使用 BIM 软件可以经过更改模型，相关数据也会进行联动，减轻管理人员和造价人员的负担。以上文提到的四层小别墅为例，将 2 层平面图的 16M2124（尺寸为 2100×2400）更改为 16M0921（尺寸为 900×2100），如图 6.3-15 为二层平面图，首先查看计算书中二层 240 砖外墙 C/3-6 的工程量为 4.294m³，如表 6.3-2 所示，更改之后重新点击工程量计算，此时可以看到二层 240 砖外墙 C/3-6 的工程量已经变为 5.102m³，而其他墙体的工程量均未发生改变。如图 6.3-16 所示，将经过发包人签字确认的变更资料做成电子版上传到 BIM 相关软件，如广联达的 BIM5D 与 BIM 模型相关联，能直观具体地反映变更内容，为施工过程中的工程计量和竣工决算都带来了很大的便利。如图 6.3-16 为广联达信息大厦 BIM 模型中所关联的变更资料。在鲁班的 Luban BE 中也可以对工程资料进行管理，将变更与 BIM 模型中的某个构件联系起来，右击构件再点击查看资料就能看到已录入的相关变更信息。

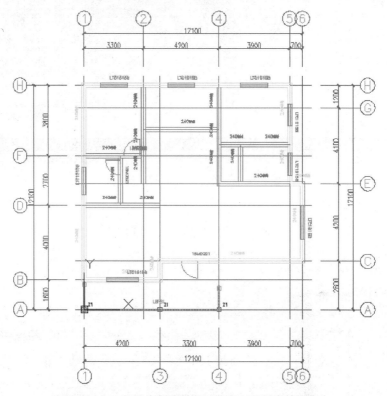

图 6.3-15　四层小别墅二层平面图（只显示墙和窗）

砌筑工程计算书（软件自动导出格式）（灰色部分为墙 C/3-6）　　　　表 6.3-2

序号	项目编码	项目名称	项目特征	计算式	计量单位	工程量	备注
		F-G/4-5		0.24[墙厚]×3.5[墙高]×3.66[墙长]−0.105[现浇板]	m³	2.969	
		F/1-2		0.24[墙厚]×3.5[墙高]×3.06[墙长]−0.037[过梁]−0.088[现浇板]−0.454[门]	m³	1.992	
		240 砖外墙			m³	26.676	

序号	项目编码	项目名称	项目特征	计算式	计量单位	工程量	备注
		1/F-H		0.24[墙厚]×3.5[墙高]×10.5[墙长]−0.605[砼柱][0层]−0.578[圈梁][2层]−0.058[过梁][2层]−0.059[现浇板][2层]−0.54[窗][2层]	m³	6.981	
		3/B-C		0.24[墙厚]×3.5[墙高]×1[墙长]−0.252[砼柱][0层]−0.021[现浇板][2层]	m³	0.567	
		5/F-H		0.24[墙厚]×3.5[墙高]×5.18[墙长]−0.403[砼柱][0层]−0.179[圈梁][2层]−0.091[过梁][2层]−0.04[现浇板][2层]−0.778[窗][2层]	m³	2.861	
		6/C-E		0.24[墙厚]×3.5[墙高]×4.2[墙长]−0.083[过梁]−0.069[现浇板]−0.648[窗]	m³	2.729	
		B/1-3		0.24[墙厚]×3.5[墙高]×4.2[墙长]−0.202[砼柱][0层]−0.38[圈梁][2层]−0.083[过梁][2层]−0.648[窗][2层]	m³	2.215	
		C/3-6		0.24[墙厚]×3.5[墙高]×7.9[墙长]−0.605[砼柱][0层]−0.285[圈梁][2层]−0.112[过梁][2层]−0.13[现浇板][2层]−1.21[门][2层]	m³	4.294	
		E/5-6		0.24[墙厚]×3.5[墙高]×0.7[墙长]−0.101[砼柱][0层]−0.009[现浇板][2层]	m³	0.478	
		H/1-2		0.24[墙厚]×3.5[墙高]×11.4[墙长]−0.504[砼柱][0层]−0.674[圈梁][2层]−0.173[过梁][2层]−0.054[现浇板][2层]−1.62[窗][2层]	m³	6.552	
		3层			m³	41.647	
		240砖内墙			m³	19.998	
		1-2/D-F		0.24[墙厚]×3[墙高]×2.46[墙长]−0.034[过梁]−0.071[现浇板]−0.403[门]	m³	1.263	
		2/E-F		0.24[墙厚]×3[墙高]×5.18[墙长]−0.475[砼柱][0层]−0.434[圈梁][3层]	m³	2.820	
		4-5/E-G		0.24[墙厚]×3[墙高]×1.86[墙长]−0.054[现浇板]	m³	1.286	
		4/F-G		0.24[墙厚]×3[墙高]×5.18[墙长]−0.302[砼柱][0层]−0.25[圈梁][3层]−0.033[过梁][3层]−0.062[现浇板][3层]−0.454[S>0.3m²墙洞][3层]	m³	2.629	

变更后砌筑工程计算书（高亮部分为墙 C/3-6）   表 6.3-3

序号	项目编码	项目名称	项目特征	计算式	计量单位	工程量	备注
		F/1-2		0.24[墙厚]×3.5[墙高]×3.06[墙长]−0.037[过梁]−0.088[现浇板]−0.454[门]	m³	1.992	
		240 砖外墙			m³	27.484	
		1/F-H		0.24[墙厚]×3.5[墙高]×10.5[墙长]−0.605[砼柱][0 层]−0.578[圈梁][2 层]−0.058[过梁][2 层]−0.059[现浇板][2 层]−0.54[窗][2 层]	m³	6.981	
		3/B-C		0.24[墙厚]×3.5[墙高]×1[墙长]−0.252[砼柱][0 层]−0.021[现浇板][2 层]	m³	0.567	
		5/F-H		0.24[墙厚]×3.5[墙高]×5.18[墙长]−0.403[砼柱][0 层]−0.179[圈梁][2 层]−0.091[过梁][2 层]−0.04[现浇板][2 层]−0.778[窗][2 层]	m³	2.861	
		6/C-E		0.24[墙厚]×3.5[墙高]×4.2[墙长]−0.083[过梁]−0.069[现浇板]−0.648[窗]	m³	2.729	
		B/1-3		0.24[墙厚]×3.5[墙高]×4.2[墙长]−0.202[砼柱][0 层]−0.38[圈梁][2 层]−0.083[过梁][2 层]−0.648[窗][2 层]	m³	2.215	
		C/3-6		0.24[墙厚]×3.5[墙高]×7.9[墙长]−0.605[砼柱][0 层]−0.285[圈梁][2 层]−0.06[过梁][2 层]−0.13[现浇板][2 层]−0.454[门][2 层]	m³	5.102	
		E/5-6		0.24[墙厚]×3.5[墙高]×0.7[墙长]−0.101[砼柱][0 层]−0.009[现浇板][2 层]	m³	0.478	
		H/1-2		0.24[墙厚]×3.5[墙高]×11.4[墙长]−0.504[砼柱][0 层]−0.674[圈梁][2 层]−0.173[过梁][2 层]−0.054[现浇板][2 层]−1.62[窗][2 层]	m³	6.552	
		3 层			m³	41.647	
		240 砖内墙			m³	19.998	
		1-2/D-F		0.24[墙厚]×3[墙高]×2.46[墙长]−0.034[过梁]−0.071[现浇板]−0.403[门]	m³	1.263	
		2/E-F		0.24[墙厚]×3[墙高]×5.18[墙长]−0.475[砼柱][0 层]−0.434[圈梁][3 层]	m³	2.820	
		4-5/E-G		0.24[墙厚]×3[墙高]×1.86[墙长]−0.054[现浇板]	m³	1.286	

续表

序号	项目编码	项目名称	项目特征	计算式	计量单位	工程量	备注
		4/F-G		0.24[墙厚]×3[墙高]×5.18[墙长]−0.302[砼柱][0层]−0.25[圈梁][3层]−0.033[过梁][3层]−0.062[现浇板][3层]−0.454[S>0.3m2墙洞][3层]	m³	2.629	
		D/1-2		0.24[墙厚]×3[墙高]×4.08[墙长]−0.13[砼柱][0层]−0.081[圈梁][3层]−0.092[现浇板][3层]	m³	2.636	

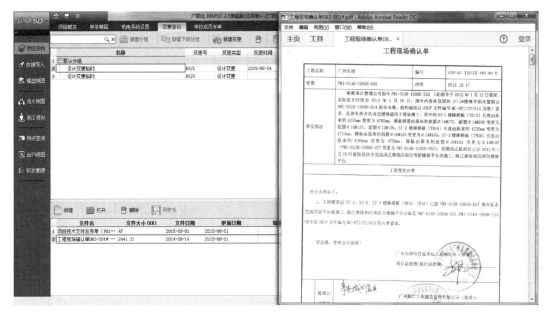

图6.3-16 广联达BIM 5D中变更资料

在施工过程中的进度款结算正是依赖于准确的工程计量，可以通过BIM软件来管理变更、签证和索赔，及时更新BIM施工模型，使得资料管理更加科学合理，也能让阶段性的工程计量正确和完整，进而使得进度款结算和竣工结算更顺利地进行。而在建立并导入预算模型和施工模型的前提下，利用Luban MC的审核分析功能，是可以直接进行阶段性的工程计量和阶段性造价的，如图6.3-17所示，在时间/造价曲线上点击某一个时间点，软件就会进行自动分析工程量和相应的造价，给施工单位的进度款结算工作节省了很大的工作量，而建设单位对计量结果进行核实的时候同样地使用BIM软件，有了双方达成共识的BIM模型基础，这个过程也会更快捷准确，降低了发生争议的可能。

在施工过程中，对于造价的掌控是非常重要的，一旦造价出现失控的趋势就要及时纠正，所以实时的偏差分析是很必要的。而这种偏差分析是依赖于分部分项工程的预算成本、计划成本与实际成本之间的对比，通过对材料消耗量、分项单价、分项合价等数据的对比，可以直观地了解建设项目的施工情况，从而采取相应的措施或者总结到一些积极的

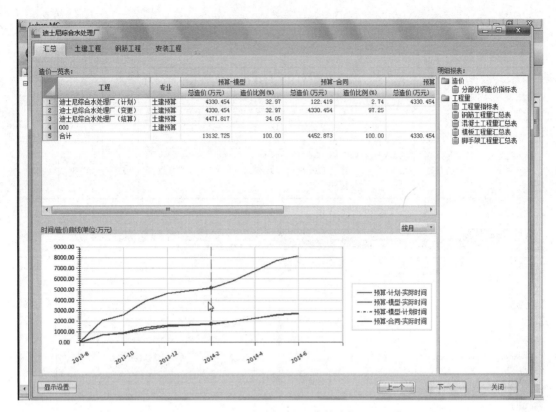

图 6.3-17　Luban MC 审核分析

经验。在 BIM 软件中实现这个功能十分容易,将基于 BIM 的预算模型和施工模型导入到软件中进行分析,可直接得出结果,这种动态化的数据对比分析以便施工单位及时发现问题并处理。如图 6.3-18 在 MC 中进行审核分析查看报表,将预算模型、施工模型和合同价相比较进行偏差分析。

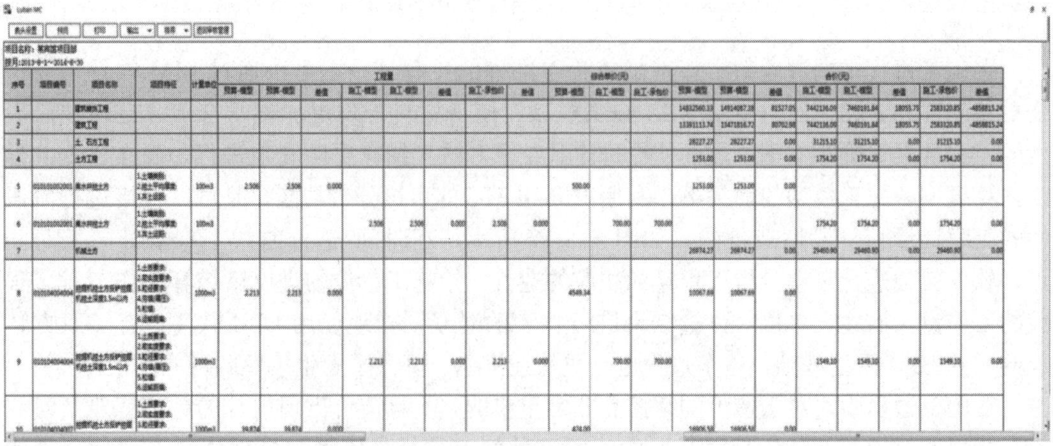

图 6.3-18　Luban MC 审核分析

5. 竣工移交阶段

竣工结算时，工程量核查工作具有繁琐、费时、细致等特点，工作量极其庞大。而在经过设计、施工等阶段的 BIM 模型此时包含的建筑信息已经非常完备，可以利用构件的几何尺寸、自由属性特点和空间的扣减规则进行结算工程量计算，其精确度和效率远远高于传统模式中的结算工作。BIM 施工模型跟随建设项目施工进度而实时更新，项目一旦竣工，BIM 模型就可以结合实际情况和合同约定在 Luban MC 中进行工程计量等工作，造价数据等也会一一显示，建设单位和施工单位都会在竣工结算上面节省大量时间，并且也减少了发生争议导致工程款不到位发生的情况。

项目交付以后，建设单位可以基于在竣工阶段建立的 BIM 竣工交付模型的数据，就可以采用科学的经济技术分析方法对该建设项目施工前期阶段、施工阶段进行项目后评价。

6. 运营维护阶段

在运营维护阶段，基于最终生成的竣工交付 BIM 模型可以建立运营维护 BIM 模型，可以更好地对这个项目进行管理，在后期项目维护中起着重要的作用。当下世界上最成熟同时也最具有市场影响力的运营管理软件是美国的 Archi BUS，它也是从平面数据逐渐进步到三维模型的，现在也可以和 Autodesk Revit 实现 BIM 模型的对接，是一个集成化、整合化、可视化的综合管理应用。Archi BUS 可以生成设备资产卡、楼层/大楼设备库存价值清单、保养维护记录、位置审查等资料，也可以对紧急灾害进行应急管理，如图 6.3-19 是 Archi BUS 中生成的逃生避难路线，还可以结合 BAS 辅助灾害应急管理：如局部空间温度警示启动，3D 图控显示 3D 危险区域，整合连接各 BA 系统接口。除此之外，对不动产

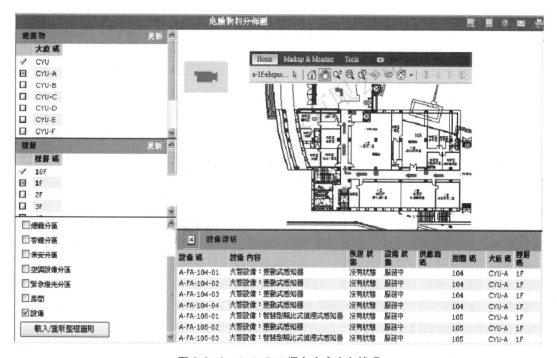

图 6.3-19　Archi BUS 紧急灾害应急管理

进行精细化管理、对楼宇/建筑进行空间化管理、对租赁进行智能化管理、对设施设备整体管理、对成本（水电费、清洁费、物业费等）进行综合分析等一系列的后期运维管理都可以在 Archi BUS 中一一实现，利用运营维护 BIM 模型在相应的运维管理平台，就可以帮助营运单位更加有效地进行全生命周期的管理建筑物，大大提高了工作效率。而且在这种可视化、精细化的管理平台下，所有这些生成的数据都可以为其他项目的决策或实施提供参考。

6.4　BIM 在预制装配式住宅中的应用

6.4.1　概述

据统计，中国每年竣工的城乡建筑总面积约 20 亿 m^2，其中城镇住宅超过 6 亿 m^2，是当今世界最大的建筑市场。长期以来我国混凝土建筑主要采用传统的现场施工生产方式，存在施工效率低、施工周期长、施工质量不稳定等缺点，而且建造过程高消耗、高排放，对社会造成了沉重的能源负担和严重的环境污染。为解决上述问题，国家提出发展住宅产业化，以预制装配式建筑代替传统的现浇混凝土建筑。

预制装配式混凝土（Prefabricated Concrete，PC）建筑，即以工厂化生产的预制混凝土构件为主要构件，经装配、连接或结合部分现浇而成的建筑。其施工过程分为两个阶段：第一阶段在工厂中预制构件，第二阶段在工地上安装。其建造工序有设计、制作、运输、安装、装饰等。与传统的混凝土建筑相比，预制装配式建筑主要具有以下优点：

1）施工工期短，投资回收快。预制结构主要构件在工厂生产，现场进行拼装连接，模板工程少，减少了现浇结构的支模、拆模和混凝土养护的时间，同时采用机械化吊装，现场可与其他专业施工同步进行，所以大大缩短了整个工期，从而加快了资金的回收周期，提高了项目的综合经济效益。

2）施工方便，节能环保。现场装配施工模板和现浇湿作业少，极大程度减少了建筑垃圾的产生、建筑污水的排放、建筑噪声的干扰和有害气体及粉尘的排放，有利于环境保护和减少施工扰民。同时预制构件工业化集中生产的方式减少了能源和资源的消耗，建筑本身更能满足"节能"和"环境友好型"设计的要求。

3）高质量，具有出色的强度、品质和耐久性。PC 构件在工厂环境下生产，标准化管理、机械化生产，产品质量本身比现浇构件要好。预制构件表面平整、尺寸准确并且能将保温、隔热、水电管线布置等多方面功能要求结合起来，有良好的技术经济效益。

虽然预制装配式建筑自身具有很多优点，但它在设计、生产及施工中的要求也很高。与传统的现浇混凝土建筑相比，设计要求更精细化，需要深化设计过程；预制构件在工厂加工生产、构件制造要求精确的加工图纸，同时构件的生产、运输计划需要密切配合施工计划来编排；预制装配式建筑对于施工的要求也较严格，从构件的物料管理、储存，构件的拼装顺序、时程到施工作业的流水线等均需要妥善地规划。

高要求必然带来了一定的技术困难。在 PC 建筑建造周期中信息频繁，很容易发生沟通不良、信息重复创建等传统建筑业存在的信息化技术问题，而且在预制装配式建筑中反映更加突出，主要表现在缺乏协同工作导致设计变更、施工工期的延滞，最终造成资源的浪费、成本的提高。在这样的背景下，引入 BIM 技术对预制装配式建筑进行设计、施工及管理，成了自然而又必然的选择。

BIM 模型是以 3D 数字技术为基础，建筑全生命周期为主线，将建筑产业链各个环节关联起来并集成项目相关信息的数据模型，这里的信息不仅是 3D 几何形状信息，而且有大量的非几何形状信息，如建筑构件的材料、重量、价格、性能、能耗、进度等。Bilal Succar 指出，BIM 是交互的政策、过程和技术的集合，从而形成一种面向建设项目生命周期的建筑设计和项目数据的管理方法。BIM 是一个包含丰富数据、面向对象的具有智能化和参数化特点的建筑项目信息的数字化表示，它能够有效地辅助建筑工程领域信息的集成、交互及协同工作，实现建筑生命周期管理。

BIM 改变了建筑行业的生产方式和管理模式，它成功解决了建筑建造过程中多组织、多阶段、全生命周期中的信息共享问题，利用唯一的 BIM 模型，使建筑项目信息在规划、设计、建造和运营维护全过程中，为 BIM 技术在预制装配式建筑的具体应用提供行之有效的方法和技术手段。BIM 主要应用内容如下：

1) 通过 BIM 技术提高深化设计效率。基于预制构件深化设计流程，应用 BIM 技术从建模模型的导入、预制构件的分割、参数化配筋、钢筋的碰撞检查及图纸自动生成几个方面，提高预制装配式建筑深化设计的效益。

2) 基于 BIM 技术，搭建预制装配式建筑建造信息管理平台，实现预制构件设计、生产、施工全过程管理，减少各个阶段错误的发生，全面提高 PC 建筑产业链的整体效益。

6.4.2 BIM 在预制装配式住宅设计中的应用

区别于传统的现浇住宅，工业化住宅设计和生产模式需要对住宅全过程进行系统地设计与控制，具有设计提前、生产提前、管理提前等特点。装配式建筑的核心是"集成"，而 BIM 方法则是集成的主线。这条主线串联起设计、生产、施工、装修和管理全过程，服务于设计、建设、运维、拆除的全生命周期，也对提高建设项目的质量与可持续性，对整个项目团队而言，将减少执行中的未知成分，进而减少项目的全程风险而获得收益。

宝业万华城位于上海浦东新区惠南新市镇。项目采用叠合板式混凝土剪力墙结构体系，预制率达 30%。项目从设计理念到设计方法，都是基于工业化的可变房型住宅设计。创新性地采用大开间设计手法，通过结构优化将剪力墙全部布置在建筑外围，内部空间无任何剪力墙与结构柱，用户可以根据不同需求对室内空间进行灵活分割。整个项目流程以 BIM 信息化技术为平台，通过模型数据的无缝传递，连接设计与制造环节，提高质量和效率。

1. 优化设计分析

通过 BIM 技术预先进行室外风环境模拟（图 6.4-1），热岛效应模拟（图 6.4-2），自然通风和自然采光模拟（图 6.4-3），促进优化设计方案，从而最大限度地节约资源（节能、节地、节水、节材）、保护环境和减少污染，为人们提供健康、适用和高效的使用空间。

2. 可变户型设计

通过 BIM 技术预先模拟各个户型，同时可以生成可视化模型（图 6.4-4）以及面积统计数据，供分析筛选，选出适用美观绿色质量的户型（图 6.4-5）。

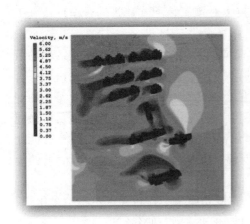

图 6.4-1   室外风环境模拟

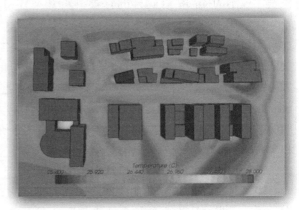

图 6.4-2   热岛效应模拟分析

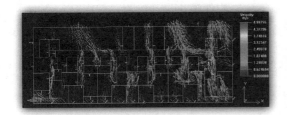

图 6.4-3   自然通风和自然采光模拟

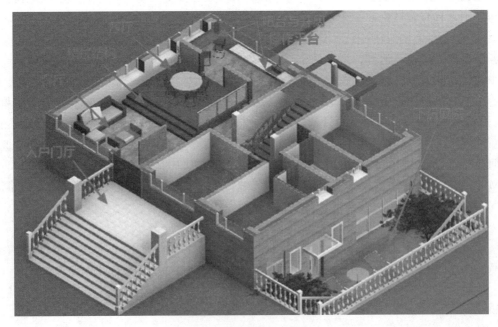

图 6.4-4   可视化户型图

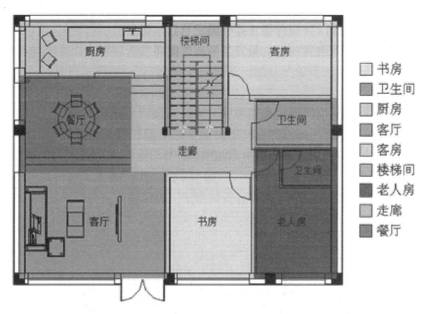

图 6.4-5 户型图

□ 书房
■ 卫生间
□ 厨房
■ 客厅
□ 客房
■ 楼梯间
■ 老人房
□ 走廊
■ 餐厅

3. 建筑外观设计

通过 BIM 技术预先进行模型搭建，生成完整可视化模型（图 6.4-6），可用于漫游施工模拟等，也可用于统计构件量及属性，从而使设计更加透明化，可有效控制进度、成本和质量，提高设计质量，减少浪费，绿色环保，减少错漏碰缺，节省工期。

图 6.4-6 整体模型效果图

4. 预制方案展示

通过 BIM 技术可以直观地把各个构件拆分展示，定制墙、板、柱、梁、阳台、楼梯、空调板等预制件，更有效地表达了预制方案，从而提高生产质量，提高现场安装率，最大限度地避免图纸出错。

5. 预制件深化

根据工业化住宅的规范要求、常用节点、钢筋信息、预埋件信息、构件参数、运输以及施工工艺，在信息化软件 ALLPLAN 中设定企业内部构件拆分数据，对工业化住宅结构进行自动拆分，设计人员只需对软件反馈的少量不规范构件进行人为的二次调整即可，进而自动生成 3D PDF、构件图（图 6.4-7～图 6.4-9）、生产数据、物料清单信息、IFC 格式文件等。其中 3D PDF 文件可以让没有安装相关三维工程软件的第三方清楚直观地看见三维模型及其附带的详细信息。这样确保了预制构件深化设计的高效性和准确性。

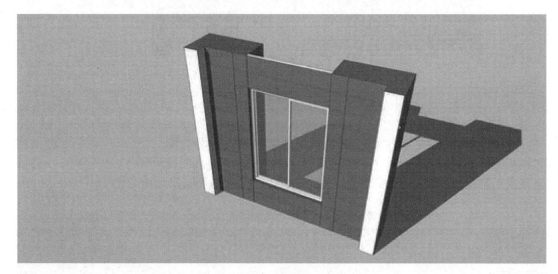

图 6.4-7　预制墙板深化图

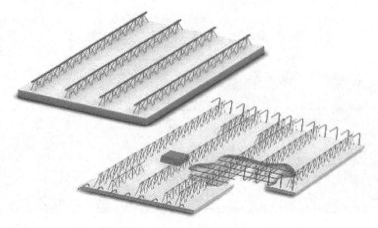

图 6.4-8　预制楼板深化图

图 6.4-9　预制墙板连接节点图

6. 设计向导

族库是一种无形的知识生产力，其管理已经超出了 REVIT 族库的概念，可以囊括知识库、问题库，可以如图书馆索引一样进行索引，并用于引用和查找相关的文件。随着项目的开展和深入，公司独有的族库不断获得积累丰富，如参数化标准典型节点、标准构件以及预留预埋件按照特性、参数等属性分类归档到数据库，储存到公司服务器，方便在以后的工作中调用族库数据，并根据实际情况修改参数，可有效提高工作效率。

6.4.3　BIM 在预制装配式建筑建造过程中的应用

1. 基于 BIM 的预制建筑信息管理平台设计

建立基于 BIM 的 PC 建筑信息管理平台，平台的应用贯穿于工程建造全过程。通过平台系统采集和管理工程的信息，动态掌控构件预制生产进度、仓储情况以及现场施工进度。平台既能对预制构件进行跟踪识别，又能紧密结合 BIM 模型，实现建筑构件信息管理的自动化。信息管理平台遵循以下原则：

1）建立统一的构件编码，全面准确地共享构件信息。

2）对预制构件的生产过程进行跟踪管理，通过对构件生产状态实时数据的采集，提供质量和构件追溯数据，实现全面的质量管控。

3）结合 BIM 模型，将建筑构件的组装过程、安装位置、施工顺序记录在信息系统中，对施工方案进行 4D 仿真验证，基于 BIM 模型检验工程并对构件准确定位，减少施工安装的错误，缩短施工时间，更加精确有效地管理 PC 建筑的建造过程。

4）平台相关系统通过 BIM 信息中心数据库与 BIM 模型双向关联，当系统信息更新，BIM 模型也会随之更新，管理者可通过 BIM 模型及时掌握工程状态，通过 WEB 远程访问实现 PC 工程施工进度 4D 监控。

5）基于 BIM 的 PC 建筑信息管理平台，以预制构件为主线，贯穿 PC 深化设计、生产和建造过程。

2. 预制构件信息跟踪技术

PC 建筑工程中使用的预制构件数量庞大，要想准确识别并管理每一个构件，就必须给构件赋予唯一的编码。但是不同的参与单位，都可能有其不同的构件编码方式。这样由于构件编码的不统一，使得各个阶段构件信息的沟通比较困难，产生混乱，致使管理效率低下。因此，为了便于建造全过程的管理，综合 PC 建筑工程各个阶段各个单位的要求，我们编制了预制装配式建筑构件的编码命名体系。建立的编码体系根据实际工程需要，不仅能唯一识别预制构件，而且能从编码中直接读取构件的位置等关键信息，兼顾了计算机信息管理以及人工识别的双重需要。

在深化设计阶段出图时，构件加工图纸通过二维码表达每个构件的编码，并显示于图纸左上角。这样在生产时操作人员通过扫描条形码就可以读取构件编码的信息，节约了时间并减少了错误。

另外，在构件生产阶段，采用 RFID 芯片植入到构件中，并写入构件编码，完成对构件的唯一标识。通过 RFID 技术来实现构件跟踪管理和构件信息采集的自动化，提高了工程管理效益。

3. 构件现场施工管理

1）基于 BIM 的施工计划验证

建筑施工是复杂的动态工作，它包括多道工序，其施工方法和组织程序存在着多样性和多变性的特点，目前对施工方案的优化主要依赖施工经验，存在一定的局限性。如何有效地表达施工过程中各种复杂关系，合理安排施工计划，实现施工过程的信息化、智能化、可视化管理，一直是待解决的关键问题。4D 施工仿真为解决这些问题提供了一种有效的途径。4D 模拟是在 3D 模拟的基础上，附加时间因素（施工计划或实际进度信息），将施工过程以动态的 3D 方式表现出来，并能对整个形象变化过程进行优化和控制。4D 施工模拟是一种基于 BIM 的手段，通过它来进行施工进度计划的模拟、验证及优化。

在本工程中，首先用 Tekla 进行 4D 施工模拟，并在模型中导入 MS Project 编制完成的项目施工计划甘特图，将 3D 模型与施工计划相关联，将施工计划时间写入相应构件的属性中，这样就在 3D 模型基础上加入了时间因素，变成一个可模拟现场施工及吊装管理的 4D 模型。在 4D 模型中，可以输入任意一个日期去查看当天现场的施工情况，并能从模型中快速地统计当天和之前已经施工完成的工作量。

在 BIM 模型中可以针对不同 PC 预制率以及不同吊装方案进行模拟比较，实现未建先造，得到最优 PC 预制率设计方案及施工方案。

PC 建筑相对传统的现浇建筑，施工工序相对较复杂，每个构件吊装的过程是一个复杂的运动过程，通过在 BIM 模型中进行施工模拟，查找可能存在的构件运动中的干涉碰撞问题，提前发现并解决，避免可能导致的延误和停工。通过生成施工仿真模拟视频，实现全新的培训模式，项目施工前让各参与人员直观了解任何一个施工细节，减少人为失误，提高施工效率和质量。

2）构件安装过程管理

施工方案确定后，将储存构件吊装位置及施工时序等信息的 BIM 模型导入到平板手持设备中，基于 3D 模型检验施工计划，实现施工吊装的无纸化和可视化辅助。构件吊装前进行检验确认，手持机更新当日施工计划后对工地堆场的构件进行扫描，在正确识别构件信息后进行吊装，并记录构件施工时间。构件安装就位后，检查员负责校核吊装构件的位置及其他施工细节，检查合格后，通过现场手持机扫描构件芯片，确认该构件施工完成，同时记录构件完工时间。所有构件的组装过程、实际安装的位置和施工时间都记录在系统中，以便检查。这种方式减少了错误的发生，提高了施工管理效率。

3）施工进度远程监控

当日施工完毕后，手持机将记录的构件施工信息上传到系统中，可通过 WEB 远程访问，了解和查询工程进度，系统将施工进度通过 3D 的方式动态显示。深色的构件表示已经安装完成，红色的构件表示正在吊装的构件。

6.4.4 小结

随着国家对建筑信息化技术的推动，BIM 技术在建筑中的应用将越来越广，本章以预制装配式住宅作为试点，建立了 BIM 结构模型并完成了 BIM 技术在预制建筑深化设计中的应用研究，基于 BIM 技术构建了预制建造信息管理平台，研究制定了构件编码规则，并结合 RFID 技术对预制构件进行动态管理，尝试了 BIM 技术在预制装配式建筑在设计、生产及施工全过程管理中的应用。

通过 BIM 技术实现在预制建筑深化设计全过程的应用，建立参数化的配筋节点，提高配筋效率；基于 BIM 模型进行碰撞检测，减少错误，而且设计团队基于可视化的 3D 模型进行沟通协调，也能提升团队设计效率；最终通过 BIM 软件智能出图，提高出图效率。

通过搭建基于 BIM 的预制建筑信息管理平台，整合预制建筑工程产业链，实现 PC 建筑从深化设计到构件生产直至现场施工全过程的建造生命的周期管理，实现预制构件生产安装的信息智能动态管理，提高施工管理效率。

本章对 BIM 技术在预制装配式建筑的应用作了比较全面的研究，具有很好的参考价值，但目前 BIM 技术的应用和研究仍处于起步阶段，在标准、流程、软件、政策等方面还需要进一步研究完善甚至改进。目前国内缺乏系统化的可实施操作的 BIM 标准。除了标准以外，BIM 的发展还面临着许多问题，包括法律法规、建筑业现存的商业模式、BIM 工具等。尽管有这些问题，但 BIM 代表着先进生产力，在建筑业的全生命周期中应用 BIM 将是未来的发展方向。

本章小结

本章主要介绍了 BIM 技术在项目全生命周期中的应用；在工程施工进度管理中的应用；在工程造价管理中的应用；在预制装配式建筑中的应用；在上海中心大厦工程中的应用。通过介绍读者可以较全面了解 BIM 技术的应用范围，体会 BIM 技术的潜在应用价值。

思考与练习题

6-1 关于工程阶段的概念及使用，下列描述错误的选项是（　　）。

A. 可以根据需要创建多个工程阶段，并将建筑模型图元指定给特定的阶段

B. 项目工程阶段只有两个，创建阶段和拆除阶段

C. 添加到项目中的每个图元都具有"创建的阶段"属性和"拆除的阶段"属性

D. 可以创建一个视图的多个副本，并对不同的副本应用不同的阶段和阶段过滤器

6-2　在"浏览器组织"对话框中，设置图纸"浏览器组织属性"中，成组条件为"图纸发布日期"，否则按"图纸名称"，则下列说法正确的是（　　）。

A. 当图纸打印时，会自动按打印日期重新排序

B. 根据图纸图元属性中"图纸日期"分类组织

C. 根据图纸类型属性中"图纸日期"分类组织

D. 根据定义的图纸族的日期自动分类组织

6-3　Revit 项目单位规程不包括下列哪项内容？（　　）

A. 公共　　　　　　　B. 结构　　　　　　　C. 电气　　　　　　　D. 公制

6-4　Revit 过渡到 3DSMax 可直接将三维视图导出为什么文件？（　　）

A. dwg　　　　　　　B. dwf　　　　　　　C. DGN　　　　　　　D. FBX

6-5　在 Revit Building 9 中，以下关于"导入/链接"命令描述有错误的是（　　）。

A. 从其他 CAD 程序，包括 AutoCAD（DWG 和 DXF）和 MicroStation（DGN），导入或链接矢量数据

B. 导入或链接图像（BMP、GIF 和 JPEG），图像只能导入到二维视图中

C. 将 SketchUp（SKP）文件直接导入 Revit Building 体量或内建族

D. 链接 Revit Building、Revit Structure 和/或 Revit Systems 模型

6-6　在图纸上放置特定视图时，可以使用遮罩区域隐藏视图的某些部分，对于遮罩区域，下列描述错误的是（　　）。

A. 遮罩区域不参与着色，通常用于绘制绘图区域的背景色

B. 遮罩区域不能应用于图元子类别

C. 将遮罩区域导出到 dwg 图形时，遮罩区域内的线也将被导出

D. 相交的线都终止于遮罩区域，将遮罩区域导出到 dwg 图形时，遮罩区域内的线也将被导出

6-7　网络计划技术的基础与核心是（　　）。

A. 关键线路法　　　　　　　　　　B. 工作分解结构法

C. 计划评审技术　　　　　　　　　D. 挣值法

6-8　项目管理中由节点与箭线构成，用来表示工作流程的有序有向网状图形为（　　）。

A. 甘特图　　　　　　B. 横道图　　　　　　C. 面条图　　　　　　D. 网络图

6-9　时间可标注在时标计划表的（　　）位置。

A. 顶部　　　　　　　B. 底部　　　　　　　C. 中间　　　　　　　D. 顶部或底部

6-10　下列哪一个选项不是工程立项后的步骤？（　　）

A. 入围邀请　　　　　　　　　　　B. 技术要求编制

C. 招标文件编制　　　　　　　　　D. 外围投标

参 考 文 献

[1] 任星辰．装配式 BIM 技术在建筑全生命周期中的应用 [J]．铁道工程学报，2022，39（6）：90-94.

[2] 王乾坤，申楚雄，郭曾，等．基于 BIM 的装配式建筑施工能耗可视化模型与系统开发 [J]．土木工程与管理学报，2022，39（1）：50-54，67.

[3] 陶红星，王少非，史亚彬，等．基于 BIM 技术的装配式钢结构建筑工程管理 [J]．建筑技术，2022，53（3）：347-349.

[4] 刘自昂，郭婧娟．基于 BIM 的装配式建筑施工成本控制研究 [J]．建筑经济，2022，43（3）：40-46.

[5] 吴翔华，陈宇崴．基于 BIM 的钢网架结构施工模拟与监测 [J]．建筑技术，2022，53（3）：352-355.

[6] 钟鑫，孙赈牲，吴杰，等．BIM 技术精细化管理与应用 [J]．建筑技术，2022，53（7）：805-806.

[7] 谢伦杰，戴江文．BIM 技术在装配式内装设计中的应用 [J]．新型建筑材料，2022，49（1）：98-102.

[8] 靳飞，胡弘毅．建筑装配化装修工程中 BIM 技术的应用策略研究 [J]．建筑技术，2022，53（2）：205-208.

[9] 詹朝曦，徐林，林联泉，等．基于 BIM-云物元的绿色医院建筑性能预评价 [J]．土木工程与管理学报，2022，39（1）：80-87，107.

[10] 伍军．BIM 的本质及工程实践认知 [J]．铁道工程学报，2021，38（3）：72-79.

[11] 杨春，李鹏麟，熊帅，等．基于 BIM 和神经网络的大跨度钢屋盖监测数据解析 [J]．华南理工大学学报（自然科学版），2020，48（9）：10-19.

[12] 段熙宾，王冰峰，杜小智，等．轨道交通 BIM 协同设计平台的设计与实现 [J]．铁道标准设计，2020，64（3）：60-64.

[13] 郭军，陈铭，王祎晨，等．基于 BIM 的工程监管信息传递效率度量模型 [J]．土木工程与管理学报，2020，37（5）：95-99.

[14] 李州扬．BIM 技术在绿色建筑运营阶段的效益分析 [D]．大连：大连理工大学，2021.

[15] 沙峰峰．BIM 技术在装配式建筑中的应用——以科创中心为例 [D]．南昌：华东交通大学，2021.

[16] 江静思．基于 BIM 的装配式建筑全寿命周期成本控制研究 [D]．武汉：武汉科技大学，2021.

[17] 曾志．基于 BIM 的住宅建筑围护结构节能改造综合评价研究 [D]．重庆：重庆交通大学，2021.

[18] 何品松．BIM 技术在超高层建筑施工管理中的应用与研究 [D]．济南：山东建筑大学，2021.

[19] IX-ISO．建筑物信息建模指南框架：ISO/TS 12911—2012 [S]．2012.

[20] Maskil-Leitan R，Gurevich U，Reychav I. BIM Management Measure for an Effective Green Building Project [J]．building，2020，10（9）．

[21] Chen LingKun，Yuan RuiPeng，Ji XingJun，et al. Modular composite building in urgent emergency engineering projects：A case study of accelerated design and construction of Wuhan Thunder God Mountain/Leishenshan hospital to COVID-19 pandemic [J]．Automation in Construction，2021，124：103555.

[22] Felipe Mellado，Eric C. W. Lou. Building information modelling，lean and sustainability：An integration framework to promote performance improvements in the construction industry [J]．Sustainable Cities and Society，2020，61：102355.

[23] XU ZHEN，ZHANG FURONG，JIN WEI，et al. A 5D simulation method on post-earthquake repair process of buildings based on BIM [J]．地震工程与工程振动（英文版），2020，19（3）：541-560.

[24] 张曾强，严文荣，王丹，等．BIM 在建筑给排水设计中的应用 [J]．中国建筑装饰装修，2022（1）：65-66.

[25] 郭红领，叶啸天，任琦鹏，等．基于 BIM 和规则推理的施工进度计划自动编排 [J]．清华大学学报（自然科学版），2022，62（2）：189-198.

[26] 张志伟，曹伍富，苑露莎，等．基于 BIM＋智慧工地平台的桩基施工进度管理方式 [J]．城市轨道交通研究，2022，25（1）：180-185.

[27] 朱慧娴，徐照．装配式建筑自上而下设计信息协同与模型构建 [J]．图学学报，2021，42（2）：289-298.

[28] 林申正，罗恒勇．建筑信息模型技术与装配式建筑的融合策略 [J]．建筑科学，2021，37（05）：168-169.

[29] 肖时瑞．建筑信息模型技术在土木工程中的运用 [J]．建筑科学，2021，37（01）：148.

[30] 陈敬武，班立杰．基于建筑信息模型促进装配式建筑精益建造的精益管理模式 [J]．科技管理研究，2020，40

（10）：196-205.

［31］ 杨娜．基于建筑信息模型的电气照明自动设计研究［D］．南昌：华东交通大学，2021.

［32］ 卢锟．基于建筑信息模型的生命周期碳排放和生命周期成本的整合研究与案例分析［D］．合肥：合肥工业大学，2021.

［33］ 黄赢海．基于建筑信息模型（BIM）的可视化编程与二次开发在桥梁工程上的应用［D］．广州：华南理工大学，2020.

［34］ 武黎明，王子健．BIM技术应用［M］．北京：北京理工大学出版社，2021.

［35］ 蒋凤昌．城市地下综合管廊工程建设与BIM技术应用［M］．上海：同济大学出版社，2019.

［36］ 冯小平，章丛俊，邹昀．BIM技术及应用［M］．北京：中国建筑工业出版社，2017.

［37］ 刘广文．BIM应用基础［M］．上海：同济大学出版社，2013.

［38］ 孙仲健．BIM技术应用——Revit建模基础［M］．北京：清华大学出版社，2018.

［39］ 刘珊，盛黎．BIM技术应用——工程管理［M］．北京：北京航空航天大学出版社，2021.

［40］ 陈凌杰，林标锋，卓海旋．BIM应用Revit建筑案例教程［M］．北京：北京大学出版社，2020.

［41］ 王军武，崔革，谭霖．基于BIM技术的机电工程模型创建与设计（高等学校土建类专业互联网＋创新教材）［M］．武汉：武汉理工大学出版社，2020.

［42］ 曾建仙．计算机绘图与BIM建模［M］．北京：清华大学出版社，2020.

［43］ 安娜，王全杰．BIM建模基础［M］．北京：北京理工大学出版社，2020.

［44］ 任楚超．BIM建模基础［M］．武汉：华中科技大学出版社，2022.

［45］ 成丽媛．建筑工程BIM技术应用教程［M］．北京：北京大学出版社，2020.